U0275545

中国科学院科学出版基金资助出版

国家自然科学基金委员会资助出版

现代化学专著系列·典藏版 04

大分子自组装

Macromolecular Self-Assembly

江 明　A.艾森伯格　等 著
刘国军　张 希

科学出版社

北 京

内 容 简 介

大分子自组装属超分子化学和高分子科学的交叉学科，是当今化学和材料科学发展的前沿，也是孕育先进材料的摇篮。它的主要研究内容是高分子之间或高分子与小分子间或高分子与纳米粒子之间通过非共价键的相互作用，进行自组装而实现不同尺度上的规则结构。近年来，我国科学家在此领域取得了重要的研究进展。本书总结了国内外相关研究的实验和理论两方面的重要成果，特别着重于我国科学家的富有特色的新成就。本书内容包括嵌段共聚物在本体和溶液中的自组装，此类自组装体的化学演化，高分子自组装的非嵌段共聚物路线，自组装结构的固定化，以及含有纳米粒子、表面活性剂等体系的自组装等。

本书可供从事高分子科学、超分子化学、材料化学和物理、胶体和界面化学及生物材料等相关领域的科研人员及研究生阅读和参考。

图书在版编目(CIP)数据

现代化学专著系列：典藏版／江明，李静海，沈家骢，等编著. —北京：科学出版社，2017.1

ISBN 978-7-03-051504-9

Ⅰ.①现… Ⅱ.①江… ②李… ③沈… Ⅲ.①化学 Ⅳ.①O6

中国版本图书馆 CIP 数据核字(2017)第 013428 号

责任编辑：周巧龙／责任校对：李奕萱
责任印制：张 伟／封面设计：铭轩堂

科 学 出 版 社 出版
北京东黄城根北街 16 号
邮政编码：100717
http://www.sciencep.com

北京厚诚则铭印刷科技有限公司印刷

科学出版社发行　各地新华书店经销

＊

2017 年 1 月第 一 版　　开本：720×1000 B5
2017 年 1 月第一次印刷　　印张：25 3/4
字数：481 000

定价：7980.00 元（全 45 册）

前　言

　　大分子组装是超分子化学的重要组成部分。提起超分子化学,人们自然会想到它的创建者、诺贝尔化学奖获得者、法国科学家 Jean-Marie Lehn 教授的一些论述:"超分子化学是一门高度交叉的学科,它涵盖了比分子本身复杂得多的化学物种的化学、物理和生物学的特征",超分子"是分子通过分子间非共价键合作用而聚集组织在一起的"。作为化学学科的前沿,超分子化学可理解为"超越分子的化学""分子以上层次的化学"的全新领域,是 21 世纪化学学科最重要的发展方向之一。Lehn还生动地把原子、分子和超分子分别比喻为语言中的字母、单词和句子。据此,由超分子进一步构成的"多分子超分子实体"就是一篇文章,甚至一本书了。显然,在大分子组装领域,"单词"就应该是个别的高分子。我们理解的大分子组装是研究高分子之间、高分子与小分子之间、高分子与纳米粒子之间或高分子与基底之间的相互作用,并通过非共价键合而实现不同尺度上的规则结构的科学。然而,当今有关超分子化学的专著或期刊中,以高分子为组装单元的超分子行为的讨论是很有限的。超分子化学家视线中的"超分子聚合物"(supramolecular polymer)是将具有互补性的相互作用端基的小分子"单体"通过非共价键连接成的"大分子",这当然是"分子组装",但不是以大分子为"单词"的组装,不属于本书的讨论内容。

　　在以大分子为组装单元的超分子化学领域,研究得最为深透的是嵌段共聚物溶液中的胶束化和本体中的相分离。从 20 世纪七八十年代以来,人们已经获得了嵌段共聚物微相分离的基本形态特征,而且奠定了它的基本理论基础。但在研究的初期,很少用"大分子组装"这样的概念,虽然这是不折不扣的自组装行为。我们注意到一个有趣的现象,在超分子化学中最常见的一些重要概念,诸如作用位点、分子识别、主-客体化学等等,在嵌段共聚物的自组装里是不起什么作用的。嵌段共聚物能自组装为高度规整的微相结构,取决于以下一些重要因素:分子结构的高度规整性(嵌段具有确定的分子结构),嵌段间的相互排斥和嵌段之间有化学链联结等等。它显然与小分子自组装为超分子的驱动力大为不同,这或许就是至今嵌段共聚物的自组装并未在超分子化学领域的经典著作中占有自己应有的地位的一个原因。

　　嵌段共聚物的自组装仍然是大分子组装领域的主流,近十年中以下方面的进展尤为引人注目。第一个方面是加拿大皇家学会会员,McGill 大学的 A.艾森伯格(Adi Eisenberg)教授所发现的所谓 crew-cut 胶束。高度非对称的嵌段共聚物在选择性溶剂中形成的胶束形态的多样性、它们之间相互转化的环境依赖性及可控性,大大丰富和发展了嵌段共聚物的胶束化研究。特别是 Eisenberg 由如此丰富的实验规律归结出的几个主要结构因素对胶束形态的影响,已成为人们在理论上的共识。在 Eisenberg 教授 2002 年和 2004 年两度访华期间,他高度评价了我国科学家在相关领域的成果。因而在本书组稿之初,教授欣然应允为本书撰写总论一章。该章由江南大学刘晓亚教授精心翻译为中文。

第二个方面的重要进展是关于嵌段共聚物的自组装体的化学加工和功能化的研究。笔者在 20 世纪 80 年代初即开始为研究生讲授"多组分聚合物的物理化学"课程,在和学生们一起欣赏嵌段共聚物的微相分离的精美图案结构时,也常常感叹说,这样美丽的结构应该是"皇冠上的明珠",如今却被我们踩在了脚底下(SBS 是良好的制鞋材料)。把嵌段共聚的规整结构应用于高新技术领域使其"身价百倍"的努力,始于一些日本学者在 20 世纪 80 年代后期的工作,但直到 90 年代中后期才出现了系统性的研究。其代表性的人物是在加拿大 Calgary 大学多年而后转入 Queens 大学的刘国军(Guojun Liu)教授和美国 Washington 大学的 Karen Wooley 教授。刘等通过化学加工,特别是光化学反应来固定嵌段共聚物的微相分离的纳米结构,从而制备出纳米纤维、纳米管、交联聚合物多层毛刷及含纳米通道的聚合物膜等等。读了刘国军教授和严晓虎博士为我们撰写的第 5 章,你会确信,嵌段共聚物从被踩在脚板下到跃于皇冠明珠的地位为时不远了。Wooley 的贡献则集中于对溶液中嵌段共聚物的再加工获得纳米笼(nanocage)并将其用于生命体系中。过去我国在嵌段共聚物的化学加工和功能化这一方向的研究很少。中国科学院化学研究所的陈永明研究员最近几年的工作引人注目,他们通过向嵌段中引入含有有机硅氧键的基团及其水解和缩合反应成功地制备出多种纳米杂化囊泡。在由他撰写的第 8 章中不但总结了他们自己的工作,还对 Wooley 的成果作了评述。这样,本书在嵌段共聚物的化学修饰方面就有了比较完整的体现。

第三个方面的进展是关于两亲性嵌段共聚物的胶束化。从广义方面来说,只要共聚物中的两个嵌段在溶剂中的溶解能力有较大差别,都可以称为"两亲性"的。传统研究的由阴离子聚合所得到的嵌段共聚物都可以这样归类。然而如果我们将两亲的概念理解为"亲水-亲油"的结合,那么直到几年前,能满足这一要求的嵌段共聚物仍很少,原因在于阴离子聚合对于亲水性的单体无能为力(氧化乙烯的开环聚合是一个例外)。情况只是在最近七八年间才发生了很大变化,大量的亲水单体被成功地引入到嵌段共聚物中。在这个方向,我们很赞赏原在英国 Sussex 大学、目前在 Sheffield 大学的 Steven Armes 研究小组的贡献。他们成功地将基团转移聚合特别是原子转移活性自由基聚合发展到含亲水单体的体系中。这样不仅可以合成亲水-亲油嵌段共聚物,还得到一系列的"全亲水性"嵌段共聚物,即组成的嵌段都是可以溶于水的。这些嵌段的一个重要特点就是其在水中的溶解能力有强烈的环境依赖性。因此,当外界条件改变时,可以实现两个嵌段形成核或壳的位置的互易。这就产生了一类所谓"schizophrenic"胶束。值得我们高兴的是,在 Armes

小组取得的这一系列的成就中,复旦大学博士、如今在中国科技大学任教授的刘世勇有突出贡献。因此由刘世勇博士来撰写第 6 章,全面总结"环境敏感全亲水性嵌段聚合物的合成与自组装"是最恰当的了。

嵌段共聚物的自组装方面的内容和成果确是十分丰富的。除上述的三个方面外,南开大学史林启教授近年来在嵌段共聚物胶束的"二次聚集"方面有许多有趣的发现。尽管对这些形态各异的聚集体的形成进行理论讨论还很困难,但第 10 章中展示的许多新结果却是引人入胜的,这也许是开展进一步研究的一个很好的生长点。

在论述嵌段共聚物胶束化的进展时,我们不会忘记理论的贡献。当你欣赏由三嵌段共聚物形成的、似乎只能由"上帝之手"才能"编织"出的所谓纳米尺度上的"knitting pattern"结构时,你别忘记,这些结构却都可以由理论工作者的"非上帝之脑"计算出来!在这个领域,复旦大学邱枫教授和中国科技大学梁好均教授均有成就,他们分别就嵌段共聚物在本体和溶液中的组装行为作了评述(第 2 章和第 3 章)。

复旦大学的研究小组在 20 世纪 90 年代集中研究高分子间的络合作用。分别含质子给体基团和质子受体基团的高分子在其共同溶液中混合时,由于链间的氢键相互作用,会形成大分子间的络合物,通常会从溶液中沉淀出来。这一过程的驱动力是链间的非共价作用,过程是自发产生的,从这个意义上来说,应该属于超分子化学研究的范围。然而事实上,超分子化学的著作通常是将其拒于门外的。究其原因,可能在于大分子络合物通常都是无规则的分子聚集体,因而不是真正的分子组装体。高分子间络合作用导致无规聚集体似乎是一个必然的结果。设想,在这样的体系中,一个质子给体高分子链上由于含有很多质子给体基团,它必然会和多个含质子受体基团的高分子链发生氢键作用,反过来也一样,这样只能形成无规聚集。复旦大学的研究小组在近几年的研究实际上就是在着力回答这个问题,即"我们是否可以通过高分子间的络合作用构建出规则的结构"。从本书的第 4 章读者可以清楚地看到,这个设想是完全能够实现的,而且可以通过多种多样的途径实现。复旦大学的研究小组奉行的是所谓"无嵌段共聚物"胶束化。如今,均聚物、齐聚物、离聚物、无规共聚物及接枝共聚物都可以用来作为"组装单元"通过链间的氢键构建高分子胶束了,这在几年前还是很难想象的。这样的思路和实践应该属于高分子组装的范畴,尽管高分子的柔性本质和"无规线团"的构象在构建规整结构方面带来了麻烦。南京大学蒋锡群教授近年来的工作也是"非嵌段共聚物",他利用天然高分子、高分子聚电解质和表面活性剂进行自组装的思路也是独特的,他们对组装体在生物医药领域的应用方面的研究尤为令人印象深刻(第 7 章)。复旦大学的研究小组的"非嵌段共聚物"路线并不意味着对嵌段共聚物的排斥,他们也着力研究了嵌段共聚物的非传统的胶束化途径。在这一方向,陈道勇教授通过嵌段共聚物与小分子的特殊相互作用在共同溶剂中构建胶束的思路取得很大的成功,见第 9 章。

90 年代中期,复旦大学的研究小组在有关离聚物的研究中偶然发现,带很少离子基团的疏水性高分子当其介质由有机溶剂替换为水时,高分子并不沉聚而是形成均一的纳米微粒。其后他们与香港中文大学吴奇教授就此展开了多年的合作,终将这一偶然发现上升为组装纳米颗粒的"微相反转"系统方法,总结出了离子基团的稳定作用的规律。这一合作成果构成了吴奇教授和江明教授在 2003 年获得的自然科学二等奖的组成部分。这项研究的主力,中国科技大学的张广照教授就此撰写了第 11 章。

由我们两位最年轻的作者段宏伟博士和匡敏博士所撰写的第 13 章的主题,即含有纳米粒子的高分子组装体系,是大分子组装中最年轻的学科分支,理论和应用都是前途一片光明。两位年轻作者现正在大分子组装方面久负盛名的德国 Max-Planck 胶体和界面研究所从事相关研究。他们的这一章把我们带到了这一方向的最前沿,展现了该领域美好的前景。

从上面的介绍不难看出,我国大分子组装方面的研究近年来发展迅速,为国际学术界同行所瞩目。事实上,在超分子化学领域的研究,沈家骢院士领导的吉林大学的研究集体早在十几年前就开始了。他们以超分子的层状结构为主题,在多层复合膜、纳米-微米图案化、微粒修饰、单分子力学谱等方面开展了全方位的研究。2004 年出版的《超分子层状结构——组装与功能》一书便是集其 10 余年成果之大作。作为这一研究集体的学术带头人之一的张希教授为本书撰写了第 12 章"聚合物的交替沉积组装",除对该领域多年来的成就有所概述外,还特别汇集了他本人在清华大学的最新成果。从该章的标题就可看出,张希的这一章正是处于"超分子层状结构"和我们"大分子组装"这两本书所代表的领域的"界面"上,故对本书有其独特的贡献。

除了国外学者外,本书所有作者的工作都是国家自然科学基金资助项目的研究成果,涉及的重大项目、重点项目、杰出青年科学基金以及面上项目有数十项之多。本书可视为我们对国家自然科学基金委和国内同行们的总结汇报。本书出版得到国家自然科学基金委员会和中国科学院科学出版基金的资助。科学出版社周巧龙编辑为书稿的完善付出细致、辛勤的劳动,我在此一并表示衷心的感谢。

近年来我国化学家在此领域的进展真可谓是日新月异。近日在北京召开的2005 年全国高分子学术论文报告大会上,大分子组装的会场日日爆满。面对着许多老同事们的新贡献和青年同事们在国际一流期刊上的好文章,我们已感到这本书已经落后。例如,颜德岳教授杰出的"超支化高分子自组装的研究"本书还没有来得及反映。事情的发展正印证了那句老话,"千里之行,始于足下",我们还有很长的路要走,我愿以此与青年学者们共勉。

江 明

目　　录

第1章　嵌段共聚物溶液自组装导论

Owen Terreau, Patrick Lim Soo, Nicolas Duxin,
Adi Eisenberg

1.1　简　介

两嵌段共聚物的自组装是纳米科技的新兴研究领域之一。两嵌段共聚物自组装胶束化是一个涉及许多方面的复杂过程,在溶液中可形成一系列形态,因而备受学术界和工业界的关注。1995 年,Zhang 和 Eisenberg 首先报道嵌段共聚物(固定成核链段链长不变,只改变成壳链段链长)可以在溶液中自组装得到一系列形态各异的聚集体[1]。已见报道的各种形态有球、棒、囊泡和大复合胶束(一种反向胶束,见后)。在此领域的浓厚兴趣导致了对溶液自组装过程的深入理解,进而促进了嵌段共聚物在诸多领域的潜在应用,如药物缓释[1~4]、分离[5,6]、电子学[7]和催化等[8]。嵌段共聚物囊泡是一种极其有趣的特殊形态,从近期发表的论文数量可以看出科学家们对这一独特研究领域的热衷程度。如图1-1所示,自 1995 年来,发表的论文数量呈指数增长,仅 2005 年 5 月至少就有 15 篇论文发表(来源:SciFinder Scholar)。

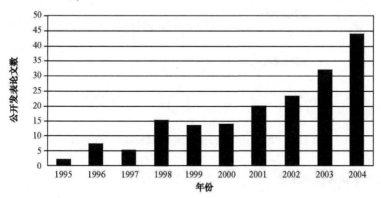

图1-1　过去 10 年公开发表的有关嵌段共聚物囊泡的论文数

嵌段共聚物聚集体具有很广泛的、潜在的应用价值,对二维聚集体和三维聚集体都开展了系统研究。在界面化学领域,在两界面间形成的嵌段共聚物膜可作为图形表面成像的掩膜[9,10]。共聚物掩膜还被用于诱导金和银纳米颗粒在无机物表面的生长[11,12]。嵌段共聚物在溶液中自组装形成的三维聚集体可应用于药物缓释[2~4]，硫醇封端的嵌段共聚物已被用于包裹和保护金属纳米颗粒[13]。

尽管嵌段共聚物自组装有许多新奇的潜在应用价值，但分子自组装领域并不是新兴的科学分支。分子自组装的领域很广，嵌段共聚物的自组装只是其中的一个小部分。其中小分子表面活性剂的自组装早已为人们所了解。

1.1.1　小分子表面活性剂

人们对双亲性小分子自组装行为的研究已较为透彻。小分子表面活性剂，诸如十二烷基磺酸钠，有一个亲水头基与疏水烷基尾链相连，通常长度不超过 10 个碳。极性基团的种类，疏水尾基的长度和数量，离子类型和浓度以及温度等因素直接影响双亲性分子在溶液中的组装形态。通过对这些因素的调节可以得到不同的聚集形态，包括球、棒、薄片和囊泡。临界堆积参数 v/a_0l_c 决定聚集体的形态。式中，v 是碳氢链的体积，a_0 是亲水基的理想面积，l_c 是疏水基的临界链长。堆积参数低于 1/3 时形成球形胶束；介于 1/3~1/2 时，呈圆柱形胶束；介于 1/2~1 之间时，可观察到柔性双分子层状物或囊泡；如果 v/a_0l_c 接近于 1，则呈平面双分子层形态；当该参数大于 1 时，可观察到反相结构。有些专著及其参考文献列举了小分子表面活性剂形成的系列聚集形态[15~17]。

双亲性嵌段共聚物可被认为是放大了的小分子表面活性剂。将疏水链和亲水基的尺寸增大 1~2 个数量级就可得到嵌段共聚物。图 1-2 描述了小分子表面活性剂和两嵌段共聚物之间的关系。

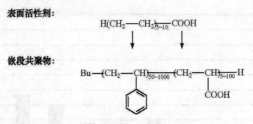

图 1-2　小分子表面活性剂和嵌段共聚物间的关系

1.1.2　本体嵌段共聚物

基于对两嵌段共聚物聚集形态和本体性质的浓厚兴趣，科学家们对诸如含聚苯乙烯和聚异戊二烯等的嵌段共聚物进行了一系列研究[18~27]。相对分子质量很大的聚苯乙烯和聚异戊二烯是不相容的，在本体中通常呈两相结构。已观察到了嵌段共聚物在本体中所呈现的不同微相结构，包括球、六角密堆积圆柱体、双连续相结构和片状结构[21]。理论科学家已据自恰场理论绘制出嵌段共聚物的相图，相

图通常对称于 $f=0.5$ 处（f 是组分的体积分数）。当 f 分别从 0.5 向 0 或由 0.5 向 1 变化时，可发现相形态依次转变如下：层状-双连续相-六角密堆积圆柱体-球-无序状态，对这一转变已进行了许多实验研究[22]。

两嵌段共聚物在本体中的聚集形态依赖于：①共聚物总聚合度 N；②Flory-Huggins 参数 χ，这是单体 A 和 B 之间相互作用的量度；③组分的体积分数[28] f。熵的贡献和 N 相关，焓对自由能的贡献与 χ 相关，因此 $N\chi$ 对共聚物形态而言是非常重要的（参见第 2 章）。

1.2 嵌段共聚物在溶液中的胶束化

1.2.1 嵌段共聚物胶束化通论

嵌段共聚物在溶液中通常仍保持其不同嵌段间的不相容性。对于至少含一个疏水链段，一个或多个亲水链段的双亲性嵌段共聚物而言更是如此。在水溶液中，疏水链段驱动聚合物链的聚集。最简单的情况是形成球形胶束状聚集体，胶束内核由疏水链段组成，亲水链段以溶剂化形式在核周围形成壳层，以维持胶束的稳定性[29]。一般来说，双亲性共聚物的溶液行为与小分子表面活性剂类似。共聚物物理性质的不同最终导致形成不同性质的胶束。例如在水溶液中，含有长聚苯乙烯链段的共聚物胶束的核比小分子表面活性剂（比如十二烷基磺酸钠）胶束的核大很多。对两嵌段共聚物而言，其疏水或亲水部分大小的可调性较小分子表面活性剂好。通过对聚合工艺的控制，不溶性嵌段与可溶性嵌段之比是可以调节的，从而可获得一系列对称（即链段具有相同的长度——译者注）和不对称（即一个链段比另一个链段长——译者注）的两嵌段共聚物。这些两嵌段共聚物在溶液中通常会发生聚集。具有较长亲水链段的非对称双亲性两嵌段共聚物，在水溶液中最终形成具有大壳小核的星形胶束。相反，含有长疏水链段的不对称两嵌段共聚物会聚集形成大核小壳的胶束，这种形态的胶束被称为"平头"（crew cut）胶束[29]。虽然星形胶束也很有趣，但只有平头胶束聚集体系才会发生多种形态的变化。许多研究小组对嵌段共聚物的溶液自组装研究极为关注[1,30~55]，水溶液中许多不同形态的平头聚集体已被观察到。我们将在下面讨论这些形态[1,34~36]。

我们在讨论共聚物链如何聚集形成复杂多变的各种形态之前，有必要了解单链是怎样聚集形成单个球形结构的。首先讨论临界胶束浓度，其次讨论形态转变的热力学问题以及控制聚集体形态的因素，最后讨论转变过程的动力学。

现举例说明如何在溶液中制备平头形聚集体。首先，将两嵌段共聚物溶于两种链段的共溶剂中，配制成低浓度的聚合物溶液[通常低于 2 %（质量分数）]，该共溶剂能与某一链段的沉淀剂互溶[如四氢呋喃（THF）既是 PS 和 PAA 链段的共溶剂，又能与 PS 链段的沉淀剂水互溶——译者注]。对于聚苯乙烯-b-聚丙烯酸（PS-b-PAA）、聚苯乙烯-*b*-聚环氧乙烷(PS-*b*-PEO)或聚苯乙烯-*b*-聚乙烯吡啶(PS-*b*-PVP)系双亲性两嵌段共聚物,常用的共溶剂有二氧六环、N, N'-二甲基甲酰胺(DMF)、四氢呋喃(THF)或它们的混合物。然后,再缓慢加入水一类的沉淀剂。水的加入使整个溶剂体系变得不利于聚苯乙烯(PS)链段的溶解,当水含量增加至某一特定浓度时(即临界水含量,CWC),聚苯乙烯链段发生聚集形成球状胶束的核,但由于亲水链段的存在阻止了聚集体的进一步增大而导致该嵌段共聚物的胶束化。可继续缓慢按需要加入更多的水。其他形态聚集体的制备将在下文中讨论。

聚集体可以用不同的方法固定。在以 DMF 为共溶剂的聚合物溶液中加入沉淀剂水,核内聚合物链段的运动能力会逐渐下降。对于聚苯乙烯链而言,当水含量加至 10%～12 %(质量分数)时,核内链运动被冻结,形成一定的聚集形态。如果共溶剂是二氧六环或 THF,即使在水含量很高时核内的 PS 链段还可以保持一定的运动能力。将聚集体溶液快速倾入大量水中冻结聚集体形态,使聚集体形态得以固定。这种方法同样可用于 DMF 溶液中。聚集体形态被冻结后,用蒸馏水透析的方法除去共溶剂,可得到纯净的聚集体水溶液。

我们研究小组常用冷冻干燥的方法处理胶束溶液以制备电镜样品。在预涂好聚乙烯醇缩甲醛(formvar)膜和碳膜的电镜铜网上[52],滴上一滴胶束溶液,冷却到接近液氮的温度,然后真空干燥过夜除去溶剂。留在铜网上的两嵌段共聚物聚集体保持其在溶液中的形态。

其他方法也可以用来制备聚合物胶束溶液,如在单一溶剂乙醇中进行组装[53],或如 Discher 小组制备聚质体(polymersomes)所采用的方法[54]。此外,也可以直接将聚合物溶于由共溶剂和某种链段的选择性溶剂组成的混合溶剂中来制备聚合物胶束。

1.2.2　临界胶束浓度

两嵌段共聚物链的聚集只有在特定浓度以上才会发生,这个浓度就是临界胶束浓度(CMC)。在临界胶束浓度以下,单个聚合物以单分子链的形式溶解在溶液中。嵌段共聚物的性质、嵌段的相对长度和总相对分子质量都影响嵌段共聚物在给定溶剂中的临界胶束浓度[55]。各个链段和溶剂之间的 Flory-Huggins 参数 χ的差异对临界胶束浓度也有较大影响。

为说明链段长度是如何影响临界胶束浓度的,现以不溶链段为例进行讨论。对均聚物而言,相对分子质量越高,不溶链单元数越高,聚合物溶解极限就越低。此时随不溶单元数增加,与溶剂间的不利相互作用愈大,而导致聚合物沉淀。两嵌段共聚物也有类似的效应,不溶链段的相对分子质量越大(保持可溶链段的相对分子质量不变),临界胶束浓度就越低。在嵌段共聚物中不溶嵌段以共价键与可溶嵌段相连,不溶嵌段聚集时,可溶嵌段阻止了沉淀的发生,因此胶束化过程取代了沉淀过程。

1.2.3　热力学问题

以上所述嵌段共聚物聚集体通常称为胶束。严格来说,胶束在溶液中与单链处于热力学平衡态。然而,嵌段共聚物胶束结构非常容易被冻结,不再处于热力学平衡状态。但按惯例还是将这些被冻结的、未达热力学平衡态的聚集体称作胶束,本书也将沿用这种说法。

胶束化过程及其聚集形态多受热力学驱动,有时可达热力学平衡。但体系中非常缓慢的链运动会妨碍得到热力学最稳定状态。因此,即使过程是热力学驱动,仍可能会因为动力学原因而无法得到热力学最稳定的结构[34]。所以,制备聚集体的方法会直接影响到体系能否达到平衡。制备嵌段共聚物聚集体最常用的方法是直接溶解法和加水法[34],两种方法的结果均是形成塌缩的单链或多链胶束[44]。整个组装过程是使体系自由能趋于最低值(如最低的 Gibbs 自由能 G)。

向共聚物溶液中加水,两个嵌段的聚合物–溶剂相互作用参数 χ 就会发生变化。在临界胶束浓度下,共聚物开始聚集并形成相分离区域。进一步增加水含量会增大两相间的表面能,体系趋于增加聚集体半径以减小界面面积,因而伴随着胶束数量的减少。胶束的单链链交换速率将决定体系是否达到平衡。由于聚合物链的尺寸很大,胶束间的链交换需要相当长的时间。对于成核链段如聚苯乙烯的情况,因其玻璃化转变温度(T_g)高于室温而使情况更加复杂。当体系水含量较低时,胶束核内含较多溶剂,这些溶剂有增塑作用,可降低体系内聚苯乙烯链的玻璃化转变温度。共溶剂在胶束核与溶液之间存在一定的分布,向溶液中加水会降低共溶剂浓度,因此,浓度差驱使共溶剂向核外扩散。核内共溶剂含量减少,聚苯乙烯的玻璃化转变温度会升高。一旦玻璃化温度高于室温,胶束核就发生玻璃化转变,聚集体的形态和尺寸就被冻结。这种情况一旦发生,体系就会被冻结,热力学因素就不再起作用了。我们发现在 DMF 中,水的含量在 12%(质量分数)以上,聚集体内聚合物链运动将被冻结;而在 THF 或二氧六环体系中,冻结聚集体所需水含量要达 50%(质量分数)以上[56]。

只要体系的链段运动未被冻结,其标准热力学变量就是可测的。在有机溶剂体系中,嵌段共聚物聚苯乙烯-b-聚(乙烯/丙烯)和聚苯乙烯-b-聚异戊二烯(PS-b-PIP)胶束化的唯一驱动力是焓变[57];而双亲聚醚共聚物如聚丙二醇-b-聚环氧乙烷和聚环氧乙烷-b-聚环氧丙烷-b-聚环氧乙烷在水溶液中的胶束化是受熵驱动的[58]。

加水法自组装制备聚集体时,整个体系既含有机溶剂又含水。令人感兴趣的是,油水混合体系的组装过程是像 PS-b-PIP 在有机溶剂中胶束化一样受焓驱动呢？还是类似于聚醚在水溶液中受熵驱动？ Shen 等研究了在 DMF 和水的混合溶剂中,不同条件下 PS-b-PAA 胶束的热力学性质[59]。他们用静态光散射研究体系的水含量、链段长度及不同 DMF/水混合溶剂比时盐浓度对于热力学函数(ΔG, ΔH, ΔS)的影响。结果发现,对所研究过的共聚物体系而言,在较低水含量时,三个热力学参数(ΔG, ΔH, ΔS)是负的。这表明在胶束化过程中,焓对胶束化过程的贡献比熵更大[59,60]。另外,Shen 等的研究也表明,通过增加体系的水含量或增加成核不溶性嵌段(如聚苯乙烯)的长度,熵对整个组装过程的贡献增大,胶束化过程变为熵驱动为主[59]。关于熵的贡献,人们首先想到的是单链聚集时会减少(形成更有序的结构)。然而,在含水的溶液中单聚体(unimer)会发生疏水水合作用(hydrophobic hydration),这时水分子有序排列在共聚物疏水基的周围。在单聚体进入聚集体过程中,水分子的有序结构被打破,熵因此而增加。疏水链越长,有序地排列在单聚体疏水链周围的水分子越多。因此,链越长,发生聚集时释放出的水分子越多,熵的增加也越多。

在溶液中,体系达平衡时,胶束化过程的 Gibbs 自由能是由多方面的贡献组成的:疏水链周围水分子的熵变、不同嵌段间连接点固定于聚集体界面处的熵变等。其中,只有三种贡献会对形态有影响。这三种贡献为:聚集体核与壳之间的表面能,核链段的伸展及壳链段间的排斥。许多参数的变化可以改变这些力的平衡,这将在 1.3 节中讨论。这些参数变化对形态的影响可以用相图描述。图 1-3 所示相图是不同浓度的嵌段共聚物 PS$_{310}$-b-PAA$_{52}$ 在二氧六环/水混合溶液中水含量对聚集体形态的影响[61]。

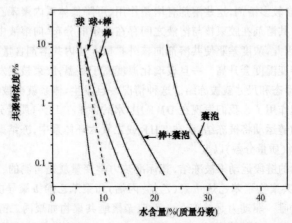

图 1-3　共聚物 PS$_{310}$-b-PAA$_{52}$二氧六环/水混合溶液的相图
实线为由透射电镜照片确定的相边界;虚线为由 SLS(静态激光光散射)确定的胶束化曲线[61]

1.2.4　多重形态

作为我们观察到的不同形态聚集体的例子,图 1-4 电镜照片给出了一些最常

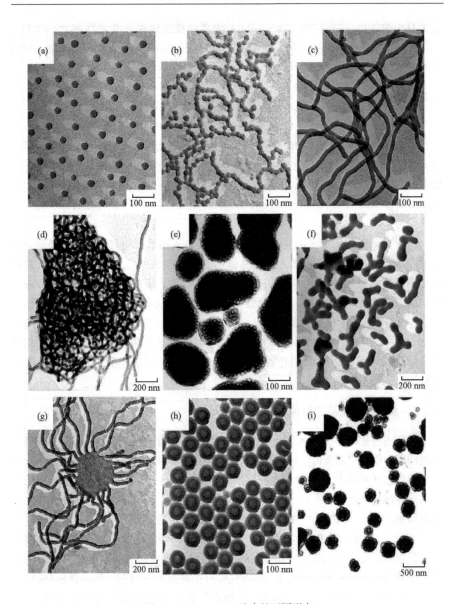

图1-4　PS-*b*-PAA胶束的不同形态

(a) PS$_{200}$-*b*-PAA$_{21}$球状平头胶束，用钯-铂合金处理EM铜网格[1]；(b) PS$_{500}$-*b*-PAA$_{60}$珍珠项链[1]；
(c) PS$_{190}$-*b*-PAA$_{20}$的棒状形态[62]；(d) PS$_{190}$-*b*-PAA$_{20}$的无序双连续棒相[63]；(e) PS$_{410}$-*b*-PAA$_{13}$的中空
双连续棒相(试验性的证明)[52]；(f) PS$_{240}$-*b*-PEO$_{45}$的支化短棒[33]；(g) PS$_{190}$-*b*-PAA$_{20}$的带有棒状支链
的层状结构[56]；(h) PS$_{410}$-*b*-PAA$_{13}$的囊泡[64]；(i) PS$_{410}$-*b*-PAA$_{13}$的大复合囊泡(LCV)[65]

见的自组装结构,这些结构由 PS-b-PAA 和其他双亲性嵌段共聚物如 PS-b-P4VP
及 PS-b-PEO 在水溶液中自组装得到。聚集形态的呈现次序通常跟水的加入量密
切相关,如图 1-3 的相图所示。

1.2.5　球形胶束

图 1-4(a)是 PS_{200}-b-PAA_{21} 的球形平头胶束,平头胶束由长 PS(200 单元)链
段构成胶束核、短 PAA(21 单元)链段构成胶束的壳层[1,64,66]。聚集体的尺寸可由
链段长度、溶液中所含的添加剂、水含量及溶剂组成来控制。在球向棒转变的起始
阶段,可以观察到一种有趣的形态———维"珍珠项链",如图 1-4(b)所示[1,67]。

1.2.6　棒

向含球形胶束的平衡溶液中加水会导致胶束表面能的增加。胶束粒径增大的
同时胶束数量减少(保持聚苯乙烯的总量不变),导致胶束总表面积减小以维持较
低的表面能。胶束粒径增加会引起核内成核链段伸展度的增加,进而导致形成一
个新的低自由能结构——棒。已观察到一些异形棒状形态,比如支化棒[图 1-4
(d)][63]。当封端能和支化能相当时,可观察到支化短棒结构,如图 1-4(f)所
示[33]。在棒和层状结构的共存区域可以观察到类似于章鱼形状的棒-层状结构的
结合体[图 1-4(g)][56],此外还有反相棒状结构存在(相应于假想的、更完整的反
向相图)。

1.2.7　囊泡和其他双层结构

囊泡占有相图中(图 1-3)最大的区域,因此它是最常见的双层结构形态。许多
不同的聚合物可以制备出结构、粒径和粒径分布各异的囊泡。通常增加体系水含量
可以使囊泡尺寸增大,而提高聚合物溶液的浓度可得到一些多层结构。图1-4(h)所
示为单分散小囊泡[64],图 1-4(i)为大复合囊泡(LCV)[65],LCV 极有可能是由小囊泡
聚集而成。在聚合物浓度较高时可观察到多层囊泡,其层间有一定的空隙[图
1-5(b)][68],囊泡尺寸变化(多分散性)较大。在不同场合可以观察到洋葱型和多层
结构胶束,如图 1-5(c)所示。图 1-5(e)则显示了单独的或与囊泡共存的层状结
构[69]。图 1-5(f)所示为带点层状结构(带有小黑点)[70]。图1-5(g)所示(管形结
构)[71]是一种中空结构,中空管的长度约为几个微米,在我们的研究中,主要在 PS-b-
PEO 体系可观察到这种形态,其管壁的厚度是由嵌段长度所决定的。另外,Riegel 等
在三嵌段共聚物 PAI_{11}-b-PS_{228}-b-PAI_{11}[PAI 为 5-(N,N-二乙基胺基)异戊二烯]的二
氧六环/水或 THF/水混合溶剂中观察到的一种碗状结构[48]。这种类似于囊泡的非
单层结构只是动力学上稳定,未达到热力学平衡态。

还观察到了许多其他丰富多彩的层状结构,比如斜压管状结构[baroclinic

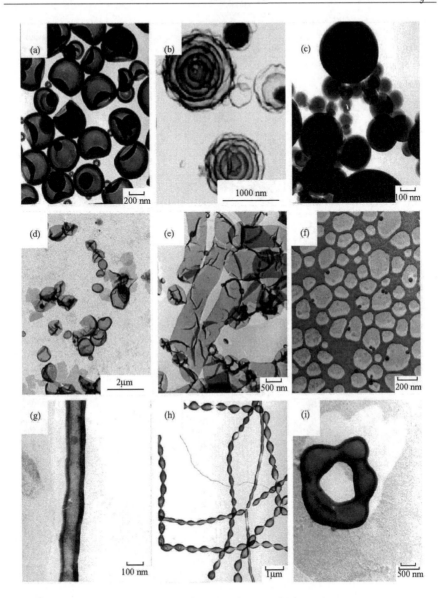

图1-5　PS-b-PAA 和 PS-b-PEO 等胶束的一些特殊形态

(a) PS_{200}-b-PAA_{20} 的母子囊泡[72]；(b) PS_{132}-b-PAA_{20} 复合囊泡(具多层均匀空间)[68]；(c) 由 PS_{260}-b-$P4VPDecI_{70}$(4VPDecI：4-乙烯吡啶癸基碘)构成的洋葱形囊泡[68]；(d) PS_{313}-b-PAA_{27} 的塌陷囊泡；(e) PS_{132}-b-PAA_{26} 的层状结构[69]；(f) PS_{190}-b-PAA_{20} 的无序具孔双分子层状结构[71]；(g) PS_{240}-b-PEO_{15} 的管状结构[72]；(h) PS_{399}-b-PAA_{79} 的斜压管状结构[73]；(i) PS_{240}-b-PEO_{15} 的面包圈结构[33]

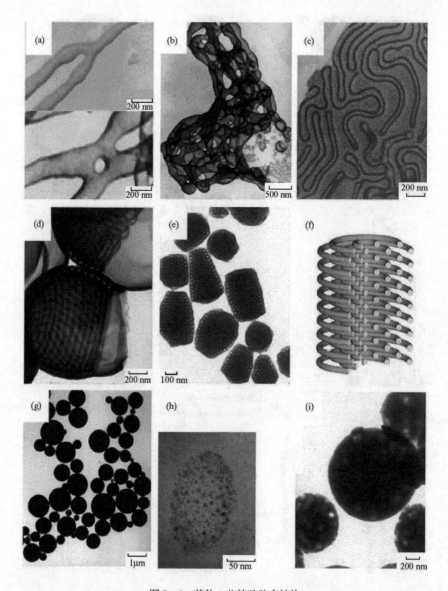

图 1-6　其他一些特殊胶束结构

(a) PS$_{240}$-b-PEO$_{15}$在 DMF 中形成的管状聚集体,上:支化管状物;下:带孔支化管状物[72];(b) PS$_{240}$-b-PEO$_{15}$制成的互联管状结构[33];(c) 由 PS$_{125}$-b-PEO$_{43}$制得的壁上带有空心棒状结构的层状物[74];(d) 由 PS$_{100}$-b-PEO$_{30}$制得的管状壁形囊泡:带有空棒状物的囊泡[73];(e) 由 PS$_{410}$-b-PAA$_{13}$制得的六方体型中空箍[75];(f) 中空箍结构的计算机模拟图[75];(g) 由 PS$_{200}$-b-PAA$_4$制得的大复合胶束[1,64];(h) 大复合胶束。将微球包埋入环氧树脂,固化后切片,用 CsOH 染色以增加 PS 和 PAA 区域的反差[1];(i) PS$_{240}$-b-PEO$_{45}$制得的多孔微球[33]

tubes,见图 1-5(h)[73],"面包圈"或"圆环"状结构[图 1-5(i)][33]以及具有不同连通性的管状结构[图 1-6(a)][72]。图 1-6(b)所示为三维互连管状结构[33]。图 1-6(c)为具有垂直壁构造的双层结构,图 1-6(d)为由连通管构成外壁的囊泡[73]。

1.2.8　六方(六角密堆积)体型结构的中空箍

中空棒是棒的反相形态。当形成众多两端半球状封端的纳米棒结构时,棒封端的热力学损失很高,因而导致链端封闭形成箍状结构,以补偿封端能的损失。然而,反相棒的六方排列仍得以保持。图 1-6(e)[75]所示为一个六方体型结构的中空箍(HHH),它是由许多个同心中空环组成的六方体型结构(指空心环的横截面呈六方排列——译者注)[75]。图 1-6(f)是中空箍结构的计算机模拟图[75]。

1.2.9　大复合胶束

大复合胶束(LCM)[图 1-6(g)][1,64]是一个多核聚集体,聚集体以 PS 为连续相。大复合胶束由反向胶束构成,这些反相胶束的核为 PAA,壳为 PS。在假想的全相图中,与常规球形胶束对应的反相区就是反相胶束形态。多孔微球[33]是介于LCM 和 LCV(大复合囊泡)形态之间的中间形态,是由于聚合物富集区域从溶剂中相分离的结果。成孔区域来自溶剂富集区,干燥过程中失去溶剂的同时结构变得刚性,微孔中空区域被固定。

1.3　溶液中嵌段共聚物聚集体形态的影响因素

为了改变对体系自由能做出贡献的三种力(成核链段的伸展度、壳间斥力和界面能)之间的平衡,必须改变制备条件。嵌段共聚物聚集体的特殊形态由体系自由能决定,而自由能的大小又受制于这三种力之间的平衡[62]。所有影响这三种力之间平衡的因素都会影响聚集体的形态。迄今为止已发现许多因素可以影响形态,它们包括嵌段共聚物的相对链长[69]、聚合物浓度[61]、溶剂组成和性质[76]、添加剂以及温度等[53]。在此,我们对聚集体形态转变的规律进行讨论,特别是微球转变成棒的机理。

体系离子强度和 pH 的变化可以影响聚集体的形态。图 1-7 所示的是一个例子[62],当 NaCl 盐溶液浓度为 2.1mmol/L 时聚集体为微球,当盐浓度为 4.3mmol/L 时则变为棒状,而盐浓度为 16mmol/L 时又变成囊泡结构。在体系中加入 HCl 或 CaCl$_2$ 后,聚集体形态变化在较低离子浓度时就能发生(CaCl$_2$ 盐浓度为 10mmol/L 时,就有囊泡生成,而 NaCl 盐浓度为 16mmol/L 时才形成囊泡——译者注)。显然,外加盐或酸而引起的形态变化是由壳层尺寸或排斥力变化而引起的。

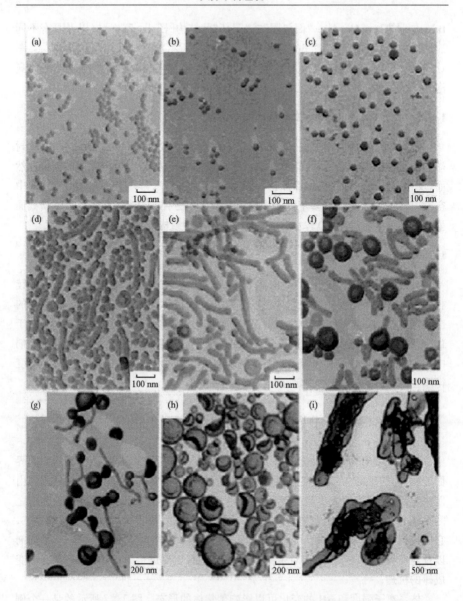

图 1-7　不同盐浓度下，PS_{410}-b-PAA_{25} 的各种聚集体

(a) 不加盐；(b) 1.1 mmol/L；(c) 2.1 mmol/L；(d) 3.2 mmol/L；

(e) 4.3 mmol/L；(f) 5.3 mmol/L；(g) 10.6 mmol/L；

(h) 16.0 mmol/L；(i) 21 mmol/L[65]

　　PS-*b*-PAA 嵌段共聚物在水溶液中自组装可形成 PAA 为壳的聚集体。向溶液中加入添加剂如盐[52,65,77]、酸[52,63,65,77,78]、碱[52,65,77]或均聚物等[63,69],都会影响聚集体的形态。盐、酸、碱可以改变成壳链段的有效电荷,从而改变壳层分子链之间的排斥力。加盐可使聚集体壳层产生静电屏蔽,而加酸则会使聚集体壳层质子化(即消除电荷),两者均能降低壳层分子链之间的排斥力,使更多的分子链组装入同一聚集体。胶束核内分子链数目的增加会导致聚集体尺寸增大,聚合物链的伸展度随之增加。随着盐或酸加入量的逐渐增多,自组装形态自然地从微球状转变为棒状,再演变为囊泡结构。另一方面,加碱则使胶束壳层去质子化,导致壳层分子链之间排斥力增大,致使聚集数减少,胶束核内链伸展度减小,产生与加入盐、酸相反的效果。

　　在 PS-*b*-PAA 水溶液中加入 PS 均聚物同样会影响聚集体形态的变化。例如,张利峰等的研究结果表明[63],只要在嵌段共聚物中加入 5%(质量分数)的均聚物 PS,便可使聚集体的形态从棒状转变为球状。产生这种变化的主要原因是均聚物 PS 聚积在胶束核内中心部位,导致聚苯乙烯链段的伸展度下降,使球状结构保持稳定(同样条件下,无外加均聚物 PS 时则主要形成棒状结构)。为了保证均聚物 PS 在形成胶束前不发生沉淀,均聚物的聚合度应比嵌段共聚物中 PS 链段的聚合度小,否则难以参与组装进入胶束。

　　无疑,小分子表面活性剂如十二烷基磺酸钠(SDS)也能改变 PS-*b*-PAA 共聚物聚集体的形态。如图 1-8 所示,在水含量为 11.5%(质量分数)的二氧六环/水溶液中[79],加入不同量的十二烷基磺酸钠(SDS),PS_{310}-*b*-PAA_{52} 聚集体的形态发生变化。当十二烷基磺酸钠含量为 2 mmol/L 时呈微球状,9.2 mmol/L 时呈棒

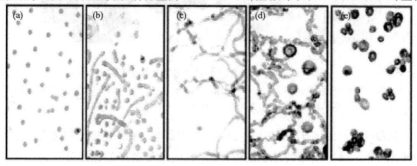

200 nm

图 1-8　SDS 含量对 PS_{310}-*b*-PAA_{52} 在二氧六环/水溶液中聚集形态的影响

聚合物浓度 1.0%(质量分数);水含量 11.5%(质量分数);SDS 浓度分别为:(a)2.0 mmol/L,
(b)5.1 mmol/L,(c)9.2 mmol/L,(d)11.0 mmol/L,(e)17.1 mmol/L[79]

状,增加到 17.1 mmol/L 时呈囊泡结构。

SDS 可以从两个方面影响胶束的聚集行为:①疏水性尾端插入胶束核内,使壳层 PAA 链间距增加;②亲水性头部的反离子可屏蔽掉壳层 PAA 链上部分离子化电荷,壳层分子链间排斥力减弱,使得更多的高分子链参与聚集。一旦有更多的分子链聚集便使核变大,壳层链间的排斥力也随之增大。因此,在水含量不变的情况下,加入 SDS 引起的核内分子链伸展度的变化,会导致聚集体形态的变化。

嵌段共聚物两个不同嵌段的长度比也会影响聚集体形态的变化,结果如图 1-9 所示,这与共聚物体系在本体状态下的形态变化是相似的[62]。

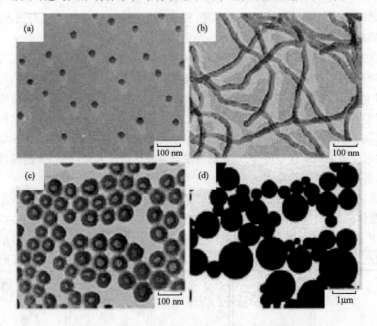

图 1-9　不同 PS∶PAA 长度比对聚集体形态的影响

(a) PS∶PAA=8.6,PS$_{500}$-b-PAA$_{58}$,小球结构;(b) PS∶PAA=9.5,PS$_{190}$-b-PAA$_{20}$,棒状胶束;

(c) PS∶PAA=20.5,PS$_{410}$-b-PAA$_{20}$,囊泡结构;(d) PS∶PAA=50,PS$_{200}$-b-PAA$_4$,大复合胶束[1,62]

嵌段共聚物成核及成壳链段的相对长度可影响其在水溶液中的聚集形态[69]。对于由 PS-b-PAA 制备的球状胶束,发现其嵌段伸展度的标度关系是 $N_{PS}^{-0.1}$ · $N_{PAA}^{-0.15}$。其中,N_{PS} 和 N_{PAA} 分别代表 PS 和 PAA 两个嵌段的聚合度。因此,增加任一个嵌段的长度都会使得链段的伸展度减小。当聚集体改变形态时其伸展度也随之而发生变化。例如,在 PS-b-PAA 体系中,球状胶束内链段的伸展度比棒状胶束高,棒状胶束核内链段的伸展度较囊泡体系高。

A_C 是每个成壳链在胶束核表面所占面积,同样受两种嵌段相对长度的影响,

可用式(1-1)表示:[69]

$$A_C = N_{PS}^{0.6} \cdot N_{PAA}^{0.15} \tag{1-1}$$

由于壳层链段间的排斥力大小与 A_C 成反比,增加任何一个嵌段的链长都可能减少壳间的排斥力。以成核链段为例,保持 PAA 链段长度不变,较长成核链段 PS 组成较大的胶束核。成壳链段长虽然不变,但由于胶束核半径增加,导致每个成壳链所含的表面积增大,致使壳层链间排斥力减小。壳层链间排斥力的减小可驱使更多的分子链发生聚集,使核的尺寸增大。分子链聚集数增多,核内分子链的伸展度增加。这种过程对体系熵变是不利的,如果条件合适,就会发生形态变化。

沉淀剂(如水)和共聚物浓度[61]也会影响聚集体的形态。相图研究表明,随水含量的逐渐增加,聚集体的形态从球形变成棒状,再变成层状或囊泡结构。其原因是随水含量的增加,溶剂逐渐变得不利于成核链段的溶解,界面能发生变化,导致更广泛的聚集。然而在水含量增加,胶束核体积增大的同时,壳层排斥力增大。这两个影响作用相反,但随水含量的增加,核内链的伸展作用变得更重要,故聚集体从球变成棒。

我们还发现链的聚集数(N_{agg})与聚合物浓度成正比;聚集数 N_{agg} 随聚合物浓度的增大而增加,导致壳层排斥力与核内链伸展度增大。因此,随着聚合物浓度的升高也可以观察到聚集体形态从球转变为棒,并最终转变为囊泡。

初始溶剂组成对聚集体形态也有很大的影响。在此同时涉及若干参数,如核或壳内的初始线团尺寸。如图1-10所示[76],提高 THF/DMF 混合溶剂中 THF 含量会引起一系列的形态变化,纯 DMF 体系得到球体[0%(质量分数) THF];少量的 THF 体系[约5%~10%(质量分数) THF]观察到棒与其他形态共存;当体系 THF 含量为25%~50%(质量分数)时则以囊泡为主;THF 含量在67%(质量分数)以上以大复合胶束(LCMs)为主。

温度[53]同样会影响聚集体形态的变化。如同在聚集体系中加水一样,体系温度变化对聚合物-溶剂参数有影响。有人使用小分子醇类物质(如甲醇、乙醇、2-丙醇和正丁醇)进行研究。在加压的条件下将体系加热到140℃以上,随着温度升高,疏水嵌段的溶解性增大,导致给定温度下聚集体的形成。当温度下降,聚集体被冻结,形态被固定下来。例如,PS386-b-PAA79 在丁醇中加热到160℃可形成球状胶束,而加热至115℃则形成微球和囊泡的混合体[62]。

Terreau 等报道,提高 PAA 的相对分子质量分布系数(PDI),聚集体形态会从球转变成棒并最终变为囊泡[80]。通过混合一系列具有固定 PS 链长而 PAA 链长不同的共聚物,人为地加大 PAA 链段的多分散性,可使混合物中的 PAA 呈二峰或三峰分布。Jain 和 Bates 也使用了含双峰分布的使成壳嵌段分散度人为增加的嵌段共聚物,所得聚集体形态与通常单分散共聚物体系有所不同。

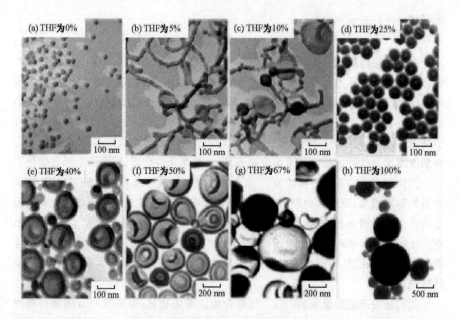

图 1-10　不同共溶剂比（THF/DMF 中 THF 质量分数）对 PS$_{200}$-b-PAA$_{18}$
平头聚集体形态的影响

初始聚合物浓度为 0.5%（质量分数）[76]

1.4　形态转变的动力学

研究聚集体形态转变的动力学行为对于研究聚集过程是很重要的，这是为了保证实验所得到的聚集体在动力学冻结之前就达到热力学平衡。动力学冻结过程必须在足够慢运动的条件下完成，以保证不发生进一步的形态变化。在给定条件下，共聚物体系特定形态的形成是由热力学决定的，而各形态间的转变速率是受动力学控制的。聚集体形态转变动力学依赖于体系在相图中相对于相界线的位置和成核链段的增塑程度[67]。如果链运动太慢，将无法实现形态转变得到平衡态的聚集体。

有关 PS$_{310}$-b-PAA$_{52}$ 的球-棒、棒-球[67]、棒-囊泡[82]以及囊泡-棒[83]间的形态转变动力学研究已有报道。在共聚物相图的形态分界线附近缓慢地加水（或者反过来加二氧六环）会导致聚集体形态变化（从一个形态区域跨越相界到另一形态区域）。研究结果表明，形态转变的速率依赖于初始溶剂组成、聚合物浓度以及加水增量[67,82,83]。一般来说，当初始水含量增加，形态转变的弛豫时间 τ 也随之增加（达到平衡态需要更长的时间）。增大聚合物浓度可降低球-棒和棒-球转变过程的弛豫时间,而增加棒-囊泡和囊泡-棒转变过程的弛豫时间。还发现加水增量(每次加水量)大小对棒-囊泡[82]和囊泡-棒[83]转变的动力学影响很小,但对球-棒的转变动力学却有较大影响[67]。另外,加水增量过大[超过 2%(质量分数)/次],初始形态可能会发生动力学冻结。在靠近球-棒分界线处,球-棒转变的弛豫时间和棒-球转变的弛豫时间相近,在同一个数量级上(τ:20～30min)[67]。然而,对靠近棒-囊泡分界处的样品而言,从棒到囊泡转变的弛豫时间(τ:5～15s)比从囊泡到棒转换的弛豫时间(τ:10～15min)快得多[82,83]。可以想像,从囊泡向棒转变过程中链运动较慢可能与其初始溶剂组成有关。囊泡到棒的转变起点是囊泡,溶剂中水含量较高,此刻壳层所含的增塑剂较低,链段被冻结。综合分析动力学数据和电镜照片,可得出聚集体形态转变机理。

1.5　囊　　泡

如前所述,有关嵌段共聚物囊泡的研究近来备受关注。下面我们将就此进行详细的讨论。首先讨论囊泡的热力学问题,然后再讨论形成囊泡的各种不同体系。

1.5.1　囊泡曲率稳定的热力学

Shen 等在 PS$_{310}$-b-PAA$_{52}$共聚物的二氧六环/水混合溶液的相图中,给出了囊泡的稳定区域[61]。他们提出囊泡的直径随混合溶剂中水含量的增加而增大,而且证实囊泡尺寸随水含量的变化是可逆的[61]。这一结果表明,事实上囊泡是一种潜在的平衡结构。Luo 等也证明了这一点,发现了嵌段共聚物囊泡的热力学曲率稳定性机理[85]。该研究结果表明,较长的 PAA 链段优先聚集在囊泡的外部,而较短的 PAA 链段则在囊泡的内部。由于外部的长 PAA 链较内部的短 PAA 链有更强的排斥力,保证了囊泡表面曲率的稳定,使囊泡处于热力学平衡态。Luo 等用芘与铊离子体系的荧光淬灭技术对此进行了研究[85]。荧光芘分子被引到具有不同 PAA 链长的共聚物嵌段间的连接点上。芘标注的短 PAA 链嵌段共聚物主要分布在囊泡的内部,因而只有小部分芘的荧光会被 Tl$^+$淬灭;而带长 PAA 链的芘标记共聚物则基本暴露在囊泡的外部,几乎完全被 Tl$^+$淬灭,这直接证明了该囊泡内部结构模型的正确性。

Luo 等后续的工作表明,在适当的条件下,用 PS$_{310}$-b-P4VP$_{33}$ 和 PS$_{300}$-b-PAA$_{11}$ 共聚物的混合物进行溶液自组装,较短的 PAA 链被聚集到囊泡的内部,而较长的 P4VP 链则聚集在囊泡外部[86]。复合囊泡溶液的 ζ 电位随 pH 的变化趋势与纯 PS-b-P4VP 囊泡溶液相同,这间接证明了该复合囊泡中 P4VP 链段主要分布在囊泡的外部。在共混体系中加入经芘标记的含短 PAA 链的 PS-b-PAA 共聚物进行共混组装时,不发生荧光淬灭,这同样证明了 PS-b-PAA 主要分布在囊泡内部。另外，Liu 等的研究表明，调节 DMF/THF/水混合溶剂的 pH，可以使三嵌段共聚物 PAA$_{26}$-b-PS$_{89}$-b-P4VP$_{40}$ 囊泡发生反转[87]。在低 pH 时，较长的 P4VP 链分布在囊泡外部，较短的 PAA 链分布在内部；而在高 pH 时，较短的 PAA 链分布在囊泡的外部，而较长的 P4VP 链则分布在内部。可能的反转机理涉及囊泡整体，其中的 P4VP 或者 PAA 的扩散经由 PS 层，而不是由共聚物单链运动引起的。

Luo 等提出 PS-b-PAA 嵌段共聚物囊泡的大小是由热力学控制的[88]。通过改变溶剂组成，特别是增加水含量，导致 PS 核中溶剂质量的下降，使核与核外溶剂间的界面能增加。为了抵消界面能的增加，囊泡尺寸将增大以使总表面积最小化。荧光淬灭技术也证明，PAA 链的分凝（segregation，指长 PAA 链优先聚集于囊泡外部而短 PAA 链处于内部）依赖于囊泡尺寸，即囊泡越大其长短链段的分凝程度越小，而且尺寸变化是可逆的。囊泡尺寸的增大和减少涉及囊泡的融合和裂分机理[88]。简而言之，融合的第一步是两个囊泡接触并黏合，接着两个囊泡合并构成了一个非稳态的中心壁，中心壁收缩融入囊泡的外壁，最终融合形成具有平滑外壁的均一囊泡。裂分过程则相反，首先是囊泡被拉长，接着形成内腰和窄的外腰。此时，仍然能观察到两间隔间的连接，最后完成裂分，形成两个囊泡。

1.5.2　囊泡尺寸变化的动力学

Choucair 等研究了水含量对 PS-b-PAA 共聚物囊泡尺寸影响的动力学[84]。研究结果表明，随着水含量的增加，囊泡尺寸随之而增大的趋势减缓（表现为弛豫时间的增加）。在较高水含量下，囊泡的融合速率降低是因为囊泡的碰撞率和链运动能力均有降低。Choucair 等同时还研究了水含量变化幅度（加水增量）对囊泡尺寸的影响，结果表明加水增量变化幅度越大，尺寸变化的动力学速率越快，弛豫时间越短。此外，他们还发现 PAA 嵌段长度和聚合物初始浓度的增加均会导致囊泡的融合率增加[84]。计算得到的平均弛豫时间在 10～700s 之间，并高度依赖于实验条件，例如水含量、水含量变化幅度、PAA 嵌段长度和聚合物浓度[84]。

1.5.3　分散度

Terreau 等用一系列 PS-b-PAA 嵌段共聚物研究 PAA 嵌段分散度对聚集体形态的影响[89]。将一系列含有相同长度 PS 嵌段但不同长度 PAA 嵌段的共聚物进行混合，以得到 PAA 宽分布的同系列共聚物[即在 PS$_{310}$-b-PAA$_{28}$ 中维持 PAA 嵌段数均相对分子质量（M_n）不变，而改变重均相对分子质量（M_w）]，并对此体系进行研究。研究结果表明，总体上随着 PAA 分散指数（PDI）的增加，囊泡尺寸减小。例如，PAA 的 PDI 为 1.0 时，囊泡的平均尺寸为 270nm，但当 PDI 增加到 2.13 时，囊泡尺寸降到 85nm。这正如 Luo 等所述，是由于 PAA 长链优先分布到囊泡外，短链分布到囊泡内所致。分凝程度越大，囊泡曲率半径越小[85]。结果还表明长短链的不同分布只发生在相同的聚集体内,而未发生在不同的聚集体中(即指各种聚集体的 PAA 长短链分凝程度是大体相同的——译者注)。

1.5.4　共聚物体系制备囊泡

以上所述主要是我们小组对嵌段共聚物囊泡体系的研究结果。近来已有多篇由不同类型的嵌段共聚物形成囊泡方面的综述报道[36,47,68,90,91]。已经合成了许多可用于囊泡研究的双亲性嵌段共聚物。这些嵌段共聚物的成核链段通常是由聚苯乙烯、聚异戊二烯、聚硅氧烷、聚环氧丙烷、聚乙烯和聚丁二烯构成,当然也有一些其他组成。

大量文献报道了以聚苯乙烯链段为共聚组成之一的嵌段共聚物囊泡。Meijer 研究小组合成了带有聚丙烯亚胺树状聚合物的聚苯乙烯,特别是 PS-dendr-$(NH_2)_8$,可以制备 50～100nm 的囊泡[92]。含十六酰基和烷基偶氮苯的双亲性树状高分子,可以在酸性水溶液中形成 20～200nm 的囊泡[93]。Cornelissen 等在乙酸钠缓冲溶液中用嵌段共聚物聚苯乙烯-b-聚(异氰基-L-丙氨酸)(PS_{40}-b-$PIAA_{10}$)制备了双分子层的坍塌囊泡,囊泡壁厚度为 16nm,粒径从几十到几百纳米[94]。Jenekhe 等用刚-柔(rod-coil)嵌段共聚物制成粒径为 500～1000nm,壁厚为 200nm 的囊泡,如聚苯基喹啉-b-聚苯乙烯(PPQ_{50}-b-PS_{300})在二氯甲烷(DCM)和三氟乙酸(TFA)混合溶剂中形成的囊泡[95]。Yuan 等用 PS-b-PEO-b-PS 三嵌段共聚物在 THF、二氧六环、THF/水、二氧六环/水的混合溶剂中制得了粒径为 200～1000nm 的囊泡[96]。Gravano 等用聚(4-氨甲基苯乙烯)-b-聚苯乙烯(P4AMS-b-PS),其中存在少量的 P4AMS 单元(单元数小于 10)和大量可调的 PS 单元(单元数在 46～130 之间),在 DMF 和 THF/二氧六环溶剂中得到了囊泡直径小于 300nm 的单层囊泡[97]。

刘国军研究小组通过将聚异戊二烯-b-聚(2-甲基丙烯酸肉桂酸乙酯)(PIP-b-PCEMA)中的 PIP 嵌段羟基化,得到在水介质中稳定的囊泡[98],这里 PCEMA 构成囊泡壁。Ding 等也在 THF/正己烷的混合溶剂中制得 PIP-b-PCEMA 囊泡,经过进一步的光交联、降解等不同的修饰制备得到中空囊泡(参见第 5 章)[99]。

含硅氧烷的嵌段共聚物可形成囊泡,Meier 小组的研究表明三嵌段共聚物聚(2-甲基噁唑啉)-b-聚二甲基硅氧烷-b-聚(2-甲基噁唑啉)(PMOXA-b-PDMS-b-PMOXA)可以形成 50～500nm 的嵌段共聚物囊泡[40]。PEO-b-PDMS-b-PMOXA 共聚物也可生成大小 60～300nm 的囊泡[100]。按照 Eisenberg 小组提出的观念和方法[88],这些研究证明了在三嵌段共聚物中,当 PMOXA 链长于 PEO 链时,PMOXA 分布在囊泡外部;而当 PMOXA 链短时,PMOXA 就分布在囊泡内部。Kickelbick 等在水溶液中得到了聚二甲基硅氧烷-b-聚环氧乙烷(PDMS-b-PEO)囊泡,大小从二十到几百纳米[101]。同样,在 THF/水的混合溶剂中,聚甲基苯基硅烷

-b聚环氧乙烷(PMPS-b-PEO)形成了大小 100～180nm 的囊泡[102]。Pluronics 聚醚系列共聚物(聚环氧乙烷-b-聚环氧丙烷-b-聚环氧乙烷)也可以形成嵌段共聚物囊泡。Schillen 等用三嵌段体系 PEO₅-b-PPO₆₈-b-PEO₅,以挤出法制得了表观壁厚 3～5nm 的单层囊泡[103]。在丁醇/水的混合体系中,用 Pluronics P123(PEO₂₀-b-PPO₇₀-b-PEO₂₀)和 F127 (PEO₁₀₀-b-PPO₇₀-b-PEO₁₀₀),在低浓度下进行剪切,得到了多层洋葱形囊泡[104,105]。

　　Harris 等用聚环氧丁烷-b-聚环氧乙烷共聚物(PBO-b-PEO)制备囊泡,发现其中 BO 单元个数为 10～12 个,EO 单元个数为 5～8 个,聚合物浓度在 0.05%～20%(质量分数)的范围内可得到多层囊泡[106]。在超声波振荡和适度的剪切下,PBO-b-PEO 囊泡可以稳定存在[106]。最近,他们还用磺化环氧丁烷低聚物制成大小 120～175nm 的囊泡,BO 的单元数为 4～17 个[107]。这种囊泡可以在室温稳定存在至少 5 个月,在 100℃稳定存在 9 天[107]。

　　Discher 等用聚乙基乙烯-b-聚环氧乙烷(PEE₃₇-b-PEO₄₀)共聚物制得小囊泡(小于 200nm)和大囊泡(20～50μm),称之为聚质体(polymersomes)[43]。研究表明这种囊泡较典型的磷脂双分子层 PEE₃₇-b-PEO₄₀ 形成的囊泡的牢固程度要高一个数量级,但对水的渗透要低几个数量级[43]。这种囊泡的疏水壁厚度(d=8nm)比典型的磷脂双分子层(d=3～4nm)厚得多[91]。此外,他们还用三嵌段共聚物 PEO-b-PEE-b-PEO 在水溶液中制备出囊泡并伴有筒状和球状胶束[108]。

　　含聚丁二烯的体系也可以用来制作囊泡。Antonietti 小组用聚丁二烯-b-聚(2-乙烯吡啶)(PB₂₁₀-b-P2VP₉₉)在聚合物浓度为 50%(质量分数)的水溶液中制备多层囊泡,用作合成多孔硅的模板[109]。Maskos 等用交联的聚(1,2-丁二烯)-b-聚环氧乙烷共聚物(PB₂₇-b-PEO₂₈)制得了双壳层囊泡和串状囊泡[110]。Schrage 等混合两种离聚物,聚(1,2)-丁二烯-b-聚甲基丙烯酸铯(PB₂₁₆-b-PCM₂₉)和聚苯乙烯-b-聚碘化 1-甲基-4-乙烯基吡啶(PS₂₁₁-b-PM4VPI₃₃),在 THF 溶剂中进行组装,可以制得聚(1,2)-丁二烯链段分布在内,PS 链段分布在外的囊泡,直径为 100～200nm[111]。Discher 小组用 PB₄₆-b-PEO₂₆ 制备了一系列大小不同的囊泡,小至 100nm,大到几微米[112]。在水溶液中交联 PB-b-PEO 囊泡可以提高囊泡的稳定性,经过干燥、储存,再溶于水后仍可保持囊泡原来的尺寸和形状[113]。Bermudez 等研究表明提高共聚物 PB-b-PEO 的相对分子质量可以使囊泡的疏水壁厚度增加至 20nm[114]。Bates 小组证明嵌段共聚物 PB-b-PEO 可以制成囊泡以及 Y 形结构和三维网状结构[115]。Meng 等报道已获得聚亚丙基碳酸酯-b-聚乙二醇囊泡和聚己内酯-b-聚乙二醇囊泡[116]。

　　科学家们已成功地制得缩氨酸系列囊泡,亦称其为陈质体(peptosomes)。Kimura 等用缩氨酸抗生素(Gramicidin A)连接聚乙二醇组装得到约 85nm 大小的缩氨酸囊泡[117]。结果显示缩氨酸-PEG 囊泡能够抵抗高浓度表面活性剂 Triton

X-100 的作用,而 DMPC(dimyristoylphophatidylcholine)脂质体囊泡在同样浓度的 Triton X-100 作用下已被破坏[117]。Kukula 等用聚丁二烯-b-聚 L-谷氨酸(PB-b-PGA)在纯水溶液中得到了大小为 100～190nm 的囊泡,PB-b-PGA 中 PB 链段长为 27～119 个单元,PGA 链段长为 24～64 个单元[118]。Checot 等在水/丙三醇的混合溶剂中得到了约 120nm 左右的 PB₄₀-b-PGA₁₀₀ 囊泡[119]。

通过表面活性剂与聚合物间的协同作用可以制得各种不同的囊泡。Kabanov 等用嵌段离聚物聚甲基丙烯酸钠-b-聚氧化乙烯(PMANa-b-PEO)和不同单尾阳离子表面活性剂形成的络合物,制得大小为 85～120nm 的囊泡[120]。与此相似,Bronich 等利用该高聚物与阳离子表面活性剂——溴化异硫脲甲基十六烷基二甲基铵(C₁₆SU),得到尺寸为 80～100nm 的小囊泡[121],这些囊泡在较高的离子浓度下有较好的稳定性,在 pH 3～9,温度 23～60°C 条件下,囊泡尺寸稳定[121]。

1.5.5　中空微球

聚合物中空微球在结构上类似于嵌段共聚物囊泡,但中空微球并非由嵌段共聚物制得。由于它可容纳各种不同的亲水性分子,故也是很有兴趣的新材料。中空微球和纳米粒子间的关系类似于嵌段共聚物囊泡和嵌段共聚物胶束的关系。下面将简要介绍一些有代表性的中空微球。最典型的是层层组装技术制备的中空微球,它以带相反电荷的不同物质在胶体颗粒上进行层层沉积,然后去掉核心部分得到(参见第 12 章)[122~124]。例如 Donath 等在三聚氰胺甲醛(MF)微胶粒上沉积吸附荷电相反的聚电解质——聚苯乙烯磺酸钠(PSS)和聚烯丙基胺氯化氢(PAH),再用盐酸去除 MF 核,得到直径 2μm 的中空微球。Dai 等用 PSS、PAH 和硅纳米粒作为夹层材料层层沉积吸附到 MF 或 PS 微球上得到多层微球,用盐酸去除微球的核,用氟化氢去除硅微粒夹层,最终得到具有壳层结构的中空胶囊[124]。最近张幼维等用聚己内酯(PCL)作为核,聚丙烯酸与二元胺交联层为壳,以脂肪酶或二甲基甲酰胺除去 PCL 核,得到了中空微球(这不属于 LBL 技术,详见第 4 章——译者注)[125]。

在氯仿中混合两种均聚物,如刚性的聚酰亚胺(PI)和柔性的聚(4-乙烯基吡啶)(P4VP)可以制得大小为 400～600nm 的中空微球[30]。另外,王敏等混合含羟基的聚苯乙烯[PS(OH)]氯仿溶液与聚乙烯吡啶(P4VP)的硝基甲烷溶液,再将 P4VP 壳交联,继而用 DMF 去除微球的核心部分可制得中空微球,该微球在真空干燥条件下能保持形态稳定(参见第 4 章)[126]。李蓓等通过氨基取代的生物高分子(例如 BSA、明胶等)与合成高分子在甲基丙烯酸甲酯中用叔丁基过氧化氢引发反应得到接枝共聚物,用该接枝共聚物可制得尺寸为 60～100nm 的中空微球[127]。Kramer 等尝试用树枝状聚合物、聚丙三醇和聚乙烯亚胺通过选择性、可逆性功能化反应,构建核-壳结构微球[128]。这些核-壳结构微球可以负载许多极性或有机染料(例如刚果红、荧光素等),在不同条件下(如 pH、温度)可实现持续释放几个小时至几天[128]。

1.6 结　论

　　嵌段共聚物的溶液自组装研究正方兴未艾。目前,各国科学家们正在共同努力,进行着令人振奋的科学研究。随着对双亲性嵌段共聚物自组装基础研究的不断深入,其潜在的工业应用价值不断被发掘,尤其在药物传递、分离、催化和微电子等领域。囊泡是在所获得的自组装聚集体中特别让人感兴趣的一种形态。

　　迄今,人们已得到了许多形态各异的囊泡和类囊泡结构。就嵌段共聚物囊泡而言,可以通过精确设计、合成、调整每一个嵌段的长度和多分散性,控制聚合物囊泡的大小。对嵌段共聚物囊泡的制备而言,共聚物组成、浓度、共溶剂和水含量以及温度都会影响囊泡的类型。在囊泡形成以后,加入添加剂,诸如各种离子、均聚物和表面活性剂会改变囊泡的性质。核内链段的伸展度、核与外围溶剂间的界面能以及壳层链段间的排斥力是影响嵌段共聚物囊泡形态的三个基本因素,这些因素对嵌段共聚物囊泡在平衡条件下的形成和转变起重要作用。

　　聚合物囊泡极具潜在的应用价值,尤其在药物传递、化妆品和污染控制领域。在学术和应用两方面对囊泡结构进行深入的研究,将促进这一领域的迅猛发展。

(刘晓亚 译)

参 考 文 献

[1] Zhang L, Eisenberg A. Multiple morphologies and characteristics of crew-cut micelle-like aggregates of polystyrene-b-poly(acrylic acid) diblock copolymers in solution. Science, 1995, 268(5218): 1728

[2] Lim S P, Luo L, Maysinger D, Eisenberg A. Incorporation and release of hydrophobic probes in biocompatible polycaprolactone-block-poly(ethylene oxide) micelles: implications for drug delivery. Langmuir, 2002, 18(25): 9996

[3] Gebhart C L, Kabanov A V. Evaluation of polyplexes as gene transfer agents. Journal of Controlled Release, 2001(2~3), 73: 401

[4] Harada-Shiba M, Yamauchi K, Harada A, Takamisawa I, Shimokado K, Kataoka K. Polyion complex micelles as vectors in gene therapy-pharmacokinetics and in vivo gene transfer. Gene Therapy, 2002, 9 (6): 407

[5] Wang G, Henselwood F, Liu G. Water-soluble poly (2-cinnamoylethyl methacrylate)-block-poly (acrylic acid) nanospheres as traps for perylene. Langmuir, 1998, 14(7): 1554

[6] Henselwood F, Wang G, Liu G. Removal of perylene from water using block copolymer nanospheres or micelles. J. Appl. Polym. Sci., 1998, 70(2): 397

[7] Wang H, Wang H H, Volker S U, Littrell K C, Thiyagarajan P, Yu, L. Syntheses of amphiphilic

diblock copolymers containing a conjugated block and their self-assembling properties. J. Am. Chem. Soc., 2000, 122(29): 6855

[8] Bronstein L M, Chernyshov D M, Karlinsey R, Zwanziger J W, Matveeva V G, Sulman E M, Demidenko G N, Hentze H-P, Antonietti M. Mesoporous alumina and aluminosilica with Pd and Pt nanoparticles: Structure and catalytic properties. Chem. Mater., 2003, 15(13): 2623

[9] Meli M-V, Badia A, Gruetter P, Lennox R B. Self-assembled masks for the transfer of nanometer-scale patterns into surfaces: Characterization by AFM and LFM. Nano Letters, 2002, 2(2): 131

[10] Glass R, Moeller M, Spatz J P. Block copolymer micelle nanolithography. Nanotechnology, 2003, 14 (10): 1153

[11] Haupt M, Miller S, Glass R, Arnold M, Sauer R, Thonke K, Moeller M, Spatz J P. Nanoporous gold films created using templates formed from self-assembled structures of inorganic-block copolymer micelles. Adv. Mater., 2003, 15(10): 829

[12] Yoo S I, Sohn B-H, Zin W-C, An S-J, Yi, G-C. Self-assembled arrays of zinc oxide nanoparticles from monolayer films of diblock copolymer micelles. Chem. Comm., 2004, (24): 2850

[13] Corbierre M K, Cameron N S, Lennox R B. Polymer-stabilized gold nanoparticles with high grafting densities. Langmuir, 2004, 20(7): 2867

[14] Israelachvili J N. Intermolecular and Surface Forces. 2nd ed. San Diego: Academic Press, 1992

[15] Robb I D. Specialist Surfactants. London: Blackie Academic and Professional, 1997

[16] Evans D F, Wennerstrom H. The Colloidal Domain: Where Physics, Chemistry, Biology, and Technology Meet. New York: Wiley-VCH, 1998

[17] Holmberg K, Jonsson B, Kronberg B, Lindman B. Surfactants and Polymers in Aqueous Solution. West Sussex: Wiley, 2003

[18] Semenov A, Likhtman A. Theory of secondary domain structures in disordered multiblock copolymers. Macromolecules, 1998, 31(25): 9058

[19] Liebler L. Theory of Microphase separation in block copolymers. Macromolecules, 1980, 13(6): 1602

[20] Helfand E, Wasserman Z R. Microdomain Structure and the Interface in Block Copolymers. Essex: Applied Science. 1982

[21] Matsen M W, Bates F S. Block copolymer microstructures in the intermediate-segregation regime. J. Chem. Phys., 1997, 106(6): 2436

[22] Matsen M W, Schick M. Stable and unstable phases of a diblock copolymer melt. Phys. Rev. Lett., 1994, 74(16): 2660

[23] Matsen M W. Equilibrium behavior of asymmetric ABA triblock copolymer melts. J. Chem. Phys., 2000, 113(13): 5539

[24] Hadziioannou G, Skoulios A. Structural study of mixtures of styrene isoprene two- and three-block copolymers. Macromolecules, 1982, 15(2): 267

[25] Dan N, Safran S. Self-assembly in mixtures of diblock copolymers. Macromolecules, 1994, 27(20): 5766

[26] Koneripalli N, Levicky R, Bates FS, Matsen MW, Satija SK, Ankner J, Kaiser H. Ordering in blends of diblock copolymers. Macromolecules, 1998, 31(11): 3498

[27] Park S, Cho D, Ryu J, Kwon K, Lee W, Chang T. Fractionation of individual blocks of block copoly-

mers prepared by anionic polymerization into fractions exhibiting three different morphologies. Macromolecules, 2002, 35(15): 5974

[28] Bates F S, Fredrickson G H. Block copolymer thermodynamics: theory and experiment. Annu. Rev. Phys. Chem., 1990, 41: 525

[29] Halperin A, Tirrell M, Lodge T P. Tethered chains in polymer microstructures. Adv. Polym. Sci., 1992, 100: 31

[30] Duan H, Chen D, Jiang M, Gan W, Li S, Wang M, Gong J. Self-assembly of unlike homopolymers into hollow spheres in nonselective solvent. J. Am. Chem. Soc., 2001, 123(48): 12097

[31] Li Z-C, Liang Y-Z, Li F-M. Multiple morphologies of aggregates from block copolymers containing glycopolymer segments. Chem. Comm., 1999, (16): 1557

[32] Hui T, Chen D, Jiang M. A one-step approach to the highly efficient preparation of core-stabilized polymeric micelles with a mixed shell formed by two incompatible polymers. Macromolecules, 2005, 38(13): 5834

[33] Yu K, Zhang L, Eisenberg A. Novel morphologies of "crew-cut" aggregates of amphiphilic diblock copolymers in dilute solution. Langmuir, 1996, 12(25): 5980

[34] Cameron N S, Corbierre M K, Eisenberg A. 1998 E.W.R. Steacie award lecture asymmol/letric amphiphilic block copolymers in solution: a morphological wonderland. Can. J. Chem., 1999, 77(8): 1311

[35] Choucair A, Eisenberg A. Control of amphiphilic block copolymer morphologies using solution conditions. Eur. Phys. J. E., 2003, 10(1): 37

[36] Lim S P, Eisenberg A. Preparation of block copolymer vesicles in solution. J. Polym. Sci. B: Polym. Phys., 2004, 42(6): 923

[37] Liu F, Liu G. Poly(solketal methacrylate)-*block*-poly(2-cinnamoyloxyethyl methacrylate)-*block*-poly (allyl methacrylate): Synthesis and micelle formation. Macromolecules, 2001, 34(5): 1302

[38] Kukula H, Schlaad H, Antonietti M, Forster S. The Formation of polymer vesicles or "peptosomes" by polybutadiene-*block*-poly(L-glutamate)s in dilute aqueous solution. J. Am. Chem. Soc., 2002, 124(8): 1658

[39] Bendejacq D, Ponsinet V, Joanicot M, Loo Y-L, Register R A. Well-ordered microdomain structures in polydisperse poly(styrene)-poly(acrylic acid) diblock copolymers from controlled radical polymerization. Macromolecules, 2002, 35(17): 6645

[40] Nardin C, Hirt T, Leukel J, Meier W. Polymerized ABA triblock copolymer vesicles. Langmuir, 2000, 16(3): 1035

[41] Kalinina O, Kumacheva E. A "core-shell" approach to producing 3D polymer nanocomposites. Macromolecules, 1999, 32(12): 4122

[42] Raez J, Manners I, Winnik M. Nanotubes from the self-assembly of asymmol/letric crystalline-coil poly(ferrocenylsilane-siloxane) block copolymers. J. Am. Chem. Soc., 2002, 124(35): 10381

[43] Discher B M, Won Y-Y, Ege D S, Lee J C M, Bates F S, Discher D E, Hammol/Ler D A. Polymersomes: tough vesicles made from diblock copolymers. Science, 1999, 284(5417): 1143

[44] Webber S E, Munk P, Tuzar Z, Eds. Solvents and Self-organization of Polymers (Proceedings of the NATO Advanced Study Institute on Solvents and Self-organization of Polymers, held in belek, Antalya, Turkey, July 31~August 11, 1995). 1996

[45] Weaver J V M, Armes S P, Liu S. A "Holy Trinity" of micellar aggregates in aqueous solution at ambient temperature: Unprecedented self-assembly behavior from a binary mixture of a neutral-cationic diblock copolymer and an anionic polyelectrolyte. Macromolecules, 2003, 36(26): 9994

[46] Jungmann N, Schmidt M, Maskos M, Weis J, Ebenhoch, J. Synthesis of amphiphilic poly(organosiloxane) nanospheres with different core-shell architectures. Macromolecules, 2002, 35(18): 6851

[47] Discher D E, Eisenberg A. Materials science: Soft surfaces: Polymer vesicles. Science, 2002, 297 (5583): 967

[48] Riegel I C, Eisenberg A, Petzhold C L, Samios D. Novel bowl-shaped morphology of crew-cut aggregates from amphiphilic block copolymers of styrene and 5-(N, N-diethylamino)isoprene. Langmuir, 2002, 18: 3358

[49] Booth C, Attwood D. Effects of block architecture and composition on the association properties of poly(oxyalkylene) copolymers in aqueous solution. Macromol. Rapid Comm., 2000, 21(9): 501

[50] Stepanek M, Podhajecka K, Tesarova E, Prochazka K, Tuzar Z, Brown, W. Hybrid Polymeric micelles with hydrophobic cores and mixed polyelectrolyte/nonelectrolyte shells in aqueous media. 1. Preparation and basic characterization. Langmuir, 2001, 17(14): 4240

[51] Riegel I C, de Bittencourt F M, Terreau O, Eisenberg A, Petzhold C L, Samios D J. Dynamics and structure of an amphiphilic triblock copolymer of styrene and 5-(N, N-diethylamino)isoprene in selective solvents. Pure Appl. Chem., 2004, 76(1): 123

[52] a) Zhang L, Yu K, Eisenberg A. On-induced morphological changes in "crew-cut" aggregates of amphiphilic block copolymers. Science, 1996, 273(5269): 1777; b) Duxin N, Eisenberg A. Transmission electron microscopy imaging of block copolymer aggregates in solutions. In: Pecora R, Borsali R. Soft Matter : Scattering, Imaging & Manipulation Techniques. Vol 4: Imaging and Manipulation Techniques. Springer. 2005

[53] Desbaumes L, Eisenberg A. Single-solvent preparation of crew-cut aggregates of various morphologies from an amphiphilic diblock copolymer. Langmuir, 1999, 15(1): 36

[54] Aranda-Espinoza H, Bermudez H, Bates F S, Discher D E. Electromechanical limits of polymersomes. Phys. Rev. Lett, 2001, 87(20):208301

[55] Allen C, Eisenberg A, Maysinger D. Copolymer drug carriers: conjugates, micelles and microspheres. S.T.P. Pharma Sci., 1999, 9: 139

[56] Zhang L, Eisenberg A. Thermodynamic vs kinetic aspects in the formation and morphological transitions of crew-cut aggregates produced by self-assembly of polystyrene-*b*-poly(acrylic acid) block copolymers in dilute solution. Macromolecules, 1999, 32(7): 2239

[57] Deng Y, Price C, Booth C. Preparation and properties of block copolymers with two stat-copoly(oxyethylene/oxypropylene) blocks. Euro Polym. J., 1994, 30(1): 103

[58] Alexandridis P, Holzwarth J F, Hatton T A. Micellization of poly(ethylene oxide)-poly(propylene oxide)-poly(ethylene oxide) triblock copolymers in aqueous solutions: Thermodynamics of copolymer association. Macromolecules, 1994, 27(9): 2414

[59] Shen H, Zhang L, Eisenberg A. Thermodynamics of crew-cut micelle formation of polystyrene-*b*-poly (acrylic acid) diblock copolymers in DMF/H$_2$O mixtures. J. Phys. Chem. B., 1997, 101(24): 4697

[60] Hiemenz P C. Principles of Colloid and Surface Chemistry. 2 nd ed.. New York: Marcel Decker, 1986

[61] Shen H, Eisenberg A. Morphological phase diagram for a ternary system of block copolymer PS$_{310}$-*b*-

PAA$_{52}$/dioxane/H$_2$O. J. Phys. Chem. B., 1999, 103(44): 9473

[62] Zhang L, Eisenberg A. Formation of crew-cut aggregates of various morphologies from amphiphilic block copolymers in solution. Polym. Adv. Technol., 1998, 9(10~11): 677

[63] Zhang L, Eisenberg A. Crew-cut aggregates from self-assembly of blends of polystyrene-*b*-poly(acrylic acid) block copolymers and homopolystyrene in solution. J. Polym. Sci. B.: Polym. Phys., 1999, 37(13): 1469

[64] Zhang L, Eisenberg A. Multiple morphologies and characteristics of "crew-cut" micelle-like aggregates of polystyrene-*b*-poly(acrylic acid) diblock copolymers in aqueous solutions. J. Am. Chem. Soc., 1996, 118(13): 3168

[65] Zhang L, Eisenberg A. Morphogenic effect of added ions on crew-cut aggregates of polystyrene-*b*-poly(acrylic acid) block copolymers in solutions. Macromolecules, 1996, 29(27): 8805

[66] Gao Z, Varshney SK, Wong S, Eisenberg A. Block copolymer "crew-cut" micelles in water. Macromolecules, 1994, 27(26): 7923

[67] Burke S E, Eisenberg A. Kinetics and mechanisms of the sphere-to-rod and rod-to-sphere transitions in the ternary system PS$_{310}$-*b*-PAA$_{52}$/dioxane/water. Langmuir, 2001, 17(21): 6705

[68] Shen H, Eisenberg A. Control of architecture in block-copolymer vesicles. Ange. Chem. Inter. Edit., 2000, 39(18): 3310

[69] Shen H, Eisenberg A. Block length dependence of morphological phase diagrams of the ternary system of PS-*b*-PAA/dioxane/H$_2$O. Macromolecules, 2000, 33(7): 2561

[70] Zhang L, Barlow RJ, Eisenberg A. Scaling relations and coronal dimensions in aqueous block polyelectrolyte micelles. Macromolecules, 1995, 28(18): 6055

[71] Liang H, Favis BD, Yu YS, Eisenberg A. Correlation between the interfacial tension and dispersed phase morphology in interfacially modified blends of LLDPE and PVC. Macromolecules, 1999, 32 (5): 1637

[72] Yu K, Eisenberg A. Bilayer morphologies of self-assembled crew-cut aggregates of amphiphilic PS-*b*-PEO diblock copolymers in solution. Macromolecules, 1998, 31(11): 3509

[73] Yu K, Bartels C, Eisenberg A. Vesicles with hollow rods in the walls: A trapped intermediate morphology in the transition of vesicles to inverted hexagonally packed rods in dilute solutions of PS-*b*-PEO. Macromolecules, 1998, 31(26): 9399

[74] Yu K, Bartels C, Eisenberg A. Trapping of intermediate structures of the morphological transition of vesicles to inverted hexagonally packed rods in dilute solutions of PS-*b*-PEO. Langmuir, 1999, 15 (21): 7157

[75] Zhang L, Bartels C, Yu Y, Shen H, Eisenberg A. Mesosized crystal-like structure of hexagonally packed hollow hoops by solution self-assembly of diblock copolymers. Phys. Rev. Lett., 1997, 79 (25): 5034

[76] Yu Y, Zhang L, Eisenberg A. Morphogenic effect of solvent on crew-cut aggregates of amphiphilic diblock copolymers. Macromolecules, 1998, 31(4): 1144

[77] Shen H, Zhang L, Eisenberg A. Multiple pH-induced morphological changes in aggregates of polystyrene-block-poly(4-vinylpyridine) in DMF/H$_2$O mixtures. J. Am. Chem. Soc., 1999, 121(12): 2728

[78] Zhang L, Shen H, Eisenberg A. Phase separation behavior and crew-cut micelle formation of polystyrene-*b*-poly(acrylic acid) copolymers in solutions. Macromolecules, 1997, 30(4): 1001

[79] Burke S E, Eisenberg A. Effect of sodium dodecyl sulfate on the morphology of polystyrene-*b*-poly(a-crylic acid) aggregates in dioxane-water mixtures. Langmuir, 2001, 17(26): 8341

[80] Terreau O, Bartels C, Eisenberg A. Effect of poly(acrylic acid) block length distribution on polysty-rene-*b*-poly(acrylic acid) block copolymer aggregates in solution. 2. A partial phase diagram. Lang-muir, 2004, 20(3): 637

[81] Jain S, Bates F S. Consequences of nonergodicity in aqueous binary PEO-PB micellar dispersions. Macromolecules, 2004, 37(4): 1511

[82] Chen L, Shen H, Eisenberg A. Kinetics and mechanism of the rod-to-vesicle transition of block copol-ymer aggregates in dilute solution. J. Phys. Chem. B., 1999, 103(44): 9488

[83] Burke S E, Eisenberg A. Kinetic and mechanistic details of the vesicle-to-rod transition in aggregates of PS_{310}-*b*-PAA_{52} in dioxane-water mixtures. Polymer, 2001, 42(21): 9111

[84] Choucair A, Kycia A, Eisenberg A. Kinetics of fusion of polystyrene-*b*-poly(acrylic acid) vesicles in solution. Langmuir, 2003, 19(4): 1001

[85] Luo L, Eisenberg A. Thermodynamic stabilization mechanism of block copolymer vesicles. J. Am. Chem. Soc., 2001, 123(5): 1012

[86] Luo L, Eisenberg A. One-step preparation of block copolymer vesicles with preferentially segregated acidic and basic corona chains. Ange. Chem. Inter. Edit., 2002, 41(6): 1001

[87] Liu F, Eisenberg A. Preparation and pH triggered inversion of vesicles from poly(acrylic acid)-block-polystyrene-block-poly(4-vinyl pyridine). J. Am. Chem. Soc., 2003, 125(49): 15059

[88] Luo L, Eisenberg A. Thermodynamic size control of block copolymer vesicles in solution. Langmuir, 2001, 17: 6804

[89] Terreau O, Luo L, Eisenberg A. Effect of poly(acrylic acid) block length distribution on polystyrene-*b*-poly(acrylic acid) aggregates in solution. 1. Vesicles. Langmuir, 2003, 19(14): 5601

[90] Burke S, Shen H, Eisenberg A. Multiple vesicular morphologies from block copolymers in solution. Macromolecular Symposia (Polymerization Processes and Polymer Materials II), 2001, 175: 273

[91] Discher B M, Hammol/Ler D A, Bates F S, Discher D E. Polymer vesicles in various media. Current Opinion in Colloid & Interface Science, 2000, 5(1~2): 125

[92] van Hest J C M, Delnoye D A P, Baars M W P L, van Genderen M H P, Meijer E W. Polystyrene-dendrimer amphiphilic block copolymers with a generation-dependent aggregation. Science, 1995, 268 (5217): 1592

[93] Schenning A P H J, Elissen-Roman C, Weener J-W, Baars M W P L, van der Gaast S J, Meijer E W. Amphiphilic dendrimers as building blocks in supramolecular assemblies. J. Am. Chem. Soc., 1998, 120(32): 8199

[94] Cornelissen J J L M, Fischer M, Sommol/Lerdijk N A J M, Nolte R J M. Helical superstructures from charged poly(styrene)-poly(isocyanodipeptide) block copolymers. Science, 1998, 280(5368): 1427

[95] Jenekhe S A, Chen X L. Self-assembled aggregates of rod-coil block copolymers and their solubiliza-tion and encapsulation of fullerenes. Science, 1998, 279(5358): 1903

[96] Yuan J, Li Y, Li X, Cheng S, Jiang L, Feng L, Fan Z. The "crew-cut" aggregates of polystyrene-*b*-poly(ethylene oxide)-*b*-polystyrene triblock copolymers in aqueous media. Eur. Poly. J., 2003, 39(4): 767

[97]　Gravano S M, Borden M, von Werne T, Doerffler E M, Salazar G, Chen A, Kisak E, Zasadzinski J A, Patten T E, Longo M L. Poly(4-aminomethylstyrene)-*b*-polystyrene: synthesis and unilamellar vesicle formation. Langmuir, 2002, 18(5): 1938

[98]　Ding J, Liu G. Water-soluble hollow nanospheres as potential drug carriers. J. Phys. Chem. B, 1998, 102(31):6107

[99]　Ding J, Liu G. Hairy, semi-shaved, and fully shaved hollow nanospheres from polyisoprene-*block*-poly(2-cinnamoylethyl methacrylate). Chem. Mater., 1998, 10(2): 537

[100]　Stoenescu R, Meier W. Vesicles with asymmol/letric membranes from amphiphilic ABC triblock copolymers. Chem. Comm., 2002, 24: 3016

[101]　Kickelbick G, Bauer J, Huesing N, Andersson M, Palmqvist A. Spontaneous vesicle formation of short-chain amphiphilic polysiloxane-*b*-poly(ethylene oxide) block copolymers. Langmuir, 2003, 19 (8): 3198

[102]　Holder S J, Sommol/Lerdijk N A J M, Williams S J, Nolte R J M, Hiorns R C, Jones R G. The first example of a poly(ethylene oxide) - poly(methylphenylsilane) amphiphilic block copolymer: vesicle formation in water. Chem. Comm., 1998, 14:1445

[103]　Schillen K, Bryskhe K, Mel'nikova Y S. Vesicles formed from a poly(ethylene oxide)-poly(propylene oxide)-poly(ethylene oxide) triblock copolymer in dilute aqueous solution. Macromolecules, 1999, 32(20): 6885

[104]　Zipfel J, Lindner P, Tsianou M, Alexandridis P, Richtering W. Shear-induced formation of multilamellar vesicles ("onions") in block copolymers. Langmuir, 1999, 15(8): 2599

[105]　Zipfel J, Berghausen J, Schmidt G, Lindner P, Alexandridis P, Tsianou M, Richtering W. Shear-induced structures in lamellar phases of amphiphilic block copolymers. Phys. Chem. Chem. Phys., 1999, 1(17): 3905

[106]　Harris J K, Rose G D, Bruening M L. Spontaneous generation of multilamellar vesicles from ethylene oxide/butylene oxide diblock copolymers. Langmuir, 2002, 18(14): 5337

[107]　Harris J K, Rose G D, Bruening M L. Spontaneous vesicle formation from poly(1,2-butylene oxide) sulfate oligomers. Langmuir, 2003, 19(13): 5550

[108]　Won Y-Y, Brannan A K, Davis H T, Bates F S. Cryogenic transmission electron microscopy (Cryo-TEM) of micelles and vesicles formed in water by poly(ethylene oxide)-based block copolymers. J. Phys. Chem. B, 2002, 106(13): 3354

[109]　Kraemer E, Foerster S, Goeltner C, Antonietti M. Synthesis of nanoporous silica with new pore morphologies by templating the assemblies of ionic block copolymers. Langmuir, 1998, 14(8): 2027

[110]　Maskos M, Harris J R. Double-shell vesicles, strings of vesicles and filaments found in crosslinked micellar solutions of poly(1,2-butadiene)-block-poly(ethylene oxide) diblock copolymers. Macromol. Rapid Comm., 2001, 22(4): 271

[111]　Schrage S, Sigel R, Schlaad H. Formation of amphiphilic polyion complex vesicles from mixtures of oppositely charged block ionomers. Macromolecules, 2003, 36(5): 1417

[112]　Lee J C M, Bermudez H, Discher B M, Sheehan M A, Won Y-Y, Bates F S, Discher D E. Preparation, stability, and in vitro performance of vesicles made with diblock copolymers. Biotechnol. Bioeng., 2001, 73(2): 135

[113]　Discher B M, Bermudez H, Hammol/Ler D A, Discher D E, Won Y-Y, Bates F S. Cross-linked

polymersome membranes; vesicles with broadly adjustable properties. J. Phys. Chem. B, 2002, 106 (11); 2848

[114] Bermudez H, Brannan A K, Hammol/Ler D A, Bates F S, Discher D E. Molecular weight dependence of polymersome membrane structure, elasticity, and stability. Macromolecules, 2002, 35(21); 8203

[115] Jain S, Bates F S. On the origins of morphological complexity in block copolymer surfactants. Science, 2003, 300(5618); 460

[116] Meng F, Hiemstra C, Engbers G H M, Feijen J. Biodegradable polymersomes. Macromolecules, 2003, 36(9); 3004

[117] Kimura S, Kim D-H, Sugiyama J, Imanishi Y. Vesicular self-assembly of a helical peptide in water. Langmuir, 1999, 15(13); 4461

[118] Kukula H, Schlaad H, Antonietti M, Foerster S. The formation of polymer vesicles or "peptosomes" by polybutadiene-*block*-poly(L-glutamate)s in dilute aqueous solution. J. Am. Chem. Soc., 2002, 124(8); 1658

[119] Checot F, Lecommol/Landoux S, Gnanou Y, Klok H-A. Water-soluble stimuli-responsive vesicles from peptide-based diblock copolymers. Ange. Chem., Inter. Edit., 2002, 41(8); 1339

[120] Kabanov A V, Bronich T K, Kabanov V A, Yu K, Eisenberg A. Spontaneous formation of vesicles from complexes of block ionomers and surfactants. J. Am. Chem. Soc., 1998, 120(31); 9941

[121] Bronich T K, Ouyang M, Kabanov V A, Eisenberg A, Szoka F C Jr, Kabanov A V. Synthesis of vesicles on polymer template. J. Am. Chem. Soc., 2002, 124(40); 11872

[122] Caruso F, Caruso R A, Mohwald H. Nanoengineering of inorganic and hybrid hollow spheres by colloidal templating. Science, 1998, 282(5391); 1111

[123] Donath E, Sukhorukov G B, Caruso F, Davis S A, Mohwald H. Novel hollow polymer shells by colloid-templated assembly of polyelectrolytes. Ange. Chem. Inter. Edit., 1998, 37(16); 2201

[124] Dai Z, Moehwald H, Tiersch B, Daehne L. Nanoengineering of polymeric capsules with a shell-in-shell structure. Langmuir, 2002, 18(24); 9533

[125] Zhang Y, Jiang M, Zhao J, Wang Z, Dou H, Chen D. pH-Responsive core-shell particles and hollow spheres attained by macromolecular self-assembly. Langmuir, 2005, 21(4); 1531

[126] Wang M, Jiang M, Ning F, Chen D, Liu S, Duan H. Block-copolymer-free strategy for preparing micelles and hollow spheres: self-assembly of poly(4-vinylpyridine) and modified polystyrene. Macromolecules, 2002, 35(15); 5980

[127] Li P, Zhu J, Sunintaboon P, Harris FW. New route to amphiphilic core-shell polymer nanospheres: graft copolymerization of methyl methacrylate from water-soluble polymer chains containing amino groups. Langmuir, 2002, 18(22); 8641

[128] Kramer M, Stumbe J-F, Turk H, Krause S, Komp A, Delineau, L, Prokhorova S, Kautz H, Haag R. pH-Responsive molecular nanocarriers based on dendritic core-shell architectures. Ange. Chem. Inter. Edit., 2002, 41(22); 4252

第 2 章　嵌段高分子微相分离理论

邱　枫

2.1　引　言

嵌段高分子是由化学性质不同的嵌段通过化学键相连接而组成的大分子。不同嵌段之间在化学上的不相容性会导致相分离的发生。但由于各嵌段之间是以共价键相连接的,故这种相分离只能发生在微观的链尺度上,即形成微相分离(microphase separation)。由微相分离而生成的周期性的微相结构在热力学上是稳定的,其尺度通常在 5~100nm,从而也可以看作一类纳米复合材料。正是由于这些微相结构的存在以及与之相关的动力学行为,使嵌段高分子被广泛用于制造热塑性弹性体、高抗冲工程塑料、汽车部件、胶粘剂、添加剂、涂料等[1]。除了这些传统应用以外,近 10 年来人们又发现可以利用嵌段高分子内部的有序微相结构作为模板(template),来制备规整的人工微结构,例如,纳米点或纳米管的阵列[2]、无机介孔分子筛[3]、光子晶体[4]等。

在更广泛的层次上,嵌段高分子属于目前统称为软物质(soft matter)的一大类凝聚态物质中的一种。软物质又称复杂流体(complex fluids),包括高分子熔体、高分子溶液、液晶、表面活性剂、胶体、微乳液、DNA 和生物膜等[5]。在分子尺度上,这类物质的主要结构特征类似于流体,比较无序;但在更大的尺度上(通常 10~100nm),体系通常经自组装出现所谓的长程有序(long-range order)。软物质最重要的特征是在微弱外力(场)作用下能产生强烈的状态变化。通常这种变化的动力学过程较慢,易于对其进行实时观察,从而引起理论与实验科学家的浓厚兴趣,并作为验证凝聚态理论及概念的重要实验体系。

软物质的自组装会形成令人意想不到的奇特的纳米结构。以嵌段高分子中发现的 Gyroid 相形态(图 2-1)为例,其相界面是无限连通、周期性的最小曲面中

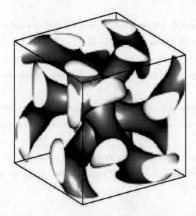

图 2-1　Gyroid 相的原胞[6]

其相界面是无限连通、周期性的最小曲面中的一种,含有三重对称轴并且具有立方对称性

的一种,含有三重对称轴并且具有立方对称性[6]。这个奇异的结构最先是数学家 Schoen 在 20 世纪 60 年代末研究最小曲面时想像构造出来的[7],20 多年后高分子科学家居然真的在一些嵌段高分子中发现了这类原来只存在于数学家想像中的抽象结构[8,9],令人不能不赞叹自然构造之精妙。Gyroid 相和其他微相结构的存在体现了嵌段高分子中界面能和链构象熵之间的微妙平衡,对这些结构的稳定性的解释也由于近 20 年来高分子凝聚态理论的长足进步而成为可能。

2.2　嵌段高分子微相分离热力学

经过近 40 年的研究,人们目前对只有两种组分的(AB、ABA 等)嵌段高分子的微相分离行为已经有比较完全的了解。例如,已经知道对 AB 两嵌段和 ABA 三嵌段的高分子本体,取决于三个分子参数,即高分子的聚合度 N、A 单体的体积分数 f 和 A、B 链段之间的 Flory-Huggins 相互作用参数 χ(与温度相关,通常和温度成反比),体系会出现 4 种热力学上稳定的、周期有序的微相形态:层状相、Gyroid

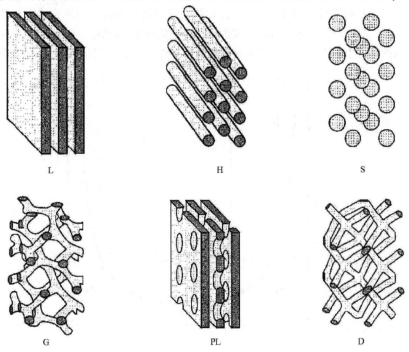

图 2-2　两嵌段高分子中的有序微相形态[10]

其中层状相 L、柱状相 H 和球状相 S 是"传统"相结构,而 Gyroid 相 G、穿孔层状相 PL
和金刚石相 D 是非"传统"相

相、柱状相和球状相[10]，如图2-2所示。在层状相中，A、B构成平直的层状微区并且交替排列；在柱状相中由少数相构成的柱状微区排列成六角晶格结构；而球状相中由球状的少数相排列成体心立方晶格。这三种"传统"的微相形态在嵌段高分子被合成出之初就逐步得到确认。但是，对于非"传统"的Gyroid相形态，其结构的确立过程却充满波折。实际上，人们早在20世纪80年代就在聚苯乙烯-聚异戊二烯中观察到这种结构，但当时却错误地归属为双连续的金刚石结构（D）[11~14]。一直到90年代中期，Matsen和Schick用自洽场理论（self-consistent field theory，SCFT）精确计算各种非"传统"相的自由能[15]，发现只有Gyroid相才可能是热力学稳定态，实验上观察到的穿孔层状相是一种亚稳态，金刚石结构实际上是不稳定的。于是人们又重新做了实验，发现当时在聚苯乙烯-聚异戊二烯中发现的金刚石相结构D确实应该是Gyroid结构[16,17]。由于高分子体系中微相形态的演化非常缓慢，在样品制备过程中如果体系偶然陷落到这些非稳定状态，就比较难以转变到热力学稳定态。因此，这类研究中仅仅凭实验观测是不够的，还需要结合理论计算，才能得到可靠的结论。

　　以AB两嵌段高分子本体为例，其热力学相图已由自洽场理论精确计算得出[15,18]，如图2-3所示。自洽场理论是一种平均场理论，忽略了热涨落，因此在平均场的意义上两嵌段高分子的微相结构只用两个参数就可以描述：一个是高分子

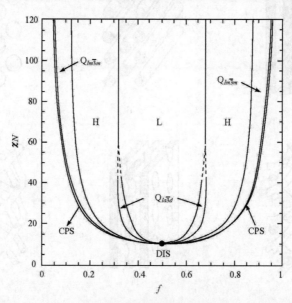

图2-3　两嵌段高分子的相图[18]

L表示层状相；H表示柱状相；$Q_{Ia\bar{3}d}$表示Gyroid相；$Q_{Im\bar{3}m}$表示球状相；CPS表示密堆积的球状相；

DIS表示无序相

的组成(体积分数)f,另一个是组合参数 χN。图 2-3 中密堆积的球状相(CPS)和无序相(DIS)之间的界线为有序-无序转变线[$(\chi N)_{ODT}$],显然,这个界线随 AB 两嵌段高分子的体积分数 f 变化,自洽场理论预测当 $f=0.5$ 时,$(\chi N)_{ODT}$ 有最小值 10.5。

当 χN 只略大于 $(\chi N)_{ODT}$ 时,体系处于所谓的弱分凝极限(weak segregation limit),此时 A、B 两个组分之间的相分离并不彻底,空间中各位置上的 A 或 B 组分的浓度对其平均组成的偏离不大,并且相和相之间的界面也比较宽,如图 2-4(a)所示。而当 χN 远大于 $(\chi N)_{ODT}$ 时,体系处于所谓的强分凝极限(strong segregation limit),此时 A、B 两个组分彻底相分离,形成非常狭窄的相界面[图 2-4(b)]。无论是在弱分凝还是强分凝极限,人们都发展了解析理论来解释微相结构的形成并计算体系的相图,分别为嵌段高分子的弱分凝理论和强分凝理论。这些解析理论的优点是概念清晰,理论结构简单,不需要进行复杂的数值计算就能得出结果,便于应用。因此在介绍更为精确的自洽场理论方法之前,我们先简单介绍这两个理论。

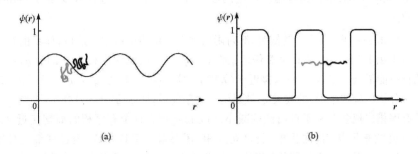

图 2-4　(a)弱分凝和(b)强分凝极限时的浓度分布和链伸展情况示意图

其中 $\psi(r)$ 是 A 嵌段的局部浓度。在弱分凝极限,高分子链偏离无规线团不远,而在强分凝极限链则有显著的拉伸

2.2.1　弱分凝理论

在 1980 年发表的一篇经典论文中,Leibler 建立了嵌段高分子微相分离的弱分凝理论(weak segregation theory, WST)[19]。Leibler 考虑一个由 n 个链长为 N,组成为 f 的 AB 两嵌段高分子本体,假设 A、B 链段的 Kuhn 长度都为 a。定义体系中任一位置上 A 的浓度为 $\psi(r)$,则体系的自由能 F 是 $\psi(r)$ 的函数。当 χN 较小时,体系处于无序态(即未相分离的状态)时,A 和 B 链段均匀混合,在任何位置都有 $\psi(r)=f$,体系的自由能存在关系:$F/nk_B T=\chi N f(1-f)$。在弱分凝区域,A 和 B 链段发生微弱的相分离,$\psi(r)$ 在空间中有一定的分布,但偏离 $\psi(r)=f$ 的

状态不远。Leibler 的想法是把体系的自由能以 $\psi(\mathbf{r}) = f$ 为参考态作一个展开，即

$$\frac{F}{nk_B T} \approx \chi N f(1-f) + \frac{V}{2\,!(2\pi)} \int S^{-1}(\mathbf{q}_1)\psi(\mathbf{q}_1)\psi(-\mathbf{q}_1)\mathrm{d}\mathbf{q}_1$$

$$+ \frac{V^2}{3\,!(2\pi)^2} \int \Gamma_3(\mathbf{q}_1,\mathbf{q}_2)\psi(\mathbf{q}_1)\psi(\mathbf{q}_2)\psi(-\mathbf{q}_1-\mathbf{q}_2)\mathrm{d}\mathbf{q}_1\mathrm{d}\mathbf{q}_2$$

$$+ \frac{V^3}{4\,!(2\pi)^3} \int \Gamma_4(\mathbf{q}_1,\mathbf{q}_2,\mathbf{q}_3)\psi(\mathbf{q}_1)\psi(\mathbf{q}_2)\psi(\mathbf{q}_3)\psi(-\mathbf{q}_1-\mathbf{q}_2-\mathbf{q}_3)\mathrm{d}\mathbf{q}_1\mathrm{d}\mathbf{q}_2\mathrm{d}\mathbf{q}_3$$

$$(2-1)$$

其中，$\psi(\mathbf{q}) = \frac{1}{V}\int |\psi(\mathbf{r}) - f| \exp(i\mathbf{q}\cdot\mathbf{r})\mathrm{d}\mathbf{r}$ 是 $\psi(\mathbf{r})$ 的 Fourier 变换，这里忽略了 F 中关于 $\psi(\mathbf{q})$ 的四阶以上的项的贡献。通过优化 $\psi(\mathbf{q})$ 的分布，使得 F 取最小值，可以获得体系的自由能，而这时 $\psi(\mathbf{q})$ 的分布就描述了体系的微相形态。S、Γ_3 和 Γ_4 分别是体系的散射函数、三阶和四阶顶角函数，可以通过无规相近似（random phase approximation）由理想高斯链的性质计算出，具体的过程可以参考 Leibler 的原文。

　　Leibler 指出，当 χN 较低时，散射函数项在自由能中占主导地位，体系的行为基本上由其决定。由于此时对任何 $\mathbf{q}$ 都有 $S(\mathbf{q}) > 0$，因此无序相 DIS[即 $\psi(\mathbf{q}) = 0$] 的自由能最低。当 χN 增加，接近于 $(\chi N)_{\mathrm{ODT}}$ 时，对某些满足 $|\mathbf{q}| = q^* \approx 2\pi/R_g$（$R_g$ 为高分子的旋转半径）的波矢 $\mathbf{q}$，散射函数趋于发散，即 $S(\mathbf{q}) \to \infty$，这时一个周期性的有序相出现会有利于自由能的减小。Leibler 预言这个有序相的周期接近 R_g，但其究竟是层状相、柱状相，还是立方相，还要取决于 Γ_3 和 Γ_4。经过仔细地计算比较相同的 χN 下各经典有序相的自由能，他给出了两嵌段高分子体系的相图，如图 2-5 所示。

　　Leibler 的理论非常优美地解释了弱分凝极限下两嵌段高分子本体的微相行为，启发了后来的一系列工作[20~31]。但是这个理论的致命缺陷是，在其适用的弱分凝区域，体系中的涨落效应十分明显，而该理论正好忽略了涨落，这使得其预言的一些现象和实验并不相符合。例如，理论预言 $f = 0.5$ 时的有序-无序转变为二级连续相变，但实验表明应该是一级相变，Leibler 也意识到这个内在的矛盾并指出此时应考虑涨落效应。为修正这个缺陷，1987 年 Fredrickson 和 Helfand[32] 用 Brazovskii[33] 在 1975 年提出的一个处理涨落效应的方法修正 Leibler 的自由能式 (2-1)，结果表明涨落效应会破坏临界点 $(\chi N)_{\mathrm{ODT}} = 10.5$ 附近的有序结构，使得 $(\chi N)_{\mathrm{ODT}}$ 变大，其增幅正比于 $N^{-1/3}$，并且此时有序-无序转变为弱一级相变，基本和实验观测相符合。

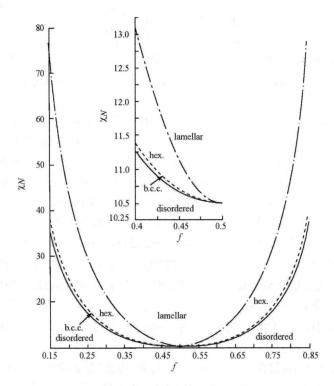

图 2-5　Leibler 计算出的弱分凝区域两嵌段高分子的相图[19]

其中 lamellar 代表层状相；hex.代表柱状相；b.c.c.代表球状相；disordered 代表无序相

2.2.2　强分凝理论

强分凝（strong segregation theory，SST）理论也是一种平均场理论，早期的形式由 Meier[34]、Helfand 和 Wesserman 等[35~37] 在 20 世纪 70 年代所发展，目前的一个便于应用的形式是由 Semenov 在 1985 年建立的[38]。在强分凝极限下，A和 B 的链段完全相分离，只有在 AB 的界面附近很窄的区域相互接触，并且 A 嵌段和 B 嵌段沿垂直于界面的方向被强烈拉伸。因此，在强分凝理论中体系的自由能可分解为界面自由能和链的拉伸自由能之和，其中界面自由能 F_{int} 与 χ 相关，

$$\frac{F_{\text{int}}}{k_{\text{B}} T} = \rho_0 A a \left| \frac{\chi}{6} \right|^{1/2} \tag{2-2}$$

其中，$\rho_0 \approx a^{-3}$，为单位体积中的链段数；A 为界面的面积。A 嵌段的拉伸自由能 F_{st}^{A} 为

$$\frac{F_{st}^{A}}{nk_B\,T} = \frac{3\pi^2}{8f^2\,Na^2\,V}\int_{V_A} z^2\,\mathrm{d}\boldsymbol{r} \qquad\qquad (2-3)$$

其中，V 代表体系的体积；V_A 代表 A 微区的体积；z 表示 A 微区中任一点 $\boldsymbol{r}$ 到界面的最短距离[39]。B 嵌段的拉伸自由能类似，但 f 变为 $1-f$。体系的总自由能 $F = F_{int} + F_{st}^{A} + F_{st}^{B}$。

用 Semenov 的强分凝理论可以简洁地计算体系的自由能。以对称 AB 两嵌段高分子 $f=0.5$ 处于强分凝区域为例，此时 A 和 B 的层状微区由很窄的界面分开（界面厚度远小于层状相的周期 D），则层状相中一条单链所对应的界面自由能有：$F_{int}/k_B T = \sigma a^{-2}(\chi/6)^{1/2}$，$\sigma$ 为单链所占的界面面积，根据单链的体积填充要求，有 $Na^3 = \sigma D/2$。单链的拉伸自由能由式(2-3)计算而得：$F_{st}/k_B T = \pi^2 D^2/32 Na^2$。当层状相的周期 $D \approx 1.11 a\chi^{1/6} N^{2/3}$ 时，单链的总自由能最小：$F_{lamellar}/k_B T \approx 1.15\ \chi N^{1/3}$。因此，强分凝理论预测层状相的周期正比于高分子链长的 2/3 次方，这个标度规律已经被 Hashimoto 等的实验所证实。更进一步，我们可以利用层状相的自由能来估算有序-无序转变点。对无序态，A 和 B 嵌段均匀混合，因此无序态中单链的自由能：$F_{disordered}/k_B T \approx f(1-f)\chi N = \chi N/4$。令 $F_{lamellar} = F_{disordered}$，可以算出相对于 $f=0.5$ 的有序-无序转变点 $(\chi N)_{ODT} = 9.5$，这和自洽场理论以及弱分凝理论预言的 10.5 相差并不远。

强分凝理论还预测在 $\chi N \to \infty$ 时，所有的非"传统"复杂微相结构：Gyroid 相 G，穿孔层状相 PL 及双连续金刚石相 OBDD 都不稳定[39~43]，这也和自洽场理论[15]以及实验[44,45]相一致。近年来，人们做了一系列努力来近一步改善强分凝理论中的各种近似，获得了一些有意义的结果[46~53]。

另一个有用的强分凝理论是由 Ohta 和 Kawasaki 在 1986 年提出的[54,55]，他们的方案结合了密度泛函理论和 Leibler 的自由能展开方法。Ohta 和 Kawasaki 推导出的两嵌段高分子的自由能包括近程和远程两项相互作用，其中近程作用描述了两嵌段之间的化学不相容性，而远程作用是由于两嵌段之间由共价键相连而导致。Ohta 和 Kawasaki 的自由能实际上非常适合于研究两嵌段高分子的分相动力学，这方面已有大量的工作[56]，因为超出本章论述的范围，我们将不展开讨论。可惜的是这个方法难以自洽地推广到其他复杂链结构的嵌段高分子。尽管如此，王振纲(Z-G Wang)等在 $\chi N \to \infty$ 极限将 Ohta 和 Kawasaki 的自由能推广到 ABC 三嵌段高分子，计算了体系的相图并和已有的实验做了对比[57]。

2.2.3　自洽场理论

弱分凝极限和强分凝极限虽然可以建立解析理论，不需数值计算就能得出直观的结果，但这些理论的共同缺点是在平均场近似的基础上又引进了其他一些不必要的近似,使得理论预测的准确性下降。弱分凝理论和强分凝理论的另一个重要缺陷是只对 AB 或 ABA 等相对简单的线形嵌段高分子有效,而很难处理复杂链结构的嵌段高分子。因此,随着复杂嵌段高分子合成的进展和实验精度的提高,需要一个同时适用于弱分凝、强分凝以及中间区域的高精度的理论来描述嵌段高分子的微相分离。这样的理论最终在 1994 年完成[15],这就是关于嵌段高分子的自洽场理论。

　　高分子自洽场理论的核心思想是对高分子链进行"粗粒化"(coarse-graining)处理,即抓住高分子的长链状特征,忽略其在原子、基团水平上的细节,把一个高分子看成是在空间中运动的"粒子"所走过的一条"路径"(path,如图 2–6 所示)。对含大量高分子的体系,把各个高分子之间的复杂的多体相互作用简化为一个共同的外加势场的作用。这个奇妙的想法首先由英国理论物理学家 Edwards 于 1965年为解决自回避行走的高分子的线团尺寸问题而提出[58,59]。实际上,这个问题早在 20 世纪 50 年代就被 Flory 用简单估算高分子链构象熵和排斥能的方法解决了,获得了 3/5 标度指数[60]。但 Edwards 当时并不知道 Flory 的工作,他证明了进行自回避行走的高分子在空间中的形状可以由一个在外场中进行扩散运动的粒子所走过的路径来表示,并且这个粒子的运动方程正好是薛定谔方程。Edwards用这个想法推导出自回避行走的高分子的旋转半径 $R_g \propto N^{3/5}$,和 Flory 更早的结果完全一样。但重要的是 Edwards 的工作首次把高分子链的形状和粒子运动的路径相类比,揭示了高分子形态问题和量子力学之间的深刻联系,使得人们在处理

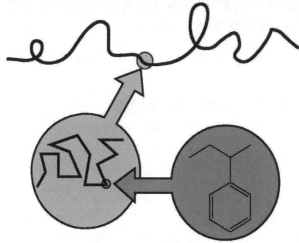

图 2–6　对高分子链"粗粒化"的示意图

在原子尺度上可以分辨高分子链上的基团,如果忽略原子、基团水平上的细节,整个链可以被看成是一系列链段连接而成,进一步忽略链段连接的细节,高分子被看成一条连续曲线(路径)

这类问题时可以借用量子力学和量子场论中大量的成熟技巧[61]，极大地促进了高分子凝聚态物理的进步。

　　从 1971 年开始，Helfand 等发表了一系列文章[35~37]，运用 Edwards 的想法来处理多相高分子体系，其中用到了窄界面近似和单胞近似，中间经过 Hong 和 Noolandi 等的改进[62]，最终于 1994 年 Matsen 和 Schick 在史安昌（A-C Shi）的建议下用谱方法在 Fourier 空间中严格求解自洽场方程组[15]，避免了不必要的近似。对于这中间的历史过程，已有极好的评论[18]，我们不再赘述。下面以 AB 两嵌段高分子体系为例，简单介绍自洽场理论的结构。

　　假设 AB 两嵌段高分子的链长为 N，给各链段编号 s，从 A 端开始 $s=0$，然后沿 A 到 B 的方向 s 逐渐增加，到 B 嵌段的末端 $s=N$。则链段 s 出现在空间位置 r 的概率分布 $q(r,s)$ 满足含外场的扩散方程：

$$\frac{\partial q(r,s)}{\partial s} = \frac{a^2}{6}\Delta^2 q(r,s) - \left[\gamma_A(s)\omega_A(r) + \gamma_B(s)\omega_B(r)\right]q(r,s) \qquad (2-4)$$

其中，$\omega_A(r)$ 或 $\omega_B(r)$ 分别为作用在 A 或 B 链段上的（自洽）外场，当链段 s 属于 A(B) 嵌段时，$\gamma_A(s)[\gamma_B(s)]$ 为 1，否则为 0。式（2-4）的初始条件为 $q(r,0)=1$。因为嵌段高分子的两端是不同的，还需要第二个概率分布 $q^+(r,s)$，满足式（2-4），但等式右边乘以 -1。初始条件为 $q^+(r,N)=1$。外场作用下的单链配分函数可以由 $q(r,s)$ 和 $q^+(r,s)$ 计算：$Q = \int dr q(r,s)q^+(r,s)$。

　　体系的自由能 F 由单链配分函数 Q，外场 $\omega_A(r)$ 和 $\omega_B(r)$，浓度分布 $\psi_A(r)$ 和 $\psi_B(r)$，以及保证不可压缩性的场 $\xi(r)$ 计算：

$$\frac{F}{nk_B T} = -\ln\left|\frac{Q}{V}\right| + \frac{N}{V}\int dr\left|\chi\psi_A\psi_B - \omega_A\psi_A - \omega_B\psi_B - \xi(1-\psi_A-\psi_B)\right|$$

$$(2-5)$$

由自由能 F 取极小，可以获得以下自洽场方程组：

$$\omega_A(r) = \chi\psi_B(r) + \xi(r) \qquad (2-6)$$

$$\omega_B(r) = \chi\psi_A(r) + \xi(r) \qquad (2-7)$$

$$\psi_A(r) + \psi_B(r) = 1 \qquad (2-8)$$

$$\psi_A(r) = \frac{V}{NQ}\int_0^{f_A N} ds\, q(r,s)q^+(r,s) \qquad (2-9)$$

$$\psi_B(r) = \frac{V}{NQ}\int_{f_A N}^{N} ds\, q(r,s)q^+(r,s) \qquad (2-10)$$

这是一组互相偶合的方程。1994 年 Matsen 和 Schick 给出了一个能有效地求解这组方程的方法：谱方法[15]。其要点是首先猜测出要求解的微观相的对称性，然后将所有关于位置 r 的函数 $g(r)$ 都以 $f_i(r)$ 为基函数做展开：$g(r) =$

$\sum_i g_i f_i(\boldsymbol{r})$，其中，$f_i(\boldsymbol{r})$，$i=1,2,\cdots$，是正交归一的基函数，并且其对称性和所要求解的相的对称性相同。这样方程（2-4）～（2-10）就转化为矩阵运算，有标准的算法可用，具体的过程可参见其原文及所引文献。

体系的自由能由式（2-5）给出，通过比较不同微相结构的自由能，Matsen 和 Schick 确定了 AB 两嵌段高分子的理论相图，当时用了 60 个基函数，自由能计算的精度达到 10^{-4}，所能达到的 χN 小于 40，体系还未达到强分凝极限。稍后的计算中最多用到了 240 个基函数，χN 可以达到 120，基本覆盖了从无序到强分凝的所有区域，所得相图如图 2-3 所示[18]。这个相图最显著的特征是除了"传统"的层状相、柱状相和球状相以外，在弱分凝区域对称性为 $Ia\bar{3}d$ 的 Gyroid 相也是一个热力学稳定的相，但只在层状相和柱状相之间很窄的组分空间中存在。而在强分凝区域，只有三种"传统"的相（L，H，S）能稳定存在。穿孔层状相 PL 是一种亚稳态，但其自由能和 Gyroid 相非常接近，金刚石结构 D 实际上是不稳定的。这个理论结果最终澄清了长期以来实验上的争论和疑惑，也显示了在确定复杂微相形态的稳定性时高精度理论的重要性。

随后 Matsen 将谱方法应用于以下一些体系和对象：$(AB)_x$ 线形和星形嵌段高分子[63,64]，ABA 三嵌段高分子[65]，A 和 B 链段的 Khun 长度不对称[66,67]高分子，半刚性 AB 两嵌段高分子[68]，刚性棒-柔性链嵌段高分子[69]，AB 嵌段以及 A 均聚高分子的共混体系[70~72]，对称两嵌段高分子薄膜[73]，有序-有序相转变的机理[74,75]等。Huang 和 Lodge 用谱方法预测了嵌段高分子溶液的相图[76]。大量的计算结果表明，对只有两个组分的嵌段高分子，其相图在拓扑结构上是等价的，即只存在 4 种稳定的微相结构：层状相、Gyroid 相、柱状相和球状相。然而，对树枝化的 AB 两嵌段高分子，最近 Kamien 等[77]从理论上设想了一种新的"非传统"相结构，即所谓的 A15 相，经谱方法计算，发现 A15 相在一定范围内是稳定的，这个结论还有待实验的检验（由于谱方法局限于只能判断已知的微相结构的相对稳定性，因此在特殊链结构的两组分嵌段高分子中是否还会出现更多的"非传统"相结构，并无定论）。

Tyler 和 Morse 在谱方法中引进应力作用，可以考察嵌段高分子微相结构的线性弹性行为[78,79]。史安昌等探索了用多嵌段高分子共混的方法来生成非中心对称层状相的可能性，用谱方法计算体系的相图，发现这样的非中心对称相在一定条件下是可能稳定存在的[80]。此外，史安昌等还发展了关于有序相附近的各向异性涨落的理论[81]。

值得指出的是，Scheutjens 和 Fleer 从 20 世纪 70 年代开始，也独立发展了另一形式高分子链的自洽场理论。他们的方法建立在离散的空间格子和自由连接链的基础上，优点是非常直观，缺点是链构型和相形态过于依赖离散的格子。具体的原理和应用可以参考他们的专著[82]。

2.3　复杂嵌段高分子微相形态的预测

近年来,复杂多嵌段高分子的微相形态正成为高分子凝聚态研究的热点[83~92]。应用 ABC 三嵌段(及以上)的高分子,有可能获得许多新颖的模板来满足制备各种纳米结构的需要。另外,人们希望发展出既含连续的孔道,又有优良的物理机械性能的高分子多孔材料,而多嵌段的高分子所特有的微相结构正有可能符合这些要求。

然而,增加一种单体会极大地增加嵌段高分子体系的复杂性。以 ABC 三嵌段高分子为例(图 2-7),仅仅在 AB 两嵌段高分子的基础上增加一个 C 嵌段,就会使可能的分子参数的组合增加 18 倍,此外还有链拓扑构型的变化。近几年,仅对线形 ABC 三嵌段高分子就已经提出了近 20 种微相结构,其中包括具有核-壳(core-shell)结构的层状相、Gyroid 相、柱状相和球状相,以及其中某两种相结构的组合,例如柱状相中含球状相(spheres in cylinders)、层状相中含柱状相(cylinders in lamellae)、环状相环绕柱状相(rings on cylinders),另外还有一些奇异的相形态,例如编织相(knitting pattern)等等[93,94]。这些新结构中很多还只是理论设想,只有一部分得到实验的验证。

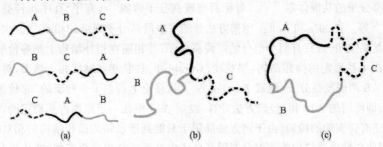

图 2-7　ABC 三嵌段高分子的链拓扑构型
(a)线形;(b)星形;(c)环形
其中线形还有 ABC、BCA、CAB 三种不同序列结构

Matsen 和 Schick 的谱方法虽然在计算嵌段高分子相图中获得了巨大的成功,但应用该方法的前提是必须预先知道嵌段高分子的微相结构的对称性,例如层状相、柱状相、球状相等等。因此,只有对实验上已观察到的相结构才可以用该理论计算此相结构在特定的条件下是否稳定,从而获得体系的相图。然而,在复杂嵌段高分子凝聚态的研究中,人们常常并不能预先知道体系的相结构,为此,Drolet 和 Fredrickson 在 1999 年提出可以在实空间中直接求解自洽场方程,用来组合搜

索(combinatory screening)可能出现的新结构。实空间方法的核心是从一个任意随机的初始外场开始,反复迭代方程(2-6)～(2-10),直到其中所有的浓度和外场的空间分布在前后两次迭代中自洽为止。他们用这个方法处理线性 ABCA 四嵌段高分子,获得了一些崭新的微相结构[95]。随后 Fredrickson 等系统地推广实空间方法,建立了场论聚合物模拟方法[96,97]。Thompson 等结合自洽场方法和密度泛函理论,建立了关于嵌段高分子/无机纳米粒子杂化材料的理论模型[98]。此外,实空间方法也被推广到可以处理聚电解质[99]和含纳米硬球的嵌段高分子体系[100]。

在 Drolet 和 Fredrickson 1999 年工作的基础上,我们发展了一套能预测任何复杂多嵌段高分子微相结构的自洽场理论并进行了数值计算[101]。以 ABC 线形三嵌段高分子为模型,研究了在两维空间中(可以在高分子薄膜或一些界面上实现)ABC 嵌段相对含量以及各嵌段之间的 Flory-Huggins 相互作用参数对体系微相形态的影响。发现对线形 ABC 三嵌段高分子,在两维空间中共有 7 种稳定的有序微相形态:层状相、柱状相(其中一个组分含量在 10%或更低,因此只能观察到两相结构)、核-壳结构的柱状相、四方相、两种含球状相的层状相以及含球状相的柱状相,如图 2-8 所示。

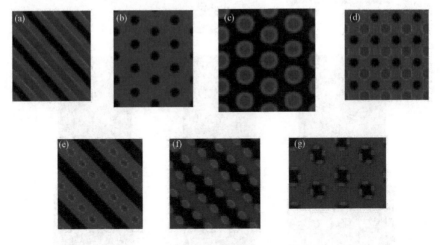

图 2-8　ABC 线形嵌段高分子在两维空间中的微相形态[101]

(a) 层状相;(b) 柱状相;(c) 核-壳结构的柱状相;(d)四方相;(e)和(f)两种含球状相的层状相;

(g)含球状相的柱状相

不同的颜色(灰度)代表不同的相

通过系统地改变体系的组分和 Flory-Huggins 相互作用参数(和温度有关),可以计算出体系的相图[101]。当三个组分的含量以及相互作用相当时,层状相是最稳定的形态。当某一个组分含量占主导时,取决于其位于嵌段的两头还是中间,核-壳结构的柱状相或四方相将是最稳定的结构。当三个组分间的相互作用不对称时,可能会出现两种含球状相的层状相以及含球状相的柱状相。此外,还考察了三嵌段高分子的嵌段序列对其微相形态的影响,发现对特定的一类 ABC 嵌段高分子,嵌段顺序的交换会导致体系微相形态在层状相和核-壳结构的柱状相之间转变,并且得到了 Mogi 和 Gido 等关于 PS-PI-PVP 的实验验证[83,84]。

　　对 ABC 星形三嵌段高分子相分离的计算表明,其相行为要比对应的线形高分子复杂[102]。原因是星形高分子的核的约束作用使得所能出现的微相结构必需满足特定的对称性。我们在两维空间中一共找到 9 种稳定的有序微相形态,显示在图 2-9 中。其中比较经典的相结构有:六角相(其中一个组分含量在 10% 或更低)、核-壳六角相、层状相、含球状相的层状相;还有一些奇异的相结构:“三色蜂窝

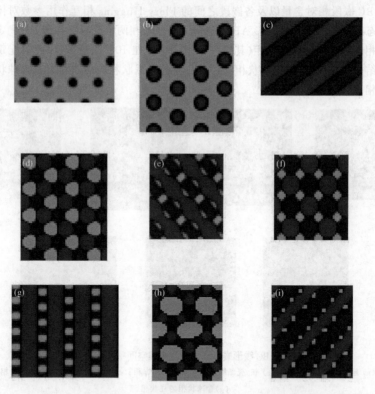

图 2-9　星形 ABC 三嵌段高分子在两维空间中的微相形态[102]

(a)六角相;(b)核-壳六角相;(c)层状相;(d)“三色蜂窝相(6-6-6 相)”;(e)编织相;(f)“8-8-4”相;
(g)含交替串珠相的层状相;(h)“10-6-4”相;(i)含球状相的层状相
不同的颜色(灰度)代表不同的相

相(6－6－6 相,由三种六边形构成)"、编织相、"8－8－4(由二种八边形,一种四边形构成)"相、含交替串珠相的层状相、"10－6－4(由十边形、六边形和四边形构成)"相。梁好均等用动态密度泛函理论[103],Bohbot-Raviv 和王振纲用密度泛函理论[104],Dotera 等用 Monte Carlo 模拟[105],研究了 ABC 星形嵌段高分子,也获得了类似的结果。最近 Takano 等合成了一系列含 PS、PI、P2VP 三个嵌段的星形高分子,并用带有计算机辅助电子成像系统的透射电镜确实观测到了"三色蜂窝相"、"8－8－4"相和一个类似"10－6－4"相的"12－6－4"相[106]。

通过系统地改变体系的组分和 Flory-Huggins 相互作用参数(和温度有关),我们可以计算出体系的相图[102]。发现当三个组分的含量以及相互作用相当时,星形高分子的核的约束作用最显著。但当其中一个组分的含量较低时,这种约束作用不明显。这些工作解释了前人在星形嵌段高分子中观察到的一些奇异的微相结构的形成,并预言了一些新的微相形态,为今后的实验工作指出了新的方向。

2.4　结　语

近 20 年来嵌段高分子微相分离的主流理论都是建立在高分子链的高斯模型的基础上,不同程度地考虑了决定嵌段高分子体系相行为的三个最重要的因素:各组分之间的相互作用能、链伸展带来的熵效应以及体系的不可压缩性。理论中大量引进了现代凝聚态物理和场论中的许多概念和方法,取得了激动人心的进展。对只包含柔性高分子链的体系的相行为,自洽场理论的预测已经可以定量地和实验相比。然而,近年来大量的实验研究的兴趣转移到含有刚棒型的嵌段、能结晶的嵌段、能交联和溶胀的嵌段等非高斯链复杂嵌段高分子体系,但目前的自洽场理论还无法处理这些体系,因此当务之急是突破高斯链的桎梏。其次,自洽场理论还是一个平均场理论,忽略了涨落对体系相行为的影响。但是,涨落对理解实际体系的有序-无序转变和相尺寸变化有相当重要的意义。再次,高分子熔体中的微结构演化过程通常比较缓慢,体系容易陷在一些亚稳的非平衡态,因此发展一个结合自洽场方法的动态密度泛函理论来揭示其中的机理,也是值得努力的重要方向。

参 考 文 献

[1]　Holden G, Legge N R, Quirk R, Schroeder H E. Thermoplastic Elastomers. 2nd Ed. Cincinnati: Hanser/Gardner Publishers, 1996

[2]　Park M, Harrison C, Chaikin P M, et al. Block copolymer lithography: periodic arrays of similar to 10^{11} holes in 1 square centimeter. Science, 1997, 276:1401

[3]　Archibald D D, Mann S. Template mineralization of self-assembled anisotropic lipid microstructures. Nature, 1993, 364:430

[4]　Morkved T L, Wiltzius P, Jaeger H M, et al. Mesoscopic self-assembly of gold islands and diblock-co-

polymer films. Appl. Phys. Lett., 1994, 64:422

[5] Daoud M, Williams C E. Soft Matter Physics. Berlin: Springer-Verlag, 1999

[6] Chan V. Vanessa Chan's Nanoporous gyroid featured on Tech Talk. http://eltweb.mit.edu/images/ research/nanostructures. html. 2005—06—20

[7] Schoen A H. Infinite periodic minimal surfaces without self-intersections. NASA Technical Note, 1970, No. TN D-5541

[8] Hajduk D A, Harper P E, Gruner S M, Honeker C C, Kim G, Thomas E L. The gyroid—a new equilibrium morphology in weakly segregated diblock copolymers. Macromolecules, 1994, 27:4063

[9] Schulz M F, Bates F S, Almdal K, Mortensen K. Epitaxial relationship for hexagonal-to-cubic phase-transition in a block-copolymer mixture. Phys. Rev. Lett.,1994, 73:86

[10] Matsen M W. The standard Gaussian model for block copolymer melts. J. Phys.: Condens. Matter, 2002, 14:R21

[11] Aggarwal S L. Structure and properties of block polymers and multiphase polymer systems: an overview of present status and future potential. Polymer, 1976, 17:938

[12] Thomas E L, Alward D B, Kinning D J, Martin D C, Handlin D L, Fetters L J. Ordered bicontinuous double-diamond structure of star block copolymers: A new equilibrium microdomain morphology. Macromolecules, 1986, 19:2197

[13] Hasegawa H, Tanaka H, Yamasaki K, Hashimoto T. Bicontinuous microdomain morphology of block copolymers. 1. Tetrapod-network structure of polystyrene-polyisoprene diblock polymers. Macromolecules, 1987, 20:1651

[14] Spontak R J, Smith S D, Ashraf A. Dependence of the OBDD morphology on diblock copolymer molecular weight in copolymer/homopolymer blends. Macromolecules, 1993, 26:956

[15] Matsen M W, Schick M. Stable and unstable phases of a block copolymer melt. Phys. Rev. Lett., 1994, 72:2660

[16] Forster S, Khandpur A K, Zhao J, Bates F S, Hamley I W, Ryan A J, Bras W. Complex phase-behavior of polyisoprene-polystyrene diblock copolymers near the order-disorder transition. Macromolecules, 1994, 27:6922

[17] Khandpur A K, Forster S, Bates F S, Hamley I W, Ryan A J, Bras W. Polyisoprene-polystyrene diblock copolymer phase diagram near the order-disorder transition. Macromolecules, 1995, 28:8796

[18] Matsen M W, Bates F S. Unifying weak- and strong-segregation block copolymer theories. Macromolecules, 1996, 29:1091

[19] Leibler L. Theory of microphase separation in block copolymers. Macromolecules, 1980, 13:1602

[20] Leibler L, Benoit H. Theory of correlations in partly labeled homopolymer melts. Polymer, 1981, 22:195

[21] Bates F S, Hartney M A. Block copolymers near the microphase separation transition. 3. Small-angle neutron scattering study of the homogeneous melt state. Macromolecules, 1985, 18:2478

[22] Benoit H, Wu W, Benmouna M, Mozer B, Bauer B, Lapp A. Elastic coherent scattering from multi-component systems. Application to homopolymer mixtures and copolymers. Macromolecules, 1985, 18:986

[23] Olvera de la Cruz M, Sanchez I C. Theory of microphase separation in graft and star copolymers. Macromolecules, 1986, 19:2501

[24]　Benoit H，Hadziioannou G. Scattering theory and properties of block copolymers with various archi-
　　　tectures in the homogeneous bulk state. Macromolecules, 1988, 21:1449

[25]　Mori K，Tanaka H，Hasegawa H，Hashimoto T. Small-angle X-ray-scattering from block copolymers
　　　in disordered state. 2. Effect of molecular-weight distribution. Polymer, 1989, 30:1389

[26]　Mayes A M，Olvera de la Cruz M，McMullen W E. Asymptotic properties of high-order random-phase
　　　approximation vertex functions for block copolymer melts. Macromolecules, 1993, 26:4050.

[27]　Shinozaki A，Jasnow D，Balazs A C. Microphase separation in comb copolymers. Macromolecules,
　　　1994, 27:2496

[28]　Foster D P，Jasnow D，Balazs A C. Macrophase and microphase separation in random comb copoly-
　　　mers. Macromolecules, 1995, 28:3450

[29]　Werner A，Fredrickson G H. Architectural effects on the stability limits of ABC block copolymers. J.
　　　Polym. Sci. B: Polym. Phys., 1997, 35:849

[30]　Huh J，Jo W H. Theory on phase behavior of triblocklike supramolecules formed from reversibly as-
　　　sociating end-functionalized polymer blends. Macromolecules, 2004, 37:3037

[31]　Uneyama T，Doi M. Density functional theory for block copolymer melts and blends. Macromole-
　　　cules, 2005, 38:196

[32]　Fredrickson G H，Helfand E. Fluctuation effects in the theory of microphase separation in block co-
　　　polymers. J. Chem. Phys., 1987, 87:697

[33]　Brazovskii S A. Phase transition of an isotropic system to a nonuniform state. Sov. Phys. JETP,
　　　1975, 68:175

[34]　Meier D J. Theory of block copolymers. I. domain formation in A-B block copolymers. J. Polym.
　　　Sci. C., 1969, 26:81

[35]　Helfand E，Wasserman Z R. Block copolymer theory. 4. Narrow interphase approximation. Macro-
　　　molecules, 1976,9:879

[36]　Helfand E，Wasserman Z R. Block copolymer theory. 5. Spherical domains. Macromolecules, 1978,
　　　11:960

[37]　Helfand E，Wasserman Z R. Block copolymer theory. 6. Cylindrical domains. Macromolecules,
　　　1980,13:994

[38]　Semenov A N. Contribution to the theory of microphase layering in block-copolymer melts. Sov.
　　　Phys. JETP, 1985, 61:733

[39]　Likhtman A E，Semenov A N. Stability of the OBDD structure for diblock copolymer melts in the
　　　strong segregation limit. Macromolecules, 1994, 27:3103

[40]　Likhtman A E，Semenov A N. Theory of microphase separation in block copolymer/homopolymer
　　　mixtures. Macromolecules, 1997, 30:7273

[41]　Olmsted P D，Milner S T. Strong segregation theory of bicontinuous phases in block copolymers.
　　　Macromolecules, 1998, 31:4011

[42]　Fredrickson G H. Stability of a catenoid-lamellar phase for strongly stretched block copolymers. Mac-
　　　romolecules, 1991, 24:3456

[43]　Olmsted P D，Milner S T. Strong-segregation theory of bicontinuous phases in block-copolymers.
　　　Phys. Rev. Lett., 1994, 72:936

[44]　Bates F S，Schulz M F，Khandpur A K，Forster S，Rosedale J H，Almdal K，Mortensen K. Fluctua-

tions, conformational asymmetry and block-copolymer phase-behavior. Faraday Discuss., 1994, 98:7

[45] Hajduk D A, Gruner S M, Rangarajan P, Register R, Fetters L J, Honeker C C, Abalak R J, Thomas E L. Observation of a reversible thermotropic order-order transition in a diblock copolymer. Macromolecules, 1994, 27:490

[46] Matsen M W, Whitmore M D. Accurate diblock copolymer phase boundaries at strong segregations. J. Chem. Phys., 1996, 105:9698

[47] Ball R C, Marko J F, Milner S T, Witten T A. Polymers grafted to a convex surface. Macromolecules, 1991, 24:693

[48] Matsen M W. Testing strong-segregation theory against self-consistent field theory for block copolymer melts. J. Chem. Phys., 2001, 114:10528

[49] Semenov A N. Theory of block copolymer interfaces in the strong segregation limit. Macromolecules, 1993, 26:6617

[50] Matsen M W, Gardiner J M. Anomalous domain spacing difference between AB diblock and homologous A(2)B(2) starblock copolymers. J. Chem. Phys., 2000, 113:1673

[51] Matsen M W, Bates F S. Testing the strong-stretching assumption in a block copolymer microstructure. Macromolecules, 1995, 28:8884

[52] Goveas J L, Milner S T, Russel W B. Corrections to strong-stretching theories. Macromolecules, 1997, 30:5541

[53] Likhtman A E, Semenov A N. An advance in the theory of strongly segregated polymers. Europhys. Lett., 2000, 51:307

[54] Ohta T, Kawasaki K. Equilibrium morphology of block copolymer melts. Macromolecules, 1986, 19:2621

[55] Kawasaki K, Ohta T, Kohrogui M. Equilibrium morphology of block copolymer melts. 2. Macromolecules, 1988, 21:2972

[56] Bahiana M, Oono Y. Cell dynamic system approach to block copolymers. Phys. Rev. A, 1990, 41:6763

[57] Zheng W, Wang Z G. Morphology of ABC triblock copolymers. Macromolecules, 1995, 28:7215

[58] Edwards S F. The statistical mechanics of polymers with excluded volume. Proc. Phys. Soc., 1965, 85:613

[59] Edwards S F. The theory of polymer solutions at intermediate concentration. Proc. Phys. Soc., 1966, 88:265

[60] Flory P J. The configuration of real polymer chains. J. Chem. Phys., 1949, 17:303

[61] Ryder L H. Quantum Field Theory. 2nd Ed. Cambridge: Cambridge University Press, 1996

[62] Hong K M, Noolandi J. Theory of inhomogeneous multicomponent polymer systems. Macromolecules, 1981, 14:727

[63] Matsen M W, Schick W. Stable and unstable phases of a linear multiblock copolymer melt. Macromolecules, 1995, 27:7157

[64] Matsen M W, Schick W. Microphase separation in starblock copolymer melts. Macromolecules, 1995, 27:6761

[65] Matsen M W, Thompson R B. Equilibrium behavior of symmetric ABA triblock copolymer melts. J. Chem. Phys., 1999, 111:7139

[66] Matsen M W, Schick W. Microphases of a diblock copolymer with conformational asymmetry. Macromolecules, 1994, 27:4014

[67] Matsen M W. Equilibrium behavior of asymmetric ABA triblock copolymer melts. J. Chem. Phys., 2000, 113:5539

[68] Matsen M W. Melts of semiflexible diblock copolymer. J. Chem. Phys., 1996, 104:7758

[69] Matsen M W, Barrett C. Liquid-crystalline behavior of rod-coil diblock copolymers. J. Chem. Phys., 1998, 109:4108

[70] Matsen M W. Stabilizing new morphologies by blending homopolymer with block copolymer. Phys. Rev. Lett., 1995, 74:4225

[71] Matsen M W. Immiscibility of large and small symmetric diblock copolymers. J. Chem. Phys., 1995, 103:3268

[72] Naughton J R, Matsen M W. Nonperiodic lamellar phase in ternary diblock copolymer/homopolymer blends. Macromolecules, 2002, 35:8296

[73] Matsen M W. Thin films of block copolymer. J. Chem. Phys., 1997, 106:7781

[74] Matsen M W. Cylinder 〈-〉 gyroid epitaxial transitions in complex polymeric liquids. Phys. Rev. Lett., 1998, 80:4470

[75] Matsen M W. Cylinder 〈-〉sphere epitaxial transitions in block copolymer melts. J. Chem. Phys., 2001, 114:8165

[76] Huang I C, Lodge T P. Self-consistent calculations of block copolymer solution phase behavior. Macromolecules, 1998, 31:3556

[77] Grason G M, DiDonna B A, Kamien R D. Geometric theory of diblock copolymer phases, Phys. Rev. Lett., 2003, 91:058304

[78] Tyler C A, Morse D C. Linear elasticity of cubic phases in block copolymer melts by self-consistent field theory. Macromolecules, 2003,36:3764

[79] Tyler C A, Morse D C. Stress in self-consistent-field theory. Macromolecules, 2003, 36:8184

[80] Wickham R A, Shi A C. Noncentrosymmetric lamellar phase in blends of ABC triblock and AC diblock copolymers. Macromolecules, 2001, 34:6487

[81] Shi A C, Noolandi J, Desai R C. Theory of anisotropic fluctuations in ordered block copolymer phases. Macromolecules, 1996, 24:6487

[82] Cosgrove T, Vincent B, Scheutjens J M H M, Fleer G J, Cohen-Stuart M A. Polymers at Interfaces. London: Chapman and Hall, 1994

[83] Mogi Y, Kotsuji H, Kaneko Y, et al. Tricontinuous morphology of triblock copolymers of the ABC type. Macromolecules, 1992, 25:5412

[84] Gido S P, Schwark D W, Thomas E L, et al. Observation of a nonconstant mean-curvature interface in an ABC triblock copolymer. Macromolecules, 1993, 26:2636

[85] Stadler R, Auschra C, Beckmann J, et al. Morphology and thermodynamics of symmetrical poly(A-block-B-block-C) triblock copolymers. Macromolecules, 1995, 28:3080

[86] Breiner U, Krappe U, Abetz V, et al. Cylindrical morphologies in asymmetric ABC triblock copolymers. Macromol. Chem. Phys., 1997, 198:1051

[87] Shefelbine T A, Vigild M E, Matsen M W, et al. Core-shell gyroid morphology in a poly(isoprene-block-styrene-block-dimethylsiloxane) triblock copolymer. J. Am. Chem. Soc., 1999, 121:8457

[88] Bailey T S, Pham H D, Bates F S. Morphological behavior bridging the symmetric AB and ABC states in the poly(isoprene-b-styrene-b-ethylene oxide) triblock copolymer systems. Macromolecules, 2001, 34:6994

[89] Bailey T S, Hardy C M, Epps III T H, et al. A noncubic triply periodic network morphology in the poly(isoprene-b-styrene-b-ethylene oxide) triblock copolymers Macromolecules, 2002, 35:7007

[90] Balsamo V, Gil G, de Navarro C U, Hamley I W, von Gyldenfeldt F, Abetz V, Canizales E. Morphological behavior of thermally treated polystyrene-b-polybutadiene-b-poly (epsilon-carprolactone) ABC triblock copolymers. Macromolecules, 2003, 36:4515

[91] Epps T H, Cochran E W, Hardy C M, Bailey T S, Waletzko R S, Bates F S. Network phases in ABC triblock copolymers. Macromolecules, 2004, 37:7085

[92] Branan A K, Bates F S. ABCA tetrablock copolymer vesicles, Macromolecules, 2004, 37:8816

[93] Hamley I W. The Physics of Block Copolymers. Oxford: Oxford University Press. 1998

[94] Bates F S, Fredrickson G H. Block copolymers-designer soft materials. Physics Today, 1999, 52:32

[95] Drolet F, Fredrickson G H. Combinatorial screening of complex block copolymer assembly with self-consistent field theory. Phys. Rev. Lett., 1999, 83:4317

[96] Drolet F, Fredrickson G H. Optimizing chain bridging in complex block copolymers. Macromolecules, 2001, 34:5317

[97] Fredrickson G H, Ganesan V, Drolet F,. Field-theoretic computer simulation methods for polymers and complex fluids. Macromolecules, 2002, 35:16

[98] Thompson R B, Ginzburg V V, Masten M W, Balazs A C. Predicting the mesophases of copolymer-nanoparticle composites. Science, 2001, 292:2469

[99] Wang Q, Taniguchi T, Fredrickson G H. Self-consistent field theory of polyelectrolyte systems. J. Phys. Chem. B, 2004, 108:6773

[100] Reister E, Fredrickson G H. Nanoparticles in a diblock copolymer background: The potential of mean force. Macromolecules, 2004, 37:4718

[101] Tang P, Qiu F, Zhang H D, Yang Y L. Morphology and phase diagram of complex block copolymers: ABC linear triblock copolymers. Phys. Rev. E, 2004, 69: 031803

[102] Tang P, Qiu F, Zhang H D, Yang Y L. Morphology and phase diagram of complex block copolymers: ABC star triblock copolymers. J. Phys. Chem. B, 2004, 108: 8434

[103] He X H, Huang L, Liang H J, Pan C Y. Self-assembly of star block copolymers by dynamic density functional theory. J. Chem. Phys., 2002, 116:10508

[104] Bohbot-Raviv Y, Wang Z G. Discovering new ordered phases of block copolymers. Phys. Rev. Lett., 2000, 85:3428

[105] Gemma T, Hatano A, Dotera T. Monte Carlo simulations of the morphology of ABC star polymers using the diagonal bond method. Macromolecules, 2002, 35:3225

[106] Takano A, Wada S, Sato S, et al. Observation of cylinder-based microphase-separated structures from ABC star-shaped terpolymers investigated by electron computerized tomography. Macromolecules, 2004, 37:9941

第3章　嵌段高分子在稀溶液中的自组装

梁好均

3.1　引　　言

聚合物及软凝聚态体系通过在平衡态的自组装或者非平衡态的动力学演化能形成复杂多相拓扑结构。具有这些复杂结构的高分子材料,包括塑料合金、嵌段共聚物、接枝共聚物、聚电解质溶液等,能否得到实际的应用,在很大程度上取决于我们能否通过调整分子和宏观参数来设计和控制相结构。例如:通过适当控制苯乙烯和丁二烯嵌段共聚物的大分子结构和二者组分比,可以得到坚硬、透明的塑料,也可以得到柔软、富有弹性的热塑性弹性体。近年来,嵌段聚合物(BCPs)的自组装行为引起了人们的普遍关注,其原因是这种材料有很多优点:相区尺寸在 10 ～ 100 nm;两嵌段具有不同的化学和物理性质;相区尺寸和相形态可以通过调整两嵌段长度和组分而控制。由于嵌段聚合物能够自组装成人们感兴趣的相结构,因此它在纳米技术领域得到广泛的应用。实际应用过程表明,相形态的精确控制是制约该种材料应用的重要因素。通过精确地控制相区的大小、取向和尽可能地减少缺陷以确保具有所期望的力学、电学、磁学和光学性能,是目前需要解决的问题。事实上,影响嵌段聚合物自组装形态的因素很多,如链结构(线形、梳状等)、相对分子质量及其分布、两嵌段长度比、不同组分间相互作用能、外场强度、溶剂挥发速率等,这些因素构成了极大的参数空间使相区尺寸和形态的控制变得非常复杂和困难。不幸的是,研究相形态和上述参数间的关系在传统上往往通过实验来得到,这些实验耗资巨大。很明显,如果理论能预测嵌段聚合物的自组装相结构并进一步预测材料的性质,那将是十分有利的。鉴于此,人们在理论方面开展了广泛的研究。

当前对于高分子以及其他软物质的模拟方法大体可以分为三类:基于原子量级、基于粗粒化模型和基于场论。在基于原子量级的模拟方法中,主要是将混合物中的成键与非成键势能以参数的形式来表达。虽然它可以很容易地来处理两元体系甚至三元体系问题,但是这种方法主要关注原子细节,却难以使较大的系统如高分子特别是多相高分子达到平衡,因此不易获得处于平衡态的自组装微相结构。基于粗粒化模型的模拟方法是将多个原子或原子团簇看成一个大的"粒子",但是它的缺陷在于对"粒子"之间的相互作用势很难参数化,因此这种方法也不十分适合于高分子自组装的研究。场论的核心在于从系统的配分函数出发,以对一个或多个化学势场的泛函积分来代替对粒子坐标的积分。就目前来说,场论方法是一个研究高分子自组装行为的较好方法,尤其对于系统平衡态性质的计算更是如此。

在本章中我们拟以两类实际的研究对象阐明场论理论在解决嵌段聚合物自组装问题上的有效性。第一类研究对象是溶剂诱导下的嵌段聚合物的组装行为。最近关于溶剂挥发诱导下的嵌段聚合物自组装行为的研究表明[1~3],具有不对称链长的嵌段聚合物可以形成一些有别于对称嵌段聚合物的微相结构。我们试图从平均场理论出发,用动态密度泛函理论(dynamic density functional theory,DDFT)研究溶剂挥发对于高分子自组装行为的影响。

第二类研究对象为嵌段聚合物在稀溶液中的组装。场论被广泛应用于高分子本体和浓溶液自组装行为的研究,但是对于稀溶液体系却很少涉及。实验已经证实,即使是最简单的两亲性两嵌段共聚物,在水溶液中也能够形成多种复杂的微相结构,包括球状、棒状、囊泡、环状和网状胶束等[4~10]。至今,人们对形成这些复杂微相结构的原因仍不十分清楚。在这些相结构中,囊泡结构备受关注,其原因是它在生物体系中非常普遍,且在生物材料方面,如制备药物释放体系以及人工细胞等,也有潜在的应用[11]。对这种体系形成的基本规律的认识有利于研究更为复杂的生物体系。因此,我们拟采用自洽场理论(self-consistent field theory,SCFT)方法对这种微相结构形成机理进行探索。

3.2　溶剂挥发诱导嵌段高分子在溶液中自组装的动力学研究

通过化学反应调控分子结构来控制纳米材料的最终结构十分困难和复杂。考虑到相对于本体中的自组装,嵌段聚合物在溶液中可以形成多种复杂的微相结构,探索如何利用溶液中的自组装来制备纳米材料将是很有意义的。其中一个关键性的问题是如何在溶剂完全挥发后仍然保持嵌段聚合物在溶剂中所形成的微相结构。如果这一思路可行的话,通过简单的改变加工条件(如溶剂的挥发速率和溶剂与高分子间的相互作用能)即可控制得到形态各异的相结构。动态密度泛函理论是一种基于场论研究聚合物自组装演化动态过程的有效方法[12~15],我们利用这一方法研究通过控制溶剂挥发速率来调控最终相形态的可行性。我们以线形 AB 两嵌段和 ABA 三嵌段为研究对象,研究了溶剂挥发的动力学过程对自组装相结构的影响[12]。该方法可以容易地推广应用于其他更复杂的多嵌段和同拓扑结构链的研究中。

3.2.1　动态密度泛函理论

关于动态密度泛函理论的细节请参见参考文献[13][14],这里仅给出其主要的公式。我们采用的是自由连接链格子模型,参考文献[13]中给出了高斯链模型的计算方法。以两嵌段(A-b-B)为例,假设在体系(体积 V)中有溶剂 S 和 n 条嵌段聚合物链,每条链上有 N_A 个 A 和 N_B 个 B 链段。在粗粒化时间尺度里,根据组分浓度 ρ_I(I 为 A、B 和溶剂 S),自由能定义为

$$F[\rho] = -\beta^{-1} n\ln\Phi + \beta^{-1}\ln n! - \sum_I \int U_I(r)\rho_I(r)\mathrm{d}r + F^{nid}[\rho] \quad (3-1)$$

式中,Φ 表示一个理想高斯链在外场 U 下的配分函数;$F^{nid}[\rho]$ 来源于非理想相互作用能。自由能是通过引入 Lagrange 乘子进行条件的函数优化得到的。外场与浓度场具有双映射关系,对于理想高斯链:

$$\rho_I[U](r) = \sum_{k=1}^{n} \sum_{s=1}^{N} \delta_{Is}^{K} Tr_c \psi \delta(r - R_s) \quad (3-2)$$

δ_{Is}^{K} 是 Kronecker delta 函数,如果 s 是 I 种链段,则 δ_{Is}^{K} 等于 1,否则 δ_{Is}^{K} 等于 0;R_s 是高分子粒子在空间的位置坐标;ψ 是单链构象分布函数。

$$\psi = \frac{1}{\Phi} e^{-\beta\left| H^{id} + \sum_{s=1}^{N} U_s(r) \right|} \quad (3-3)$$

式中,H^{id} 是自由连接链的 Edwards 哈密顿量。

$$\exp[-\beta H^{id}(R_1, \cdots, R_N)] = \prod_{s=2}^{N} \delta(| R_s - R_{s-1} | - a) \quad (3-4)$$

式中,a 是键长。固有的化学势通过自由能函数的偏导数得到:

$$\mu_I(r) = \frac{\delta F}{\delta\rho_I(r)} = -U_I(r) + \frac{\delta F^{nid}[\rho]}{\delta\rho_I(r)} \quad (3-5)$$

非理想自由能函数 $F^{nid}[\rho]$ 表示为

$$F^{nid}[\rho] = \frac{1}{2} \sum_{IJ} \iint \varepsilon_{IJ}(| r - r' |)\rho_I(r)\rho_J(r')\mathrm{d}r\mathrm{d}r'$$

$$+ \frac{\kappa_H}{2} \int \left| \sum_I \nu_I\rho_I(r) - \sum_I \nu_I\rho_I^0 \right|^2 \mathrm{d}r \quad (3-6)$$

式中,第一项是非键合分子间的相互作用;第二项来源于排除体积相互作用;ν_I 是第 I 种链段珠子的体积参数,κ_H 是表征可压缩性的参数;ρ_I^0 是组分 I 在均相熔体中的浓度。$\varepsilon_{IJ}(| r - r' |) = \varepsilon_{JI}(| r - r' |)$ 是第 I 种珠子在 r 处与第 J 种珠子在 r' 处的相互作用能,用 delta 函数表示。

$$\varepsilon_{IJ}(| r - r' |) = \varepsilon_{IJ}^{0}\delta(| r - r' | - a) \quad (3-7)$$

基于上述方程,固有的化学势表示为

$$\mu_I(r) = -U_I(r) + \sum_J \int_V \varepsilon_{IJ}(| r - r' |)\rho_J(r')\mathrm{d}r' + \kappa_H\nu_I \sum_J \nu_J\rho_J(r) \quad (3-8)$$

这里省略了不重要的常数项 $\sum_J \nu_J\rho_J^0$。在平衡状态下,$\mu_I(r)$ 为常数,方程(3-8)还

原为自由连接链模型的自洽平均场方程。当系统处于非平衡态时,固有的化学势梯度$-\Delta\mu_l$作为热动力学作用力来推动体系的松弛过程。当 Onsager 系数为常数时,则局域热动力学作用力为

$$J_l = - M\Delta\mu_l + \tilde{J}_l \tag{3-9}$$

式中,M 为扩散系数;$\tilde{J}_l$ 是热涨落所产生的通量。由方程(3-9)与连续性方程

$$\frac{\partial\rho_l}{\partial t} + \Delta \cdot J_l = 0 \tag{3-10}$$

得到密度场的朗之万方程如下:

$$\frac{\partial\rho_l(r)}{\partial t} = \Delta \cdot M\Delta\mu_l + \eta_l \tag{3-11}$$

式中,噪声分布 η_l 满足涨落耗散定律:

$$\langle\eta_l(r,t)\rangle = 0$$

$$\langle\eta_l(r,t)\eta_{l'}(r',t')\rangle = -2M\beta^{-1}\delta(t-t')\times\Delta\cdot\delta(r-r')\rho_l\Delta, \tag{3-12}$$

方程(3-11)中嵌段共聚物的密度分布是通过数值积分方法得到的。在二维格子空间采用 Crank-Nicolson 半隐式差分方法离散扩散方程(3-11)。在计算中,链段的浓度分布函数 $\rho_l[U](r)$ 通过式(3-13)的格林函数得到:

$$\rho_l[U](r) = \frac{n}{\Lambda^3\Phi}\sum_{k=1}^{M}\sum_{s=1}^{N(k)}\delta_{ls}^k G_{k,s}(r)\delta[G_{k,s+1}^i](r) \tag{3-13}$$

对于星形高分子链,每一臂上的正反格林函数通过一次积分格林传播子来计算:

$$G_{k,0}(r) = 1$$

$$G_{k,s}(r) = e^{-\beta U_s(r)}\delta[G_{k,s-1}](r)$$

$$G_{N+1}^i(r) = \prod_{m=1}^{M}\delta[G_{m,N(m)}](r)$$

$$G_{k,s}^i(r) = e^{-\beta U_s(r)}\delta[G_{k,s+1}^i](r) \tag{3-14}$$

Delta 连接算符定义为

$$\delta[X](r) = \frac{1}{4\pi a^2}\int_V \delta(|r-r'|-a)\cdot X(r')\cdot dr' \tag{3-15}$$

在格子空间里,可以采用 Fraajie 等提出的模板方法[13],我们采用的是简单的最邻近格子方法。在二维格子空间:

$$\delta[X](x,y) = \frac{1}{4}[X(x-1,y) + X(x+1,y) + X(x,y-1) + X(x,y+1)] \tag{3-16}$$

单链的配分函数通过格林增长子来计算:

$$\Lambda^3\Phi = \int_V \prod_{i=1}^{M} G_{i,N(i)}(r)dr \tag{3-17}$$

在整个模拟中,归一化的无量纲参数取值如下:

$$\tau \equiv \beta^{-1} M h^{-2} t$$

$$\Omega \equiv \nu^{-1} h^3$$

$$\chi_{IJ} \equiv \frac{\beta \nu^{-1}}{2} [2\epsilon_{IJ}^0 - \epsilon_{II}^0 - \epsilon_{JJ}^0] \qquad (3-18)$$

χ_{IJ} 是我们熟悉的第 I 种和第 J 种链段之间的 Flory-Huggins 参数;β 为浓度溺落幅度;t 为时间;τ 是无量纲时间;Ω 是噪声因子;h 是格子尺寸。

3.2.2　溶剂挥发过程建模

我们试图用 $L \times L$ 的二维格子来模拟溶液成膜中与基质平行的截面。在每个格点处所有组分的浓度和设为 1.0,即

$$\sum_{I=1}^{N_c} \rho_I(r) = 1.0 \qquad (3-19)$$

N_c 是体系中不同种类的总数。对整个系统来说,

$$\sum_V \rho_I(r) = L^2 \bar{\rho}_I \qquad (3-20)$$

式中,$\bar{\rho}_I = \dfrac{V_I}{V_s + V_P}$,是体系中组分 I 的平均浓度,$\rho_I(r)$ 由式(3-13)得到。

为了控制挥发速率,挥发成膜的条件仿照文献[2]中的方法设定,即高分子溶液置于一顶部开孔的容器内,通过小孔尺寸控制挥发速率。每一动力学时间步中溶剂由于挥发而减少的体积为

$$\Delta V = \frac{A'Bc_s}{c_s + B(c_s + c_P)} \qquad (3-21)$$

式中,c_s 和 c_P 分别是溶剂和聚合物的体积分数;A' 是与溶剂本性相关的参数;B 是一个与顶部小孔面积成正比的参数。模拟中可通过调节 B 来控制溶剂的挥发速率。在我们的模拟中,体系中各组分的浓度 ρ_I 一直在随着溶剂的挥发而变化,各组分在方格各处的浓度 $\rho_I(r)$ 可由式(3-14)计算得到,并且需要归一化以保证式(3-20)是成立的。现推导溶剂挥发过程的公式(3-21)如下。

如图 3-1 所示,高分子溶液盛于一顶部开孔的容器内,溶剂分子可经该孔逃逸出去。当体系建立平衡时,容器内充满了溶剂分子的饱和蒸气。单位时间内溶液中挥发出来的溶剂分子数是 $n_{1+} = N_{1+} S_s$,其中 N_{1+} 是与温度和溶剂分子自身相关的

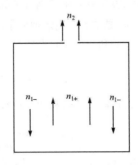

图 3-1　容器中溶液挥发成膜的示意图

顶部开有小孔的容器中盛有高分子溶液,单位时间内溶液表面从溶液进入气相的溶剂分子数为 n_{1+},气相-液相的溶剂分子数为 n_{1-},由容器顶部小孔逸出的溶剂分子数为 n_2

常数，S_0 是溶液表面被溶剂分子占据的面积。假定溶液中聚合物分子是均匀分散的，那么气液界面中聚合物占据的面积正比于它的体积分数，于是

$$n_+ = N_{1+} S_0 \frac{c_S}{c_S + c_P} \tag{3-22}$$

式中，S_0 是气液界面的面积；c_S 和 c_P 分别是溶剂和聚合物的浓度。当气相中的溶剂分子碰撞气液界面时，假定只有与溶剂部分接触才有可能被捕获而重新进入溶液，从而单位时间内返回到溶液中的溶剂分子数为

$$n_- = \omega_0 \varpi S_0 \frac{c_S}{c_S + c_P} \tag{3-23}$$

式中，ω_0 是容器中溶剂分子的数密度；ϖ 是溶剂分子垂直于相界面向下运动的平均速率。平衡时，有 $n_+ = n_-$，由方程(3-22)和(3-23)，得：

$$N_{1+} = \omega_0 \varpi \tag{3-24}$$

容器内气相中溶剂分子的数密度应当正比于它的蒸气压，于是溶液中挥发的溶剂分子净数目为

$$n_1 = n_+ - n_- = (\omega - \omega_0) \varpi S_0 \frac{c_S}{c_S + c_P} = a_1 (p_0 - p_i) \frac{c_S}{c_S + c_P} \tag{3-25}$$

式中，a_1 是常数；p_0 和 p_i 是饱和及即时蒸气压。假定容器外溶剂分子的蒸气压为零，从小孔中逸出的溶剂分子数为[16]

$$n_2 = D \frac{\partial \omega}{\partial Z} \cdot S_P = a_2 D \frac{\Delta p}{\Delta z} \cdot S_P = \frac{a_2' p_i}{l_0} \cdot S_P = a_2'' p_i S_P \tag{3-26}$$

式中，D 是气相中溶剂分子的扩散系数；l_0 是容器顶部的壁厚；S_P 是孔的面积；a_2，a_2'，a_2'' 是常数。当溶剂分子的挥发和从小孔的逃逸达到平衡时，$n_1 = n_2$。由方程(3-25)和(3-26)，得到

$$p_i = \frac{a_1 c_S p_0}{a_1 c_S + a_2'' S_P (c_S + c_P)} \tag{3-27}$$

结合方程(3-26)和(3-27)，可得到逸出容器的溶剂分子数

$$\Delta n = n_2 = \frac{a_1 a_2'' p_0 S_P c_S}{a_1 c_S + a_2'' S_P (c_S + c_P)} = \frac{ABc_S}{c_S + B(c_S + c_P)} \tag{3-28}$$

式中，$A = a_1 p_0$；$B = a_2'' S_P / a_1$。最后可导出单位时间内溶剂体积的减少如式(3-21)所表述。

3.2.3　结果与讨论

我们的模拟是在25×25的二维方格上进行，体系中包含三种组分：溶剂S、嵌段共聚物中的组分A和B，其相互作用参数依次为 $\chi_{AB} = 6.25$，$\chi_{SA} = 1.75$，$\chi_{SB} = 0.50$，$\chi_{AA} = \chi_{BB} = \chi_{SS} = 0.0$，因此溶剂是 B 的良溶剂，是 A 的劣溶剂，A 和 B 不相

容。图 3-2 的结果表明本体中两嵌段聚合物在两段等长时将自组装成等宽的条带结构,而两段不等长时通常得到不规整的球状分散相,这些结果早已为实验[17～19]和理论[20～26]所熟知。然而,对不等长的嵌段聚合物所形成的不等宽条带/层状结构则很少报道[1,2]。我们这里将用模拟来探讨这一问题。图 3-3 中给出了不对称两嵌段聚合物 A_{10}-b-B_3 的溶液挥发过程,这里通过设定 $B = 0.01$ 得到较低的挥发速率。有趣的是,最终聚合物的相结构为不等宽的条带结构。

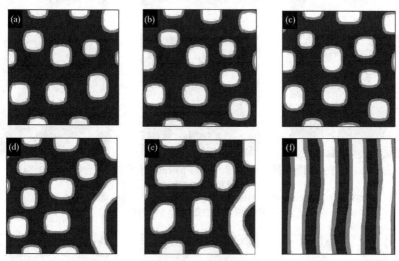

图 3-2　不同组分比例的两嵌段聚合物本体的相结构
B 组分的比例从(a)到(f)依次为 f_B=0.23,0.25,0.27,0.33,0.38 和 0.50
黑色:A;白色:B

图 3-3(a)中聚合物的浓度为 40%,由于 A 与 B 及 A 与溶剂不相容而形成球状分散相,B 与溶剂形成连续相。当聚合物浓度增大到 66% 时,球状相开始相互接触,随着溶剂的减少,A 逐渐形成条带相,当溶剂最终消失时体系仍维持条带结构,且由于 A 和 B 链长度差别较大,从而形成宽度不等的条带相。当增加挥发速率,B=0.05,相结构演化过程如图 3-4 所示,其基本变化趋势相近,但最终得到的条带结构是有缺陷的。当溶剂挥发速率进一步增大至 B=1.0 时,最终得到的球状分散相结构(图 3-5)与本体的自组装[图 3-2(b)]很相近。为了弄清这些相结构的形成机制,我们研究了不同聚合物浓度下溶液的平衡相结构。Fredrickson 和 Leiber 等用自洽场方法计算得到,随温度和溶液浓度的不同,嵌段聚合物可形成层状、六角柱状、体心立方相及无序相。我们的模拟给出了平衡态下三种典型的相结构,如图 3-6 所示。当聚合物浓度低于 55% 时,体系中 A 形成球状分散相[图3-6(a)];介于 55% 和 72% 之间时,体系中条带结构[图 3-6(b)]最稳定;溶剂

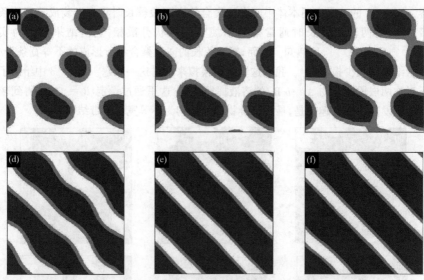

图 3-3　在低的溶剂挥发速率(B＝0.01)下两嵌段不等长的聚合物(f_B＝0.23)
溶液相结构演变过程

溶液中聚合物的浓度从(a)到(f)依次为 c＝0.40, 0.57, 0.66, 0.78, 0.95 和 1.0

黑色:组分 A;白色:组分 B＋溶剂

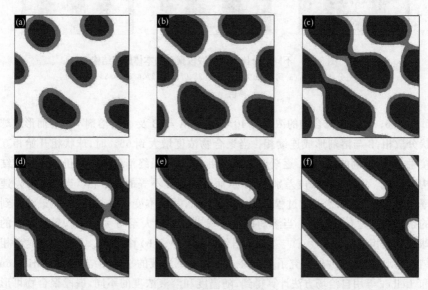

图 3-4　在较高的溶剂挥发速率(B＝0.05)下两嵌段不等长的聚合物(f_B＝0.23)
溶液相结构演变过程

溶液中聚合物的浓度从(a)到(f)依次为 c＝0.40, 0.68, 0.76, 0.86, 0.95 和 1.0

黑色:组分 A;白色:组分 B＋溶剂

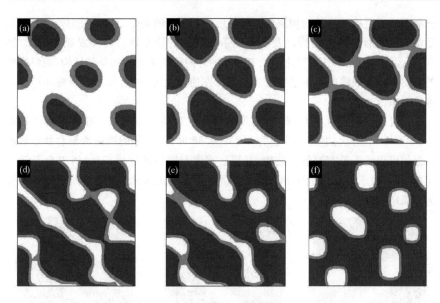

图 3-5　在高的溶剂挥发速率($B=1.0$)下两嵌段不等长的聚合物($f_B=0.23$)

溶液相结构演变过程

溶液中聚合物的浓度从(a)到(f)依次为 $c=0.41, 0.76, 0.89, 0.96, 0.99$ 和 1.0

黑色:组分 A;白色:组分 B+溶剂

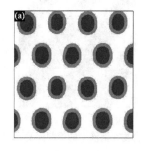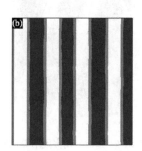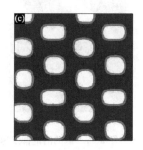

图 3-6　两嵌段不等长的聚合物($f_B=0.23$)溶液在不同浓度下的平衡相结构

溶液中聚合物的浓度从(a)到(c)依次为 $c=0.40, 0.65$ 和 0.89

黑色:组分 A;白色:组分 B+溶剂

进一步减少时,B 和溶剂形成球状分散相[图 3-6(c)]。由图 3-6 的结果很容易理解图 3-5 的成因。当溶剂挥发速率较低时,稀溶液很容易达到平衡;当浓度增加到 55% 以上时,体系逐渐形成条带结构。由于规整的条带结构是势能面上的一个局域极小点,当溶剂进一步挥发,要从现在的有序结构调整为球状分散相需要克服很大的能垒,而且随着溶剂的减少,高分子链的运动能力减弱,由于松弛时间过长而无法向更稳定的球状相演化。所以形成不等宽的条带结构的关键是溶液需要足够的时间形成条带结构以及所形成条带结构的稳定性。当挥发速率增大（图3－4），溶液在55％和72％之间没有足够的时间调整成规整的条带结构，最终得到的结构是包含缺陷的条带结构。当溶剂挥发速率足够快时，体系的最终相形态与本体类似。

通过改变嵌段 A 的链长，我们观察到一系列类似的现象。在低的挥发速率下，如图3－7所示，组分 B 含量为0.23～0.38时，不对称的两嵌段聚合物溶液的自组装可得到不等宽的条带结构，其相区宽度与嵌段长度成正比；当 B 链长进一步减小时，由于 B 相形成的相区太薄而不足以形成层状相，最终由条带结构演变为更稳定的球分散相。

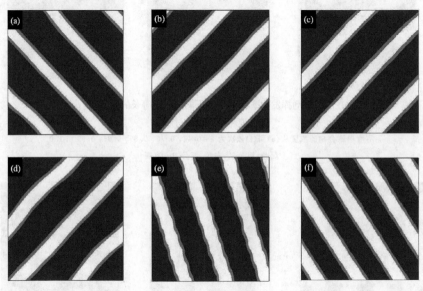

图3－7　低的溶剂挥发速率下（$B=0.01$），两嵌段不等长的聚合物在溶液中的溶剂挥发完全后的平衡态相结构

嵌段聚合物链中组分 B 的比例从(a)到(f)依次为 $f_B=0.23, 0.25, 0.27, 0.30, 0.33$ 和 0.38
黑色：组分 A；白色：组分 B

类似于两嵌段共聚物，在我们的模拟中对含有两种不同组分的三嵌段聚合物 B-b-A-b-B 也能够通过控制低的挥发速率得到不等宽的有序条带结构（图3－8）。关于通过控制挥发速率来控制三嵌段的自组装，何天白等基于聚苯乙烯-丁二烯-苯乙烯体系的工作[2]表明终态的微相结构极大地取决于溶剂的挥发速率。他们的结果中也观察到了有缺陷的不等宽的层状结构。根据我们的研究结果猜测，或许可通过选择合适的挥发速率及其他条件来消除这些缺陷。

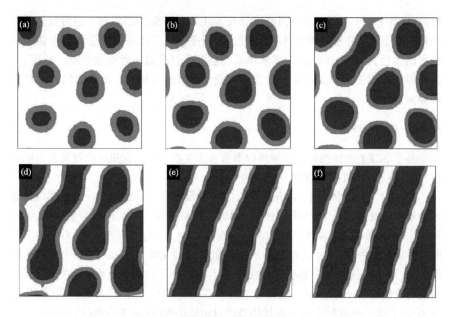

图 3-8　在低的溶剂挥发速率($B=0.01$)下,三嵌段聚合物 B-b-A-b-B($f_B=0.29$)
溶液相结构演变过程

溶液中聚合物的浓度从(a)到(f)依次为 $c=0.40,0.57,0.66,0.78,0.95$ 和 1.00

黑色:组分 A;白色:溶剂+组分 B

　　综上所述,我们基于动态密度泛函方法的模拟研究了嵌段聚合物在选择性溶剂中的自组装相结构与溶剂挥发速率的依赖关系。结果表明,链长不对称的嵌段聚合物可通过控制合适的溶剂挥发速率而自组装成规整的不等宽的条带结构,且条带宽度与链长成正比,从而为纳米材料的制备提供了一种新的途径。

3.3　嵌段高分子稀溶液体系的自组装

　　自洽场理论(SCFT)首先由 Edwards 于 20 世纪 60 年代左右提出,在随后的几十年里,Helfand 等将它引入到嵌段共聚物本体自组装的研究中[27]。目前,有两种方法来求解 SCFT 方程:①谱方法;②实空间方法。谱方法最早是由 Matsen 和 Schick 应用到两嵌段共聚物的研究之中[28]。他们从所猜想的微相结构出发,以其对称性来构造傅里叶基组,由此求解 SCFT 方程。在较大的样本体系中,这种方法可以较精确地计算体系的自由能以及相图,但是由于对称性假设的限制,使得对于探索未知微相结构的研究十分困难。为了克服这个困难,Drolet 和 Fredrickson 设计了一种无需猜测微相结构的实空间方法来求解 SCFT 方程[29]。他们从均相出发,设计了一个迟豫动力学过程来寻找 SCFT 方程的稳定解,这个过程虽然并不严格对应于真实体系的相分离动力学过程,但是提供了体系寻求最低自由能的一种可能途径,因此也可以作为探索体系动态演变过程的一种有效手段。然而,上面所提到的方法却很少涉及非常具有挑战性的稀溶液体系。因此我们对此将有所探索。

3.3.1　自洽场理论

关于 SCFT 的详细理论推导可以参看参考文献[28a],这里我们仅从自由能函数出发,阐述 SCFT 在稀溶液中的实空间算法[30]。

在体积为 V 的体系中,含有两亲性 AB 嵌段共聚物和溶剂 S。两亲性 AB 嵌段共聚物由疏液段 A 和亲液段 B 组成,体系中 A 段和 B 段的体积分数分别为 f_A 和 f_B。聚合物和溶剂在体系中的含量分别是 $f_P = f_A + f_B$ 和 $f_S = 1 - f_P$。在实空间自洽场理论中,我们考虑高分子链在一组有效的化学势场 ω_I 的作用,I 表示链段 A 或 B,通过这组化学势场取代实际的不同组分之间的相互作用,它们分别与对应的链段密度 ϕ_I 相共轭。同样溶剂分子在对应的化学势场 ω_S 的作用下,化学势场 ω_S 共轭于溶剂密度 ϕ_S。这样体系的自由能函数(以 $k_B T$ 为单位)为

$$F = -f_S \ln(Q_S/V) - \frac{f_P}{N}\ln(Q_P/V)$$
$$+ \frac{1}{V}\int d\mathbf{r}[\chi_{AB}\phi_A\phi_B + \chi_{AS}\phi_A\phi_S + \chi_{BS}\phi_B\phi_S$$
$$- \omega_A\phi_A - \omega_B\phi_B - \omega_S\phi_S - P(1 - \phi_A - \phi_B - \phi_S)] \qquad (3-29)$$

式中,N 为两亲性嵌段共聚物的链长;χ_{AB},χ_{AS} 及 χ_{BS} 分别是组分 A 与 B 之间、组分 A 与 S 之间及组分 B 与 S 之间的 Flory-Huggins 作用参数;P 是作为压力的 Lagrange 乘子,保证体系的不可压缩性。在有效化学势场 ω_S 下,溶剂的配分函数为

$$Q_S = \int d\mathbf{r}\exp(-\omega_S) \qquad (3-30)$$

一个嵌段高分子链 A-b-B 在有效化学势场 ω_A 和 ω_B 的配分函数为

$$Q_P = \int d\mathbf{r}\, q(\mathbf{r},1) \qquad (3-31)$$

式中 $q(\mathbf{r},1)$ 是链终点的分布函数,这个分布函数表示从链一端开始,沿着链走了长度为 s 时,到链终点在空间 $\mathbf{r}$ 处的概率。将此链的路径参数 s 归一化后,s 从 0 增加到 1(对应从链一端到另一端)。采用柔性高斯链模型来描述单链的统计量,函数 $q(\mathbf{r}, s)$ 满足扩散方程:

$$\frac{\partial}{\partial s}q(\mathbf{r},s) = \Delta^2 q(\mathbf{r},s) - N\omega\, q(\mathbf{r},s) \qquad (3-32)$$

这个方程满足初始条件 $q(\mathbf{r},0)=1$,这里当 $0 < s < 1-f_A$ 时,ω 为 ω_A;而当 $1-f_A <$

$s<1$ 时，ω 为 ω_B。类似地，第二个分布函数 $q'(\boldsymbol{r},s)$（从另一方向，包含链的另一端）也同样满足扩散方程，在方程(3-32)的右边乘以 -1，初始条件 $q'(\boldsymbol{r},0)=1$。这样每种组分密度都可通过下面的等式计算得到：

$$\phi_A(\boldsymbol{r}) = \frac{1}{Q_P}\int_0^{c_A} \mathrm{d}s\, q(\boldsymbol{r},s)\, q'(\boldsymbol{r},1-s)$$

$$\phi_B(\boldsymbol{r}) = \frac{1}{Q_P}\int_{c_A}^{1} \mathrm{d}s\, q(\boldsymbol{r},s)\, q'(\boldsymbol{r},1-s) \qquad (3\text{-}33)$$

$$\phi_S(\boldsymbol{r}) = \frac{\exp(-\omega_S(\boldsymbol{r}))}{Q_S}$$

式中，c_A 是在一个嵌段高分子链上 A 段的长度分数。由平衡条件，即自由能泛函对密度和压力变分求极小，即 $\delta F/\delta\phi = \delta F/\delta P = 0$ 时，可导出下面的自洽场方程组：

$$\omega_A(\boldsymbol{r}) = \chi_{AB}(\phi_B(\boldsymbol{r})-f_B) + \chi_{SA}(\phi_S(\boldsymbol{r})-f_S) + P(\boldsymbol{r})$$

$$\omega_B(\boldsymbol{r}) = \chi_{AB}(\phi_A(\boldsymbol{r})-f_A) + \chi_{BS}(\phi_S(\boldsymbol{r})-f_S) + P(\boldsymbol{r})$$

$$\omega_S(\boldsymbol{r}) = \chi_{SA}(\phi_A(\boldsymbol{r})-f_A) + \chi_{BS}(\phi_B(\boldsymbol{r})-f_B) + P(\boldsymbol{r}) \qquad (3\text{-}34)$$

$$\phi_A(\boldsymbol{r}) + \phi_B(\boldsymbol{r}) + \phi_S(\boldsymbol{r}) = 1$$

在方程组(3-34)中，对势场进行了常数平移。采用的方法是在具有周期边界条件下的二维方盒子中，求最低自由能的解。初始 ω 通过 $\omega_j(\boldsymbol{r}) = \sum_{i\neq j}\chi_{ij}(\phi(\boldsymbol{r})-f_i)$ 来构造，其中 f_i 表示不同链段组分和溶剂在体系中的平均分数；而 $\phi_i(\boldsymbol{r})-f_i$ 满足高斯分布：

$$(\phi_i(\boldsymbol{r})-f_i) = 0$$

$$(\phi_i(\boldsymbol{r})-f_i)(\phi_j(\boldsymbol{r}')-f_j) = \beta f_i f_j \delta_{ij}\delta(\boldsymbol{r}-\boldsymbol{r}') \qquad (3\text{-}35)$$

式中，β 定义为密度涨落系数，与初始温度相关。有效压力场 P 通过解方程(3-34)得到：

$$P = \frac{C_2 C_3(\omega_A+\omega_B) + C_1 C_3(\omega_B+\omega_S) + C_1 C_2(\omega_A+\omega_S)}{2(C_1 C_2 + C_2 C_3 + C_1 C_3)} \qquad (3\text{-}36)$$

式中，$C_1 = \chi_{SA}+\chi_{BS}-\chi_{AB}$，$C_2 = \chi_{SA}+\chi_{AB}-\chi_{BS}$ 和 $C_3 = \chi_{AB}+\chi_{BS}-\chi_{SA}$。与化学势场 ω_I 相对应的密度场 ϕ_I，可通过方程(3-33)来计算，然后用下列方程：

$$\omega_I^{\text{new}} = \omega_I^{\text{old}} + \Delta t\left.\frac{\delta F}{\delta\phi_I}\right|^* \qquad (3\text{-}37)$$

更新化学势场，这里：

$$\left.\frac{\delta F}{\delta\phi_I}\right|^* = \sum_{M\neq I}\chi_{IM}(\phi_M(\boldsymbol{r})-f_M) + P(\boldsymbol{r}) - \omega_I^{\text{old}} \qquad (3\text{-}38)$$

作为化学势。

在我们的模拟中，时间步长 $\Delta t = 0.3$。通过迭代直到自由能收敛到局域最小值。

相结构对应着亚稳态。

数值模拟在二维空间的 220×220 网格中进行。以无扰状态下高分子链的均方旋转半径 R_g 为长度单位。样本的空间长度 $L=73.333$，网格间隔 $\Delta x=0.3333$。从以往的模拟工作来看，样本的尺寸应保证足够大，防止相形态受小样本尺寸的影响。在我们的模拟中，采用更大的样本和更小的格间距对模拟结果没有明显的影响，确保选取的样本大小合理。根据高分子在溶液中的临界浓度[31]：

$$\rho_v^* = N/\pi R_g^2, \qquad R_g = \sqrt{N} \qquad\qquad (3-39)$$

式中，N 是链长。在二维体系中，$\rho_v^*=0.318$，而在我们的模拟体系中，$f_P=0.1$，从而保证了体系为稀溶液体系。同时在模拟体系中，链长 N 为 17，B 段的长度分数为 0.118。

3.3.2　A-B 两嵌段聚合物在稀溶液中的组装行为

我们的模拟表明了两亲性嵌段共聚物在稀溶液中，通过选择适当的分子参数能够形成不同形态的复杂微相结构，如球形、棒状胶束、囊泡等结构；而对不同的两亲性嵌段共聚物，通过选择溶剂种类和制备方法，这些形态可以被制备的事实已经被大量的实验所证实[27~30]。

当选择相互作用参数 $\chi_{AB}N=17.85$，$\chi_{AS}N=20.4$，$\chi_{BS}N=-7.65$ 时，即 B 链段亲溶剂，我们发现由于初始密度涨落 β 的不同，形成不同的微相结构，如图 3-9 所示，如棒状、球形以及不同半径大小的囊泡结构。

当 B 段的亲液性变差，例如当选择相互作用参数 $\chi_{AB}N=17.85$，$\chi_{AS}N=20.4$，$\chi_{BS}N=0.6375$ 时，我们得到了一组完全不同的微相图样，如球形胶束和复合囊泡（图3-10）。当 B 段的溶解性进一步提高后，相互作用参数 $\chi_{AB}N=17.85$，$\chi_{AS}N=20.4$，$\chi_{BS}N=-19.125$ 时，则得到球形胶束和塌缩的囊泡结构[27~30]（图 3-11）。

在模拟中，选择每一组参数，我们采用不同的随机序列重复模拟多次，以保证所得的结果不是偶然的。值得注意的是对于固定的体系，也就是聚合物含量固定，分子作用参数保持不变，β 值对最终的相形态起到重要的作用。事实上，在稀溶液中，最终的微相结构是由方程(3-34),(3-35),(3-37)决定的。因此，不同的初始条件(β值)应该对应不同的解(也就是不同的微相形态)。在以前的实空间自洽场应用中，如浓溶液或熔体中并没有发现这样的情况(在这些体系中，微相结构的形成不依赖于初始密度涨落)，这是因为在这些体系中，初始密度涨落相对于本身组分密度来说很小，对最终相结构图样的影响可以忽略。然而，在稀溶液中，初始浓度的涨落与其自身的平均浓度相对可比，这时初始浓度涨落的影响不可忽略。在相分离前，高分子链在均一的稀溶液中涨落。一旦相分离发生，涨落产生的预聚集使聚合物形成核，这样相区逐渐长大。这一过程可通过方程(3-35)来实现初始

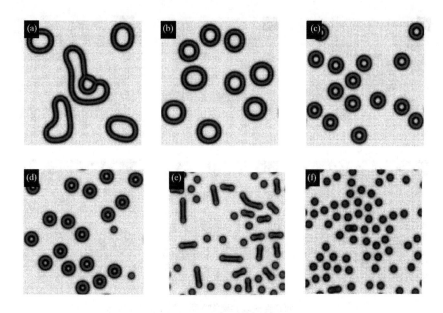

图 3-9　两亲性嵌段共聚物在稀溶液中的微相形态

$\chi_{AB} N = 17.85$, $\chi_{AS} N = 20.4$, $\chi_{BS} N = -7.65$。灰色和黑色分别代表 A 链段（憎液）和 B 链段（亲液）的分布

共聚物在溶液中的浓度为 $f_P = 0.1$, B 链段的长度分数为 0.118

(a) $\beta = 1.0 \times 10^{-14}$, $F = 0.2926$; (b) $\beta = 1.0 \times 10^{-6}$, $F = 0.2929$; (c) $\beta = 0.0025$, $F = 0.2934$;

(d) $\beta = 0.01$, $F = 0.2946$; (e) $\beta = 0.09$, $F = 0.3131$; (f) $\beta = 0.16$, $F = 0.3242$

高分子浓度涨落，涨落的振幅通过参数 β（这里我们称之为初始浓度涨落振幅）来调节。这里，我们选取一个例子来说明 β 的影响。如图 3-9，相互作用参数为 $\chi_{AB} N = 17.85$, $\chi_{AS} N = 20.4$, $\chi_{BS} N = -7.65$ 时，在较低的初始浓度涨落振幅 $\beta = 0.0025$ 时，得到大量的大小均一的囊泡，而增加初始浓度涨落的振幅，如 $\beta = 0.09$ 和 $\beta = 0.16$ 时，则分别得到棒状、球形的混合胶束和尺寸均一的球形胶束。

通过比较平衡后的相对自由能，我们能够判断不同微相结构的稳定性。$\chi_{AB} N = 17.85$, $\chi_{AS} N = 20.4$, $\chi_{BS} N = -7.65$ 时，最稳定的形态是不规则的大囊泡结构（从图3-9，可以看到自由能 $F = 0.2926$）。当削弱 B 链段的亲液性时，也就是 $\chi_{AB} N = 17.85$, $\chi_{AS} N = 20.4$, $\chi_{BS} N = 0.6275$，复合囊泡比其他形态都稳定（如图 3-10所示，相对自由能 $F = 0.2622$）。而当选择适当的分子作用参数，塌缩囊泡结构成为最稳定的结构（图 3-11，相对自由能 $F = 0.3115$），模拟结果与实验结果是一致的[27~30]。尽管不同微相结构的形态相差很大，不同形态的自由能却相差很小。实际上，人们在实验中，对于相同的体系而采用不同的制备方法，常常得到完全不同的相结构。很明显，不同相结构的形成强烈地依赖于在溶液中相结构形成

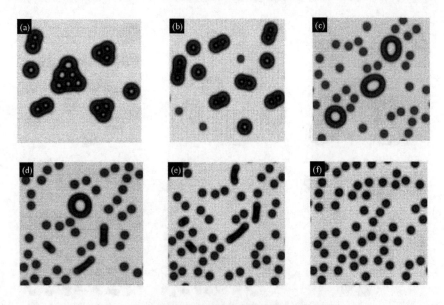

图 3-10　两亲性嵌段共聚物在稀溶液中的微相形态

$\chi_{AB} N = 17.85, \chi_{AS} N = 20.4, \chi_{BS} N = 0.6275$

(a) $\beta = 1.0 \times 10^{-16}$, $F = 0.2622$;(b) $\beta = 1.0 \times 10^{-6}$, $F = 0.2679$ (c) $\beta = 0.04$, $F = 0.2935$

(d) $\beta = 0.0625$, $F = 0.2990$; (e) $\beta = 0.09$, $F = 0.3052$;(f) $\beta = 0.16$, $F = 0.3099$

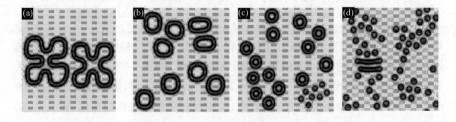

图 3-11　两亲性嵌段共聚物在稀溶液中的微相形态

$\chi_{AB} N = 17.85, \chi_{AS} N = 20.4, \chi_{BS} N = -19.125$

(a) $\beta = 0.0225$, $F = 0.3115$;(b) $\beta = 0.04$, $F = 0.3105$;(c) $\beta = 0.0625$, $F = 0.3121$;

(d) $\beta = 0.09$, $F = 0.3345$

的演化路径,而这种演化路径是由实验条件来控制的,在我们的模拟中,由初始的浓度涨落来控制。

图 3-12 和图 3-13 显示了在 $\chi_{AB} N = 17.85$, $\chi_{AS} N = 20.4$, $\chi_{BS} N = -7.65$ 条件下,采用不同的初始浓度振幅 $\beta = 0.0025$ 和 $\beta = 0.16$ 时的演变过程。我们发现当初始浓度涨落比较低的时候,形成的大部分核是不稳定的,刚生成便被溶剂溶解

掉,不能形成稳定的核结构。经过较长的组织时间,β=0.0025,t=33(在模拟中对应 110 个迭代步),几个稳定的核才生成。对比来看,当初始浓度涨落比较大时(β=0.16),稳定的核形成非常快(t=0.6,在模拟中对应 2 个迭代步),这里形成的核不容易被溶解掉。如图 3 - 12 所示。在初始浓度振幅较低的情况下,β=0.0025,在 t=33 时核的组分分布是一个单峰。也就是说亲液段和憎液段组成从核的中心向边缘降低,而在核的中心溶剂仍保持高的浓度;进一步演化,更多的憎液段聚集到核的内部,由于憎液段对溶剂的排斥性,使内部溶剂的含量降低。值得注意的是在核中心处亲液段的含量仍然保持较高的浓度,亲液段有能力将溶剂吸引到核内部;再进一步演化,憎液段的密度分布分成双峰,表明核的中心憎液段降低,亲液段和溶剂的浓度升高。最终形成了一个由双层两亲性嵌段共聚物组成的囊泡,在囊泡内部充满了溶剂。

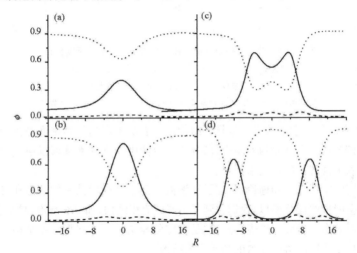

图 3 - 12　沿胶束径向各组分在不同演化时间上的密度分布 φ

$\chi_{AB}N=17.85$, $\chi_{AS}N=20.4$, $\chi_{BS}N=-7.65$, β=0.0025

——憎液段 A；----亲液段 B；……溶剂 S

演化时间 t 分别为:(a) t=33；(b) t=36；(c) t=45；(d) 平衡时

相应地,当在高的 β 值时(β=0.16),憎液段容易聚集到核的中心,结果亲液段的密度分布表现为双峰。在核的中部没有亲液段,实际上形成硬球胶束。随着相的进一步演化,球形胶束逐渐增大,但结构没有改变,最终形成了图 3 - 13(d)的结果。

上面的分析表明,在稀溶液中囊泡结构是稳定的相结构,囊泡形态的形成是由于初始核中心的部分亲液段的存在所致。这些亲液段有能力吸引溶剂到胶束的中

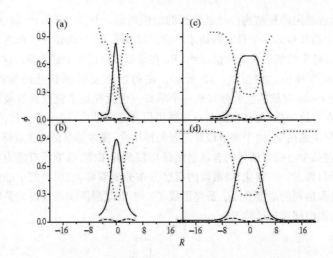

图 3-13　沿胶束径向各组分在不同演化时间上的密度分布 φ

$\chi_{AB}N=17.85,\chi_{AS}N=20.4,\chi_{BS}N=-7.65,\beta=0.16$

——憎液段 A；----亲液段 B；……溶剂 S

演化时间 t 分别为：(a) $t=0.6$；(b) $t=3.6$；(c) $t=21$；(d) 平衡时

心,进而发展形成囊泡核或其他复合结构。这表明不同的初始密度涨落导致了不同的成核结构。在真实的实验中,高分子在溶液中浓度的涨落可以通过控制向溶液中加入不良溶剂的速度来实现。

采用实空间自洽场理论,研究了稀溶液中两亲性嵌段共聚物的微相形态。通过二维空间里的计算模拟,我们得到了不同的亚相结构,如复合囊泡、单层囊泡、棒状和球形胶束。研究结果表明,囊泡是稳定的相结构。不同形态相结构的形成强烈地依赖于浓度涨落所导致的初始成核结构。

3.3.3　ABA 三嵌段聚合物在稀溶液中的组装行为

我们现讨论 ABA 三嵌段聚合物在稀溶液中的组装行为。模拟中所采用的 ABA 聚合物的链长为 68 个链节,两个端嵌段 A 的长度相等,占整个链长的 14.7%。高聚物的体积分数为 0.1。如图 3-14 所示,当相互作用参数为 $\chi_{AB}N=25.5$,$\chi_{BS}N=27.2$,$\chi_{AS}N=-8.5$ 和初始密度涨落为 $\beta=0.01$ 时,我们观察到了囊泡、蠕虫状胶束和有尾部的环状胶束三者的混合物(图 3-14)。

关于这些微结构的实验观察结果已有报道[32~34]。因球状胶束和蠕虫状胶束的形成机理已经清楚,所以我们这里主要对囊泡和环状胶束的形成机理做些讨论。图 3-14 中的囊泡形成过程见图 3-15。

我们从模拟的路径上注意到:在初始阶段由嵌段聚合物所聚集的"核"不是很

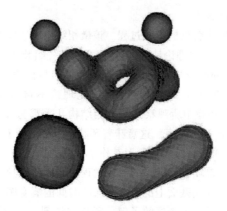

图 3-14　ABA 三嵌段两亲性聚合物在稀溶液中的微相结构

相互作用参数为 $\chi_{AB}N=25.5$，$\chi_{BS}N=27.2$，$\chi_{AS}N=-8.5$，初始密度涨落幅度 $\beta=0.01$

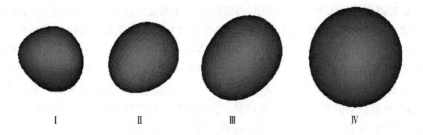

I　　　　　　　　II　　　　　　　　III　　　　　　　　IV

图 3-15　ABA 三嵌段两亲性聚合物在稀溶液中组装的微相结构随时间的演变

I . $t=30$；II . $t=45$；III . $t=60$；IV . 平衡态

稳定。这些"核"通常重新溶解到溶液中。经过长时间后（$t=30$，100 次循环），几个稳定的核被建立起来。然后这些"核"逐渐长大，进一步演变就形成了稳定的囊泡。从我们得到的亲水段、疏水段和溶剂三组分在囊泡横截面上的密度分布随时间的演变图（图略），可以更清楚地了解囊泡的演变过程。在微相结构演变的初期，形成的"核"主要由溶剂充满。少量的疏水和亲水性高分子同时均匀地分散在其中。进一步，由于疏水组分在"核"中心对水的排斥效应，中心部分水含量逐渐下降。值得注意的是：演变过程中，对应"核"中心处的亲水嵌段始终保持相当高的浓度。虽然疏水嵌段对水分子的排斥作用使水分子浓度在中心处下降，但由于此处亲水嵌段的存在和对水分子的亲合效应导致部分水分子能够被吸引到"核"的中心部位。而水分子又对该处亲水嵌段的稳定起到积极的作用。两者相辅相成，最终导致形成囊泡。由此可见，形成囊泡最关键的一步是在初始成核阶段，核中心处亲水性嵌段能够保持一定的浓度。理论计算表明，满足此条件的要求是溶液中高分子链的局域浓度起伏较小[30]。

　　下面我们讨论环状胶束的形成过程。该微相结构的形成机理至今不清楚。根据 Tlusty[35] 和 Kindt[36] 的理论计算,嵌段聚合物首先组装成 Y 字连接点的蠕虫胶束,再由此演变成为环状胶束。Bates 等在观察两亲性两嵌段在稀溶液的组装形态时的确观察到有 Y 字形蠕虫胶束[33],但此理论不符合 Pochan 等的实验事实[32],原因是他们的实验中所观察到的微相结构几乎都为环状胶束,并不存在理论所预测到的 Y 字形蠕虫胶束。这意味着环状胶束的形成有别于理论所预测的。基于这一原因,我们采用自洽场理论对其作了重新考察。

　　图 3‐16 给出了单环微相结构的形成过程。同样地,我们还得到亲水段、疏水段和溶剂三组分在囊泡横截面上的密度分布随时间的演变图(图略)。这样,我们对环状胶束的形成过程有了更好的了解。我们注意到,这里初始阶段微相结构的形成与囊泡的形成特别类似。只有在 $t=30$ 和 150 后,所形成的微结构类似于囊泡,但疏水段在微相中分布不均匀。在微相结构的表面上,存在疏水嵌段构造的疏水层较薄之处。该处在 $t=300$ 时因表面张力作用发生破裂。伴随着囊泡的破裂,环境的水分子扩散到囊泡中心。囊泡破裂要求各组分浓度在空间位置重新分配以满足自由能最低的要求。逐渐地,亲水段占据中心位置且两侧与水相连接,导致水分子被吸引到中心位置,形成一个空洞。最终形成环状胶束。我们看到,环状胶束的形成是由于疏水性嵌段在囊泡中分布不均匀导致表面局部破裂所致。基于这个机理,网状胶束的形成机理也很清楚。正如模拟中所观察到的,由于疏水组分分布的不均匀,在囊泡的表面形成多处破裂,导致最终的网状结构。

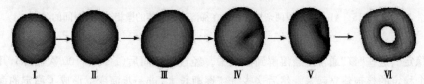

I　　　　Ⅱ　　　　Ⅲ　　　　Ⅳ　　　　Ⅴ　　　　Ⅵ

　　图 3‐16　ABA 三嵌段两亲性聚合物在稀溶液中组装的微相结构随不同时间的演变
Ⅰ. $t=15$；Ⅱ. $t=30$；Ⅲ. $t=150$；Ⅳ. $t=300$；Ⅴ. $t=375$；Ⅵ. 平衡态

参 考 文 献

[1]　Rohadi A, Tanimoto S, Sasaki S. Morphological difference between solution-cast and melt-quenched crystalline-amorphous diblock copolymers. Polym. J., 2000, 32(10):859

[2]　Zhang Q, Tsui O K C, Du B, Zhang F, Tang T, He T. Observation of inverted phases in poly(styrene-b-butadiene-b-styrene) triblock copolymer by solvent-induced order-disorder phase transition. Macromolecules, 2000, 33(26): 9561

[3]　Kim G, Libera M. Morphological development in solvent-cast polystyrene-polybutadiene-polystyrene (SBS) triblock copolymer thin films. Macromolecules, 1998, 31(8):2569

［4］　Zhang L, Eisenberg A. Multiple morphologies and characteristics of crew-cut micelle-like aggregates of polystyrene-b-poly(acrylic acid) diblock copolymers in Solution. Science, 1995, 268(5218)：1728

［5］　Zhang L, Yu K, Eisenberg A. Ion-induced morphological changes in "crew-cut" aggregates of amphiphilic block copolymers. Science, 1996, 272 (5269)：1777

［6］　Zhang L, Eisenberg A. Morphogenic effect of added ions on crew-cut aggregates of polystyrene-b-poly (acrylic acid) block copolymers in solutions. Macromolecules, 1996, 29 (27)：8805

［7］　Luo L B, Eisenberg A, Thermodynamic size control of block copolymer vesicles in solution, Langmuir, 2001, 17(22)：6804

［8］　Jain S, Bates F S. On the origins of morphological complexity in block copolymer surfactants.Science, 2003, 300 (5618)：460

［9］　Zhu J, Liao Y, Jiang W. Ring-shaped morphology of "crew-cut" aggregates from ABA amphiphilic triblock copolymer in a dilute solution . Langmuir, 2004, 20(9)：3809

［10］　Pochan D J, Chen Z Y, Cui H G, et al. Toroidal triblock copolymer assemblies. Science, 2004, 306 (5693)：94

［11］　Discher D E, Eisenberg A. Polymer vesicles. Science, 2002, 297(5583)：967

［12］　Huang L, He X H, He T B, Liang H J. A cunning strategy in design of polymeric nanomaterials with novel microstructures. J. Chem. Phys., 2003, 119(23)：12479

［13］　Fraaije J G E M. Dynamic density functional theory for microphase separation kinetics of block copolymer melts. J. Chem. Phys., 1993, 99(11)：9202

［14］　Fraaije J G E M, Vlimmeren B A C van, Maurits N M, Postma M, Evers O A, Hoffmann C. The dynamic mean-field density functional method and its application to the mesoscopic dynamics of quenched block copolymer melts. J. Chem. Phys.,1997, 106(10)：4260

［15］　Maurits N M , Sevink G J A, Zvelindovsky A V, Fraaije J G E M. Pathway controlled morphology formation in polymer systems：reactions, shear, and microphase separation. Macromolecules, 1999, 32(22)：7674

［16］　Jeans S J. An Introduction to the Kinetic Theory of Gases. Cambridge：Cambridge University Press, 1982

［17］　Takeji H, Akira T, Hideyuki I, Hiromichi K. Domain-boundary structure of styrene-isoprene block copolymer films cast from solutions. 2. Quantitative estimation of the interfacial thickness of lamellar microphase systems . Macromolecules, 1997, 10(2)：377

［18］　Schulz M F, Khandpur A K, Bates F S, Almdal K, Mortensen K, Hajduk D A, Gruner S M. Phase behavior of polystyrene-poly(2-vinylpyridine) diblock copolymers . Macromolecules, 1996, 29(8)：2857

［19］　Hajduk D A, Harper P E, Gruner S M, Honeker C C, Kim G, Thomas E L, Fetters L J. The gyroid：a new equilibrium morphology in weakly segregated diblock copolymers. Macromolecules, 1994, 27(15)：4063

［20］　Lescanec R L, Muthukumar M. Density functional theory of phase transitions in diblock copolymer systems. Macromolecules,1993, 26(15) 3908

［21］　Delacruz M O, Transitions to periodic structures in block copolymer melts. Phys. Rev. Lett., 1991, 67(1)：85

［22］　Laradji M, Shi A C, Desai R C, Noolandi J. Stability of ordered phases in weakly segregated diblock copolymer systems. Phys. Rev. Lett., 1997, 78(13):2577

[23] Wang Z G. Curvature instability of diblock copolymer bilayers. Macromolecules, 1992, 25(14):3702

[24] McConnell G A, Gast A P. Melting of ordered arrays and shape transitions in highly concentrated diblock copolymer solutions. Macromolecules, 1997, 30(3): 435

[25] Leibler L. Theory of microphase separation in block copolymers. Macromolecules, 1980, 13(6): 1602

[26] Fredrickson G H, Leibler L. Theory of block copolymer solutions: nonselective good solvents. Macromolecules 1989, 22(3): 1238

[27] a. Edwards S F. The statistical mechanics of polymers with excluded volume. Proc. Phys. Soc. 1965, 85(546) :613; b. Helfand E. Theory of inhomogeneous polymers: Fundamentals of the Gaussian random-walk model. J. Chem. Phys., 1975, 62(3): 99; c. Helfand E, Wasserman Z R. Block copolymer theory. 4. narrow interphase approximation. Macromolecules, 1976,9(6):879; d. Vavasour J D, Whitmore M D. Self-consistent mean field theory of the microphases of diblock copolymers. Macromolecules, 1992, 25(20):5477

[28] a. Matsen M W and Schick M. Stable and unstable phases of phases of a diblock copolymer melt. Phys. Rev. Lett., 1994, 72(16):2660; b. Matsen M. Gyroid versus double-diamond in ABC triblock copolymer melts. J. Chem. Phys. 1998, 108 (2): 785

[29] a. Drolet F, Fredrickson G H. Combinatorial screening of complex block copolymer assembly with self-consistent field theory. Phys. Rev. Lett., 1999, 83(21): 4317;b. Drolet F, Fredrickson G H. Optimizing chain bridging in complex block copolymers. Macromolecules, 2001, 34 (15): 5317; c. Fredrickson G H, Ganesan V, Drolet F. Field-theoretic computer simulation methods for polymers and complex fluids. Macromolecules, 2002, 35(1): 16

[30] He X H, Liang H J, Huang L, Pan C Y. Complex microstructures of Amphiphilic diblock copolymer in dilute solution. J. Phys. Chem. B 2004, 108(5): 1731

[31] deGennes P G. Scaling Concepts in Polymer Physics. New York:Cornell University Press, 1979

[32] Pochan D J, Chen Z Y, Cui H G, Hales K, Qi K, Wooley K L. Toroidal triblock copolymer assemblies. Science, 2004, 306(5693): 94

[33] Jain S, Bates F S. On the origins of morphological complexity in block copolymer surfactants. Science, 2003, 300(5618):460

[34] Zhu J T, Liao Y G, Jiang W. Ring-shaped morphology of "crew-cut" aggregates from ABA amphiphilic triblock copolymer in a dilute solution. Langmuir, 2004, 20(9): 3809

[35] Tlusty T, Safran S A, Strey R. Topology, phase instabilities, and wetting of microemulsion networks. Phys. Rev. Lett., 2000, 84(6):1244

[36] Kindt J T. Simulation and theory of self-assembled networks: Ends, junctions, and loops. J. Phys. Chem. B, 2002, 106(33): 8223

第4章 高分子胶束化的新途径研究

江 明

4.1 引 言

在本章中我们将综述复旦大学大分子组装课题组在高分子胶束化的新途径方面的研究成果。我们在这一领域的研究源于20世纪80~90年代关于多组分聚合物中特殊相互作用导致的高分子间的增容和络合的成果。

在有关高分子共混物的研究中,在20世纪80~90年代有两个特别引人注目的领域。其一是特殊相互作用(氢键、离子-离子相互作用等)和相容性问题。通过引入特殊相互作用,使不相容体系转化为相容体系;其二是高分子络合物研究,含强相互作用的聚合物对(polymer pair)在溶液中或本体混合时,可形成高分子间络合物(interpolymer complex,又称复合物),并伴随着一些物理性能的跃变。这两个领域长期以来相互独立地发展着。在文献中有关高分子络合的长期研究中,两种配对聚合物的每一链节往往都含有特殊相互作用点;而在相容性研究中则常常在体系中只引入少量的特殊相互作用基团。但重要的是,增容和络合的驱动力都是高分子间的特殊相互作用。文献中这两个方向虽都有大量的研究,但极少有工作注意到这两者之间的区别和联系,没有人报道过相容和络合两种物理状态间的异同。我们的长期研究工作集中于可控特殊相互作用的体系,也就是通过共聚反应或化学修饰使一种或两种组成聚合物的作用基团的含量改变,从而改变共混物中两组分相互作用的密度。研究发现,随着体系中特殊相互作用密度的增加,体系可经历从不相容到相容直到络合这三个不同的物理状态,即实现"不相容 – 相容 – 络合转变"。在溶液中,随着特殊相互作用密度的增加,两种聚合物会从独立的分子线团演变为可溶络合物直至形成络合物沉淀。我们的研究揭示了相容和络合这两种状态间的区别和联系,从而沟通了高分子相容性和高分子络合这两大研究领域。到90年代后期,我们在这一领域已形成了系统的研究成果[1, 2]。

从90年代起,国际学术界有关大分子自组装的研究日益活跃,构成了超分子化学与高分子科学的交叉领域。我们当时所反复思考的一个问题是,大分子络合物和分子组装的驱动力都是分子间的特殊相互作用,且都是自发的过程,但超分子化学或分子组装的著作或期刊中很少涉及大分子络合的研究。或者说大分子络合物并不被视为一种大分子组装体。究其原因,可能主要是由于大分子络合物通常都是无规则的聚集体,这与人们对分子组装过程导致规则结构的共识是不同的。大分子络合物的无规则结构似乎是"天生的"。试想 A 和 B 两种高分子含有可成氢键的、互补的作用基团,基团或存在于每一链节单元或在链上无规分布。当 A 和 B 共存于溶液中时,一个 A 链分子会和多个 B 链分子作用,同时一个 B 链分子也会和多个 A 链分子作用,这样形成的络合物势必是没有规则结构的。从 90 年代后期起,我们为自己提出的富有挑战性的问题是,我们能否借助于大分子间的络合作用,实现规则的组装?

在工作的早期,我们设计的路径是通过高分子的分子设计和共混途径的改变对高分子间的相互作用加以限制,即使之"局域化"。例如我们可将作用基团(如氢键给体)限于高分子链端基,这样它与氢键受体高分子的作用就受限于链的特定位置,这会有利于规则结构的形成。2002 年在北京 IUPAC 高分子世界大会期间我们便以 "Macromolecular assembly: from irregular aggregates to regular nanostructures"(大分子组装:从无规聚集体到规则纳米结构)为题做了报告,作为前期工作的小结[3]。近几年来我们进一步发现,通过大分子间或大分子-小分子间的特殊相互作用实现高分子胶束化的路径极为多样化,这是一个前景广阔的新领域。我们发展了一系列的新路径,最近一个简要的总结已在 *Accounts of Chemical Research*[4] 上发表了。

4.2　非共价键合胶束

4.2.1　"氢键接枝共聚物"的形成

我们获得的第一个非共价键合胶束(NCCM)是通过将作用单元在键上的"局域化"的方法实现的。具体地说,就是将质子给体单元限制在聚合物(A 链)的端基上,这样当它与质子受体聚合物(B 链,其质子受体单元可在键上无规分布)溶解在共同溶剂中时,就有可能通过 A 链端基和 B 链质子受体单元的相互作用形成"氢键接枝共聚物",这就是 A-B 胶束的前驱体。当 A-B 的介质由共同溶剂切换为选择性溶剂时,便有可能得到胶束结构(图 4-1)。

我们现在较详细地讨论"氢键接枝共聚物"的形成。刘世勇[5]等通过阴离子聚合和 CO_2 终止反应得到了一系列相对分子质量分布较窄的单端羧基聚苯乙烯(MCPS),其相对分子质量在 1800～5500。这里端基是氢键质子给体基团。其对应的质子受体聚合物是聚(4-乙烯基吡啶)(P4VP,相对分子质量为 1.4×10^5,即每链含约 1330 个重复单元)。MCPS 和 P4VP 共混物的氯仿溶液的比浓黏度(η_{sp}/C)随组成的变化可以证明形成了"氢键接枝共聚物"。图 4-2 是溶液的 η_{sp}/C 对 MCPS/P4VP 相对组成的变化关系。图中各实验点对应的聚合物总浓度不变,为 0.01 g/mL,

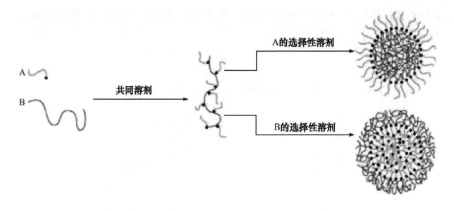

图 4-1 "氢键接枝共聚物"的形成及其胶束化示意图[4]

该浓度小于 P4VP 的临界线团交叠浓度 C^*（C^* 可由 $1/[\eta]$ 作出估计,约 0.02 g/mL),因此在此溶液中,如分子间没有特殊相互作用引起线团的结合,η_{sp}/C 对组成的关系应具有加和性,即线性关系。作为参照体系,我们测定了 P4VP 与不带端羧基的 PS 的共混物氯仿溶液的比浓黏度,确实表现出这一加和关系。然而,对 MCPS 而言,情况完全不同。图 4-2 中的数据表明,所研究的三个不同相对分子质量的 MCPS 和 P4VP 的共混物溶液的比浓黏度均明显高于相应的线性加和值。这意味着这两种分子间形成了可溶的分子间络合物。鉴于对 MCPS 而言,作用基团仅存在于端基上,我们有理由相信所形成的络合物具有"接枝状"的结构(图 4-1)。很有兴趣的是,当对图 4-2 中的共混物溶液逐步稀释并以 η_{sp}/C 对浓度作图并外推时,均得到线性关系,即可以得到这些接枝共聚物的特性黏度 $[\eta]$。这种线性外推关系表明,所形成的氢键接枝共聚物的结构相对稳定,并不随溶液的稀释而发生离解。刘世勇等还对上述接枝共聚物的形成作了动态激光光散射(DLS)的研究。对于 MCPS-1.8(1.8 代表相对分子质量为 1800,下同)和 P4VP 的情况,结果示于图 4-3。纯 MCPS 和 P4VP 的流体力学半径 R_h 的峰值分别在 2 nm 和 17 nm。虽然 MCPS-1.8 相对分子质量分布较窄,但其 R_h 的分布很宽,这可能意味着在氯仿中 MCPS 有通过分子间氢键形成二元或多元缔合体的可能。图 4-3 给出了 MCPS/P4VP 质量比为 10/1 时的 R_h 分布,很明显,共混物的 R_h 比 MCPS 和 P4VP 单独存在时的 R_h 值明显升高了,达到 27 nm,这是两者间形成接枝共聚物的又一证明。此外,MCPS/P4VP 分别为 5/1 和 1/1 时也都只观察到一个在 27 nm 附近的宽峰,而没有看到 MCPS 在 1~4 nm 处的信号。当然,由于分子间络合物的尺寸较 MCPS 的大一个数量级,而光散射的观察对大粒子更为敏感,因此,没有观察到 MCPS 的信号并不意味着所有的 MCPS 都接枝到 P4VP 分

　　子链上去。然而,当 MCPS/P4VP 质量比高达 20/1 时,确实看到 MCPS 的小峰,这表明 P4VP 链已被 MCPS"饱和"了。

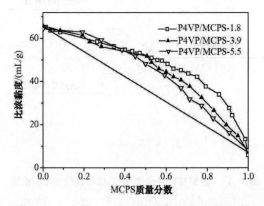

图 4-2　MCPS/P4VP 混合物氯仿溶液的 η_{sp}/C 与溶液组成的关系[5]

MCPS-X 中的 X 表示其相对分子质量

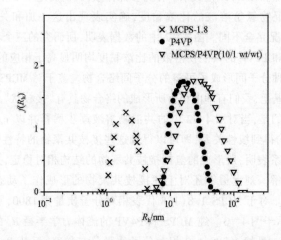

图 4-3　MCPS 和 P4VP 及其混合物在氯仿中的流体力学半径分布曲线[5]

　　由光散射的数据我们可以对 MCPS 对 P4VP 的氢键接枝作出半定量的评估。固定 MCPS/P4VP 质量比为 10/1,不同相对分子质量的 MCPS 和 P4VP 的共混物溶液给出的接枝共聚物的平均流体力学半径如表 4-1 所示。很明显,随着支链 MCPS 链长的增加,接枝共聚物的平均流体力学半径却很快降低。如果假设接枝共聚物的线团密度和 P4VP 的相同,那么从两者的$\langle R_h \rangle$之比就可以估算出两者的质量比,由此可以进一步估算出每一根 P4VP 链上所连接的支链数。MCPS 的相对分子质量仅为 1800 时,每根 P4VP 可接 233 根支链。而当相对分子质量增至 23 400 时,仅有 3 根支链了。这样的变化是可以理解的:"接枝"的推动力就是 MCPS 上的端羧基和 P4VP 上吡啶基的氢键相互作用。MCPS 相对分子质量的增加意味着作用基团对惰性 PS 单元相对数量的下降,作用基团找到吡啶基的机会下降。同时相对分子质量的增加意味着支链尺寸的增大,导致在接枝时的空间拥挤,两个因素都是不利于氢键接枝共聚物的形成的。

表4-1　MCPS/P4VP 的平均流体力学半径随 MCPS 相对分子质量的变化[5]

共混物溶液	MCPS-1.8/P4VP	MCPS-3.9/P4VP	MCPS-5.5/P4VP	MCPS-23.4/P4VP	DCPS-5.5/P4VP
$\langle R_h \rangle /\text{nm}$	27	25	24	19	29
每一 P4VP 链上的接枝数	233	78	47	3	101

　　根据光散射的结果,我们对示于图4-2的共混物溶液的比浓黏度对组成的关系就有了更清楚的了解。从黏度看,MCPS 相对分子质量的增加同样削弱其对主链的接枝能力。我们应该指出,在以$\langle R_h \rangle$估算接枝链数目时,所作的假设是比较粗略的,因此,虽然所得到的变化趋势是肯定的,但所得的接枝链的数目只是个大概的估计。

　　刘世勇等还研究了端基结构对接枝的影响[6]。为此设计和合成了每个端基上含两个羧基的聚苯乙烯 DCPS,如图4-4所示。为了比较单羧基和二羧基端基的接枝效果,采用了 MCPS-5.5 和 DCPS-5.5,即两者相对分子质量相同。其 η_{sp}/C 对组成的关系表明,在整个组成范围内,DCPS/P4VP 比 MCPS/P4VP 的黏度高得多,光散射结果给出接枝络合物 DCPS-5.5/P4VP(质量比为 9/1)的$\langle R_h \rangle$高达 29 nm(相应的,MCPS-5.5/P4VP 只有 24 nm),由此估算的每个

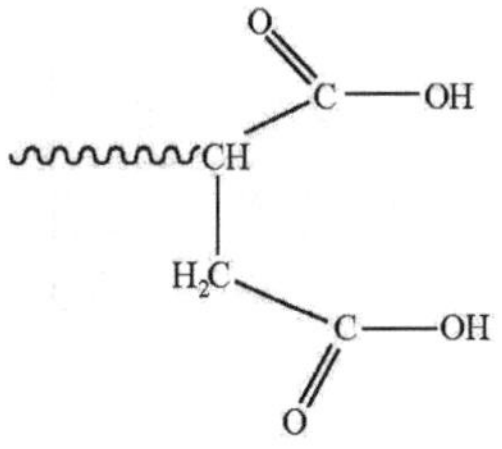

图4-4　双羧端基的化学结构式

P4VP 上的支链数达到 101,与 MCPS-1.8 的情况相当,是相同相对分子质量 MCPS-5.5 的支链数的 2 倍多,由此可见二端羧基大大提高了聚苯乙烯对主链的接枝能力(表4-1)。

4.2.2　由氢键接枝共聚物到非共价键合胶束[7]

　　如前所述,MCPS 和 P4VP 在其共同溶剂中可形成可溶的氢键接枝共聚物。为获得相应的胶束结构,我们将其介质从共同溶剂切换为选择性溶剂。甲苯能溶解

CPS 却是 P4VP 的沉淀剂,如将甲苯加入到 P4VP 和不带端羧基的聚苯乙烯的氯仿混合溶液中,就会导致 P4VP 的宏观沉淀。但是,向含 P4VP 和 CPS 的氯仿溶液中加入甲苯,溶液仍保持透明。DLS 结果表明这时 CPS-1.8/P4VP(10/1)实现了自组装。如图 4－5 所示,MCPS-1.8/P4VP 在氯仿中的可溶络合物分布很宽,其峰值在 27 nm,当加入的甲苯在混合溶剂中的体积分数达到 0.5 和 0.9 时,所形成的胶束的粒径分布曲线明显地移向高处,$\langle R_h \rangle$ 值分别达到 30 nm 和 31 nm,特别是分布峰明显变窄($\mu_2/r^2 < 0.1$)了。这里氯仿/甲苯混合溶剂是 P4VP 的沉淀剂,导致 P4VP 聚合物链塌陷和聚集。然而 P4VP 并没有沉淀出来,溶液仍然保持澄清,显然是由于可溶的 MCPS 通过氢键作用聚集在 P4VP 粒子的周围并将其稳定。这里形成的胶束的核为 P4VP,壳为 MCPS,记为(P4VP)-MCPS,它们与嵌段共聚物所形成的胶束明显不同,它们的核和壳之间以氢键而不是共价键连接在一起,我们称之为非共价键合胶束(non-covalently connected micelles,NCCM)。在本章中我们对 NCCM 均采用类似(P4VP)-MCPS 的表示法,在括号内的组分代表成核组分,括号外的为成壳组分。

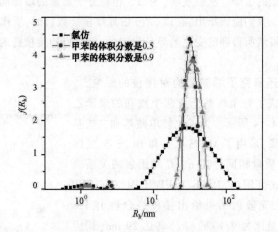

图 4－5　MCPS-1.8/P4VP(10/1,质量比)在氯仿中和甲苯/氯仿体积比为 1/1 和 9/1 的溶液中的流体力学半径分布曲线[7]

刘世勇等[7]研究了形成的胶束尺寸对 MCPS 摩尔质量的依赖性。由 DLS 所得到的 P4VP-MCPS 胶束平均流体力学半径对 MCPS 摩尔质量的关系如图 4－6 所示。很明显,随着 MCPS 摩尔质量的增加,$\langle R_h \rangle$ 迅速增加。对 MCPS-1.8,$\langle R_h \rangle$ 为 30 nm,但 MCPS-5.5 的胶束的$\langle R_h \rangle$就达到了 255 nm。这是可以理解的。如前所述,MCPS 摩尔质量越高,其对 P4VP 的接枝能力越小,因而它对其形成的胶束的稳定能力越差,所以尺寸更大。事实上,当 CPS 的重均相对分子质量达到最大值 234

000 时,就不能形成稳定的胶束,P4VP 产生了宏观沉淀。此外,若我们将 CPS 和 P4VP 的氯仿溶液加入到过量的甲苯中,也能形成 NCCM,但形成的胶束尺寸要比将甲苯加入到氯仿溶液中时明显小些。

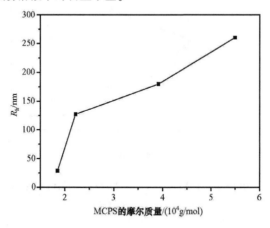

图 4-6 MCPS/P4VP 胶束的流体力学半径随 MCPS 摩尔质量的变化[7]

由于 P4VP 在甲苯中不溶解,故在富甲苯的混合溶剂中,P4VP 构成胶束核是没有疑问的。我们用非辐射能量转移荧光光谱法研究了 P4VP 的聚集过程。为此,采用了由蒽基 a 修饰的 P4VP-a 和咔唑基 c 修饰的 P4VP-c。这里咔唑基和蒽基分别为荧光能量的给体和受体,他们通过相应的单体与 4-乙烯基吡啶的共聚引入,含量仅为 0.24%。图 4-7 表示给体和受体的荧光光强之比 I_c/I_a 对三元体系 MCPS/P4VP-a/P4VP-c(20/1/1)中甲苯体积分数的关系。I_c/I_a 值愈小表示 P4VP-a 和 P4VP-c 链间的非辐射能量转移愈强,即链的交错、贯穿愈强。但在 MCPS-1.8/P4VP-a/P4VP-c 的氯仿溶液中加入甲苯意味着体积的增加。为了排除这种体积增加对 I_c/I_a 值的影响,我们首先用氯仿稀释该溶液,得到图 4-7 上方的曲线。表明随着稀释,I_c/I_a 增加,即链间非辐射能量转移减小,这与预料的是一致的,因为溶剂稀释增加了 P4VP 线团的距离,必将导致链的接触机会的减小。但向溶液中加入甲苯(或将溶液加入到甲苯中)情况完全不同,当甲苯体积分数达到 0.3 时,便观察到 I_c/I_a 值的剧降,甲苯体积分数继续增加导致 I_c/I_a 的连续减小。这表明,在甲苯体积分数达到 0.3 时,溶液中的 P4VP 发生聚集,导致 I_c/I_a 下降;加入甲苯量的继续增加,使得 P4VP 形成的核更为致密,因此 I_c/I_a 仍有小幅度的下降。由于能量转移给体和受体是结合在不同的 P4VP 链上的,I_c/I_a 的急剧下降表明在胶束形成过程中,链间(interchain)的聚集态起主要作用,因为链内(intrachain)聚集对 I_c/I_a 值的变化没有贡献。

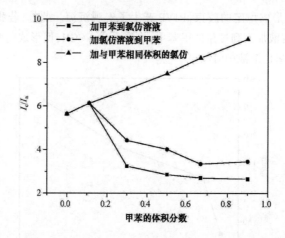

图 4-7 MCPS-1.8/P4VP-a/P4VP-c (20/1/1) 的氯仿溶液中加入甲苯
引起的 I_e/I_a 的变化[7]

4.2.3 正相和反相 NCCM[8]

王敏等研究了由端羧基聚丁二烯(CPB)和 P4VP 形成的氢键接枝共聚物和相应的 NCCM[8]。CPB 是由自由基聚合而成,两端均带有羧基,相对分子质量为 3560。氯仿是 CPB 和 P4VP 的共同溶剂。与 CPS 和 P4VP 的情况相似,在此共混物溶液中,在整个的组成范围内,溶液的比浓黏度均较组成聚合物黏度的加和值为高,表明有"接枝共聚物"形成。LDS 的测量也支持了这一结论。例如,共混物溶液的平均流体力学直径达到 66 nm(CPB/P4VP:5/1)和 70 nm(CPB/P4VP:10/1),远比 P4VP 的 40 nm 为高。为了获得 CPB 和 P4VP 形成的NCCM,王敏等选用了正己烷作为 CPB 的选择性溶剂,硝基甲烷作为 P4VP 的选择性溶剂。这两种溶剂对于分子间的氢键都是惰性的。当 CPB/P4VP 的氯仿溶剂中分别加入正己烷和硝基甲烷大约 30% 体积分数时,溶液便出现乳光,表明胶束形成。根据 CPB 和 P4VP 在这些混合溶剂中的溶解特性我们能很容易地判断,在正己烷/氯仿中,获得的是 P4VP 为核、CPB 为壳的胶束(P4VP)-CPB,而在硝基甲烷/氯仿中,得到的是以 CPB 为核、P4VP 为壳的胶束(CPB)-P4VP,如将前者称为"正胶束",后者即为"反胶束"。光散射的研究表明,它们都是球状胶束,其尺寸决定于 P4VP 和 CPB 的比例、混合溶剂的组成和初始接枝共聚物的浓度等。在相似的 P4VP 和 CPB 比例及选择性溶剂/溶剂比时,(P4VP)-CPB 的尺寸明显大于(CPB)-P4VP。

由于在 NCCM 中核和壳之间只有氢键而没有化学键的连接,人们自然关心这类胶束的稳定性问题。王敏等以光散射方法观察正胶束和反胶束的流体力学尺寸随放置时间和稀释的变化。图 4-8 中示出(CPB)-P4VP 在制备 3 天和 30 天后观测到的流体力学直径分布以及(P4VP)-CPB 在 3 天和 150 天后的结果。可以看出,长时间的放置没有引起胶束尺寸的变化,它们非常稳定。

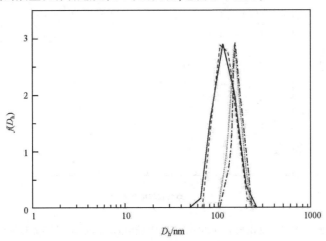

图 4-8　胶束的流体力学直径分布曲线[8]

分别为(CPS)-P4VP 制备 3 日(黑线)和 30 日后(红线)的测定结果,及 (P4VP)-CPB 制备 3 日(绿线)
和 150 日后(蓝线)的测定结果

　　然而,这两种 NCCM 在稀释过程中却表现出完全不同的特性。如图 4-9 所示,(P4VP)-CPB 和(CPB)-P4VP 胶束的起始浓度分别为 0.5 mg/mL 和 0.28 mg/mL,并分别用各自的混合溶剂稀释和进行流体力学直径的测量。结果表明,(P4VP)-CPB 胶束除了在极低的浓度之外,稀释对其粒径影响很小;而(CPB)-P4VP 胶束与此不同,其粒径对浓度非常敏感,随稀释尺寸逐步下降。我们对此差别试作如下的解释:如图 4-9 中插入的胶束示意结构所示,在(CPB)-P4VP 胶束溶液中,胶束的尺寸可以达到 10^2 nm,作为核组分的 CPB 相对分子质量低,链长较短,因此只有分布于核壳界面处的那些 CPB 链段才能与 P4VP 链相连,也就是说多数的 CPB 链的端基并未能与 P4VP 的吡啶基接近和构成氢键,不能对胶束的稳定有所贡献,所以胶束在稀释时是不稳定的。而对于(P4VP)-CPB 胶束,CPB 组成了壳层,它们的端羧基可处于核的表面,与 P4VP 构成氢键,CPB 链伸展至溶液中,从而稳定了 P4VP 核。此外,每一个 P4VP 聚合物链有 10^3 个吡啶基团,其线团的尺寸轮廓跟核的大小相当,因此核内 P4VP 链绝大部分与 CPB 链都存在氢键连接,显然,(P4VP)-CPB 的这种结构十分有利于胶束的稳定,溶液稀释时在较宽的浓度范围内其尺寸变化不大。

　　以上这项研究的突出之处在于,对同一个具有链间氢键作用的体系 CPB 和

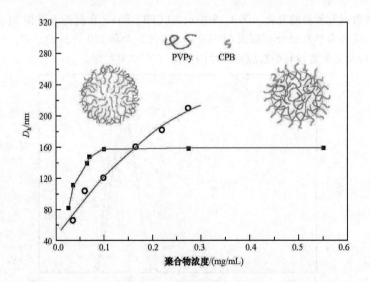

图 4-9 (P4VP)-CPB(■)和(CPB)-P4VP(○)胶束的流体力学直径随浓度的变化[8]
CPB/P4VP: 10/1, 非溶剂/氯仿: 6/4

P4VP,仅仅通过溶剂转变,我们可以分别获得两种胶束,它们的核与壳的组分正好互易,一种为正胶束,那另外一种便是反胶束。

我们所提出的构建氢键接枝共聚物及其胶束化的这一新途径,已成功地在国外实验室得到验证。希腊 Athens(雅典)大学的 Pispas 等[9]利用氢键络合成功地制备了聚(2-乙烯基吡啶)(P2VP, M_w 10 000)与端磺酸基化的聚苯乙烯(suPS, M_w 5000)或聚异戊二烯(suPI, M_w 7000)的 NCCM。该作者所在的雅典大学的实验室在复杂构筑的嵌段共聚物的合成和性质方面的研究享有盛名。他们在此项研究中所使用的聚合物都是单分散的,所以能够对所得到的络合物及其组装体作出仔细的表征。在 THF 中,P2VP 和 suPS 能够形成可溶的络合物,其表观相对分子质量随两聚物的组成比变化。作者引入参数 r,即磺酸基与吡啶基之摩尔比[1],发现接枝共聚物的 M_w 和平均流体力学半径$\langle R_h \rangle$先随着 r 的增加而增大,当 r 过了最大值 0.504 后,开始减小。这个现象说明了 P2VP 主链已经被 suPS 接枝达到"饱和"。这一结果和我们有关 CPB 接枝 P4VP 的研究在定性上是一致的。混合 suPI 和 P2VP 的 THF 溶液也能形成可溶的络合物。随后,逐渐加入 suPI 的选择性溶剂正庚烷,即可形成(P2VP)-suPI 的 NCCM。实验表明,胶束尺寸随 suPI 含

---

1) "摩尔比"为非法定用法,现称为"物质的量比"。为了遵从学科和读者阅读习惯,本书仍沿用该用法。

量的增加而减小;此外,即使温度升高到 55℃,胶束结构也未见有明显的变化。

4.3　聚合物对在溶剂/非溶剂中的组装

4.3.1　简述

以上所述的 NCCM 制备方法中,我们强调说一种高分子链上的作用点应限定在该链的末端。事实上,这种限定有时并不是必要的。如 4.2 节所述,如果互补的两种高分子上都有许多作用基团在链上无规分布,它们在共同溶剂中会形成络合物沉淀。然而,我们仍然可以通过对混合过程的有效控制,使组分聚合物间的氢键作用基团有限接触,从而避免沉淀生成,而形成规则组装[3,10]。

这一制备路线的一般原理是这样的,假设我们有聚合物 A 和聚合物 B,它们含有互补的特殊相互作用的作用点,这些作用点可以存在于聚合物链的每一个重复单元中或者在链上无规分布。首先,我们分别用不同的溶剂配制 A 溶液和 B 溶液,其中 B 的溶剂同时应是 A 的沉淀剂。然后,将 A 溶液逐滴加入到 B 溶液中,则聚合物 A 聚集,A 链迅速形成纳米级或亚微米级的粒子。但是,由于溶解的聚合物 B 与 A 间存在氢键作用,这会促使聚合物 B 在 A 的微粒周围聚集,从而阻止了宏观沉淀的发生。这样,以聚合物 A 为核,聚合物 B 为壳的胶束粒子就形成了。这条线路首先是由赵汉英等实现的[11],以磺化聚苯乙烯(SPS)和 P4VP 为体系成功地获得了 NCCM。他们将低磺化度(1%)的 SPS 的 THF 溶液加入到 P4VP 的甲醇溶液中,就得到了(SPS)-P4VP。粒子的直径决定于 P4VP/甲醇溶液的初始浓度,在 55～165 nm 范围内可调。这一过程在 NCCM 的制备中是最为简便易行的。近年来,我们据此已经得到了由下列体系构成的 NCCM:苯乙烯-丙烯酸共聚物/聚乙烯基吡咯烷酮[12]、含羟基聚苯乙烯(PSOH)/P4VP[13]、端羧基聚丁二烯(CPB)/聚乙烯醇(PVA)[14] 以及聚己内酰胺(PCL)/聚丙烯酸[15] 等。下面我们讨论其中的几个体系。

4.3.2　核-壳间含可控氢键相互作用的 NCCM[13]

在过去长期有关高分子间氢键络合的研究中,我们曾着重研究过以改性聚苯乙烯 PSOH 为质子给体的体系。PSOH 是苯乙烯和对(1,1,1,3,3,3-六氟-2-羟基丙基)-α-甲基苯乙烯的无规共聚物(图 4－10)[1]。应用 PSOH 作为含质子给体有很多优点:(CF₃)₂(OH)—C—基团因强吸电子基 CF₃ 的存在有很强的给质子能力;同时由于此基团体积较大,它自缔合的能力很小。再有,通过改变共聚反应的投料比,我们可在很宽的范围内方便

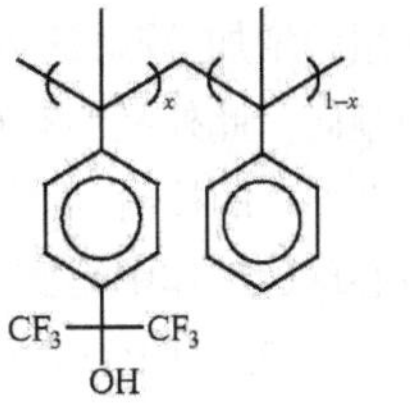

图 4－10　PSOH 的化学结构式

地控制 PSOH 中含 OH 基团单元的含量。PSOH 可和一系列的质子受体高分子形成"可控氢键作用"的体系,此类体系的络合行为我们已进行深入研究[1,2]。

　　如前所述,在应用溶剂/非溶剂线路构建 NCCM 时,两高分子间的氢键相互作用是促使可溶的分子链向不溶的高分子小粒子聚集并使之稳定的驱动力。因此使用"可控氢键作用"体系,我们便可能了解这种氢键作用的强度或密度的变化对高分子组装行为的影响。王敏等[13]合成了 P4VP(M_w 1.2 × 10^5)和一系列的 PSOH-X(X 是其中含羟基基团的摩尔分数,分别为 2mol%,12mol%,20mol%,27mol% 和42mol%,平均相对分子质量在 0.5 × 10^4 ~ 4 × 10^4)。将 PSOH 和 P4VP 的氯仿溶液混合,便形成高分子络合物沉淀。为获得 PSOH 和 P4VP 分别为核和壳的 NCCM,应避免他们的作用基团的充分接触。为此,首先将 PSOH 溶解于氯仿中而将 P4VP 溶解于硝基甲烷中,它同时也是 PSOH 的沉淀剂。当 PSOH/氯仿稀溶液滴入 9 倍体积的 P4VP/硝基甲烷中时,PSOH 链迅速收缩并形成纳米或微米级的聚集体。此时,在 P4VP 和 PSOH 链间氢键的驱动下,P4VP 迅速向粒子周围聚集,阻止了 PSOH 宏观沉淀的发生,形成了 NCCM,即(PSOH)-P4VP。正如其他形成 NCCM 的方法一样,所成粒子的尺寸度受到 PSOH 和 P4VP 溶液的初始浓度和两者的组成比等因素变化。我们最感兴趣的是,当通过改变 PSOH 中含羟基基团的含量来调整 PSOH 和 P4VP 的氢键作用的密度时,所得 NCCM 的形态的变化。图 4-11 就是一系列的(PSOH)-P4VP 的 TEM 形态观察结果。在羟基含量很低的情况下[(PSOH-2)-P4VP],我们观察到典型的球形胶束,粒子尺寸有较宽的分布(30 ~ 70 nm)。这里并未见清晰的核-壳结构,可能是壳层链密度较低未能与基底形成足够反差的缘故[图 4-11(a)]。对由 PSOH-12 形成的胶束,形态与此非常接近(图未示出)。当 PSOH 中羟基含量增至 20mol%,部分球形胶束转化为椭球形甚至短棒状。但"棒"的直径与球的直径变化不大[图 4-11(b)]。对于(PSOH-27)-P4VP,我们可观察到球、椭球以及短棒形成的微网络,同时短棒的直径明显减小[图 4-11(c)]。最后当 PSOH 中羟基含量增至 42mol% 时[图 4-11(d)],此时每 2 ~ 3 个单体单元中便有一个氢键给体基团,大多数胶束均呈短棒状并形成相对较大的网络,同时短棒的横向尺寸进一步降低。以上的观察揭示了一个明显的变化趋势,即随氢键作用的增加,胶束的直径(或横向尺寸)减小,但同时单个胶束具有更强的相互连接的倾向。此外我们有理由相信,随着 PSOH 中 OH 含量的增加,有更多的 P4VP 会溶入 PSOH 的核内,形成链互穿的结构。这一看法在我们进一步由(PSOH)-P4VP 获得空心球的工作中得到了印证。

　　在 PSOH-P4VP 形成胶束的光散射研究中,我们发现在相当宽的组成比范围内(PSOH/P4VP 从 0.5/1 到 5/1),都没有单个的 PSOH 或 P4VP 组分的信号被测出。这表明大部分的高分子链均已构成 NCCM。另外,很重要的是(PSOH)-P4VP 胶束的核与壳的质量比可以通过改变加料比来调整,因而我们可方便地得到大核薄壳

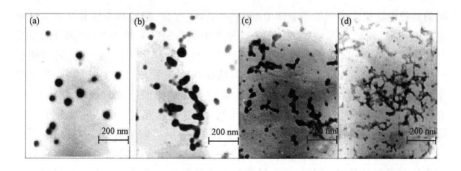

图 4 - 11　(PSOH)-P4VP 胶束的 TEM 图[13]

(a)，(b)，(c)和(d)图对应的 PSOH-X 中的含 OH 的摩尔分数分别为 2%，20%，27% 和 42%

胶束或小核厚壳胶束。这也正是 NCCM 比嵌段共聚物形成的胶束优越的地方。因为嵌段共聚物只能通过改变合成嵌段间的比例才可能调整胶束的核壳比，这是费时又费力的。

　　以上讨论的胶束都是将 PSOH/CHCl$_3$ 加入到 P4VP/CH$_3$NO$_2$ 溶液中制备的。相反，将 P4VP/CH$_3$NO$_2$ 溶液加入到 PSOH/CHCl$_3$ 溶液中，也能获得小粒径、窄分布的胶束。在后一种情况下，PSOH 在混合溶剂中的溶解性随 P4VP/CH$_3$NO$_2$ 溶液的加入逐渐变差，所以 PSOH 逐步发生聚集，故有充足的机会与 P4VP 发生作用，获得稳定的胶束。

4.3.3　水相中的 NCCM

　　近年来我们将由溶剂/非溶剂中获得 NCCM 的过程发展到水相体系。显然，在水相中的 NCCM 会更有利于在生命科学领域的应用和发展。我们现在就讨论一系列的水相稳定的 NCCM 的组装条件和过程。此类 NCCM 还可进一步通过壳交联及去核过程获得空心球，这将在 4.4 节讨论。

　　我们研究的第一个水相 NCCM 是(SMAA)-PVPo。袁晓凤等[12]制备了一系列苯乙烯和甲基丙烯酸的无规共聚物 SMAA，其中作为质子给体基团的 MAA 的含量在 3 mol% ~13 mol%。当 SMAA 的 THF 溶液加入到大体积的含聚乙烯基吡咯烷酮(PVPo)的水溶液中时，便有非共价键合胶束(SMAA)-PVPo 生成。改变 SMAA 的组成及其溶液浓度和 PVPo 的浓度等，可使组装体的半径在 100 ~200 nm 范围内变化。TEM 观察到组装粒子为均匀小球，但尺寸较 TEM 所得的小得多，且看不到核-壳结构。这可能是因为外壳 PVPo 的密度较低，不能提供对背景的足够反差。试样经 RuO$_4$ 染色后，情况有了很大变化，结果示于图 4 - 12。这里的粒子尺寸与光散射所得接近。更重要的是，此时我们观察到了核-壳结构。RuO$_4$ 对于 SMAA 和 PVP$_0$ 均有染色作用，一般说来很难期望由此可观察到核-壳的差异。幸运的是我们这里观察到的组装体中都有一"亮环"存在,把核和壳区分开来。这个亮环的形成,我们认为与 NCCM 的特殊结构有关。SMAA 和 PVPo 两部分间是不存在化学键的,在试样干燥过程中,如两部分的收缩程度不同,在它们之间便会产生"裂缝",于是我们就能看到核-壳间的亮环。在图 4-12(b)中,核壳甚至完全分离,这大概只能在 NCCM 中才可能看到。此外我们还注意到作为 PVPo 外壳部分的厚度,有时会很大,达到了数十纳米,这显然超过了 PVPo 单分子层的厚度。这就是说在 NCCM 的壳层,高分子键是"多层堆砌"的。其中最内层的分子当然与核组分间有氢键作用,那外层的分子呢? 什么样的驱动力促使它们由溶液中向聚集体集中的呢? 这是目前尚不清楚但很值得进一步探讨的问题。

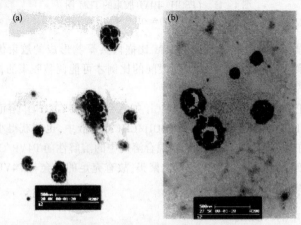

图 4-12　(SMAA)-PVPo 的 TEM 图[12]
SMMA 中 MMA 含量为 3.55 mol%,试样经 RuO$_4$ 染色

张幼维等[14]利用端羧基聚丁二烯(CPB)和聚乙烯醇(PVA)间的氢键相互作用在水相中得到(CPB)-PVA。这里 CPB 与 4.2 节所用的相同,两端均有羧基。PVA 链含 2400 个重复单元。制备过程是将 CPB 的 THF 稀溶液滴入 10~20 倍体积的含 PVA 的水溶液中。PVA 会在形成氢键的驱动下向 CPB 粒子周围集中并使之稳定,这样就得到了 CPB 为核、PVA 为壳的 NCCM。

这里值得指出的是,CPB 由于带有极性端羧基,当其 THF 溶液滴入大体积水中时,即使不含 PVA,也并不沉聚,而是形成稳定的大粒子,这就是我们过去研究过的"微相反转"制备无皂纳米粒子的途径[16](参见第 11 章)。这样的纳米粒子是由表面上的羧基稳定的,故当溶液的 pH 降低时,羧基电离度下降,对粒子稳定能力下降,粒子尺寸增加。而对将 CPB/THF 加入到含有 PVA 的水溶液中制备的(CPB)-PVA 胶束,pH 的降低反而使粒子尺寸变小,这是由于质子化的羧基更易与 PVA 形成氢键的缘故。因此,pH 的变化对 CPB 粒子和(CPB)-PVA 胶束尺寸影响的规律完全不同。这反映出两者的稳定机理的不同。(CPB)-PVA 胶束的 CPB 核主要是由于与之通过氢键连接的可溶的 PVA 链段而变得稳定的,故(CPB)-PVA 胶束的尺寸依赖于初始溶液的浓度及 CPB/PVA 的组成比。实验发现,在很宽的组成范围(CPB/PVA:1/2 ~ 1/80)都得到稳定的单峰分布的 NCCM(图 4 – 13,M1 ~ M4)。但在 CPB/PVA 达到 1/40 或更小时 (M5, M6),出现了双峰分布,溶液中有了较多的游离的 PVA 链,表明 CPB 粒子已为 PVA 所"饱和"。

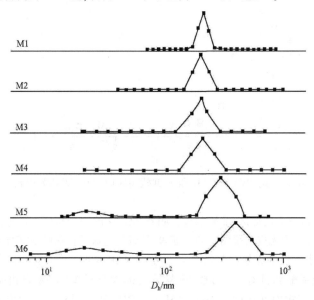

图 4 – 13　(CPB)-PVA 胶束的流体力学直径分布图[14]

M1, M2, M3, M4, M5 和 M6 的 CPB/PVA (质量比) 分别为 1/2, 1/10, 1/20, 1/40, 1/44, 1/80

　　张幼维等[15]还利用类似的方法获得了以聚(ε-己内酯)(PCL)为核、聚丙烯酸为壳的 NCCM, 即 (PCL)-PAA。这里选用 PCL 作为核,是为了应用其生物降解性,这为随后的空心球制备提供了方便。制备过程是将 PCL/THF 的稀溶液滴入大体积的 PAA 水溶液中。吴奇等报道过将 PCL 的丙酮溶液滴加到大体积的含表面活性剂的水中获得稳定的纳米粒子[17]。事实上,由于 PCL 含有端羟基或端羧基,将其在有机溶剂中的溶液滴入水中,即使不含表面活性剂时,也能得到稳定粒子。在将 PCL/THF 滴入 PAA 的水溶液中时,形成的(PCL)-PAA 粒子尺寸较没有 PAA 存在时为大。改变 PCL 和 PAA 溶液的初始浓度及 PCL/PAA 的组成比可以方便地调整(PCL)-PAA 的尺寸。当所研究的 PCL/PAA 的组成比在 1/1 ~ 1/10 时,粒子直径范围在 90 ~ 130 nm。由于壳层 PAA 羧基的离解度受溶液的 pH 控制,因而(PCL)-PAA 的粒子尺寸应随 pH 的变化而变化。实验表明,在 pH 由 10 降至 4 的范围内,$\langle D_{\rm h}\rangle$ 几乎不变,只是在 pH 降至小于 4 后,粒子才因 PAA 的完全质子化而稳定性下降,尺寸剧增(图 4 - 14)。将胶束壳交联后,尺寸随 pH 的变化与此相同。但将 PCL 核去除后的 PAA 空心球就表现出完全不同的变化,这将在 4.4 节中讨论。

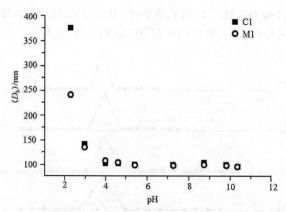

图 4 - 14　(CPB)-PVA 胶束 M1 和壳交联胶束 C1 的$\langle D_{\rm h}\rangle$随溶液 pH 的变化[15]

　　我们现讨论应用溶剂/非溶剂过程制备 NCCM 的一个特例。这里的构筑单元一为均聚物,一为无规共聚物。刘晓亚等[18]研究的这类特殊的 NCCM 也是以 PCL 为核,而以水溶性的无规共聚物 MAF 为壳。MAF 是由三个单体,即甲基丙烯酸、甲基丙烯酸甲酯和具有三个 PCL 重复单元的大分子单体 FA 自由基共聚而得 [FA：CH_2 —$CHCOOCH_2CH_2(OCO(CH_2)_5)_3OH$,图 4 - 15]。三者中甲基丙烯酸为主要成分,以保证 MAF 的水溶性。

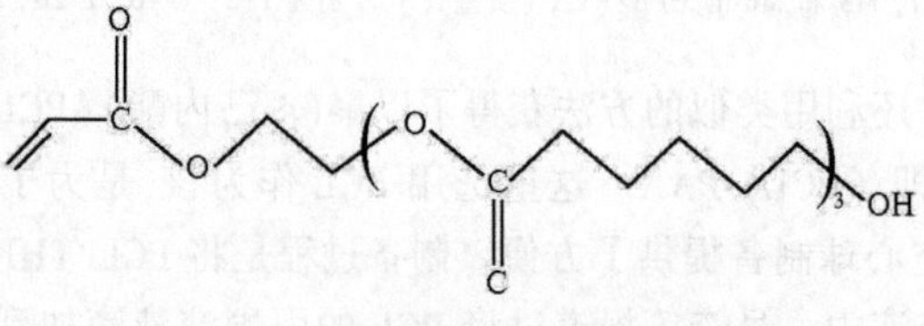

图 4 - 15　共聚单体 FA 的化学结构

　　显然,共聚所得的 MAF 上带有 PCL 的短支链。胶束的制备过程是将一定比例的 PCL/MAF 溶于其共同溶剂 DMF 中,再将此共混物溶液滴入大体积水中,稳定的纳米尺寸的粒子迅速形成。由于 PCL 是疏水的,MAF 是水溶性的,显然所得的粒子应具有 PCL 的核和 MAF 的壳。由于 MAF 上的 PCL 支链和核组分 PCL 在化学上是等同的,因此两者间的亲和力可能促使 PCL 支链将水溶性的 MAF"锚固"于 PCL 粒子周围。这一看法得到了 TEM 观察结果的有力支持,一个典型的(PCL)-MAF 的

TEM 结果示于图 4 - 16 中。所得粒子均呈球形结构,在高放大倍数下,我们清楚地看到了三层结构:内层,占球的主体,是 PCL 内核;最外层应是由 MAF 水溶性的主链构成;两者之间有一个宽度仅为几个纳米的亮环,估计是 MAF 上 PCL 短支链为主的区域,这些短支链将 MAF 与 PCL 黏合在一起。如此制备的(PCL)-PAA 胶束尺寸随 PCL/MAF 质量比及 MAF 中单体 FA 的比例而变化,$\langle D_h \rangle$ 可在 90～160 nm 范围内调整。如图 4 - 17 所示,均聚物 PCL 的质量分数愈高,粒子愈大。MAF 中作为"黏接剂"的大单体成分愈高,粒子愈小。这都是很容易理解的。

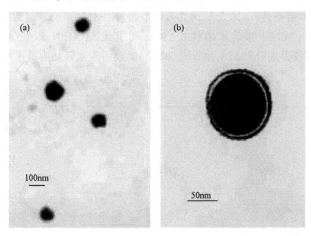

图 4 - 16　(PCL)-MAF 胶束(MAF/PCL, 1/1,质量比)的 TEM 图[16]

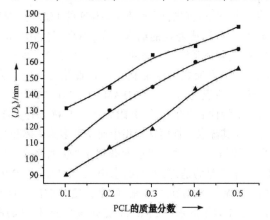

图 4 - 17　(PCL)-MAF 流体力学直径随共混组成中 PCL 的质量分数及 MAF 组成的变化[16]

3 个 MAF 试样中 FA 单体含量分别为 11.3%(■), 23.8%(●)和 34%(▲)

4.3.4　原位聚合制备 NCCM[19]

以上所总结的多种获得 NCCM 的途径都是先行制备两种聚合物再经过适当的混合过程而实现的。最近张幼维等[19]又发展了获得 NCCM 的"原位聚合"方法。在此方法中,作为胶束壳的聚合物是和组装过程同步产生的。图 4-18 是这个过程的示意图,目的是制备以 PCL 为核、聚(N-异丙基丙烯酰胺)(PNIPAM)为壳的 NCCM。PNIPAM 是最知名的具有温度诱导效应的体积相变聚合物。设计这个途径的基本依据是:单体 N-异丙基丙烯酰胺(NIPAM)和交联剂 N,N'-亚甲基双(丙烯酰胺)(MBA)都是水溶性的,PCL 和引发剂 AIBN 都是疏水性的。当 PNIPAM 的溶液温度升至 32℃ 附近时,PNIPAM 会由亲水转化为疏水等。

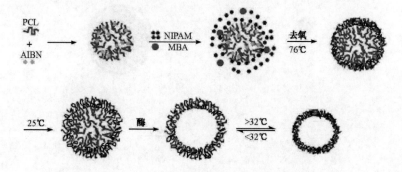

图 4-18　获得 NCCM 的原位聚合法的示意图

NCCM 的制备过程如下:首先将含引发剂 AIBN 的 PCL 的 DMF 溶液逐滴加入到水中,如前所述,PCL 可形成稳定的纳米粒子;然后,将 NIPAM 和 MBA 加入到 PCL 分散体系中;最后,将体系温度升高到 76℃,引发聚合。由于引发剂富集在疏水的 PCL 粒子中,而单体和交联剂存在于水中,因此聚合反应主要发生在 PCL 纳米粒子的外围。由于反应温度远高于 PNIPAM 的 LCST(32℃),交联 PNIPAM 链一旦产生,就会因疏水特性而发生塌陷,并附着在 PCL 粒子上。当第一层 PNIPAM 产生以后,它也会因为其疏水特性而从水相中捕获更多的单体和交联剂,然后继续反应,这样壳层便继续增长。这样,我们便获得了"就地聚合"生成的 NCCM,即(PCL)-PNIPAM。值得注意的是,在 76℃ 的水中,虽然 PCL 和 PNIPAM 都是疏水性的,但聚合生成的 NCCM 并没有沉淀下来,而是稳定分散。这与 PNIPAM 链结构有关:即使在其 LCST 以上的水中 PNIPAM 链是塌缩的,但它的极性基团会优先从粒子的表面向外伸展,从而保证了粒子的稳定分散。这个现象和 PNIPAM 的稀溶液升温至 LCST 以上时出现浑浊而并不产生沉淀的现象是一致的。我们这里建议的方法有一定的普适性。原则上,单体溶于水而聚合物在聚合温度下不溶于水的体系均可用于就地聚合成为胶束的壳层。

　　所得(PCL)-PNIPAM 粒子的尺寸及核壳厚度之比可以通过制备的参数的改变进行调整。这些参数包括:PCL/DMF 溶液的初始浓度(a,mg/mL)、单体和交联剂的总量与 PCL 的质量比(b)。如图 4–19 所示,在 b 值不变时,粒径尺寸随 PCL 初始浓度的增加而明显增大(曲线 2,3,4)。而且胶束的厚度及外围尺寸均随着 b 值的增加而增加(曲线 1,2,5)。更为重要的是,胶束表现出明显的温度依赖性,当温度由 40℃降至 PNIPAM 的 LCST 以下 25℃时,粒子直径增至 1.6 倍,体积增至 4.1倍。对于曲线 1 代表的胶束,壳层最薄,它没有表现出明显的温度依赖性。

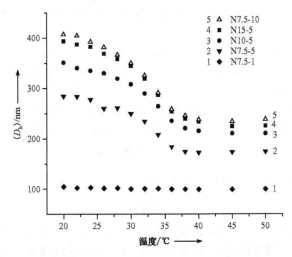

图 4–19　(PCL)-PNIPAM 胶束的$\langle D_h \rangle$随温度的变化[19]

胶束标号为 Na-b, a 为 PCL 的初始浓度(mol/mL),b 为单体加交联剂与 PCL 的质量比

4.4　由 NCCM 制备聚合物空心球及其环境响应特性

4.4.1　简述

　　近年来,具有纳米或亚微米尺寸的聚合物空心球受到了很大关注。这是因为,比之于一般的核-壳微球,作为包藏载体(encapsule)来说,空心球显然具有大得多的负载空间,还可以负载大尺寸的分子。空心球的制备途径很多:一类属于由聚合反应得到的,如模板聚合、微乳液聚合等,这与本章讨论的问题关系不大;另一类是基于自组装的方法。其中层-层自组装(LBL)在本书第 12 章中有较详细的研讨。另一类自组装方法是首先将嵌段共聚物自组装成核-壳胶束,再经交联反应将壳层固定化并进而以化学或光化学方法将核降解,这样就得到由交联的壳层组成的空

心球。加拿大的刘国军和美国的 Karen Wooley 对此都有系统的研究,在本书第 5章和第 8 章将分别有所讨论。

在我们欣赏从嵌段共聚物获得空心球的研究路线的构思之巧妙和实验设计之精美的同时,也注意到,在这条路线中,所需要的嵌段共聚物必须是由一个可降解嵌段和一个可交联嵌段组成的,这在实践上难度较大。特别是可降解的聚合物单体的可选对象有限,这对于将这条路线发展到规模制备的水平无疑是很大的限制。然而从本章前几节的讨论我们已经知道,许多具有合适相互作用的聚合物均可用于 NCCM 的构造单元,同时 NCCM 的核-壳间没有共价键连接。这样我们就有可能对 NCCM 轻度壳交联再选择合适溶剂将核溶解,从而制取聚合物空心球,本节将对此作详细的讨论。

聚合物空心球通常是由轻度交联的聚合物形成的球壳。由于没有球内实体的限制,空心球很容易变形,例如发生塌缩和不同程度的溶胀。若构成的聚合物是聚电解质,则空心球体积会具有很强的 pH 或离子强度依赖特性。如聚合物具有温敏特性,空心球便具有体积的温度依赖性。如聚合物含有光敏基团,则空心球的形态可能具有光控特性。这种环境响应特性使我们可能实现空心球的对客体分子的负载和释放的有效控制,其发展前景无疑是很诱人的。

4.4.2　由 PSOH-P4VP 获得空心球及其表征[13]

如 4.2.3 节所述,王敏等在 P4VP 的选择性溶剂硝基甲烷中获得了以 PS(OH)为核、P4VP 为壳的 NCCM。为由此获得空心球,王敏等继而在温和的反应条件下,加入交联剂 1,4-二溴丁烷使该 NCCM 的壳层 P4VP 交联,将胶束的结构固定下来,接着向溶液中加入等体积的 DMF。DMF 不仅对核和壳两种组分都是良溶剂,而且能使聚合物间的氢键解离,破坏络合作用。在 DMF 中长时间的处理,线性的 PSOH 分子溶解并逐步向球壳外扩散,从而使胶束空心化,这样就得到了交联 P4VP 形成的空心球。此时胶束尺寸变得很大。比如,原直径为 152 nm 的(PSOH-2)-P4VP 胶束,经空心化并将溶液稀释后,直径可达 268 nm。静态光散射(SLS)显示其表观相对分子质量高达 1.09×10^7,而密度只有 1.8×10^{-3} g/mL,此密度值比通常的高分子胶束或无皂纳米粒子[16]低了近 2 个数量级,这是空心结构的一个证据。利用动态和静态光散射方法的结合还可测定其均方旋转半径$\langle R_g \rangle$与平均流体力学半径$\langle R_h \rangle$之比$\langle R_g \rangle / \langle R_h \rangle$。该值对于胶束在溶液中的形态十分敏感,对于均匀球体此值为 0.774,对高分子线团为 1.5,对于我们这里所得的经空心化的胶束为 1.09,与薄壳空心球理论值 1.0 比较接近。我们又用 AFM 和 SEM 分别观察了所得的空心球的形态,结果正如图 4-20 清晰地展示的那样,空心球都站立在由 AFM 观察的基板表面上,这说明球体的外形在 AFM 试样干燥过程中保持下来了。这种优良的力学性能或许是由于相对较大的壳层厚度引起的,这不同于嵌段共聚物制备的空心球。理论上说,嵌段共聚物空心球只有一层分子链,强度较差。Wooley[20,21]报道的由交联 PAA 形成的空心球在作 AFM 观察时,球体全都塌缩变形了。

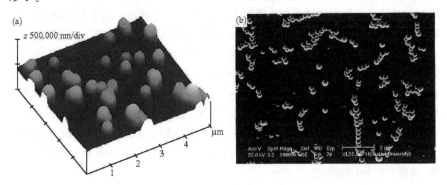

图 4－20　由(PSOH-2)-P4VP 所得空心球的(a)AFM 照片和(b)SEM 照片

4.4.3　用光散射跟踪空心化过程[13]

刘晓亚等以(PCL)-MAF 为前驱体制备了亲水性的中空粒子[18]。所采用的交联反应按 Wooley 等[20]提出的方法进行,即通过六亚甲基四胺与 MAF 中聚甲基丙烯酸的羧基的缩合反应,交联亲水的壳层,使(PCL)-MAF 胶束的结构固定。然后在温和条件下加入酶水解 PCL 核,交联的 MAF 主链不会受到影响,通过动态光散射跟踪 PCL 核降解过程,结果示于图 4－21。

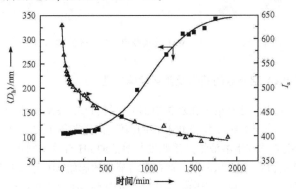

图 4－21　(PCL)-MAF 的散射光强 I_s 和流体力学直径$\langle D_h \rangle$随降解时间的变化[18]

对于核-壳质量比为 1 ∶ 1 的(PCL)-MAF,在溶液中加入酶后即测量粒子直径及散射光强随时间的变化。结果显示两者的变化趋势是相反的,即光强降低而粒径增大。这意味着在降解导致粒子质量降低(光强相应降低)的同时,粒子的体积在膨胀。在开始阶段光强剧降,表明酶加入导致快速降解,而此时粒子尺寸变化并不明显。在 400~1200min 的范围内,光强降低速度开始变慢,但粒子尺寸却快速增加。此后光强和粒子尺寸变化均不大,说明降解基本完成。整个核降解过程中,粒子的介质并未改变,但溶胀程度却大大增加,这是很有趣的现象。这说明胶束中不溶的核对于壳层的溶胀是有限制作用的。只有当核都溶解了,壳层才能充分地溶胀,这种现象在我们所研究的由 NCCM 制备空心球的多种体系中可以说是普遍存在的。经过降解后的粒子的 TEM 照片示于图 4-22,从图中可以很清晰地看到每一个粒子的周边和中心区域都有很强的反差,这是典型的空心球图像。与图 4-16 所示的它的胶束母体相比较,球壳的外围尺寸由约 150 nm 增至近 350 nm,壳厚也达到 100 nm,此壳层由交联水溶性高分子 MAF 构成,其主要成分是聚甲基丙烯酸,故应具有 pH 敏感性。

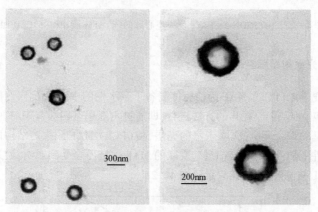

图 4-22　由(PCL)-MAF 胶束获得的空心球的 TEM 照片[18]

4.4.4　交联 PAA 空心球的获得及其环境响应性

在 4.3.3 节我们已介绍过在水相中如何获得(PCL)-PAA。张幼维等在此基础上,通过将 PAA 壳与二胺交联和 PCL 核的酶解,同样获得了交联 PAA 构成的空心球[15]。这种空心球在水溶液中的溶胀度与溶液的 pH 有关。图 4-23 显示了空心球尺寸对 pH 的依赖性。PAA 空心球在水溶液中的起始 pH 为 5.8,流体力学直径为 150 nm(图中空心方块),当向溶液中加 NaOH 使 pH 由 5.8 逐渐升至 8 时,PAA 空心球的粒径急剧增大至 520 nm,其体积增大近 75 倍。另一方面,当通过向起始溶液中加酸,pH 由 5.8 降至 4.6 时,尺寸明显减小,直径降至 120 nm。在溶液分别到达 pH 的最高和最低值后,再向溶液中分别加酸和加碱使 pH 折返。当 pH 自两端回到 pH 为 6 附近时,便完成了一个循环。在这个完整的 pH 循环中,PAA 空心球尺寸变化的结果表明:同一 pH 值下,在酸性介质中,后半循环中的粒径总比前半循环中的大,而在碱性介质中,情况正好相反。这是由于后半循环比前半循环中的离子强度要高。将循环终点处的溶液对水透析以除去盐的影响,这时空心球的尺寸便回到原出发点(150 nm),也就是说空心球尺寸随 pH 表现出完全可逆的 pH 响应性。显然,PAA 空心球的这一特性对于将其应用到 pH 控制的负载-释放的循环是十分有利的。以上讨论的空心球是通过核生物降解途径获得的,此外,还可利用 NCCM 中的核-壳间无共价键连接的特性,通过将(PCL)-PAA 的介质由水改换为 DMF,将 PCL 逐步溶解出来。图 4-24(a)和(b)分别是

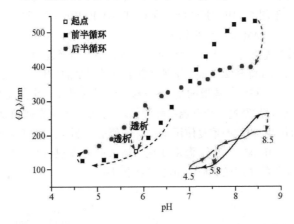

图4-23 PAA 空心球的平均流体力学直径随 pH 的变化[15]

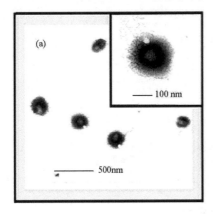
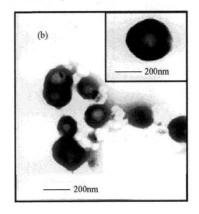

图4-24 由(a)核降解法和(b)核溶解法所获得的交联 PAA 空心球的 TEM 形态比较[15]

用核降解法和核溶解法所得的空心球的 TEM 照片。由图可见两者的结构是很相像的,但溶解的过程比降解的过程要慢得多。图 4－24(b)是(PCL)-PAA 经溶剂处理 21 天后的结果。因此我们可以通过改变溶剂处理的时间得到不同核残留量的胶束。

4.4.5　具有温度响应性的聚合物空心球[19]

在 4.3.4 节中我们讨论了利用原位聚合方法在水相中获得(PCL)-PNIPAM。基于 PNIPAM 的温度诱导相变的特性,在温度上升到 LCST 后,此 NCCM 会发生体积收缩,结果示于图 4－19。张幼维等在将(PCL)-PNIPAM 经核降解后,方便地得到了一系列由 PNIPAM 交联网络构成的空心球,它们均显示了较其 NCCM 母体更强的尺寸–温度敏感特性。图 4－25 为一典型结果。当温度由 20℃升至 45℃,空心球直径由 432 nm 降至 223 nm,分别对应于交联网络的“开”和“关”态。尺寸急剧变化发生在 27～35℃。重要的是,空心球升温时的尺寸变化曲线几乎与降温曲线相重合,也就是说,经过一个升温—降温循环,空心球的状态回到原点。显然,这对此类材料的负载–释放的重复使用是很有价值的。图 4－25 还显示出该空心球的母体(PCL)-PNIPAM 的尺寸–温度变化。结果同样表现出在经历 LCST 时的体积收缩,但其变化的幅度较相应的空心球要小得多。

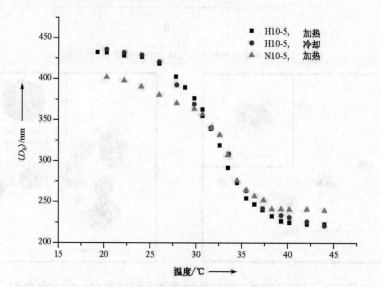

图 4－25　PNIPAM 空心球 H10-5 的流体力学直径的温度响应特性[19]

N10-5 为相应的 NCCM 母体

4.5　氢键络合诱导胶束化和胶束与空心球间的可逆转变[22]

本节讨论一个很普通的接枝共聚物,即以羟乙基纤维素(HEC,图4－26)接枝聚丙烯酸而成的 HEC-*g*-PAA 的自组装行为。人们可能会认为这与一般的嵌段或接枝共聚物在选择性溶剂中的自组装类似,并无太多特色。可是我们这里选用的 HEC-*g*-PAA 的主链和侧链之间存在着由 pH 控制的氢键相互作用,研究表明,由这一相互作用导致了一系列过去很少见到的特异的自组装行为[22]。

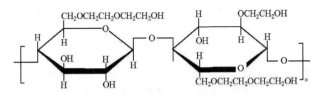

图4－26　羟乙基纤维素的化学结构

窦红静等通过水溶性 HEC 经铈盐引发丙烯酸接枝聚合得到 HEC-*g*-PAA,对所用的两个共聚物(CAA-1 和 CAA-2)进行了详细的表征。HEC 主链的相对分子质量为 9.0×10^4,由静态光散射得到的两接枝共聚物的相对分子质量分别为 1.67×10^5 和 3.33×10^5。支链 PAA 的相对分子质量无法直接测定,而是采用酶降解法将 HEC 断链,回收得到 PAA 支链,从而得到两试样的 PAA 支链相对分子质量分别为 1.75×10^4 和 2.10×10^4。由此可计算出平均每个链上的支链数分别为 1.58 和 2.61。这个数目很小,对于本研究来说,采用接枝数很小的共聚物是必要的,这一点下面会有说明。

两试样在碱性溶液中均可方便地溶解。用光散射法研究了它们在溶液中的光强和尺寸随溶液 pH 的变化(图4－27)。在 pH 从 13 降至 4 的很宽的范围内光强都很小且不随 pH 变化,表明接枝共聚物完全溶解。但在 pH 降至 3 以下后,光强剧增。在 pH 继续降至 2 时,光强在高值的水平上稳定。粒子尺寸也随 pH 出现了相应的变化(图4－27之内插图)。我们注意到,光强和粒子尺寸发生剧变的 pH 范围正好对应于 PAA 的羧基从高度离解到完全质子化的变化。因此我们有理由相信,由于 PAA 在此 pH 范围内的质子化,它与 HEC 主链的多个醚键等便形成氢键络合,导致溶解度降低而产生聚集。由于 HEC-*g*-PAA 的平均接枝度低,故存在有带很少支链甚至不带支链的 HEC,这些 HEC 仍保持溶解,阻碍了络合体的沉淀并导致了稳定胶束的形成。

聚集体的典型 TEM 照片如图4－28(a)所示,在胶束中,高密度的核与低密

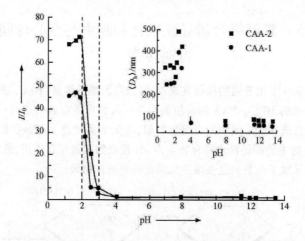

图 4-27 HEC-*g*-PAA 两试样 CAA-1 和 CAA-2 的相对散射光强随 pH 的变化[22]
内插图为相应的平均流体力学直径随 pH 的变化

度的壳层之间有着清晰的界线。对于柔性嵌段共聚物胶束来说,这种清晰的核-壳结构是很少见到的。这里我们之所以能看到胶束的核-壳间的明显的反差,可能是与 HEC 链的半刚性有关,它们形成的壳层堆砌的密度较低。动态光散射和透射电镜的结果都表明 pH 的变化诱导了 HEC-*g*-PAA 的胶束化。进一步研究还表明,这个过程是完全可逆的,当体系的 pH 从低值再增加时,胶束会全都溶解。

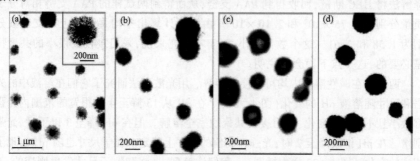

图 4-28 HEC-*g*-PAA 胶束的 TEM 图像[22]
(a) CAA-1 在 pH = 1.3 时的胶束;(b) CAA-2 在 pH = 1.3 时的胶束;(c) 经交联和透析后的 CAA-2
胶束;(d) 该试样 pH 再调回至 1.3 时的胶束

经交联后的胶束表现出更为有趣的现象。窦红静等将酸性条件下形成的胶束的 PAA 链在室温下进行轻度化学交联。其后对纯水透析,以去除不纯物,并使 pH 回到近中性。出人意料的是,交联和透析前后,胶束发生了惊人的变化:胶束尺寸明显扩张,核-壳结构也变成了空心球结构。如图 4 - 28(b)和(c)所示,经交联和透析后的胶束的形态与交联前完全不同。此时球壳部分和中心部分出现了明显反差,即形成了空心球。但是必须注意,这种空心化不是因核的降解和溶解引起的,而完全是由 pH 的变化而引起的。我们认为:当 pH 从酸性升高到中性时,HEC 和PAA 之间的络合发生了解离,直接导致了胶束核的瓦解。但是由于胶束已经化学交联,HEC 和 PAA 间的解络合并不能导致整个胶束的离解,而是导致 HEC 和 PAA在交联的框架内充分溶解,这就是 pH 诱导的空心化过程。

　　实验还进一步证实,pH 控制的胶束的空心化是一个可逆的过程。图 4 - 29 表示的就是在一个 pH 循环内平均流体力学直径$\langle D_h \rangle$变化的全过程。该过程的起点是经过透析的壳交联的胶束,pH 约 6.5,直径达 650 nm,体系中加酸,$\langle D_h \rangle$不变,当 pH 降到 3 ~ 1.5 时,$\langle D_h \rangle$陡降到 400 nm,说明 HEC 和 PAA 之间恢复了络合,导致了空心球转变成核-壳结构的胶束。pH 为 1.3 时的胶束的 TEM 图像如图 4.28(d)所示,胶束内部空腔消失,恢复到了交联以前的初始形态。这是$\langle D_h \rangle$-pH 循环的一半。另一半循环是加碱使 pH 逐渐升高的过程。在 pH = 3 ~ 4 间又发生了突变,表明胶束又恢复成了空心球。然而,前半循环平台处的$\langle D_h \rangle$值明显比后半循环的平台值为高,这主要是由于溶液中离子强度的不同引起的。这一看法可用如下的实验证实:将后半循环 pH 为 4.0 和 6.7 的两胶束溶液对纯水透析,得到的胶束的$\langle D_h \rangle$跃升,得到十分接近于前半循环的平台区的值(如图 4 - 29 中箭头所示)。

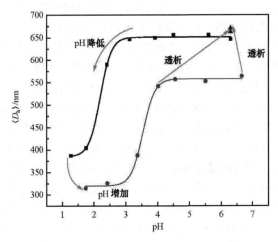

图 4 - 29　交联 HEC-*g*-PAA 胶束的流体力学直径 pH 的变化[22]

　　总之,我们通过对一简单的水溶性接枝共聚物 HEC-*g*-PAA 的研究,实现了可逆的、pH 控制的胶束化及胶束向空心粒子转变的过程,两者都是由聚合物链间的络合和解络合作用诱导产生的。这种转变完全具有开关的特征：pH > 3 为开，pH < 3 则关。这种胶束的独特性质在广泛的应用领域将会有很大的发展前景。整个过程的示意图见图 4 – 30。

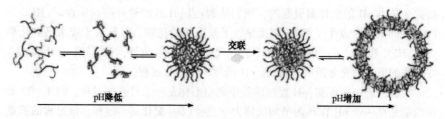

图 4 – 30　pH 控制的胶束化和胶束–空心球示意图[22]

4.6　含刚性链的聚合物体系的自组装

4.6.1　刚性–柔性聚合物在共同溶剂中的自组装[23]

本章以上各节讨论的各种组装体系都是以柔性聚合物作为构筑单元的。1998年，Jenekhe 等在 *Science* 上发表文章，报道了柔性–刚性嵌段共聚物在选择性溶剂中的组装[24]。他们所用的研究体系为聚苯乙烯-*b*-聚苯基喹啉（PPQ），PPQ 的主链完全由芳环连接而成，是典型的刚性嵌段。他们发现这一柔性–刚性嵌段共聚物可以分别在两种嵌段的选择性溶剂中胶束化，这是可以理解的。但重要的是，其组装的结果与一般的柔性–柔性嵌段共聚物完全不同。他们得到了巨型空心球，尺寸达到微米量级。这种含刚性嵌段的共聚物的特异的组装行为引起了我们很大的兴趣。我们首先想到的是，可否利用柔性均聚物与刚性均聚物来构建 NCCM。在段宏伟等[23]为此进行的实验中，采用的是一种相对刚性的两端均带有羧基的寡聚物聚酰亚胺（PI-1，M_w = 4600）（图 4 – 31）和柔性的 P4VP，我们希望这两种聚合物在它们的共同溶剂中能够通过 PI-1 的羧基与 P4VP 的吡啶基形成氢键，生成"接枝共聚物"。然后再引入选择性溶剂，便能够得到 NCCM。然而，出乎意料的是，当混合 PI-1 和 P4VP 氯仿的稀溶液时，立即观察到溶液呈现出淡蓝色的乳光，这意味着它们在其共同溶剂中已生成了聚集体。于是我们用光散射方法对按不同 PI-1/P4VP 比例得到的组装体进行了表征。发现组装体尺寸在 238 ~ 384 nm 之间，且分布很窄，其粒子的表观相对分子质量达到 6.1×10^7 ~ 20×10^7。由此推算的表观密度也很低，在 1.3×10^{-3} ~ 1.8×10^{-3} g/mL。$\langle R_g \rangle / \langle R_h \rangle$ 值在 0.92 ~ 1.15 之间。这初步表明 PI 和 P4VP 在共同溶剂中直接组装为空心球。对组装体的 AFM 观察的结果如图 4 – 32 所示。从图中我们看到的是尺寸很大的"孔穴"。这种构造不可能由通常的球状胶束形成，而是空心球在溶剂干燥过程中自行沿球壁坍塌的结果。因此我们可以得到结论:PI-1 和 P4VP 在共同溶剂中形成了空心球。

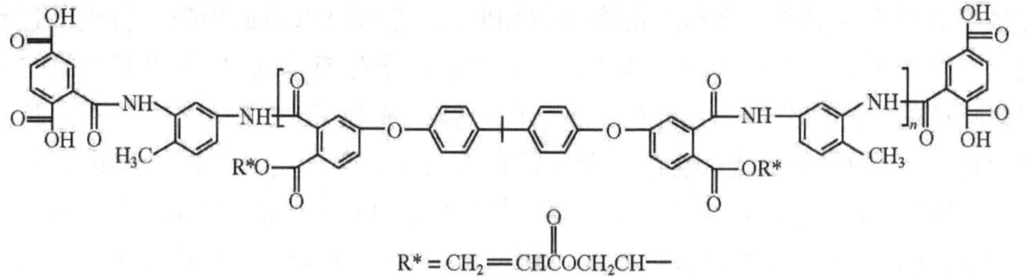

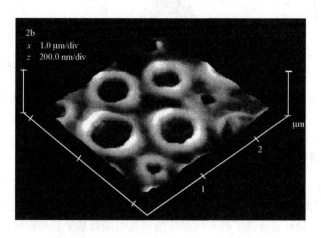

R* = CH₂—CHCOCH₂CH—

聚酰胺酸(PAE)

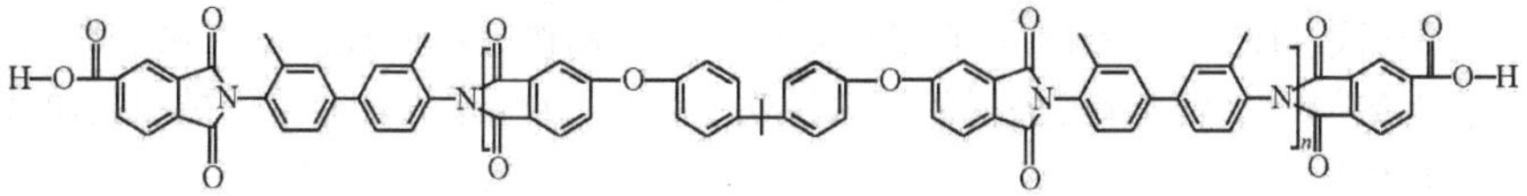

聚酰亚胺(PI-1)

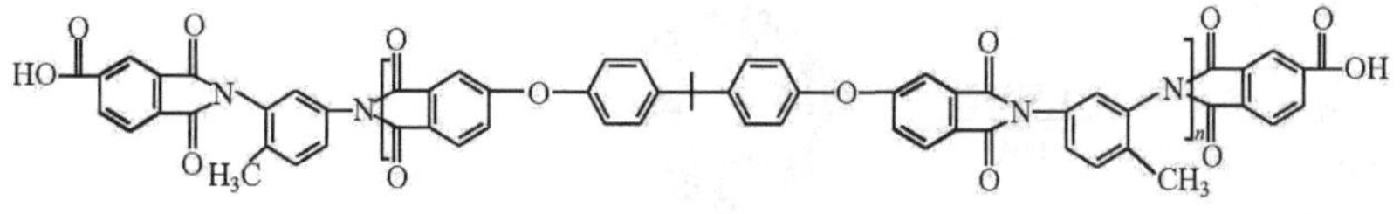

聚酰亚胺(PI-2)

图4-31 PI 和 PAE 的化学结构

2b
x 1.0 μm/div
z 200.0 nm/div

图4-32 PI-1 和 P4VP 自组装体的 AFM 图[23]

为什么刚性-柔性聚合物的组合能够在共同溶剂中形成空心球呢?在我们所用的实验条件下,PI-1 对 P4VP 的质量比在 3～20 之间。这样通过 PI 的端羧基和 P4VP 的吡啶基的氢键相互作用,每个 P4VP 链段可接上多达 $10^2 \sim 10^3$ 个的刚性 PI-1 链段。因此,围绕在 P4VP 链局部的 PI-1 浓度要比平均浓度高得多。我们知道,高密度的刚性链通常具有规则的相互接近平行排列的倾向,这为形成大空心球提供了驱动力。如果这个观点正确,刚性 PI-1 链应该可以形成内壳。自组装过程的示意图如图 4−33(a)所示。显然,这个看法是十分粗略的,但从直观上说也是可以理解的。这正像将一大把筷子在桌面上排列成圆圈,如果要将筷子相互比较接近地径向排列,那必然只能是一个直径很大的环。事实上我们的实验还证明,当一个 P4VP 主链上(含 1330 个单体单元)仅"接上"30 个 PI-1 支链时,中空球就不能形成,而是得到可溶的接枝共聚物。依据这一看法,我们还可以解释为什么对于刚性−柔性嵌段共聚物,自组装只能在选择性溶剂中发生。在嵌段共聚物中,刚性−柔性嵌段数目的比例是 1∶1,在稀溶液中不存在高浓度的刚性嵌段区域,只有在选择性溶剂中才会有刚性嵌段的局部高浓度,这时刚性链的自行平行排列趋向才能发挥作用。

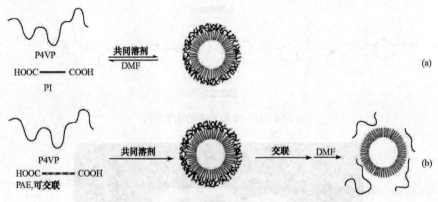

图 4−33　(a) PI 和 P4VP 自组装为空心球的过程[25];(b) 可交联 PAE 和 P4VP 的
自组装及其结构固定化过程[25]

4.6.2　组装体结构的固定化[26]

如图 4−32 所示,由 PI 和 P4VP 形成的空心球是不稳定的,干燥过程中球便坍塌了。为了固定这种组装结构,需要采用一种可交联的刚性聚合物用作组装单元。为此,匡敏等设计和合成了带有丙烯酸酯侧基的端羧基聚氨基酸酯(PAE,M_w 为7450,见图 4−31)来取代 PI-1。将 PAE 和 P4VP 在其共同溶剂 THF 中混合,立刻便形成窄分布的流体力学半径为 100 nm 的聚集体。继而用 UV 辐照引发丙烯酸基的自由基聚合,这样就固定了这种中空结构。将这种空心球再用 THF/DMF 溶剂处理,发现球尺寸大大减小。这是由于 DMF 破坏了 PAE 和 P4VP 间的氢键,并使 P4VP 游离于球体之外。因而我们最后得到的是交联 PAE 的"单组分"空心球。它们的形态如 SEM 照片所示(图 4−34)。由图可见大部分交联的 PAE 空心球的外形保持得相当完整。在交联前,可以观察到内部有很大空腔的球状聚集体(图 4－34 内插小图),壳层厚度约为 25 nm,一些大的聚集体壳层有破裂现象,可能是真空制备 SEM 样品时造成的,与文献报道的刚性-柔性嵌段共聚物的空心球十分相似。

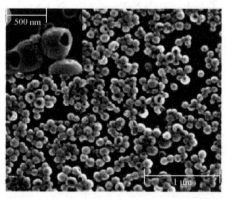

图 4－34　经交联的 PAE/P4VP 组装体的形态[26]
内插图为交联前的放大图

4.6.3　影响刚性-柔性聚合物自组装的一些结构因素[25,27]

为了探求刚性-柔性聚合物在共同溶剂中自组装的影响因素,匡敏和段宏伟等合成和应用了一系列含吡啶基团的聚合物,如 P4VP、聚(2-乙烯吡啶)(P2VP)以及苯乙烯和 4-乙烯基吡啶的无规共聚物 SVP。在刚性聚合物方面,除前述 PI-1 和 PAE 外还用了端羧基聚酰亚胺 PI-2(图 4－31,稍不同于 PI-1)。

首先,我们发现所有的刚性-柔性聚合物对(PAE/P4VP,PAE/P2VP,PAE/SVP,PI-2/P2VP 及 PI-2/P4VP)都能自组装成亚微米级的中空聚集体。几个聚合物对有一个共同的特性,那就是得到的空心球的平均流体力学半径$\langle R_h \rangle$随着质子给体基团与质子受体基团的摩尔比的增大而减小(图 4－35),这说明接枝数量的增多有利于形成小的聚集体。如前所述,在刚性-柔性聚合物对自组装中,PI 支链倾向于平行排列,从而导致形成中空球体。显然,刚性链对柔性链的比值越大,PI-2 沿着 PVP 链的接枝密度就越大。结果是这种高浓度的支链促进了胶束的均匀分散。由于同样的原因,比之于 P4VP,P2VP 得到的聚集体尺寸要大得多,这是因为 PI 对 P2VP 接枝的空间位阻较大,接枝的效率低。含有 32% P4VP 单元的 SVP 比同等量的 P4VP 对接枝 PI-2 链段更为不易,所以 SVP 形成了更大的聚集体。而用 PAE 取代 PI 时,便形成了尺寸更小的聚集体。如果我们注意到 PAE 是具有双羧基端基的,它显然对 P4VP 的接枝能力更强,这个结果就很容易理解了(参见 4.2.1)。

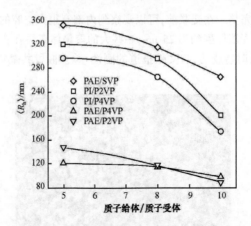

图4-35　几组不同的柔性/刚性链体系组装体的⟨R_h⟩与质子给体基团/质子受体基团
摩尔比的关系[25]

4.6.4　刚性链-小分子络合物的自组装[28]

前面介绍过,刚性链分子在溶液中形成局部浓度较高的区域时,它自身平行排列的倾向才会发挥作用,导致大尺寸空心球的形成。这一看法在关于刚性链-小分子络合物自组装的研究中得到进一步的证实。宁方林和穆敏芳等[28]研究了带有端胺基的聚酰亚胺(PEI)和硬脂酸(SA)的自组装。PEI两端和SA会因端胺基与端羧基间的氢键而连接起来,在其共同溶剂氯仿中形成络合物。此线形

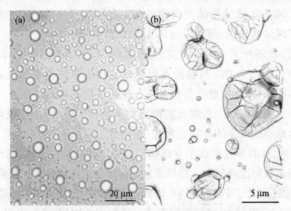

图4-36　SA/PEI(胺基与羧基的摩尔比为1/1)在氯仿/环己烷 (体积比, 1/1) 中
组装体的形态[28]

(a) 偏光显微镜的观察结果; (b) TEM 的观察结果

络合物在氯仿中是可溶的。但当向该溶液加入等体积的环己烷时,该络合物便自组装为巨型囊泡,尺寸达到数微米至 10 微米,可用光学显微镜观察到[图 4－36(a)]。其 TEM 的观察结果清楚地显示了在试样干燥过程中这囊泡表面变形产生了皱折[图 4－36(b)]。这里氯仿/环己烷(1/1)混合溶剂实际上是 PEI 的沉淀剂,故在此混合溶剂中 PEI 链沉聚,形成局部高浓度。是 PEI 链自发平行排列的趋向和可溶 SA 短链的稳定作用推动了络合物组装成巨型囊泡。这里 PEI 和 SA 的线形络合物的自组装只发生在选择性溶剂中,而 PI 和 P4VP 的接枝形络合物却能在共同溶剂中自组装。这个差别显然说明了刚性链分子的局部高浓度是实现其自组装的重要条件。

4.6.5　刚性链辅助诱导的嵌段共聚物的自组装[25]

在本章中我们所讨论的都可认为是属于"无嵌段共聚物路线"(block-copolymer-free strategy)。从本书第 8 章和第 9 章可以看到,就嵌段共聚物的胶束化来说,目前文献中的的研究也已不限于运用选择性溶剂的"经典"路线,而提出了很多胶束化的新方法,但是这些新方法基本的驱动力仍然是不同构筑单元的溶解性差异。基于刚性-柔性聚合物链的自组装经验,我们在这里提出了刚性链诱导的嵌段共聚物胶束化的新机理。

将嵌段共聚物 PS-b-P2VP 和 PAE 分别溶解在共同溶剂 THF 中,再将两者混合,即可形成粒径为 60 nm 的粒子且分布很窄(PDI 为 0.01～0.09)(图4－37)。实验结果说明,嵌段共聚物在其共同溶剂中的自组装完全可以通过将刚性寡聚物氢键接枝到其中一个嵌段上来实现。值得关注的是这种纳米聚集体的尺寸要远小于同样质量比的 PAE/P2VP 形成的胶束粒子,这说明可溶解的 PS 链段有助于粒子在 THF 中的均匀分散。图 4－37 中的插图是 SEM 的观察结果,很明显我们得到了球形纳米聚集体,但粒子大多塌陷,说明聚合物粒子是空心结构。在高真空下空心粒子变形。另外,与 PAE 相似,我们发现 PI 也能与 PS-b-P2VP 形成空心球粒子。

事实上,PAE(PI),PS 和 P2VP 嵌段均可溶解于它们的共同溶剂 THF 中,且 PAE(PI)的端羧基和吡啶基团间的相互作用也不会明显地影响相应聚合物链的溶解性。所以很显然,这里的胶束化过程不是由溶解性差异引起的。因此,这是一种刚性链诱导的嵌段共聚物的胶束化的新机理。PAE(PI)与吡啶基团之间的作用首先会导致 PAE 聚集在 P2VP 周围,然后刚性支链的平行排列趋势诱导了嵌段共聚物的自组装,形成了空心球的壳层(图 4－38)。

因为 P2VP 链段可以通过 1,4-二溴丁烷发生化学交联,而 PAE 容易发生光交联,所以有两种可能的方法稳定 PAE/PS-b-P2VP 空心粒子。第一种方法,如图4－38 所示,将 PAE/PS-b-P2VP 粒子与 1,4-二溴丁烷反应使 P2VP 链交联,再加

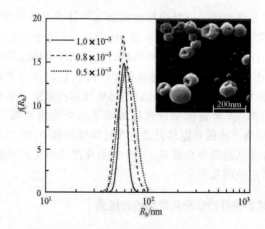

图 4-37　PAE/PS-*b*-P2VP 在 THF 中形成的组装体的流体力学半径分布和形态(内插图)[25]

溶液中嵌段共聚物浓度为 1.0×10^{-4} g/mL,图中数字为 PAE 浓度,单位为 g/mL

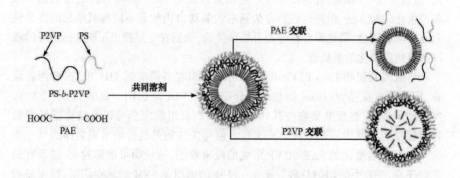

图 4-38　PAE 与 PS-*b*-P2VP 的自组装及由此生成的两种不同"纳米笼"的示意图[25]

入等体积的 DMF,它能破坏聚合间的氢键,促使聚合物间的络合解离,由此就获得了由嵌段共聚物构成的纳米笼,而 PAE 则应均匀分散在笼中。第二种方法,通过光交联 PAE/PS-*b*-P2VP 聚集体的 PAE 层,然后加入 DMF,这样未交联的外壳层就被溶解掉了,所以交联的球体尺寸变小了。总之,交联 PAE/PS-*b*-P2VP 空心球的不同部分,我们能够制备两种化学上完全不同的纳米笼。DLS 和 TEM 的研究结果有力地支持了这一结论。图 4-39(a),(b)两图分别是经交联 P2VP 和 PAE 两条路线所得的组装体的 TEM 观察结果。从图 4-39(a)所示的球体仍可清晰看到球表面存在一深色黑圈,表明外层和中心的链密度有区别。但它与通常的空心球的外圈与中心的很强的密度反差也有很大的不同,即除很黑的外圈外,球体内的灰度比较均匀。这表明中心并非是空心的。这是游离了的 PAE 链均匀分布于球体内腔的一个佐证。图4-39(b)的特点是除了明显的具有空心球特征的球体外,还存在着大量的外形不规则的、尺寸在纳米量级的斑点。这些斑点大大破坏了图像的美感,但给我们带来了预言实现的快乐。试想,如果这些其貌不扬的斑点都不存在了,那我们便会问:在将 PAE 交联、又用 DMF 破坏了 PAE 和 P2VP 间的氢键以后,大量的、原处于胶束外壳的嵌段共聚物 PS-*b*-P2VP 到哪里去了?

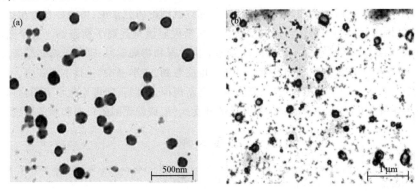

图4-39 分别将 PAE/PS-*b*-P2VP 空心球的(a)P2VP 嵌段和(b)PAE 嵌段交联并加入 DMF 后组装体的形态[25]

4.7 结 语

在大分子自组装领域,嵌段共聚物的胶束化是研究得最为深透的主题,至今仍十分活跃。我们这些年的研究是在企图告诉人们,通过高分子自组装实现胶束化的领域很宽广。嵌段共聚物的自组装无疑是主要的,但我们也不要忽视其他多种多样的可能性。单从我们研究组这短短几年的工作就可以看出,化学舞台实在是无限广阔的。比如说,我们多次讨论的 CPS/P4VP 和 CPB/P4VP 体系,其中 CPS 和 CPB 分别是相对分子质量为数千的端羧基聚苯乙烯和端羧基聚丁二烯。这两组聚合物可在选择性溶剂体系中方便地构成 NCCM。然而如果我们使用的是不带端羧基的 PS 和 PB,那就不可能有胶束的形成,只能是聚合物的宏观沉淀。相对分子质量数千的 PS 和 PB 上只要带上一个小小的端羧基,一个崭新的故事就开始了。这就是化学,这就是化学的神奇。

然而我们迄今在高分子组装方面所做的工作相对于这前途无限的新兴领域来说,只是冰山一角。事实上我们在这一章中所述的全部工作所依据的相互作用只有一种,即氢键相互作用。近来我们利用超分子化学领域中熟知的"包结络合"(inclusion complexation)来构建高分子胶束,也取得成功。这很可能是又一组精彩故事的开篇。实践让我们明白,值得我们继续发掘、开拓和发展的空间实在是太广阔了。

我们在本章中的工作,总体说来就是利用化学,特别是高分子化学、物理化学和超分子化学的基本原理的实践。应该说结果是成功的和有启发性的。然而,很显然,我们工作仍缺乏理论的深度。对许多实践中看到的现象和规律的理论背景,我们知之甚少,谈不上用理论指导新的研究。就理论研究来说,可能存在着相当的难度,因为我们的组装体较嵌段共聚物胶束来说应该是远离平衡态的。当今嵌段共聚物自组装问题吸引了众多的优秀理论化学家和物理学家,理论结构之精美,预言之准确,足以让理论家们自豪。可我们也注意到,在本书中,包括本章在内,已出现一系列大分子组装的新对象、新现象甚至新规律,它们正向理论化学家和物理学家发出强烈的呼唤。这里有未被开垦的处女地,蕴藏着无限的机遇和新的挑战。

参 考 文 献

[1] Jiang M, Li M, Zhou H. Interpolymer complexation and miscibility enhancement by hydrogen bonding. Adv. Polym. Sci. , 1999, 146: 121

[2] 项茂良,江明.高分子科学的近代论题.上海:复旦大学出版社,1998.148~167

[3] Jiang M, Duan H W, Chen DY. Macromolecular assembly: from irregular aggregates to regular nanostructures. Macromol. Symp. , 2003, 195: 165

[4] Chen D Y, Jiang M. Strategies for constructing polymeric micelles and hollow spheres in solution via specific intermolecular interactions. Acc. Chem. Res. , 2005, 38: 499

[5] Liu S Y, Pan Q M, Xie J W, Jiang M. Intermacromolecular complexes due to specific interactions. 12. Graft-like hydrogen bonding complexes based on pyridyl-containing polymers and end-functionalized polystyrene oligomers. Polymer, 2000, 41: 6919

[6] Liu S Y, Zhang G Z, Jiang M. Soluble graft-like complexes based on poly(4-vinyl pyridine) and carboxy-terminated polystyrene oligomers due to hydrogen bonding. Polymer, 1999, 40: 5449

[7] Liu S Y, Jiang M, Liang H J, Wu C. Intermacromolecular complexes due to specific interactions. 13. Formation of micellelike structure from hydrogen bonding graft-like complexes in selective solvents. Polymer, 2000, 41:8697

[8] Wang M, Zhang G Z, Chen D Y, Jiang M, Liu S Y. Noncovalently connected polymeric micelles based on a homopolymer pair in solutions. Macromolecules, 1999, 34: 7172

[9] Orfanou K, Topouza D, Sakellariou G, Pispas S. Graftlike interpolymer complexes from poly (2-vinylpyridine) and endsulfonic acid polystyrene and polyisoprene: intermediates to noncovalently bonded block copolymer-like micelles. J. Polym. Sci. , Part A: Poylm. Chem. , 2003, 41: 2454

[10] 朱蕙,袁晓凤,照汉英,刘世勇. 非共价键胶束——聚合物自组装的新途径. 应用化学, 2001, 18: 337

[11] Zhao H Y, Gong J, Jiang M, An Y L. A new approach to self-assembly of polymer blends in solution. Polymer, 1999, 40: 4521

[12] Yuan X F, Jiang M, Zhao H Y, Wang M, Zhao Y, Wu C. Noncovalently connected polymeric micelles in aqueous medium. Langmuir, 2001, 17: 6122

[13] Wang M, Jiang M, Ning F L, Chen D Y, Liu S Y, Duan H W. Block-copolymer-free strategy for preparing micelles and hollow spheres: Self-assembly of poly(4-vinylpyridine) and modified polystyrene. Macromolecules, 2002, 35: 5980

[14] Zhang Y W, Jiang M, Zhao J X, Zhou J, Chen D Y. Hollow spheres from shell cross-linked, noncovalently connected micelles of carboxyl-terminated polybutadiene and poly(vinyl alcohol) in water. Macromolecules, 2004, 37: 1537

[15] Zhang Y W, Jiang M, Zhao J X, Wang Z X, Dou H J, Chen D Y. pH-Responsive core-shell particles and hollow spheres attained by macromolecular self-assembly. Langmuir, 2004, 21: 1531

[16] Zhang G Z, Niu A Z, Peng S F, Jiang M, Tu Y F, Li M, Wu C. Formation of novel polymeric nanoparticles. Acc. Chem. Res., 2001, 34: 349

[17] Gan Z H, Fung J T, Jing X B, Wu C, Kuliche W K. A novel laser light scattering study of enzyamatic biodegradation of poly(ε-caprolactone) nanoparticles. Polymer, 1999, 40: 1961

[18] Liu X Y, Jiang M, Yang S, Chen M Q, Chen D Y, Yang C, Wu K. Micelles and hollow nanospheres based on epsiloncaprolactone-containing polymers in aqueous media. Angew. Chem. Int. Ed., 2002, 41: 2950

[19] Zhang Y W, Jiang M, Zhao J X, Ren X W, Chen D Y, Zhang G Z. A novel route to thermo-sensitive polymeric coreshell aggregates and hollow spheres in aqueous media. Adv. Funct. Mater., 2004, 15: 695

[20] Zhang Q, Remsen E E, Wooley K L. Shell cross-linked nanoparticles containing hydrolytically degradable, crystalline core domains. J. Am. Chem. Soc., 2000, 122: 3642

[21] Huang H Y, Remsen E E, Kowalewski T, Wooley K L. Nanocages derived from shell cross-linked micelle templates. J. Am. Chem. Soc., 1999, 121: 3805

[22] Dou H J, Jiang M, Peng H S, Chen D Y, Hong Y. pH-Dependent self-assembly: Micellization and micellehollowsphere transition of cellulose-based copolymers. Angew. Chem. Int. Ed., 2003, 42: 1516

[23] Duan H W, Chen D Y, Jiang M, Gan W J, Li SJ, Wang M, Gong J. Self-assembly of unlike homopolymers into hollow spheres in nonselective solvent. J. Am. Chem. Soc., 2001, 123: 12097

[24] Jenekhe S A, Chen X L. Self-assembled aggregates of rodcoil block copolymers and their solubilization and encapsulation of fullerenes. Science, 1998, 279: 1903

[25] Kuang M, Duan H W, Wang J, Jiang M. Structural factors of rigid-coil polymer pairs influencing their self-assembly in common solvent. J. Phys. Chem. B, 2004, 108: 16023

[26] Kuang M, Duan H W, Wang J, Chen D Y, Jiang M. A novel approach to polymeric hollow nanospheres with stabilized structure. Chem. Commun., 2003, 496

[27] Duan H W, Kuang M, Wang J, Chen D Y, Jiang M. Self-assembly of rigid and coil polymers into hollow spheres in their common solvent. J. Phys. Chem. B, 2004, 108: 550

[28] Mu M F, Ning F L, Jiang M, Chen D Y. Giant vesicles based on self-assembly of a polymeric complex containing a rodlike oligomer. Langmuir, 2003, 19: 9994

第 5 章 自组装嵌段共聚物的化学修饰

刘国军 严晓虎

5.1 引　言

嵌段共聚物是由两段或多段化学性质不同的聚合物链段以化学键连接而成[1]。最简单的嵌段共聚物是由 n 个连续的 A 单元和 m 个连续的 B 单元组成的两嵌段共聚物 $(A)_n(B)_m$。在我们研究小组里制备共聚物最常用的方法是阴离子聚合和原子转移自由基聚合,图 5-1 表示的是聚苯乙烯与聚异戊二烯的两嵌段共聚物(PS-b-PI)和聚甲基丙烯酸甘油酯与聚 2-甲基丙烯酸肉桂酸乙酯及聚丙烯酸叔丁酯的三嵌段共聚物(PGMA-b-PCEMA-b-PtBA)的化学结构。

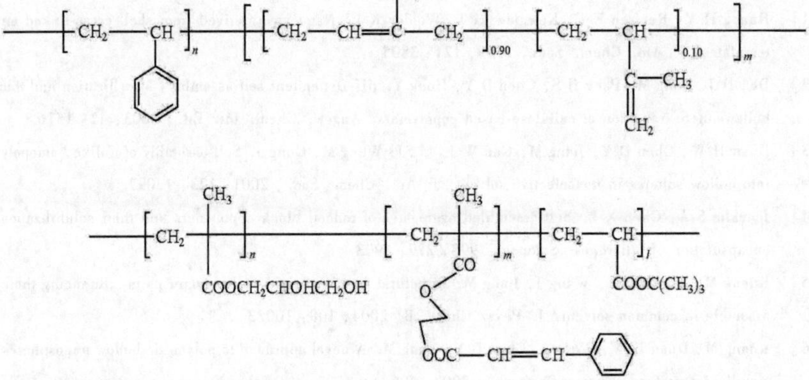

图 5-1　PS-b-PI 和 PGMA-b-PCEMA-b-PtBA 嵌段共聚物的化学结构

前一个共聚物是商品化的热塑性弹性体,后一个共聚物首先由我们合成。在此,我们对这两个共聚物作重点介绍,是因为 PS-b-PI 共聚物中的 PI 段可以经硫化交联或由臭氧处理而降解,PGMA-b-PCEMA-b-PtBA 三嵌段共聚物中的 PCEMA 段可通过光照交联,PtBA 段可经水解得到聚丙烯酸 PAA。这些高聚物都带有易反应官能团的特性。

在没有强作用力(如氢键或静电相互作用)存在的情况下,大部分聚合物是不相容的。在本体中,两嵌段共聚物中较短的一段将从较长一段形成的连续相中团聚分离出来,生成具有规则形状、均匀分布的纳米相畴,其形态由较短嵌段所占有的体积分数和两段间的不相容性所决定。图 5-2 表示的是两嵌段共聚物的平衡相态[2,3]，在较短嵌段的体积分数为 20% 左右时，它将在较长嵌段的连续相中形成体心立方排列的圆球；当体积分数增加到 30% 左右时，将以六方排列的柱状结构存在；当两段的体积分数大致相等时，则以交替的层状结构出现；当体积分数为 38% 时，在两段的不相容性不是很高的情况下，共聚物形成双连续相结构，而两段极不相容时，较短的一段则形成柱状和层状交替出现的结构。有趣的形态之间的转变已经在实验上得到了证实[4]，并且可以用统计热力学理论得到阐述[5]。进一步，由相分离生成的相畴的最小尺寸，如圆柱相的直径，正比于较短嵌段相对分子质量的 2/3 次方，随嵌段相对分子质量的不同通常取值在 5 ~ 50 nm 之间[1]。

图 5-2　二嵌段共聚物在固相中的相分离形态[2]

　　类似于它们的本体行为，两嵌段共聚物也可以在选择性溶剂（即该溶剂对一段是良溶剂，而对另一段是非溶剂）中实现自组装，形成不同形状的胶束[6]。如果可溶段较长，不溶段将团聚形成球形胶束，随着可溶段长度相对于不溶段长度的减小，可形成圆柱状、中空饼状及其他形状的胶束，这首先由加拿大 Adi Eisenberg 教授在实验上得以证实[6]（参见第 1 章）。

　　ABC 三嵌段共聚物或 $(A)_n(B)_m(C)_l$ 在本体或选择性溶剂中同样可以进行自组装，它们比两嵌段共聚物具有更为丰富的相态结构，有的相态结构极其复杂并具有令人震惊的视觉效果[1]，随嵌段数目的增加（如四嵌段和五嵌段共聚物），其相态结构的复杂程度也增加（参见第 2 章）。

　　本章中，我们首先回顾自组装嵌段共聚物化学修饰领域的研究进展，所谓的化学修饰指的是为了制备有用和稳定的纳米结构或功能性纳米材料，对共聚物相分离形成的特定相畴进行化学修饰的过程。例如，如图 5-3 所示，我们在选择性混合溶剂中从 PAA-b-PCEMA 嵌段共聚物制备

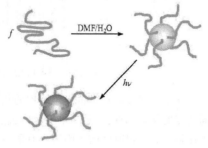

图 5-3　在 DMF/水混合溶剂中制备水溶性 PAA-b-PCEMA 纳米球的示意图

了纳米球。具体过程为：首先将此二嵌段共聚物溶解在对 PAA 和 PCEMA 段均为良溶剂的 N,N'-二甲基甲酰胺（DMF）中[7]，随后慢慢加入对 PAA 段为选择性溶剂的水，形成了不溶的可交联的 PCEMA "核"，可溶的 PAA 段为"毛发"的球形胶束，

最后对 PCEMA 相进行光交联得到水溶性的纳米球。

　　图 5–4 是作为另外一个例子来说明如何通过 PS-*b*-PCEMA-*b*-P*t*BA 三嵌段共聚物制备中间相为 PAA 的纳米管[8]。为此，我们设计的该三嵌段共聚物[图 5–4(a)]的化学组成为具有体积分数 ~70% 的 PS、~20% 的 PCEMA 及 ~10% 的 P*t*BA。在固相中不同嵌段发生相分离，P*t*BA 和 PCEMA 形成六方排列的圆柱状"核-壳"结构，分散在 PS 形成的连续相中[图 5–4(b)]。我们对此三嵌段共聚物薄膜进行紫外光照射使 PCEMA 相交联[图 5–4(c)]，然后将薄膜浸入 THF 中。由于 THF 是 PS 的良溶剂，搅拌后交联的柱状结构得以拆散而生成分散的纳米纤维[图 5–4(d)]。最后，我们对纳米纤维的中间相 P*t*BA 进行选择性水解除去叔丁基，得到中间为亲水性 PAA 的纳米管[图 5–4(e)]。在这个例子中，化学修饰包括了第一步对 PCEMA 的光交联和后一步对 P*t*BA 的选择性水解。

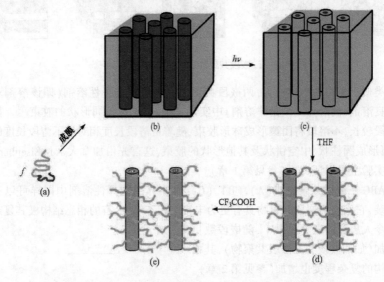

图 5–4　制备 PS-*b*-PCEMA-*b*-PAA 纳米管的过程示意图[8]

　　通过对嵌段共聚物自组装结构的化学修饰可以制备不同形状、不同构筑及不同功能的纳米部件，这是一个十分广阔和活跃的研究领域。总结这一领域的所有工作是十分耗费时间的。因精力有限，在此仅总结我们在纳米纤维和纳米管方面所做的工作。在本章的第二部分，我们首先对这一领域的研究历史背景作一回顾，第三部分主要总结过去 12 年中我们所做的研究工作，第四部分集中在对由嵌段共聚物制备的纳米纤维和纳米管的研究进展上，在第五部分简单讨论我们对未来纳米纤维和纳米管研究动向的展望。

5.2　研究背景

我们的文献调查表明,Fujimato 及同事[9]在 1984 年首先报道了对固相中嵌段共聚物进行相分离后的相畴进行化学修饰,制备层状薄膜。他们采用三嵌段 SIA 或五嵌段 ISIAI 共聚物,这里 I 和 S 分别代表聚异戊二烯和聚苯乙烯,PA 代表聚 (4-乙烯基苯二甲胺)。这些三嵌段或五嵌段共聚物的组成是这样设计并制备的: PI、PS 及 PA 嵌段各自在固相中形成层状结构。之后,质子化 PA 得到阳离子相, 交联 PI 相固定薄膜结构,磺化 PS 相引入阴离子。这种阳离子和阴离子层状平行排列的薄膜结构可以传导电解质,而非电解质则无法穿透该薄膜。

Nakahama 和他的同事[10]制备了带有纳米孔的薄膜。他们采用 PPS-b-PI-b-PPS 三嵌段共聚物,这里 PPS 表示聚 [(4-乙烯基苯)-二甲基-2-丙氧基硅烷]。通过改变 PI 和 PPS 的相对长度,他们得到了层状、柱状及圆球状的 PI 相分散在 PPS 的连续相中。他们继而对 PPS 相中的丙氧基硅基团进行了水解、缩合或溶胶-凝胶化反应来交联 PPS 相,再用臭氧处理使 PI 相降解得到含有纳米孔的薄膜。这一研究的重要性在于它开创了从嵌段共聚物制备含有纳米孔的材料的途径,但并不在于薄膜分离方面的应用,而在于纳米印刷方面的应用[11~13]。

关于纳米聚集体的制备,Ishizu 和 Fukutomi[14]在 1988 年发表的一篇论文中首先作了报道。他们用嵌段共聚物 PS-P4VP[聚(4-乙烯基吡啶)]来制备 "核-壳微球",当时他们没有称其为纳米球,可能是那时纳米科技还没有达到家喻户晓的地步。他们研究了两个 PS-b-P4VP 样品,在 P4VP 段质量分数为 17% 的样品中,P4VP 嵌段相分离成球形相分散在 PS 的连续相中。在 P4VP 段质量分数为 24 % 的样品中,P4VP 嵌段则形成短的柱状结构。然后他们把 PS-P4VP 薄膜在 110℃ 下暴露在 1,4-二溴丁烷气氛中交联 P4VP 相。交联过的薄膜在 THF 中搅拌得到了分散的纳米小球。可能是高温处理的缘故,原来的短柱状结构在交联过程中转变为球形结构。故而从质量分数为 24 % 的 P4VP 样品中他们最终得到的也是核-壳微球(图 5-5)。

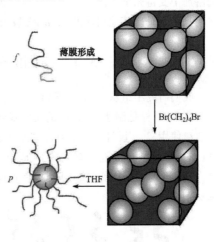

图 5-5　从固相制备 PS-P4VP 纳米球的过程示意图[14]

Ishizu 和他的同事随后对核-壳结构纳米球的制备作了进一步的研究。1989

年他们报道了用二氯二硫交联在 PS-b-PI 嵌段共聚物固相中形成的 PI 球形相畴[15,16],还研究了由此制备的核–壳结构纳米球的各种性质。该纳米球在浓溶液中会形成有序的超分子结构[17,18]。

$$\begin{array}{c} CH_3 \\ | \\ ----CH_2-C-CH-CH_2---- \\ \\ \\ \\ ----CH_2-C-CH-CH_2---- \\ | \\ CH_3 \end{array} \xrightarrow{S_2Cl_2} \begin{array}{c} CH_3 \\ | \\ ----CH_2-C-CH-CH_2---- \\ | \\ Cl \\ Cl \quad S_2 \\ | \\ ----CH_2-C-CH-CH_2---- \\ | \\ CH_3 \end{array}$$

Tuzar 及他的同事[19]首先报道了对嵌段共聚物在选择性溶剂中所形成的胶束进行化学修饰的研究。为了研究 PS-b-PB 或 PS-b-PB-b-PS(PB 表示聚丁二烯)球形胶束的物理性质,他们认识到如果对 PB 核作交联处理,将使下一步的工作更为简单。为了交联 PB 相,他们采用了快电子轰击胶束或在如过氧化苯甲酰之类的光引发剂存在下进行紫外光照射。尽管他们取得了一些成功,但或是因交联程度太低,无法维持胶束结构,或是交联过程伴有副反应。用他们的话说"交联产物在沉淀和干燥后,原来稳定的胶束变为不能完全分散,更多的是在对两段都是良溶剂的溶剂中变得完全不溶"[20]。尽管这个反应不完美,但还是被 Wilson 和 Riess 再次用来稳定具有其他组成的 PS-b-PB 胶束[21]。

5.3 我们的研究工作总结

我们研究小组从 1992 年开始进入这一研究领域,第一个研究项目是以工业应用为背景,目标是制备"毛刷状的交联聚合物包裹的硅胶粒子",并用此作为聚合物填料使用[22]。设计思想是基于文献报道:将二嵌段共聚物和选择性溶剂配成溶液,当一固体基材浸泡于该溶液中时,共聚物将沉积到基材表面形成一"毛刷"层[23],溶解的一段伸展到溶剂中就像毛刷的毛,而不溶段则像熔融态一样铺展在基材表面(图 5–6)。

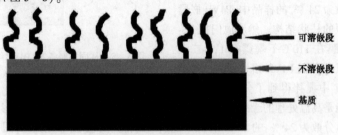

可溶嵌段
不溶嵌段
基质

图 5–6 二嵌段共聚物形成的毛刷层结构示意图

如果基材是无孔的球形颗粒,在固体颗粒表面的嵌段共聚物吸附层交联后,就类似于"一个篮球包裹在网袋中"的情形。从网状表面伸展出来的聚合物链与聚合物基质是相容的,从而使材料得到增强。基于此,我们设计并制备了二嵌段共聚物,在形成毛刷状吸附层后即进行光交联。在 1992 到 1995 年之间,用阳离子[24]和阴离子[25]聚合方法,我们首先合成了无需引发剂便可发生光交联的嵌段共聚物。1994 年我们对纳米结构进行了"化学修饰",制备了交联的聚合物毛刷或二嵌段共聚物单分子层[26]。5 年之后,我们利用 TEM 技术观察到了该单分子层结构。图 5-7 是 PS_{1290}-b-$PCEMA_{620}$(下标数字表示 PS 和 PCEMA 嵌段中重复单元数)嵌段共聚物形成的毛刷层的侧面 TEM 图[27]。在该图中间,厚度大约为 16 nm 的黑色层为 PCEMA 嵌段相,在 PCEMA 相和下面的基质之间的明亮条带则为 PS 相,其厚度约为 32 nm。

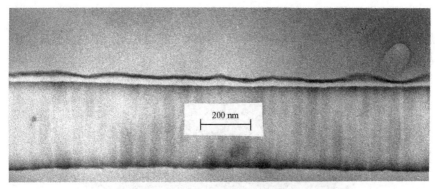

200 nm

图 5-7　PS_{1290}-b-$PCEMA_{620}$毛刷层的侧面 TEM 照片[27]

当我们于 1994 年第一个合成了光交联嵌段共聚物时,二嵌段共聚物的固相相分离形态已经建立,而 A-B-C 三嵌段共聚物的固相相分离形态研究刚刚开始,纳米科学和纳米技术正进入快速发展时期。与此同时,加拿大 McGill 大学的 Eisenberg 教授作出了开创性的研究工作,即通过简单地改变嵌段共聚物中两段的相对长度,在选择性溶剂中可以得到不同形状的胶束[28]。另外,改变溶剂组成也可能得到不同形状的胶束(参见第 1 章)。我们利用所制备的嵌段共聚物的自组装和可光交联特性,对不同体系进行了化学修饰,从而制备和研究了各种前所未见的稳定的纳米结构,图 5-8 总结了我们自 1995 年以来的研究工作。

1996~2000 年,我们的工作主要集中在对嵌段共聚物相畴的化学修饰以得到"固定的"或"雕琢过"的纳米结构。例如,我们第一次报道了如何从嵌段共聚物制备纳米纤维[29]、纳米管[30]、多孔纳米球[31]、中空纳米球[32]、"蝌蚪状"分子[33]及交联的聚合物毛刷层[26]。我们也是第一个从二嵌段共聚物制备具有液体透过性薄

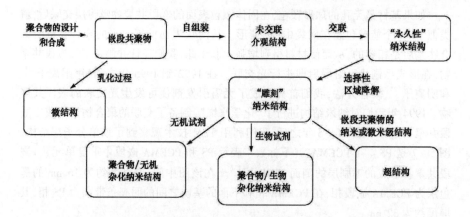

图5-8 在我们研究小组里所进行的材料化学研究路线

膜的研究小组,薄膜结构如图5-9所示,图中的白色圆圈表示规则排列、具有单一尺寸并贯穿整个薄膜的纳米孔道[34]。

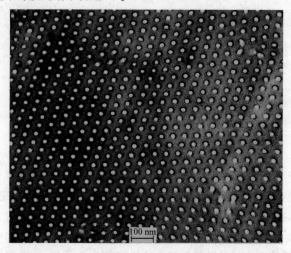

图5-9 规则排列并具有均一尺寸纳米孔道薄膜的超薄切片 TEM 照片[34a]

在 1998 到 2002 年之间,我们通过引入无机颗粒,制备了杂化的聚合物纳米结构,如具有磁性[35]、催化性质[36]的纳米球、三嵌段/γ-Fe_2O_3 超顺磁纳米纤维[8]、四嵌段/Pd 杂化纤维[37]等。我们还制备了带有荧光基团的纳米球,通过与公司的合作,将核酸片段固定在纳米球表面得到聚合物/生物杂化纳米结构。这些样品在免疫分析和医学诊断方面具有潜在的应用价值[38]。最近,我们报道了利用类似于乳液聚合的方法制备二嵌段微米球,球的内部由规则排列的纳米孔道组成,图5-10

是该球超薄切片后的 TEM 照片[39]。随后我们在纳米孔道中装载了 Pd 纳米颗粒并显示了 Pd 的催化活性[40]。使用该方法,我们还制备了可在水中分散的聚合物/超顺磁磁粉的复合微米球,这些球可用于免疫分析[41]。图 5－11 是该磁性微米球的扫描电镜(SEM)照片和被磁铁吸附的照片。

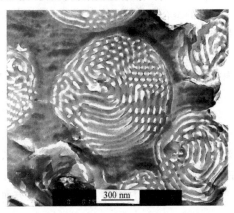

图 5－10　内部为六方排列纳米孔道的二嵌段微米球[39a]

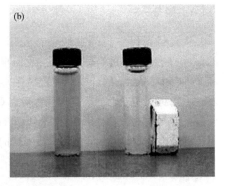

图 5－11　(a) 聚合物/超顺磁磁粉复合微米球的 SEM 照片;(b) 可在水中分散的磁性球被磁铁所吸引,而另一个小瓶中的磁性球可稳定分散在水中的照片[41]

　　从 2002 年开始,我们的注意力集中在对共聚物纳米纤维和纳米管的物理和化学性质的研究上。我们对纳米纤维进行了分级,并且对较短的纳米纤维作了表征。结果表明,在稀溶液中它们和聚合物链有着类似的性质。最近,我们开始对不同的纳米结构进行受控的偶联反应来制备"超级结构",例如,通过偶联一个疏水性的纳米管(表面活性剂的尾巴)和一个亲水性的纳米球制备了"超级表面活性剂"[42]。

除了上述对嵌段共聚物纳米、微米、超级结构的制备和性质研究及应用研究之外,我们还对与聚合物自组装有关的理论问题[22,23]和胶束链交换动力学问题进行了研究[44],发现了新的自组装结构等[45],并在有机溶剂中第一次观察到了由 Eisenberg 等在水体系中观察到的嵌段共聚物胶束的多种形态[45]。其他重要发现还包括足够高相对分子质量的聚合物成孔剂从交联的二嵌段共聚物纳米球核中向外扩散具有零级动力学释放特性[46]、选择性溶剂中嵌段共聚物在云母片表面的多层吸附[27]及由接枝共聚物制备的薄膜具有 pH 依赖性的色彩变化等[47]。

我们在嵌段共聚物纳米和微米结构材料的制备和研究方面作出了开创性的贡献,共聚物化学修饰领域能迅速发展也源于其他研究者的突出贡献,包括北美[48]、欧洲[49]和亚洲[50]著名大学及研究所的学者和教授。通过化学修饰,从嵌段共聚物不仅能制备奇异而有趣的纳米结构,而且能制备纳米印刷的掩模。后者是一个具有潜在巨大经济效益的、十分活跃的技术研究领[51-53]。嵌段共聚物或嵌段共聚物/均聚物混合物在未经或已经化学修饰的状态下已证明有可能作为光子晶体使用[54]。由于篇幅限制,很遗憾我们无法在本章中涵盖这些方面的工作。

5.4 嵌段共聚物纳米纤维和纳米管

5.4.1 制备

从文献调研中得知我们是首先用嵌段共聚物来制备纳米纤维和纳米管的[29a]。在 1996 年的一篇文章中,我们报道了嵌段共聚物样品 PS_{1250}-b-$PCEMA_{160}$ 和 PS_{780}-b-$PCEMA_{110}$ 的合成。PCEMA 在这两个样品中所占的体积分数均为 26% 左右。在 90℃ 退火后,从 TEM 照片可以观察到 PCEMA 形成六方排列的柱状结构分散在 PS 的连续相中[图 5-12(a)]。样品经紫外光交联后分散在 THF 中,得到了在溶剂中分散的纳米纤维[图 5-12(b)]。

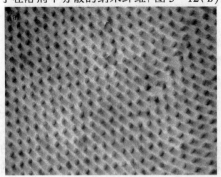
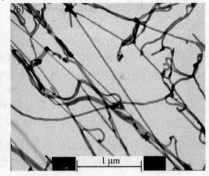

图 5-12 (a) PS_{1250}-b-$PCEMA_{160}$ 固相相分离后的超薄切片样品的 TEM 照片,黑色的 PCEMA 柱形相畴沿对角线倾斜;(b) PS_{1250}-b-$PCEMA_{160}$ 纳米纤维的 TEM 照片[29a]

最近,我们以 PS-b-PI 二嵌段共聚物(商品化的聚合物)制备了纳米纤维[56]。为了使 PI 在固相中能形成柱状相畴,我们选择了一个由 220 个 PS 和 140 个 PI 重复链节组成的样品,这里 PI 所占的体积分数约为 30%。交联完 PI 相后把薄膜分散在 THF 中,我们得到了可分散的纳米纤维。图 5-13(a)是该纳米纤维的 TEM 照片。

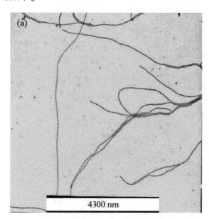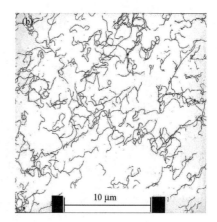

图 5-13　(a) 从 PS_{220}-b-PI_{140} 固相中交联制备的纳米纤维 TEM 照片;(b) 从
PS_{130}-b-PI_{370} 柱状胶束交联制备的纳米纤维 TEM 照片

由于交联剂扩散进入聚合物薄膜较为缓慢,交联固相中的特定相畴需要很长的时间,较短的反应时间会导致交联度的不均匀,即接近于表面的具有较高的交联度,而膜中间部分的交联度则较低。对光交联而言,如果光的波长选择不当,光透过程度低,也同样存在交联度不均匀的问题。为了避免由于交联度不均匀所带来的复杂性,近来我们使用选择性溶剂 N,N-二甲基乙酰胺在溶液中制备了 PS-b-PI 纳米纤维。要形成以 PI 为核的柱状胶束,样品中的 PI 质量分数必须相对高一些。我们根据 Price 的报道[57]使用了样品 PS_{130}-b-PI_{370},重复了他们的制备过程,并用 S_2Cl_2 交联了该柱状胶束,图 5-13(b)是用这种方法制备的纳米纤维的 TEM 照片。与固相制备的纳米纤维相比,液相制备的纳米纤维较短,除了具有较为均匀的交联度外,另一个优点是产率几乎可达 100%。

我们用 PI_{130}-b-$PCEMA_{130}$-b-$PtBA_{800}$ 首次制备出嵌段共聚物纳米管[30a]。制备过程如下:首先,将聚合物分散在甲醇中。由于甲醇是 $PtBA$ 段的良溶剂,所以共聚物自组装成柱状胶束,其结构以 PI 为核,外面包裹一层不溶的 PCEMA 中间层,最外层为 $PtBA$,伸展在溶剂中形成“毛发”。随后,用紫外光交联 PCEMA 中间层,再对样品作臭氧处理以降解 PI 相得到纳米管。PI 段的降解可以从 IR 吸收特征峰的消失及 TEM 照片的分析得到证实,更为重要的是,我们可以将 Rhodamine B 装入空心管中。图 5－14 是制备的纳米管经 OsO₄ 染色后的 TEM 照片,由于 PI 段已经被降解除去,所以每一根纳米管的中心都比 PCEMA 中间层的颜色要浅。

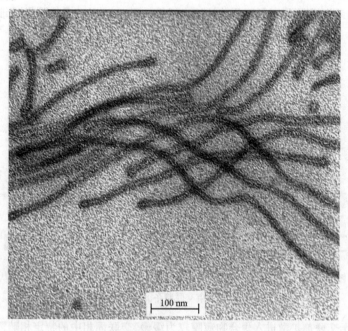

图 5－14　中心的 PI 相降解后的 PCEMA-*b*-P*t*BA 纳米管的 TEM 图[30a]

为了将无机材料装入纳米管中以赋予其功能,我们制备了管中含有 PAA 基团的纳米管。图 5－4 简单表示了从 PS₆₉₀-*b*-PCEMA₁₇₀-*b*-P*t*BA₂₀₀ 制备 PS-*b*-PCEMA-*b*-PAA 纳米管的步骤。为了使 P*t*BA 和 PCEMA 能形成同心的"核-壳"柱状结构并分散在 PS 的连续相中,我们向共聚物中搀入少量的 PS 均聚物以增加 PS 的体积分数[8]。图 5－15(a)为 hPS/PS-*b*-PCEMA-*b*-P*t*BA 混合物在固相中产生相分离后超薄切片的 TEM 照片。从该图的右边部分可以看到许多中间较亮的黑色椭圆,它们表示以 PCEMA 为壳、P*t*BA 为核的柱状结构稍稍偏离于该照片平面的垂直投影,由于 OsO₄ 选择性地与 PCEMA 相中的双键反应使 PCEMA 相显得较黑,P*t*BA 相的直径约为 20 nm。在该图的左边部分显示柱状结构平行于照片平面。在没有外场作用的情况下,柱状相畴的取向随区域的不同而不同,但在同一区域内所有的柱状相畴均在同一方向取向排列。这种具有相同取向排列区域的大小约在微米数量级,这与别人观察到的现象是一致的[1]。

产生相分离后的共聚物薄膜用紫外光照射以交联柱状结构的 PCEMA 壳,交联的柱状结构可以分散在溶剂中得到纳米纤维。如将该纳米纤维分散在二氯甲烷中经三氟乙酸处理,选择性水解 PtBA 得到中间为 PAA 的纳米管。图 5－15(b)是该纳米管的 TEM 照片,纳米管的直径并不均匀,这可能是由 PCEMA 壳在溶剂的挥发过程中不均匀崩塌所致。下面我们将要讨论在该纳米管中进行的各种水相反应,这些反应的实现说明纳米管中间确实存在着 PAA 链。

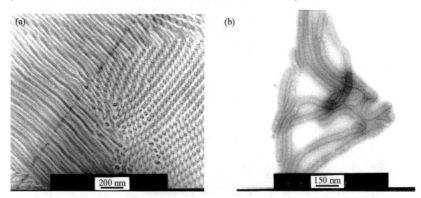

图 5－15　(a) hPS/PS$_{690}$-b-PCEMA$_{170}$-b-PtBA$_{200}$固相相分离后的超薄切片样品的 TEM 照片;(b) 制备的 PS-b-PCEMA-b-PAA 纳米管的 TEM 照片[8]

5.4.2　杂化

嵌段共聚物纳米纤维和纳米管都是软物质,它们主要应用在与生物有关的领域,如医学、药物及化妆品工业。如要将它们应用于纳米电子器件,则需制备聚合物/无机物杂化纳米纤维[58]。从 PS-b-PCEMA-b-PtBA 嵌段共聚物出发,我们第一个制备了杂化纳米纤维——聚合物/γ-Fe$_2$O$_3$ 杂化纳米纤维[8]。

制备过程包括:首先将纳米管与 FeCl$_2$ 溶解在 THF 中,Fe^{2+} 扩散穿过 PCEMA 层与核中的羧基结合,纳米管外过量的 Fe^{2+} 经反复在甲醇中沉淀而除去,加入含有体积分数为 2 % 的水的 NaOH/THF 溶液,则包裹在纳米管中的 Fe^{2+} 离子以氧化亚铁的形式沉淀出来,然后加入双氧水氧化氧化亚铁得到 γ-Fe$_2$O$_3$。图 5－16(a)是该杂化纳米纤维的 TEM 照片,所有的 γ-Fe$_2$O$_3$ 颗粒全都生长在纳米管的中间。

由于 Fe^{2+} 与羧基形成的复合物位于纳米管中,而氧化过程是原位反应,所以 γ-Fe$_2$O$_3$ 颗粒均包裹在由交联 PCEMA 层所形成的"纳米管"中,其尺寸大约在 10 nm 左右,应该具有超顺磁特性。这从磁性能的测量中得到证实[8],表明它们只有在外加磁场的作用下才具有磁性,当撤除外磁场,其磁性亦消失。诱导磁化效应导致杂化纳米纤维在磁场中相互聚集成束,如图 5－16(b)所示。为了得到该照片,需要制备超薄切片 TEM 试样。为此,我们将杂化纳米纤维分散在由 THF、苯乙烯、二乙烯基苯及 AIBN 自由基引发剂组成的混合溶剂中,装入 NMR 管后置于 NMR 仪器中,在 4.7T 的强磁场中作用一段时间后,升温至 70℃引发聚合固化样品,最后用超薄切片机把固化样品切成 50nm 的薄片以供 TEM 观察。从该照片上可以清楚地看到,杂化纳米纤维基本上沿磁场方向伸展、取向排列。

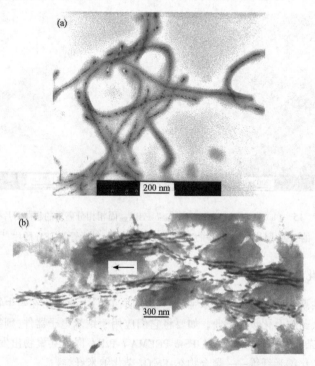

图 5–16　(a) PS-*b*-PCEMA-*b*-PAA/γ-Fe₂O₃ 杂化纳米纤维的 TEM 照片;
(b) 在磁场中磁性杂化纳米纤维成束、取向排列的 TEM 照片[8]
图中的箭头表示磁场方向

　　杂化纳米纤维在磁场中聚集成束及取向排列可能具有实用价值。例如,能控制纳米纤维的聚集,我们也许能制备磁性纳米器件。为了制备亲水性的纳米磁性器件,超顺磁纳米纤维必须能在水中分散。最近我们从四嵌段共聚物制备了可以在水中分散的具有催化活性的聚合物/Pd 杂化纳米纤维,并从三嵌段共聚物制备了聚合物/Pd/Ni 超顺磁纳米纤维。制备中所用的四嵌段共聚物是 PI-*b*-P*t*BA-*b*-P(CEMA-*co*-HEMA)-*b*-PGMA,这里 PGMA 表示聚甲基丙烯酸甘油酯,是水溶性的,P(CEMA-*co*-HEMA)表示 CEMA 和甲基丙烯酸羟乙基酯的无规共聚物。在肉桂酸酯化过程中保留部分 PHEMA 中的羟基,主要是为了使 Pd²⁺、Ni²⁺ 离子能更容易穿过这一交联层。

制备四嵌段共聚物/Pd 杂化纳米纤维的过程简示如图 5－17 所示[37]。首先,我们把 PI-*b*-P*t*BA-*b*-P(CEMA-*co*-HEMA)-*b*-PGMA 嵌段共聚物直接分散在水中使其聚集成柱状胶束。在这些胶束中 PGMA 呈毛发状伸展在水中(图 5－17 中的 A —B),不溶部分包括 PI 作为柱状胶束的核、P(CEMA-*co*-HEMA)作为壳,而 P*t*BA 可能成一薄层夹在核-壳之间。经紫外光照射,我们交联了 P(CEMA-*co*-HEMA)层(图 5－17 中的 B —C)。经臭氧处理,我们降解了 PI 核得到了纳米管(图 5－17 中的 C —D)。当 PI 段没有完全降解时,我们发现残留在纳米管内的 PI 碎片上的双键能以 π-烯丙基复合物的形式吸附 Pd^{2+}(图 5－17 中 E),反应式如下:

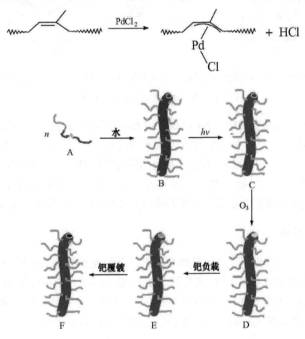

图 5－17　制备水溶性的聚合物/Pd 杂化纤维的过程示意图[37]

Pd^{2+}的复合物由 $NaBH_4$ 还原为单质 Pd。图 5－18(a)是含有 4.0%(质量分数)单质 Pd 纳米颗粒的纳米管的 TEM 照片。

更为有趣的是,我们可以通过化学电镀的方法将更多的 Pd 装入可在水中分散的纳米管中(图 5－17F)。用原已存在的 Pd 纳米颗粒作为催化活性中心,化学电镀得以在 Pd 的颗粒表面发生。如需要,人们最终可得到连续的 Pd 纳米导线。图 5－18(b)即含有 18.4%(质量分数)Pd 的杂化纳米纤维的 TEM 照片。事实上,通过调节起始的纳米管和电镀溶液中 Pd^{2+}的量,我们可以控制纳米管中 Pd 的装载量。当 Pd 的含量增加到一定值之上,杂化纳米纤维最终将无法在水中分散。除了可以电镀 Pd 以外,我们还成功地在这种纳米管中的 Pd 颗粒表面电镀了 Ni。

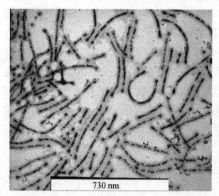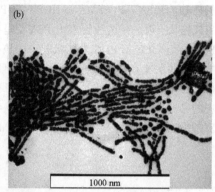

730 nm　　　　　1000 nm

图 5-18　(a) 纳米管装载了 4%(质量分数)Pd 的 TEM 图;(b) 含有 18.4%
(质量分数)Pd 后纳米管的 TEM 图[37]

　　由于这四嵌段共聚物中 PtBA 段最终没有起任何作用,使用四嵌段共聚物似乎有些大材小用,但这并不是我们设计该共聚物的初衷。原先我们是要完全降解 PI 段,再水解 PtBA 段,引入羧基官能团,再利用羧基吸附 Pd^{2+},以达到将 Pd 装入纳米管的目的。观察到 Pd^{2+} 能与 PI 上的双键复合的现象令我们吃惊,它将有可能作为一种新的染色方法应用在嵌段共聚物形成的复杂相分离形态表征中以显示 PI 相。

5.4.3　物理性质

　　图 5-19 是对 PS-b-PI 纳米纤维和聚正己基异氰酸酯(PHIC)链结构的比较。一个 PHIC 链的主链是聚酰胺,其支链为正己基,对应的 PS-b-PI 纳米纤维中的结构单元则分别是交联的 PI 柱状结构和外围的 PS 链。除了尺寸和化学组成的不同外,两者之间具有很大的结构相似性,因此,嵌段共聚物纳米纤维可以看作为聚

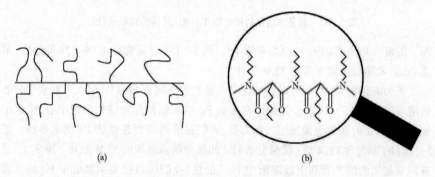

(a)　　　　　　　　　(b)

图 5-19　PS-b-PI 纳米纤维[(a)]与 PHIC 链[(b)]在不同尺度下的结构比较[59]

合物链的宏观对应体,或可称为超级聚合物链、"巨型"聚合物链[59]。这一部分主要讨论我们对纳米纤维物性研究所得到的一些初步结果,并以此说明聚合物链和纳米纤维之间物理性质的相似性及不同。

为了说明在稀溶液中纳米纤维和聚合物链有相似的性质,必须制备足够短的纳米纤维以保证它们能稳定分散在溶剂中。相对短的纳米纤维也是为了能使用传统手段,如光散射、黏度计等来表征它们。到现在为止,我们已研究了几种嵌段共聚物纳米纤维。为了清晰简练,下面我们仅讨论在 N,N'-二甲基乙酰胺中制备的 PS_{130}-b-PI_{370} 纳米纤维。前面我们已经介绍了它们的制备过程,图 5 - 13(b)是该纳米纤维的 TEM 照片。此类照片的放大倍数是已知的,从这些图中我们能直接量出纳米纤维的长度,当测量的纳米纤维数超过 500 根时,就可以得到其长度分布函数,如图 5 - 20 中标注的 F1 级分。进一步从长度分布函数,我们计算得到这一级分的重均长度 L_w 和多分散性系数 L_w/L_n 分别为 3490 nm 和 1.35。

从理论上讲,利用超速离心方法,可以将纳米纤维按照其长度的不同加以分级,遗憾的是当时我们没有足够高转速的超速离心机。为了得到较短的纳米纤维级分,我们通过超声处理将较长的纳米纤维打断为较短的纳米纤维。改变超声处理时间,我们得到了不同长度的纳米纤维。图 5 - 20 中标有 F3 和 F5 的曲线是级分 F3 和 F5 的长度分布函数图,这些样品是经超声处理 4 h 和 20 h 后得到的。随超声处理时间的增加,分布函数向较短长度的方向移动。

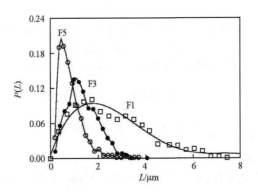

图 5 - 20　PS_{130}-b-PI_{370} 纳米纤维级分 F1(□),F3 (•) 和 F5 (○) 的丰度 $P(L)$ 对长度 L 图

纳米纤维长度从其 TEM 照片分析得到

我们用光散射方法对这些较短的纳米纤维进行了表征。图 5 - 21 是用样品 F3 在散射角度为 12°到 30°之间的光散射数据所作的 Zimm 图。我们对同一样品进行过多次测量,其结果重复性很好。

由于纳米纤维尺寸很大,我们所用的散射角度不能低于 12°,$Kc/\Delta R_\theta$ 随

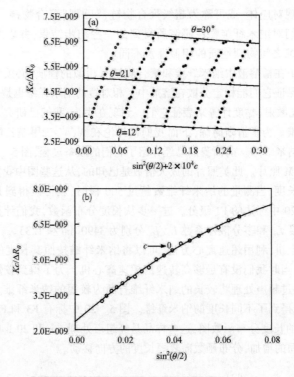

图 5-21　(a) 散射角从 12°到 30°,F3 样品的 Zimm 图;(b) $Kc/\Delta R_\theta\big|_{c\to0}$ 的数据按
式 5-1 所作的曲线拟合

图(a)中实心圆圈表示实验数据,空心圆圈表示 $Kc/\Delta R_\theta\big|_{c\to0}$ 的外推值

$\sin^2\big|\theta/2\big|$ 的变化是非线性的,我们用式(5-1)来拟合数据

$$\frac{Kc}{\Delta R_\theta} = \frac{1}{M_w}\big| 1 + \big| 1/3\big| q^2\langle R_g^2\rangle - kq^4\langle R_g^4\rangle\big| + 2A_2c \qquad (5-1)$$

从而得到了各个级分的重均相对分子质量 M_w 和均方旋转半径 $\langle R_g^2\rangle$。式中,R_θ 为瑞利比;c 为聚合物浓度;K 对给定体系为常数;A_2 为第二维利系数;q 正比于 $\sin^2(\theta/2)$;θ 为散射角。图 5-22 是 M_w 对 L_w 所作的图,这里的 L_w 是从 TEM 照片上测量计算得到的,M_w 随 L_w 线性增加从侧面证实测量得到的 M_w 是可靠的。M_w 的可靠性最近由吴奇教授所在实验室得到进一步的证实[60]。他们用我们提供的纳米纤维样品,在低至 7°散射角的试验条件下做了光散射试验,在如此之低的角度,式(5-1)中的 $kq^4\langle R_g^4\rangle$ 项在 Zimm 图中可以忽略不计,对 $Kc/\Delta R_\theta$ 值不再需要作曲线拟合,因而他们可以得到更为准确的 M_w 和 $\langle R_g\rangle$ 数据。

对各个纳米纤维级分进行表征之后,我们进一步研究了它们的稀溶液黏度行

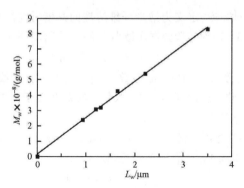

图 5 - 22　光散射所得的 PS_{130} -b-PI_{370} 纳米纤维 M_w 随 TEM L_w 的变化图

为。实验结果表明,纳米纤维溶液类似于聚合物溶液,具有剪切变稀的现象,即溶液黏度随剪切速率的增加而降低。这是由于当剪切速率 ν 大于 ~0.1 s^{-1} 时,纳米纤维沿剪切方向取向。虽然纳米纤维和聚合物溶液都出现剪切变稀,但两者所需的剪切场的大小有着极大的不同。对摩尔质量低于 $10^6 g/mol$ 的聚合物,只有在 $\nu > ~10^4 s^{-1}$ 时才出现剪切变稀现象[61]。这一不同应该是两者在尺寸上的巨大差异的直接结果。

　　为了尽量减小剪切变稀的影响,我们制作了一个旋转黏度计[62],其剪切速率可低至 0.042 s^{-1}。我们用此黏度计测量了在 THF 中各个纳米纤维级分的黏度。图 5 - 23 是增比比浓黏度数据对浓度 c 所作的图。

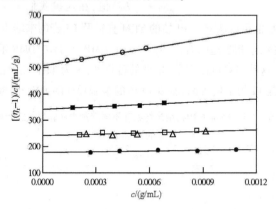

图 5 - 23　从上到下为 PS_{130} -b-PI_{370} 纳米纤维第 2、3、4、6 级分在 THF 中 $(\eta_r - 1)/c$

对 c 所作的图

除标记为"△"的数据在剪切速率为 0.047 s^{-1} 的条件下测量得到外,其他所有数据均在剪切速率

为 0.082 s^{-1} 的条件下测量得到

这里 η_r 是相对黏度,定义为纳米纤维溶液的黏度对纯溶剂 THF 黏度的比。图中实线是按式(5-2)对实验数据作最小二乘线性拟合所得:

$$(\eta_r - 1)/c = [\eta] + k_h[\eta]^2 c \tag{5-2}$$

式中,$[\eta]$ 是特性黏度;k_h 是 Huggins 系数。$(\eta_r - 1)/c$ 对 c 的线性依赖性,完全与聚合物溶液行为一致,更为有意思的是,大部分的 k_h 值位于 0.20~0.60,也与聚合物溶液的 k_h 值吻合[62]。

我们进一步用描述蠕虫链的 Yamakawa-Fujii-Yoshizaki(YFY)理论来处理 $[\eta]$ 数据[63],根据 Bohdanecky[64] 及 YFY 理论预示:

$$(M_w^2/[\eta])^{1/3} = A + BM_w^{1/2} \tag{5-3}$$

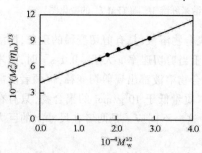

图 5-24　按 Bohdanecky 方法对纳米
纤维黏度数据所作的图

图 5-24 是对 PS_{130}-b-PI_{370} 纳米纤维在 THF 中的黏度数据按式(5-3)所作的图,从直线的截距(A)和斜率(B),我们计算该纳米纤维的持续长度 l_P 和流体力学直径 D_h 分别为(1040±150)nm 和(69±18)nm。

用同样的实验方法,我们对该纳米纤维在不同的溶剂中进行了试验。表 5-1 总结了 PS_{130}-b-PI_{370} 纳米纤维在三种混合溶剂中的持续长度(l_P)和流体力学直径(D_h)值,在这里我们无法判定得到的 l_P

的准确性,但 D_h 值可以从交联 PI 核的 TEM 直径及 PS 壳的末端距估计得到,估计值与实验测量值 D_h 相当地吻合。另外 D_h 随 DMF 在 THF/DMF 混合溶剂中含量的增加而降低,这种趋势也证实了 D_h 值的可靠性,因为 THF 和 DMF 对 PS 均是良溶剂,但 DMF 是 PI 的不良溶剂,所以 PI 核的溶胀程度随 DMF 的增加而降低。

表 5-1　PS_{130}-b-PI_{370} 纳米纤维在不同溶剂中从黏度数据计算
得到的 l_P 和 D_h 值

溶剂	D_h/nm	l_P/nm
THF	69±18	1040±150
THF/DMF = 50/50	61±18	850±90
THF/DMF = 30/70	51±12	830±60

通过上述研究我们证明了嵌段共聚物纳米纤维具有类似于聚合物链的稀溶液性质。在早期的研究中,我们已得到在浓溶液中它们也有着类似的性质。根据 Onsager[65] 和 Flory[66] 理论,当浓度超过某一临界值时,$l_P/D_h > 6$ 的聚合物链将形

成液晶相。如 PS-*b*-PCEMA 纳米纤维在溴仿中的浓度高于 25%（质量分数）时[29e]，从偏光显微镜中可以观察到液晶相的存在，而且当温度升高时，液晶相亦消失，这种从液晶相到无序相的转变温度区域相当地窄。

嵌段共聚物纳米纤维与聚合物链在很多性质上具有相似性，但由于尺寸上的巨大差异，必然导致两者性质上的不同。例如，纳米纤维的尺寸极大，很显然它们的运动较慢，因而 PS-*b*-PCEMA 纳米纤维浓溶液只有在机械剪切作用下才能生成液晶相，而且当温度升高到液晶相与无序相的转变温度以上后再冷却下来，除非再次施加机械剪切作用，液晶相不会自动出现。因此，无需进一步的实验，我们就可以预计当纳米纤维的分子质量或尺寸大于某一临界值时，它们与聚合物之间的类比性将不再存在。随纳米纤维尺寸的增加，促使纳米纤维沉降的重力增加，从而使其可分散性下降。纳米纤维间的 van der Waals 作用力也随尺寸的增加而增加[67]，引起纳米纤维间的团聚而加速沉降。最近我们对 PS_{130}-*b*-PI_{370} 纳米纤维在 THF 中的稳定性作了研究，对这一特定的样品，其重均长度和重均相对分子质量分别是 1650 nm 和 4.3×10^8，纳米纤维长度的多分散性系数 L_w/L_n 为 1.21。在浓度为 $\sim 8 \times 10^{-3}$ g/mL 和缓慢搅拌的条件下，4 天后我们没有观察到任何纳米纤维的沉降。如果不加以搅拌，在开始的 4 天里大约有 10%（质量分数）的纳米纤维沉降出来，而在随后的 8 天里，我们没有发现有进一步的沉降。这一实验表明，样品中较长的纳米纤维已经超过了临界尺寸而发生沉降。光散射和离心实验表明较长的纳米纤维先是聚集，进而沉降。缓慢搅拌可以防止纳米纤维间的团聚，说明纳米纤维间仅存在较弱的相互吸引力。

尽管这一特定 PS-*b*-PI 纳米纤维的临界长度大约在几个微米，临界长度与许多因数有关，如核和可溶段的相对长度、核的绝对直径大小等。增加可溶段对核的相对长度及减小核的直径等均可改善纳米纤维的可分散性。

可以预计聚合物链和纳米纤维之间的不同也应表现在本体材料的性质上，由于制备大量纳米纤维还有困难，迄今为止我们还没有对聚合物纳米纤维或纳米纤维复合材料的本体物理性质进行研究。

5.4.4　纳米结构的化学偶联

前面我们讨论了嵌段共聚物纳米纤维和聚合物链之间在物理性质方面的相似性，在这一部分我们谈及聚合物链和嵌段共聚物纳米纤维之间化学反应模式的相似性，这些反应模式包括主链修饰和末端功能化。

主链修饰指的是通过化学反应使聚合物主链结构发生变化，PI 的氢化是一个例子。如果把 PS-*b*-PCEMA-*b*-P*t*BA 三嵌段共聚物形成的纳米纤维看作为超级聚合物链，则使 P*t*BA 水解得到纳米管应该是对"主链"进行的化学修饰，向纳米管中装载 γ-Fe_2O_3 则是对"主链"化学修饰的又一个例子。

　　使用离子和活性自由基聚合技术制备聚合物时,可以在聚合物链端引入特定的基团,也可以对纳米纤维或纳米管进行末端功能化。对纳米结构进行"超分子化学",末端的官能团并不是通常的羧基或胺基等,因为纳米纤维或纳米管的物理尺寸是如此之大,加上一个这样的官能团对纳米纤维物性的影响可能是忽略不计的。相反,它们必须是另外一种纳米结构单元,包括纳米球和有着不同化学组成的纳米纤维等。

　　第一个纳米管末端功能化实验用的是 PS-*b*-PCEMA-*b*-PAA 纳米管。我们把这些纳米管连接到了水溶性的 PAA-*b*-PCEMA 纳米球上,或是由乳液聚合得到的表面带有羧基的亚微米球上。图 5－25 是我们所用的实验路线。

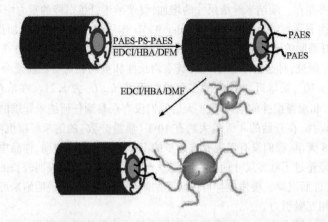

图 5－25　PS-*b*-PCEMA-*b*-PAA 纳米管末端被 PAA-*b*-PCEMA 纳米球功能化的示意图

　　为了保证纳米管核中的 PAA 链能暴露出来,我们首先对纳米管作超声处理以打断它们。然后我们将纳米管中的羧基经催化剂作用与三嵌段 PAES-*b*-PS-*b*-PAES 聚合物[PAES 表示聚(4-(2-胺乙基苯乙烯))]中的胺基反应。由于 PAES-*b*-PS-*b*-PAES 大大过量,这些三嵌段共聚物主要只有一端参加反应。当样品纯化后,偶联剂 PAES-*b*-PS-*b*-PAES 上的另一端胺基在 EDCI 和 HBA 存在下继续与纳米球表面的羧基反应。图 5－26 给出纳米管与乳液聚合得到表面带有羧基的纳米球偶联后的典型产物。

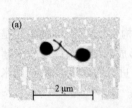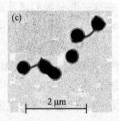

图 5－26　纳米管和乳液聚合的亚微米球偶联产物的 TEM 照片

图 5-26(a)表示的是一根纳米管与一个纳米球的偶联产物,由于亚微米球的"头"是亲水性的,而纳米管的"尾巴"是疏水性的,因此这一结构可以看成是表面活性剂分子的宏观对应体,或称为"超级表面活性剂"。图 5-26(b)中的产物由两根纳米管连接在一个纳米球上,这里两个纳米球可能是在 TEM 样品制备时黏结在一起。图 5-26(c)中的产物则是由一根纳米管的两端各连上一个纳米球而成,具有"哑铃"形的结构。不管在 20/1 到 1/20 之间如何改变纳米管和纳米球的质量比,图 5-26(a)~(c)中的产物总是同时存在的。在纳米管对纳米球的比例为20/1时,主要产物是超级表面活性剂和多臂产物,在质量比为 1/1 和 1/20 时,主要是"哑铃"形产物。除了通过改变反应比例来控制产物外,消除"哑铃"形产物的更为有效的方法是使用仅在纳米管一端连有偶联剂的反应物,这可以通过超声处理打断两端均连接有偶联剂的纳米管来达到。例如,超声处理两端连接有偶联剂 PAES-b-PS-b-PAES 的纳米管 8 h 后,其 L_w 从 701 nm 下降到了 252 nm,L_n 从 515 nm 下降到了 187 nm。使用打断后的纳米管与纳米球(质量比为 1/20)反应,所得产物几乎全部是超级表面活性剂结构,而多臂结构则随质量比的增加而增加。

图 5-26(a)中所示的超级表面活性剂有可能像表面活性剂一样进行自组装形成胶束,使分子在微米尺度上有序排列。如果这些超级表面活性剂的尾巴做得足够长并含有荧光基团,则有可能用"光学镊子"来研究纳米管的流体力学和动力学性质,这类研究有助于澄清以聚合物链为背景而发展出来的力学理论是否对较大的物体(如纳米管)仍然适用。

如果将纳米管改为装载有 γ-Fe_2O_3 的 PS-b-PCEMA-b-PAA 纳米管或 PS-b-PCEMA-b-PAA/ γ-Fe_2O_3 杂化纳米纤维,则图 5-26(b)中的结构将会有着特殊的用途。正如我们已经证明该杂化纳米纤维具有超顺磁性,在磁场中由于磁化作用,它们将相互吸引,撤去磁场,它们又将分开。将它们连接到纳米球上形成图 5-26(b)中的结构后,在磁场中纳米纤维或称为"手指"相互靠近的运动将可作为磁性"纳米手"的基础。

最近,我们用 PAES-b-PS-b-PAES 将 PS-b-PCEMA-b-PAA 纳米管 和 PGMA-b-PCEMA-b-PAA 纳米管连接了起来,图 5-27是我们制备的多嵌段纳米管。为了更清楚地区分两种不同的纳米管,我们将 PGMA-b-PCEMA-b-PAA 纳米管内装入了 Pd 纳米颗粒。相似于二嵌段、三嵌段

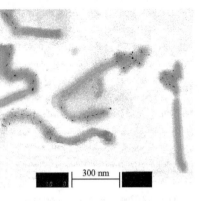

图 5-27　多嵌段纳米管的 TEM 照片

300 nm

共聚物,我们成功制备了两嵌段、三嵌段纳米管。进一步的实验表明多嵌段纳米管

与嵌段共聚物有着相似的自组装行为。

5.5　展　望

在过去的 10 年里,科学家们在对嵌段共聚物形成的相畴进行化学修饰方面取得了巨大的成果。到目前为止,这些研究成果已经证明了该方法的潜力。对制备纳米结构而言,其可能性仅仅受到可能的相分离形态的限制,因而仍有可能制备奇特的纳米结构。更具有挑战性的是如何使其功能化和实用化,由于越来越多的公司积极加入,使这一进程得以加快。

在基础研究方面,应充分认识到交联后的纳米结构是一种新的基础构件或一种新的"分子"。纳米单元可以通过物理的或化学的方法组装成更复杂的功能结构,我们觉得纳米机械器件的构建和研究可能成为一个非常活跃的前沿领域。超结构自组装的研究,如超级表面活性剂、多嵌段纳米管等,将得到更多的重视。最后,但不仅至于此,纳米纤维的浓溶液和本体性质的研究将揭示这类材料是否具有奇特的性能。

参 考 文 献

[1] Bates F S, Fredrickson G H. Block copolymers—designer soft materials. Physics Today, 1999, 2:32

[2] Bates F S etc. Polyisoprene-polystyrene diblock copolymer phase diagram near the order-disorder transition. Macromolecules, 1995, 28: 8796

[3] a. Hamley I W. Block copolymers. Oxford: Oxford University Press. 1999; b. Hesagawa H, Hashimoto T. In: Self-assembly and Morphology of block copolymer systems. Allen G, Aggarwal S L, Russo S. Comprehensive Polymer Science, Second Supplement. London: Pergamon Press. 1996, 497

[4] a. Breiner U, Krappe U, Thomas E. L. Stadler R. Structural characterization of the "knitting pattern" in polystyrene-*block*-poly(ethylene-*co*-butylene)-*block*-poly(methyl methacrylate) triblock copolymers. Macromolecules, 1998, 31: 135; b. Hajduk D A, Harper P E, Grunner S M, Honeker C, Kim G, Thomas E L, Fetters L J, The Gyroid: a new equilibrium morphology in weakly segregated diblock copolymers. Macromolecules, 1994, 27: 4063 ~ 4075; c. Hashimoto T, Kawamura T, Harada M, Tanaka H. Small-angle scattering from hexagonally packed cylindrical particles with paracrystalline distortion. Macromolecules, 1994, 27: 3063 ~ 3072; d. Shefelbine T A, Vigild M E, Matsen M W, Hajduk D A, Hillourer M A, Cussler E L, Bates F S. Core-shell gyroid morphology in a poly(isoprene-*block*-styrene-*block*-dimethylsiloxane) triblock copolymer. J. Am. Chem. Soc., 1999, 121: 8457; e. Breiner U. Krappe U, Abetz V, Stadler R. Cylindrical morphologies in asymmetric ABC triblock copolymers. Macromol. Chem. Phys., 1997, 198: 1051

[5] a. Matsen M W, Schick M. Stable and unstable phases of a diblock copolymer. melt. Phys. Rev. lett., 1994, 72: 2660; Microphase separation in starblock copolymer melts. Macromolecules, 1994, 27: 6761; Stable and unstable phases of a linear multiblock copolymer melt. Macromolecules, 1994, 27: 7157; b. Leibler L. Phase transitions in Langmuir-Blodgett films of cadmium stearate: Grazing incidence X-ray diffraction studies. Macromolecules, 1980, 13: 1602; c. Helfand E, Wasserman Z R. Block copolymer theory. 4.

Narrow interphase approximation. Macromolecules, 1976, 9: 879; d. Whitmore M D, Noolandi J. Self-con-sistent theory of block copolymer blends: Neutral solvent. J. Chem. Phys. , 1990, 93: 2946; e. Semenov A N. Contribution to the theory of microphase layering in block-copolymer melts. Sov. Phys. JETP 1985, 61: 733; f. Qi S, Wang Z-G. Kinetics of phase transitions in weakly segregated block copolymers: Pseudostable and transient states. Phys. Rev. E. , 1997, 55: 1682; g. Matsen M W, Bates F S. Unifying weak- and strong-segregation block copolymer theories. Macromolecules, 1996, 29: 1091

[6] Eisenberg A. Asymmetric amphiphilic block copolymers in solution: a morphological wonderland. Can. J. Chem. , 1999, 77: 1311

[7] Henselwood F, Liu G J. Water-soluble nanospheres of poly(2-cinnamoylethyl methacrylate)-*block*-poly(acryl-ic acid). Macromolecules, 1997, 30: 488

[8] Yan X H, Liu G J, Liu F T. Superparamagnetic triblock/Fe$_2$O$_3$ hybrid nanofibres. Angew. Chem. Int. Ed. , 2001, 40: 3593

[9] Miyaki Y, Nagamatsu H, Iwata M,. Ohkoshi K, Se K, Fujimoto T. Artificial membranes from multiblock co-polymers. 3. Preparation and characterization of charge-mosaic membranes. Macromolecules, 1984, 17: 2231

[10] a. Lee J, Hirao A, Nakahama S. Polymerization of monomers containing functional silyl groups. 5. Synthe-sis of new porous membranes with functional groups. Macromolecules, 1988, 21: 274; b. Lee J, Hirao A, Nakahama S. Polymerization of monomers containing functional silyl groups. 7. Porous membranes with con-trolled microstructures. Macromolecules, 1989, 22: 509

[11] Hillmymer M A. Nanoporous materials from block copolymer precursors. Adv. Polym. Sci. ,2005,190:137

[12] Park C, Yoon J, Thomas E L. Enabling nanotechnology with self assembled block copolymer patterns. Poly-mer, 2003, 44: 6725

[13] a. Lazzari M, Lopez-Quintela M A. Block copolymers as a tool for nanomaterial fabrication. Adv. Mater. , 2003, 15: 1583; b. Hamley I W. Nanotechnology with soft materials. Angew. Chem. Int. Ed. , 2003, 42: 1692

[14] Ishizu K, Fukutomi T. Synthesis of poly(tert-butyl methacrylate) macromonomer. J. Polym. Sci. : Part C. Polym. Lett. , 1988, 26: 281

[15] Ishizu K, Onen A. Core-shell type polymer microspheres prepared by domain fixing of block copolymer films. J. Polym. Sci. : Part A. Polym. Chem. , 1989, 27: 3721

[16] Glazer J. Vulcanization of crepe rubber by sulfur monochloride. Part II. The dilatometric method. J. Polym. Sci. , 1954, 14: 225

[17] Saito R, Kotsubo H, Ishizu K. Ordered superstructure formation of core-shell type microspheres. Polymer, 1994, 35: 1747

[18] a. Ishizu, K, Sugita M, Kotsubo H, Saito R. Hierarchical structure of lattices in film formation of core-shell type polymer microspheres. J. Colloid Interf. Sci. , 1995, 169: 456; b. Saito R, Kotsubo H, Ishizu K. Or-dered superstructure formation of core-shell type microspheres. Polymer, 1994, 35: 1747

[19] a. Prochazka K, Baloch M K, Tuzar Z. Photo-chemical stabilization of block copolymermicelles. Makromol. Chem. , 1979, 180: 2521; b. Tuzar Z, Bednar B, Konak C, Kubin M, Svobodova S, Prochazka K, Baloch M K. Stabilization of block copolymer by U V and fast electron-radiation. Makromol. Chem., 1982, 183: 399

[20] Tuzar Z, Kratochvil P. Solvents and self-organization of polymers. Surf. Colloid Sci. , 1993, 15: 1

[21] Wilson D J, Riess G. Photochemical stabilization of block copolymer micelles. Eur. Polym. J. , 1988, 24:

617

[22] a. Tao J, Guo A, Liu G J. Adsorption of polystyrene-*block*-poly(2-cinnamoylethyl methacrylate) by silica from block-selective solvent mixtures. Macromolecules, 1996, 29: 1618; b. Ding J F, Tao J, Guo A, Stewart S, Hu N, Birss V I, Liu G J. Polystyrene-*block*-poly(2-cinnamoylethyl methacrylate) adsorption in the van der Waals-Buoy regime. Macromolecules, 1996, 29: 5398; c. Ding J F, Birss V I, Liu G J. Formation and properties of polystyrene-*block*-poly(2-cinnamoylethyl methacrylate) brushes studied by surface-enhanced raman scattering and transmission electron microscopy. Macromolecules, 1997, 30: 1442; d. Tao J, Guo A., Stewart S, Birss V I, Liu G J. Polystyrene-*block*-poly(2-cinnamoylethyl methacrylate) adsorption in the Buoy-dominated regime. Macromolecules, 1998, 31: 172

[23] Milner S. Polymer brushes. Science, 1991, 251: 905

[24] a. Liu G J, Hu N X, Xu X Q, Yao H. Cross-linked polymer brushes. 1. Synthesis of poly[beta-(vinyloxy) ethyl cinnamate]-*b*-poly(isobutyl vinyl ether). Macromolecules, 1994, 27: 3892; b. Hu N X, Liu G J. Living cationic polymerization of *b*-vinyloxyethyl cinnamate. J. Macromol. Sci. Pure Appl. Chem., 1995, A32: 949

[25] Guo A, Tao J, Liu G J. Star polymers and nanospheres from cross-linkable diblock copolymers. Macromolecules, 1996, 29: 2487

[26] Liu G J, Xu X Q, Skupinska K, Hu N X, Yao H. Cross-linked polymer brushes. 2. Preparation and properties of poly(iso-butylvinyl ether)-block-poly[2-(vinyloxy)ethyl cinnamate] brushes. J. Appl. Polym. Sci., 1994, 53: 1699

[27] Ding J F, Liu G J. Structures of polystyrene-*block*-poly(2-cinnamoylethyl methacrylate) films deposited on mica surfaces from block-selective solvents. Langmuir, 1999, 15: 1738

[28] a. Zhang L F, Eisenberg A. Multiple morphologies of "crew-cut" aggregates of polystyrene-*b*-poly(acrylic acid) block copolymers. Science, 1995, 268: 1728; b. Zhang L F, Eisenberg A. Ion-induced morphological changes in "crew-cut" aggregates of amphiphilic block copolymers. Science, 1996, 272: 1777

[29] a. Liu G J, Qiao L J, Guo A. Diblock copolymer nanofibers. Macromolecules, 1996, 29: 5508; b. Liu G J. Nanofibers. Adv. Mater., 1997, 9: 437; c. Liu G J, Ding J F, Qiao L J, Guo A, Gleeson J T, Dymov B, Hashimoto T, Saijo K. Polystyrene-block-poly(2-cinnamoylethyl methacrylate) nanofibres—Preparation, characterization, and liquid crystalline properties. Chem. Eur. J., 1999, 5: 2740

[30] a. Stewart S, Liu G J. Block copolymer nanotubes. Angew. Chem. Int. Ed., 2000, 39: 340; b. Yan X H, Liu F T, Li Z, Liu G J. Poly(acrylic acid)-lined nanotubes of poly(butyl methacrylate)-*block*-poly(2-cinnamoyloxyethyl methacrylate). Macromolecules, 2001, 34: 9112

[31] a. Henselwood F, Liu G J. Water-soluble porous nanospheres. Macromolecules, 1998, 31: 4213; b. Zhou J Y, Li Z, Liu G J. Diblock copolymer nanospheres with porous cores. Macromolecules, 2002, 35: 3690; c. Liu G J, Zhou J Y. Diblock copolymer nanospheres with porous cores. 2. porogen release and reuptake kinetics. Macromolecules, 2002, 35: 8167

[32] a. Ding J F, Liu G J. Hairy, semi-shaved and fully-shaved hollow nanospheres of polyisoprene-block-poly (2-cinnamoylethyl methacrylate. Chem. Mater., 1998, 10: 537; b. Ding J F, Liu G J. Water-soluble hollow nanospheres as potential drug carriers. J. Phys. Chem. B, 1998, 102: 6107; c. Stewart S Liu G J. Hollow nanospheres from polyisoprene-block-(2-cinnamoylethyl methacrylate)-block-poly(t-butyl acrylate). Chem. Mater., 1999, 11: 1048

[33] Tao J, Liu G J. Polystyrene-*block*-poly(2-cinnamoylethyl methacrylate) tadpole molecules. Macromolecules,

1997, 30: 2408

[34] a. Liu G J, Ding J F, Guo A, Herfort M, Bazett-Jones D. Potential skin layers for membranes with tunable nanochannels. Macromolecules, 1997, 30: 1851; b. Liu G J, Ding J F. Thin diblock films with densely hexagonally packed nanochannels. Adv. Mater. , 1998, 10: 69; c. Liu G J, Ding J F, Hashimoto T, Saijo K, Winnik F M, Nigam S. Thin film with densely regularly packed nanochannels. Chem. Mater. , 1999, 11: 2233; d. Liu G J, Ding J F, Stewart S. Preparation and properties of nanoporous membranes from a triblock copolymer. Angew. Chem. Int. Ed. , 1999, 38: 835

[35] Underhill R S, Liu G J. Triblock nanospheres and their use as template for inorganic nanoparticle preparation. Chem. Mater. , 2000, 12: 2082

[36] Underhill R S, Liu G J. Preparation and performance of Pd particles encapsulated in block copolymer nanospheres as a hydrogenation catalyst. Chem. Mater. , 2000, 12: 3633

[37] Li Z, Liu G J. Water-dispersible tetrablock copolymer synthesis, aggregation, nanotube preparation, and impregnation. Langmuir, 2003, 19: 10480

[38] a. Li Z, Liu G J, Law S J, Sells T. Water-soluble fluorescent diblock nanospheres. Biomacromolecules, 2002, 3: 984; b. Qiu X P, Liu G J. Water-dispersible flurescent nanospheres from PSA-*b*-PHEA. Polymer, 2004, 45: 7203

[39] a. Lu Z H, Liu G J, Liu F T. Block copolymer microspheres containing intricate nanometer-sized segregation patterns. Macromolecules, 2001, 34: 8814; b. Lu Z H, Liu G J, Liu F T. Water-dispersible porous PI-*b*-PAA microspheres. J. Appl. Polym. Sci. , 2003, 90: 2785

[40] Lu Z H, Liu G J, Phillips H, Hill J M, Chang J, Kydd R A. Palladium nanoparticle catalyst prepared in poly(acrylic acid)-lined channels of diblock copolymer microspheres. Nano Lett. , 2001, 1: 683

[41] Liu G J, Yang H S, Zhou J Y, Law S J, Jiang Q P, Yang G H. Preparation of Magnetic micros pheres from water-in-oif emulsion stabilized by block copolymer dispersant. Biomacromolecules, 2005,6:1280

[42] Liu G J, Yan X H, Li Z, Zhou J Y, Duncan S. End coupling of block copolymer nanotubes to nanospheres. J. Am. Chem. Soc. , 2003, 125: 14039

[43] Tao J, Stewart S, Liu G J, Yang M L Star and cylindrical micelles of polystyrene-*block*-poly(2-cinnamoylethyl methacrylate) in cyclopentane. Macromolecules, 1997, 30: 2738

[44] a. Smith C K, Liu G J. Determination of the rate constant for chain insertion into poly(methyl methacrylate)-*block*-poly(methacrylic acid) micelles by a fluorescence method. Macromolecules, 1996, 29: 2060; b. Underhill R, Ding J F, Birss V I, Liu G J. Chain exchange kinetics of polystyrene-*block*-poly(2-cinnamoylethyl methacrylate) micelles in THF/cyclopentane mixtures. Macromolecules, 1997, 30: 8298

[45] a. Ding J F, Liu G J, Yang M L. Multiple morphologies of polyisoprene-*block*-poly(2-cinnamoylethyl methacrylate) and polystyrene-block-poly(2-cinnamoylethyl methacrylate) micelles in organic solvents. Polymer, 1997, 38: 5497; b. Ding J F, Liu G J. Polyisoprene-*block*-poly(2-cinnamoylethyl methacrylate) vesicles and their aggregates. Macromolecules, 1997, 30: 655; c. Ding J F, Liu G J. Growth and morphology change of polystyrene-*block*-poly(2-cinnamoylethyl methacrylate) particles in solvent-nonsolvent mixtures before precipitation. Macromolecules, 1999, 32: 8413

[46] Liu G J, Zhou J Y. First- and zero-order kinetics of porogen release from the cross-linked cores of diblock nanospheres. Macromolecules, 2003, 36: 5279

[47] Lu Z H, Liu G J, Duncan S. Polysulfone-*graft*-poly(*tert*-butyl acrylate): synthesis, nanophase separation, poly(*tert*-butyl acrylate) hydrolysis, and pH-dependent iridescence. Macromolecules, 2004, 37: 174

[48] a. Thurmond II K B, Kowalewski T, Wooley K L. Water-soluble knedel-like structures: the preparation of shell-cross-linked small particles. J. Am. Chem. Soc., 1996, 118: 7239; b. Huang H, Remsen E E, Kowalewski T, Wooley K L., Nanocages derived from shell cross-linked micelle templates. J. Am. Chem. Soc., 1999, 121: 3805; c. Massey J A, Temple K, Cao L, Rharbi Y, Raez J, Winnik M A, Manners I. Self-assembly of organometallic block copolymers: the role of crystallinity of the core-forming polyferrocene block in the micellar morphologies formed by poly(ferrocenylsilane-b-dimethylsiloxane) in n-alkane solvents. J. Am. Chem. Soc., 2000, 122: 11577; d. Power-Billard K N, Spontak R J, Manners I. Redox-active organometallic vesicles: aqueous self-assembly of a diblock copolymer with a hydrophilic polyferrocenylsilane polyelectrolyte block. Angew. Chem. Int. Ed., 2004, 43: 1260; e. Li M Q, Douki K, Goto K, Li X F, Coenjarts C, Smilgies D, Ober C K. Spatially controlled fabrication of nanoporous block copolymers. Chem. Mater., 2004, 16: 3800; f. Won Y Y, Davis H T, Bates F S. Giant wormlike rubber micelles. Science, 1999, 283: 960; g. Zalusky A, Olayo-Valles R, Taylor C, Hillmyer M. Mesoporous polystyrene monoliths. J. Am. Chem. Soc., 2001, 123: 1519; h. Xu Y J, Gu W Q, Gin D L. Heterogeneous catalysis using a nanostructured solid acid resin based on lyotropic liquid crystals. J. Am. Chem. Soc., 2004, 126: 1616; i. Dalhaimer P, Bermudez H, Discher D E. Biopolymer mimicry with polymeric wormlike micelles: molecular weight scaled flexibility, locked-in curvature and coexisting microphases. J. Polym. Sci: Part B. Polym. Phys., 2004, 42: 168; j. Ahmed F, Hategan A, Discher D E. Block copolymer assemblies with cross-link stabilization: from single-component monolayers to bilayer blends with PEO-PLA. Langmuir, 2003, 19: 6505

[49] a. Butun V, Lowe A B., Billingham N C, Armes S P. Synthesis of zwitterionic shell cross-linked micelles. J. Am. Chem. Soc., 1999, 121: 4288; b. Butun V, Wang X S, de Paz Banez M V, Robinson K L, Billingham N C, Armes S P. Synthesis of shell cross-linked micelles at high solids in aqueous media. Macromolecules, 2000, 33: 1; c. Maskos M, Harris J R. Double-shell vesicles, strings of vesicles and filaments found in crosslinked micellar solutions of poly(1,2-butadiene)-block-poly(ethylene oxide) diblock copolymers. Macromol. Rapid Commun., 2001, 22: 271; d. Nardin C, Hirt T, Leukel J, Meier W. Polymerized ABA triblock copolymer vesicles. Langmuir, 2000, 16: 1035; e. Templin M, Franck A, DuChesne A, Leist H, Zhang Y M, Ulrich R, Schadler V, Wiesner U. Organically modified aluminosilicate mesostructures from block copolymer phases. Science, 1997, 278: 1795; f. Liu Y F, Abetz V, Muller AHE. Janus cylinders. Macromolecules, 2003, 36: 7894; g. Checot F, Lecommandoux S, Gnanou Y, Klok H-A. Water soluble stimuli-responsive vesicles from peptide-based diblock copolymers. Angew. Chem. Int. Ed., 2002, 41: 1340; h. Grumelard J, Taubert A, Meier W. Soft nanotubes from amphiphilic ABA triblock. Macromonomers. Chem. Commun., 2004, 1462; i. Vriezema D M, Hoogboom J, Velonia K, Takazawa K, Christianen P C M, Maan J C, Rowan A E, Nolte R J M. Vesicles and polymerized vesicles from thiophene-containing rod-coil block copolymers. Angew. Chem. Int. Ed., 2003, 42: 772; j. Ikkala O, Brinke G. Functional materials based on self-assembly of polymeric supramolecules. Science, 2002, 295: 2407; k. Ionov L, Minko S, Stamm M, Gohy J F, Jerome R, Scholl A. Reversible chemical patterning on stimuli-responsive polymer film: environment-responsive lithography. J. Am. Chem. Soc., 2003, 125: 8302

[50] a. Iijima M, Nagasaki Y, Okada T, Kato M, Kataoka K. Core-polymerized reactive micelles from heterotelechelic amphiphilic block copolymers. Macromolecules, 1999, 32: 1140; b. Miyata K, Kakizawa Y, Nishiyama N, Harada A, Yamasaki Y, Koyama H, Kataoka K. Block catiomer polyplexes with regulated densities of charge and disulfide cross-linking directed to enhance gene expression. J. Am. Chem. Soc.,

2004, 126: 2355; c. Du J Z, Chen Y M, Zhang Y H, Han C C, Fischer K, Schmidt M. Organic/inorganic hybrid vesicles based on a reactive block copolymer. J. Am. Chem. Soc., 2003, 125: 14710; d. Jin L Y, Ahn J-H, Lee M S. Shape-persistent macromolecular disks from reactive supramolecular rod bundles. J. Am. Chem. Soc., 2004, 126: 12208; e. Hashimoto T, Tsutsumi K, Funaki Y. Nanoprocessing based on bicontinuous microdomains of block copolymers: nanochannels coated with metals. Langmuir, 1997, 13: 6869; f. Wang M, Jiang M, Ning F, Chen D, Liu S, Duan H. Block-copolymer—Free strategy for preparing micelles and hollow spheres: self-assembly of poly(4-vinylpyridine) and modified polystyrene. Macromolecules, 2002, 35: 5980

[51] a. Mansky P, Harrison C K, Chaikin P M, Register R A, Yao N. Nanolithographic templates from diblock copolymer thin films. Appl. Phys. Lett., 1996, 68: 2586; b. Park M, Harrison C, Chaikin P M, Register R A, Adamson D H. Block copolymer lithography: periodic arrays of ~10^{11} holes in 1 square centimeter. Science, 1997, 276: 1401; c. Park M, Chaikin P M, Register R A, Adamson D H. Large area dense nanoscale patterning of arbitrary surfaces. Appl. Phys. Lett., 2001, 79: 257

[52] a. Thurn-Albrecht T, Schotter J, Kastle G A, Emley N, Shibauchi T, Krusin-Elbaum L, Guarini K, Black C T, Tuominen M T, Russell T P. Ultrahigh-density nanowire arrays grown in self-assembled diblock copolymer templates. Science, 2000, 290: 2126; b. Bal M, Ursache A, Tuominen M T, Goldbach J T, Russell T P. Nanofabrication of integrated magnetoelectronic devices using patterned self-assembled copolymer templates. Appl. Phys. Lett., 2002, 81: 3479; c. Jeong E, Galow T H, Schotter J, Bal M, Urache A, Tuominen M T, Stafford C M, Russell T P, Rotello V M. Fabrication and characterization of nanoelectrode arrays formed via block copolymer self-assembly. Langmuir, 2001, 17: 6396

[53] a. Guarini K W, Black C T, Milkove K R, Sandstrom R L. Nanoscale patterning using self-assembled polymers for semiconductor applications. J. Vac. Sci. Technol. B, 2001, 19: 2748; b. Guarini K W, Black C T, Zhang Y, Kim H, Sikorski E M, Babich I V. Process integration of self-assembled polymer templates into silicon nanofabrication. J. Vac. Sci. Technol. B, 2002, 20: 2788

[54] a. Urbas A M, Maldovan M, DeRege P, Thomas E L. Bicontinuous cubic block copolymer photonic crystals. Adv. Mater., 2002, 14: 1850; b. Edrington A C, Urbas A M, DeRege P, Chen C X, Swager T M, Hadjichristidis N, Xenidou M, Fetters L J, Joannopoulos J D, Fink Y, Thomas E L. Polymer-based photonic crystals. Adv. Mater., 2001, 13, 1853

[55] Liu G J, Yan X H, Duncan S. Polystyrene-*block*-polyisoprene nanofiber fractions. 1. Preparation and static light-scattering study. Macromolecules, 2002, 35: 9788

[56] Liu G J, Li Z, Yan X H. Synthesis and characterization of PS-*b*-PI nanofibres with different crosslinking densities. Polymer, 2003, 44: 7721

[57] Price C. Micelle formation by block co-polymers in organic-solvent. Pure Appl. Chem., 1983, 55: 1563

[58] a. Lieber C M. Nanoscale science and technology: building a big future from small things. MRS Bulletin, 2003, 28: 486; b. Xia Y N, Yang P D, Sun Y G, Wu Y Y, Mayers B, Gates B, Yin Y D, Kim F, Yan H Q. One-dimensional nanostructures: synthesis, characterization and applications. Adv. Mater., 2003, 15: 353

[59] Liu G J, Yan X H, Qiu X P, Li Z. Fractionation and solution properties of PS-*b*-PCEMA-*b*-P*t*BA nanofibers. Macromolecules, 2002, 35: 7742

[60] Private communication with Professor Chi Wu. His results not only confirmed our M_w values but also suggested that the R_g values that we determined were ~20% too low, a conclusion that we deduced from the viscos-

ity data of the nanofiber solutions in THF

[61] Moore WR. Viscosities of dilute polymer solutions. Progr. Polym. Sci. , 1969, 1: 1

[62] a. Zimm B H, Crothers D M. Simplifed rotating cylinder viscometer for DNA. Proc. Nat. Acad. Sci. , 1962, 48: 905; b. Liu G J, Yan X H, Duncan S. Polystyrene-*block*-polyisoprene nanofiber fractions. 2. Viscometric study. Macromolecules, 2003, 36: 2049

[63] a. Yamakawa H, Fujii M. Intrinsic viscosity of wormlike chains. Determination of the shift factor. Macro-molecules, 1974, 7: 128; b. Yamakawa H, Yoshizaki T. Transport coefficients of helical wormlike chains. 3. Intrinsic viscosity. Macromolecules, 1980, 13: 633

[64] Bohdanecky M. New method for estimating the parameters of the wormlike chain model from the intrinsic vis-cosity of stiff-chain polymers. Macromolecules, 1983, 16: 1483

[65] Onsager L. The effect of shape on the interaction of colloidal particles. Ann. N. Y. Acad. Sci. , 1949, 51: 627

[66] Flory P J. Phase equilibria in solutions of rod-like particles. Proc. R. Soc. A. , 1956, 234: 73

[67] Hunter R J. Foundations of Colloid Science. Vol. 1. Oxford: Oxford University Press, 1989

第6章 环境敏感全亲水性嵌段聚合物的合成与自组装

刘世勇

6.1 全亲水性嵌段聚合物简介

两亲性嵌段聚合物一般由一个亲水嵌段和一个疏水嵌段组成,所以它们也被称为高分子表面活性剂[1~7]。和小分子表面活性剂类似,两亲性聚合物在水溶液中可以自组装形成胶束,但具有更低的临界胶束浓度和更慢的胶束-单分子交换速率[2]。自组装胶束的形态可根据嵌段的长度和分子链构造进行理论预测。两亲性嵌段聚合物自组装形成的胶束不仅可将各种物质包裹在其内部,且尺寸与典型的病毒尺寸相近,可以在血液中循环很长一段时间,并最终穿透肿瘤附近组织中被破坏的毛细血管,这些特性决定其可以作为药物的运输和靶向载体而得到应用。此外,聚合物胶束还可用作"纳米微反应器"来制备单分散的金属和半导体纳米粒子和纳米晶。最后,两亲性嵌段聚合物胶束在水相中可以稳定存在,且对小分子有较强的吸附能力,因而亦可用于污水处理、环境净化及微量成分的富集等[8~10]

全亲水性嵌段聚合物是一类特殊的两亲性嵌段聚合物,由化学性质不同的两嵌段或多嵌段组成,每一嵌段都具有水溶性[11,12]。全亲水性嵌段聚合物的嵌段一般具有较低的相对分子质量,约在 $10^3 \sim 10^4$ 之间。多数情况下,其中一嵌段为水溶性以促进聚合物的溶解和分散,另一嵌段则可通过改变外部环境条件如温度、pH、离子强度等或通过和带相反电荷的金属离子、小分子及高分子链进行络合,从亲水性嵌段转变为疏水性嵌段,此时全亲水性嵌段聚合物便转化为典型的两亲性嵌段聚合物,从而具有环境敏感胶束化行为。由于它们的自组装行为具有外部环境响应性和敏感性,故也被称为智能材料。虽然关于合成全亲水性嵌段聚合物的报道最早出现在1972年[13],但直到最近几年,人们才逐渐认识到它们的重要性。和两亲性嵌段聚合物相比,全亲水性嵌段聚合物具有更大的结构可调性和更丰富的自组装形态。其独特的溶液性质和自组装行为使得它们具有广泛的潜在应用价值,如药物传递系统、基因疗法[14]、矿化模板[16]、晶体生长修饰剂[16]、金属胶体合成的诱导反应器[17]及除盐薄膜[13]等。

在本章中,我们首先讨论全亲水性嵌段聚合物的合成,然后讨论其环境敏感自组装行为;接下来,我们将讨论一类新型的全亲水性嵌段聚合物,它的每一个嵌段都具有环境敏感响应性,因此通过适当地调节外部环境,它可表现出多重胶束化行为(schizophrenic micellization)。在最后一节里,我们主要讨论全亲水性聚合物的一些应用前景。

6.2 全亲水性嵌段聚合物的合成

全亲水性嵌段聚合物的合成方法有很多,而结构最为规整并可控的全亲水性嵌段聚合物一般是通过活性聚合的方式得到的(包括阴离子聚合、阳离子聚合、基团转移聚合及活性自由基聚合等)。值得注意的是,以上活性聚合方式各有其局限,但也有互补性。其他比较方便的合成途径还包括将已经制备好的嵌段共价键偶联或者对嵌段的化学改性。其中,将聚环氧乙烷(PEO)用作全亲水性嵌段聚合物的持续性亲水嵌段,利用端官能团封端的 PEO 作为大分子引发剂制备全亲水性嵌段聚合物的研究已经相当广泛。

6.2.1 活性阴离子聚合

含有离子基团的高分子嵌段并不能直接通过阴离子聚合得到。因此一般步骤为先进行酯类单体的聚合,得到嵌段共聚物前驱体,然后水解得到目标产物。

6.2.1.1 经疏水嵌段前体的合成

最早报道的全亲水性嵌段聚合物前驱体的制备是以活性的聚(2-乙烯基吡啶)(P2VP)阴离子引发甲基丙烯酸三甲基硅酯[13,18]或各种甲基丙烯酸、丙烯酸的烷基酯(甲基、异丙基、叔丁基等)[19]。聚合反应是在 −78℃ ,THF 溶剂中通过丁基锂来引发的。在最近的报道中,2VP 和甲基丙烯酸叔丁酯(tBMA)也可在相同条件下用二苯甲基锂作为引发剂来引发[20]。与此相类似的含聚(4-乙烯基吡啶)(P4VP)的嵌段共聚物也可通过 tBMA 和 4VP 单体的连续阴离子聚合来制备[21]。

聚甲基丙烯酸三甲基硅酯-b-聚(4-乙烯基吡啶)可在 60℃ 用 NaOH[18]或者 30℃ 下用浓硫酸或盐酸进行水解[20,21],得到含有聚酸和聚碱两种嵌段的两性离子嵌段聚合物。用聚甲基丙烯酸烷基酯的水解得到聚酸嵌段是常用的途径,但聚甲基丙烯酸甲酯(PMMA)的酸水解产率小于 90% ,而其他的聚甲基丙烯酸烷基酯用硫酸或聚甲基丙烯酸三甲基硅酯用 6% 的氢氧化钠都可以进行定量的水解[13]。

最近报道了聚甲基丙烯酸叔丁酯-b-聚(4-乙烯基吡啶)(PtBMA-b-P4VP)的新合成方法[20,22]。P4VP 低聚物可在 THF 中溶解,但超过一定相对分子质量则在 THF 不溶解,因此 4VP 的阴离子聚合比 2VP 更加困难。Creut 和 Jérôme 等使用 9

: 1 的吡啶/THF 作为溶剂, 而不是像普通阴离子聚合那样使用纯的 THF 作为溶剂, 从而可把反应温度提高到 0℃。吡啶的加入提高了 4VP 嵌段的溶解性。尽管对杂质比较敏感, tBMA 和 4VP 的连续活性阴离子聚合反应仍然能够得到分布很窄的嵌段聚合物(相对分子质量分布系数 PDI = 1.16)。然而, 相反加料顺序的 4VP 和 tBMA 的连续活性阴离子聚合反应却伴随着大量的 PtBMA 均聚物的生成[22]。进一步研究发现通过加入各种添加剂和更换溶剂, 可协调两种单体的相对活性[23]。

前驱体法也可用于聚(2-乙烯基吡啶)-b-聚苯乙烯磺酸钠(P2VP-b-PSSNa)嵌段聚合物的合成, 通过苯乙烯(St)和 2VP 的连续活性阴离子聚合首先合成聚苯乙烯-b-聚(2-乙烯基吡啶)(PS-P2VP)嵌段聚合物[24,26], 然后再对 PS 嵌段进行磺化处理, 磺化反应几乎是可以定量的(约 96%)。

BASF 的一篇专利报道了环氧乙烷和聚甲基丙烯酸甲酯(PMMA)嵌段物的合成方法, 活性 PMMA 被用来引发环氧乙烷(EO)的聚合[26]。但是在用活性的聚丙烯酸甲酯阴离子(PMA)引发环氧乙烷聚合时, 活性 PEO 阴离子会进攻 PMA 的酯基, 这种副反应将会导致形成化学结构非均一的嵌段共聚物[26]。相反, 有报道说用活性 PEO 阴离子引发 MMA 的聚合则可以有效地避免这些副反应[27]。但是, 由于 PEO 在 THF 中溶解性不太好, 反应只有在 20℃ 以上才能进行, 而 MMA 在 THF 中的最佳聚合温度为 −76℃, 所以活性链的转移和终止还是难以避免。PEO 活性阴离子仍然可以和 MMA 单体发生酯交换反应而形成接枝聚合物, 这样就降低了产物的纯度, Suzuki 等已经发现在这个反应中有相应的三嵌段共聚物生成[28,29]。

如果在上面的反应中用 tBMA 来代替 MMA, 就可以避免这些困难[27], 因为 tBMA 对酯交换的副反应不敏感, 并且在室温下不会发生活性链的转移和终止; 而且疏水的 PtBMA 嵌段可以通过在酸性条件下水解转化为 MAA 嵌段。有实验系统研究了 PEO 嵌段长度对于甲基丙烯酸烷基酯规整度的影响[30]。进一步的研究中发现, tBMA 可成功地被活性 PEO 阴离子引发, 活性 PtBMA 阴离子也在 THF 溶剂中在 26℃ 和 40℃ 下很好地引发 EO 聚合。在两种途径中都未观测到酯交换反应的发生, 但是在 26℃ 下以异丙苯钾引发聚合反应的时候检测到了低相对分子质量的肩峰, 这仍然有可能是由上述的副反应引起的[31]。

在以后的实验中, 上述情况都得到了极大的改进[32,33]。和以往不同的是, tBMA 首先在 THF 中和 −78℃ 下进行聚合, 在此温度下加入 EO 单体, 然后缓慢升高温度至 36℃ 后反应 20h[32,34]。产物的相对分子质量分布(PDI = 1.06 ~ 1.09)[32]比以往得到的(PDI = 1.16 ~ 1.81)要窄[31]。

有人报道了窄分布聚环氧乙烷-b-聚丁二烯(PEO-b-PB)和聚环氧乙烷-b-聚异戊二烯(PEO-b-PI)的嵌段共聚物的合成。由于有着反应活性的双键存在, 它们可以作为全亲水性嵌段聚合物的前体聚合物[36,36](图 6-1)。通过进一步的化学改性,就可以很方便地制备全亲水性嵌段聚合物[37~39]。

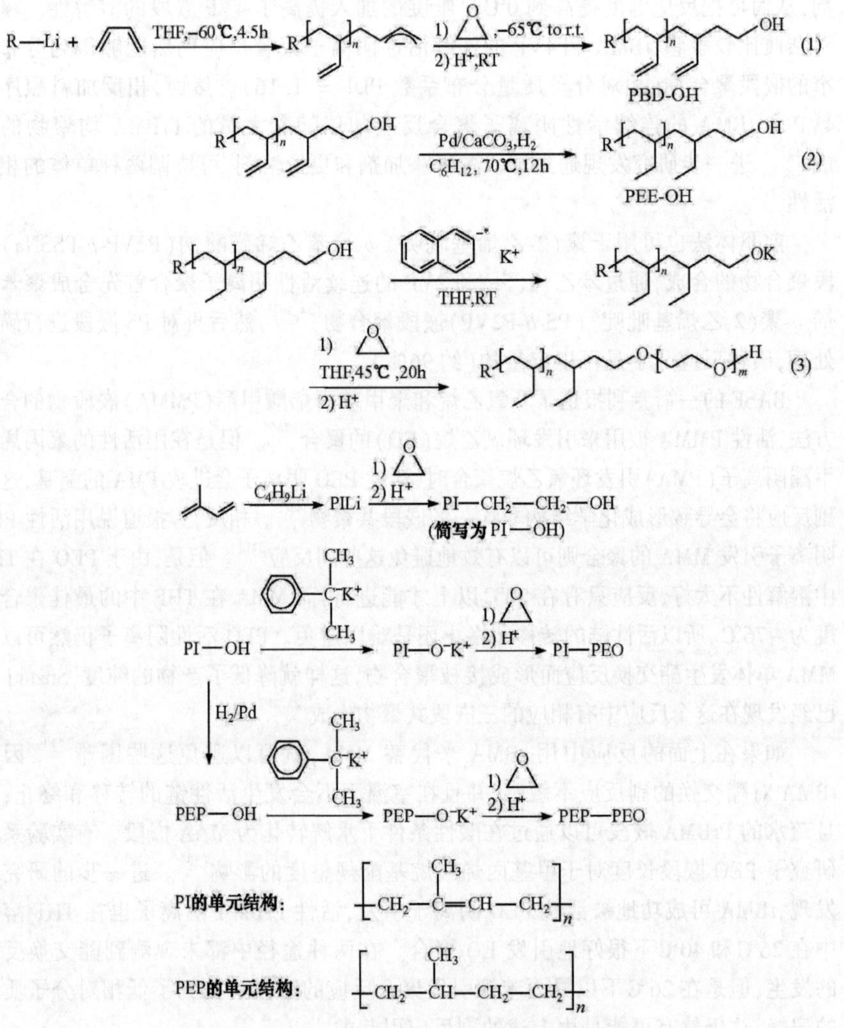

图 6-1　合成 PEO-b-PB 和 PEO-b-PI 的化学途径[36]

6.2.1.2　直接合成

早在 1976 年,就有通过 2VP 和 EO 的连续阴离子聚合来制备 PEO-b-P2VP 的报道,在 THF 溶剂和 –70℃时,以二苯甲基钾作为引发剂首先聚合 2VP,然后在室温下加入 EO 聚合[40],经过定量的 HCl 季铵化就得到了全亲水性嵌段聚合物。

Webber[41]等合成了一种类似的 PEO-b-聚阳离子类嵌段共聚物。聚合反应在

−78℃下和 THF 中,用异丙苯钾/冠醚络合物引发反应,冠醚可以有效地络合钾离子,增强阴离子的亲核性,这样就比较容易引发 2VP 的聚合,但在产物中检测到了均聚物杂质。而用二苯甲基钾作为引发剂能够相对有效地解决这一问题,在此体系中,活性 P2VP 阴离子引发 EO 的聚合反应得到全亲水性二嵌段聚合物[41]。二苯甲基钾也用在活性 P4VP 阴离子引发 EO 的聚合反应中,反应条件是在 0℃下,以 9:1(体积)的 THF/吡啶混合物作为溶剂。这样可以保持 P4VP 良好的溶解,最后得到了相对分子质量分布系数为 1.22 的 PEO-b-P4VP 嵌段聚合物[20]。

水溶性甲基丙烯酸甘油酯(HMA)嵌段和甲基丙烯酸-2-二甲胺基乙酯(DMAE-MA)聚阳离子电解质嵌段形成的嵌段共聚物可通过甘油基经缩醛保护的 HMA 单体的活性阴离子引发 DMAEMA 来合成[42]。缩醛保护的 HMA 水解后得到 PHMA。尽管 DMAEMA 单体很容易水解,但是其聚合物难水解。这种嵌段聚合物的产率还是很高的(97% 以上),其相对分子质量分布较窄(PDI =1.06~1.09)。

DMAEMA 还能够和 MMA、tBMA 进行嵌段共聚合,产物都是窄相对分子质量分布的聚合物(PDI =1.06~1.08),产物水解后得到 MAA 嵌段[43,44]。有趣的是,由于 DMAEMA 和 tBMA 单体的活性不同,两种单体同时加料,通过一步阴离子聚合反应,就可以得到结构不太均一的嵌段聚合物,反应活性高的 DMAEMA 单体优先聚合,然后是大部分 tBMA 单体的聚合,这样产物就具有类似嵌段共聚物的化学结构特征[44]。

还有关于 PEO-b-PDMAEMA 直接合成的文献报道。用 3,3-二乙氧基丙醇钾作为引发剂,THF 为溶剂的条件下,EO 首先被引发聚合,然后再聚合 DMAEMA 可得到分散指数为 1.41 的 α-乙缩醛封端的 PEO-b-PDMAEMA[46](图 6-2)。在酸性条件下,乙缩醛很温和地被转化为高反应活性的醛基。

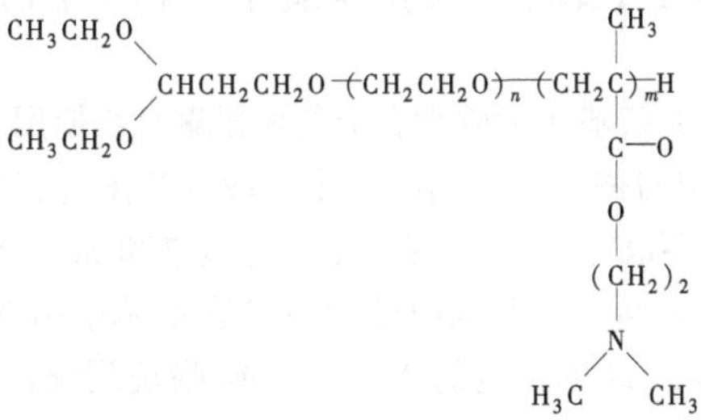

图 6-2 α-乙缩醛-PEO-b-PDMAEMA 的化学结构

6.2.2 活性阳离子聚合

阳离子聚合制备全亲水性嵌段聚合物主要应用的对象是乙烯基醚类单体。最早报道的例子是 2-甲氧基乙基乙烯基醚(MOVE)和 2-乙氧基乙基乙烯基醚

(EOVE)的二嵌段共聚物[46,47]及含有聚乙烯醇(PVA)嵌段的共聚物(通过苄基、叔丁基或三烷基硅基乙烯基醚的脱保护)[47]。实验在氮气气氛下、0℃或者40℃时在环己烷中进行,所用的引发剂为EtAlCl$_2$/乙酸-1-异丁氧基乙酯或Et$_{1.6}$AlCl$_{1.6}$/iBuO-EtAc,此反应中添加了各种醚和酯作为外加的碱催化剂。

有报道用甲基乙烯基醚(MVE)和甲基二缩三乙二醇乙烯基醚(MTEGVE)的阳离子聚合合成全亲水性嵌段共聚物以及含有乙基乙烯基醚(EVE)的多种三嵌段共聚物[48]。这些聚合物的合成是在干燥的二氯甲烷中,使用异丁基乙烯基醚和HCl的加合物(IBVE-HCl)作为引发剂,SnCl$_4$作为催化剂顺序加料制备的[48]。MVE和MTEGVE和HCl的加合物也可以作为替代催化剂使用。PMVE-b-PMTEGVE的制备反应几乎是定量的,相对分子质量分布系数在1.2~1.3之间。

其他乙烯基醚类单体也可以用这种方法合成,例如苄基乙烯基醚(BzVE)单体和MTEGVE单体的嵌段聚合的合成,是使用iBuO-EtAc/Et$_{1.6}$AlCl$_{1.6}$/EtAc作为引发剂,甲苯作为溶剂[49]。得到的嵌段共聚物的分散指数为1.2~1.3[43]。BzVE在甲醇中可通过温和条件下Pd/C催化氢化脱去苄基而形成PVA嵌段,转化率大约为70%[49]。还有关于MVE和BzVE合成的很多例子,大部分都是使用IBVE-HCl作为引发剂,SnCl$_4$和Bu$_4$NCl作为催化剂,二氯甲烷作为溶剂[60]。聚合物的相对分子质量分布系数较低,大约在1.1~1.2,也可到1.4左右。在甲醇中使用Pd/C催化可以定量地得到PMVE-b-PVA嵌段。

2-烷基-2-噁唑啉的阳离子开环聚合反应可利用α,ω-对甲磺酸酯基或甲苯磺酰基取代的PEO作为引发剂[61,62]。FT-IR和^{1}H-NMR测试证实该ABA三嵌段共聚物几乎是定量得到的。同样,PEO和聚(2-甲基噁唑啉)形成的二嵌段全亲水性聚合物也可以用端甲氧基PEO的甲苯磺酸酯作为大分子引发剂来合成[63],引发效率可接近1.0,因此2-甲基噁唑啉的嵌段聚合得到了规整的聚合物,产率为96%~97%。

据报道,MVE和2-乙基-2-噁唑啉合成的嵌段聚合物使用PMVE作为大分子引发剂,这样一来就可以对嵌段聚合物的两个嵌段的长度进行控制[64]。这里,MVE单体先加入HI/己烷溶液中,再加入氯乙基乙烯基醚和ZnI$_2$,最后用LiBH$_4$终止聚合体系。合成的PMVE可以作为大分子引发剂在氯苯中引发2-乙基-2-噁唑啉的聚合反应,聚合时加入NaI和少量的N-甲基-2-吡咯烷酮混合物,得到的二嵌段聚合物相对分子质量分布较窄(PDI=1.3~1.4)。

6.2.3　基团转移聚合

基团转移聚合(GTP)用于合成全亲水性嵌段聚合物只是在近期才兴起,因为适于GTP的单体大多局限于丙烯酸酯类和甲基丙烯酸酯类单体。但是,GTP是一种合成低相对分子质量分布系数(甲基)丙烯酸酯类嵌段聚合物的好方法。首次使用

GTP 合成的全亲水性嵌段聚合物是 DMAEMA 和聚甲基丙烯酸(MAA)的嵌段共聚物[66]。首先在 THF 中分别用烯酮硅缩醛(MTS)和二苯甲酸四丁基铵 (TBABB)作为引发剂和催化剂,进行 DMAEMA 和甲基丙烯酸四氢吡喃酯(THPMA)嵌段共聚物的合成,然后在真空中 140℃下加热 48h,THPMA 嵌段就可以被热解生成 MAA 嵌段。但是,最近的研究表明,这种合成方法并不十分完美,原因是在热解过程中生成的PMAA 嵌段进一步转化为酸酐[66]。如果使用 0.1mol/L HCl,在温和条件下就可以定量地水解[66]。为得到含 MAA 的嵌段共聚物,还可用甲基丙烯酸叔丁酯(tBMA)、甲基丙烯酸苄基酯(BzMA)及三甲基硅酯等作为前驱单体。在 26℃和干燥的 THF溶剂中先聚合 DMAEMA,然后再引发 tBMA 的聚合就可以定量地得到结构规整的PDMAEMA-b-PtBMA 嵌段聚合物(PDI < 1.22)[66,67]。但 PDMAEMA-b-PtBMA 在水解去除叔丁基的过程中,DMAEMA 嵌段会部分发生降解性分子间交联。通常来说,尽管甲基丙烯酸苄基酯很容易通过催化加氢去除苄基,但也不能完全去除[66]。如果将甲基丙烯酸叔丁酯嵌段换为甲基丙烯酸丁酯(BMA)嵌段,尽管能很容易地制备 PDMAEMA-b-PBMA 嵌段聚合物,但丁基的脱保护更加困难[68]。由于甲基丙烯酸三甲基硅酯的 GTP 聚合非常慢,只能形成低相对分子质量的产物,所以甲基丙烯酸三甲基硅酯也不是一个合适的单体[66]。

　　DMAEMA 也可以和甲基丙烯酸-2-二乙胺基乙酯 DEAEMA 进行 GTP 嵌段聚合形成全亲水性嵌段聚合物,由于三级胺的质子化,它们在 pH 2 的时候能够很好地溶解[69,60]。此嵌段共聚物可以定量地得到,并且相对分子质量分布很窄(PDI≤1.16)。共聚物中的组分含量和投料比是一致的,这就意味着这是一个非常完美的反应。

　　最近还报道了甲基丙烯酸低聚乙二醇酯(OEGMA)和 BzMA 或者 OEGMA 和THPMA 的嵌段共聚物,同样使用 MTS 作为引发剂,TBABB 作为催化剂[60,61]。首先,OEGMA 在 THF 中用 GTP 的方法可得到高产率的均聚物(大于 96%),然后,经化学保护的 MAA 单体如 BzMA 和 THPMA 被加入到体系中聚合形成第二嵌段,产物中均聚物杂质很少,并且产率也很高(大于 96%)。催化加氢或在温和条件下的酸解用来去除苄基或四氢吡喃的保护也能够得到 MAA 嵌段,但 BzMA 的脱苄基保护基团不完全,即使使用了超离心分离的方法,终产物也被残余的 Pd-C 催化剂所污染。因此通过 THPMA 的方法更为可行,合成的 OEGMA-b-THPMA 聚合物的相对分子质量分布系数很低(PDI = 1.08 ~ 1.16)。

　　PEO 大分子引发剂也可用来引发 MMA 的 GTP 聚合[62],这种合成方法大大扩展了 GTP 的应用,因为该方法允许引入非(甲基)丙烯酸酯嵌段。首先通过 EO活性阴离子聚合及甲基丙烯酰氯封端,可以很方便地合成 PEO 大分子引发剂;该大分子引发剂可经硅氢加成转化为硅基乙烯酮缩甲醛,然后引发 MMA 在 THF 中的 GTP 反应。产物 PEO-b-PMMA 的相对分子质量分布较窄,(PDI = 1.06 ~ 1.61),但检测到了少量未官能化的 PEO,这说明了副反应的存在。全亲水性嵌段聚合物可通过 MMA 的水解而得到。

6.2.4　自由基聚合

早在 1967 年就有用自由基聚合制备 PEO-*b*-PMMA 的报道[63]，在此研究工作中，PEO 被溶解在 MMA 中，然后将溶液在 3000 r/min 的速度下搅拌，以形成用来引发聚合 MMA 的 PEO 自由基，但产物非常不规整，而且关于相对分子质量或者相对分子质量分布的结果并没有报道。由 Ce^{4+} 和 PEO 的端羟基组成的氧化还原引发体系被成功地用来在水体系中引发制备 PNIPAM-*b*-PEO-*b*-PNIPAM 三嵌段聚合物[64]。从单甲氧基封端的 PEO 出发用同样的方法也可制备 PEO-*b*-PNIPAM 二嵌段聚合物，所得聚合物具有相当低的相对分子质量分布系数（PDI = 1.04 ~ 1.16）[66]。最近，这种聚合途径更是被扩展到准"活性"聚合，产生的自由基能在胶束的核中存在几个小时，这样就可以顺利地以相当稳定的速率聚合第二个单体[66]。

活性自由基聚合研究真正的突破性进展是在 1982 年大津隆行等提出 Iniferter 的概念[67]，并将其应用于活性聚合。这种方法从化学角度实现了对自由基活性及其链增长反应的控制，使对活性自由基聚合研究进入了一个新的发展阶段。进入 90 年代后，先后出现了 TEMPO 体系[68~70]、原子转移自由基聚合（ATRP）[71~74] 以及可逆加成-断裂-转移（RAFT）自由基聚合[76~78]。

6.2.4.1　TEMPO 参与的"活性"自由基聚合

TEMPO 控制的苯乙烯衍生物的活性聚合是一个不需要保护-脱保护过程而可以直接合成全亲水性嵌段聚合物的好方法，这比活性阴离子、活性阳离子或基团转移聚合要方便得多。例如，TEMPO 作为一个可逆封端剂来控制苯乙烯磺酸钠（SSNa）的聚合，这实质上也是一个自由基聚合反应。分离所得的 TEMPO 封端的 PSSNa 均聚物可在乙二醇/水（3：1）的混合溶剂中，引发第二单体如 2VP，4-乙烯基苯甲酸（VBA）和 4-（*N*,*N*-二甲胺基）甲基苯乙烯的聚合。尽管 SSNa 的聚合产率在 90% 以上，但是第二嵌段的转化率却普遍较低（约 21% ~ 83%）[79]。

6.2.4.2　ATRP 合成全亲水性嵌段聚合物

利用 ATRP 合成全亲水性嵌段聚合物方便易行，因此研究相当活跃。这方面最突出的贡献来自于英国 Sussex 大学（目前在谢菲尔德大学）的 Armes 研究小组。他们集中研究了各种亲水性单体在水，水/醇混合溶剂中的 ATRP 聚合。由于方法简单，条件温和，使用水基溶剂，产物纯化过程中除铜容易（铜离子浓度一般小于 4 ×10⁻³ ~ 6 ×10⁻³ g/mL），备受工业界青睐。最早报道的是聚环氧乙烷-*b*-聚甲基丙烯酸钠（PEO-*b*-PMANa）的合成[80]。在水中 90℃ 下和 pH 9 时，使用通过单甲氧基封端 PEO 与 2-溴异丁基酰溴反应制得的大分子引发剂来聚合甲基丙烯酸钠（MANa），以 CuBr 为催化剂，2,2′-联吡啶作为配体。产物相对分子质量的分散性较好（PDI < 1.3），产率大约为 47% ~ 80%。相似的途径也被用于聚环氧乙烷-b-(4-乙烯基苯甲酸钠盐)(PEO-b-PNaVBA) 和聚甲基丙烯酸低聚乙二醇酯-b-聚(4-乙烯基苯甲酸钠盐)(POEGMA-b-PNaVBA) 的合成，其产率很高（>99%），相对分子质量分布也较窄（PDI 约 1.28）[81]。这里的 PEO 大分子引发剂的相对分子质量较低，约 360 g/mol，故产物还不能被认为是一个真正的嵌段聚合物，但所述的合成方法仍然可以适用于相对分子质量较大的大分子引发剂。文献中也有很多关于 PEO-b-PTBMA 的 ATRP 合成的报道[82]，合成的嵌段聚合物的产率很高（>80%），相对分子质量分布系数也较窄（PDI < 1.36）。两端带羟基的 PEO 和 2-溴丙酰溴制得的大分子引发剂能够合成 ABA 三嵌段聚合物。同样的途径也可用于含 PPO 嵌段的全亲水性聚合物的合成（图 6 - 3）[83]。最近几年来，ATRP 更是被广泛地用来合成含 PDMAEMA，PDEAEMA，聚甲基丙烯酸-2-二丙胺基乙酯（PDPAEMA），甲基丙烯酸羟乙酯（HEMA），甲基丙烯酸甘油酯（HMA），含两性离子的单体以及含葡萄糖单元的单体等[84~97]。研究发现，ATRP 也适用于合成结构更为复杂的 ABC 或 ABA 三嵌段全亲水性聚合物[83~86]。

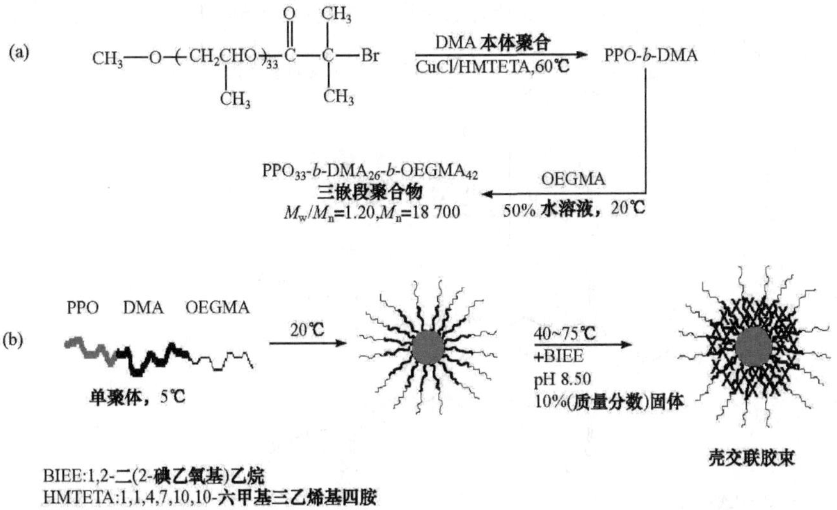

图 6 - 3　(a) 合成 PPO-b-DMAEMA-b-OEGMA 三嵌段聚合物的化学反应式；
(b) PPO-b-DMAEMA-b-OEGMA 三嵌段聚合物的胶束化和胶束的壳交联示意图[83]

　　除了直接聚合上述极性较大的单体以外，对于甲基丙烯酸单体，也可先将羧基与乙烯基乙基醚反应保护起来，然后在有机溶剂中进行 ATRP 反应，再热解或酸水解即可脱除保护基（图 6 - 4）。这种保护可以很方便地用来合成含 PMAA 嵌段的全亲水性聚合物[98]。

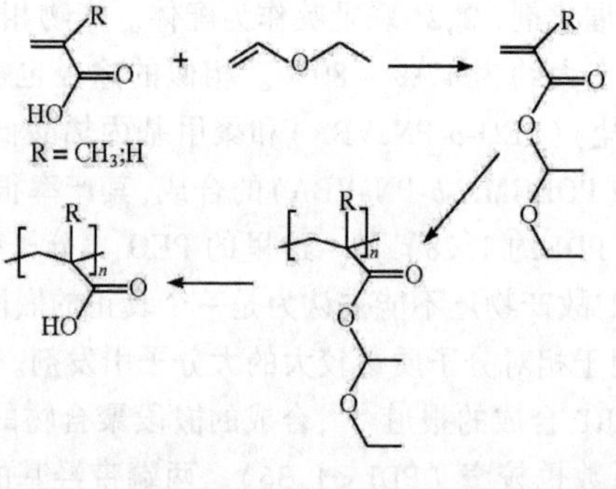

图 6-4　（甲基）丙烯酸单体的保护和 ATRP 反应[98]

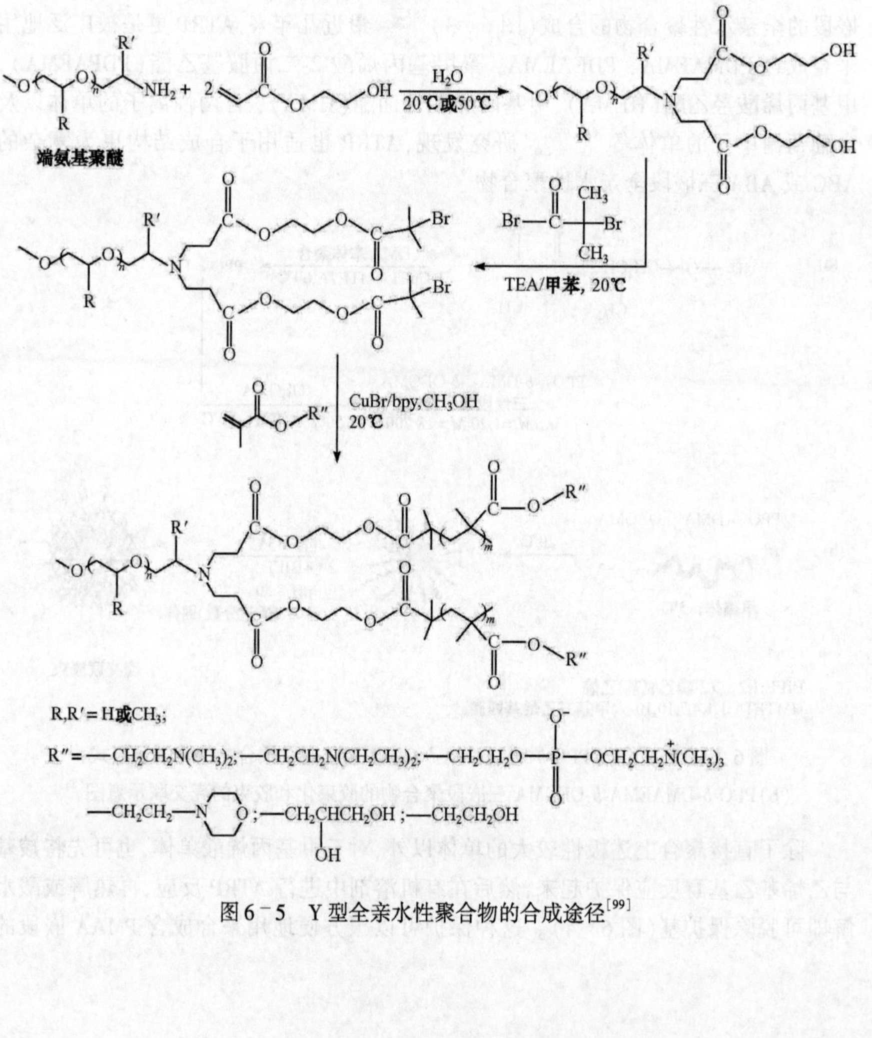

端氨基聚醚

图 6-5　Y 型全亲水性聚合物的合成途径[99]

最近 Armes 研究组等利用 ATRP 很方便地合成了 Y 型的全亲水性嵌段聚合物,其关键步骤是合成 Y 型的 ATRP 引发剂。端氨基的环氧乙烷和环氧丙烷共聚物先和丙烯酸羟乙酯反应生成一端带有两个羟基的中间产物,再经过和 2-溴异丁酰溴的反应就得到一端带有两个引发点的大分子引发剂(图 6 - 5)[99~101]。

ATRP 聚合还被利用来合成含生物相容性单体(MPC)的全亲水性嵌段聚合物(图 6 - 6)。这种嵌段聚合物被利用来制备凝胶并用于模型药物的控制释放[90~92]。同样,从多官能基引发剂(如 1,1,1-三羟甲基乙烷)出发,先经阴离子开环聚合环氧乙烷,用 2-溴异丁酰溴酯化 PEO 链的端羟基,然后由 ATRP 聚合 tBMA,最后经水解就可以合成基于 PEO 和 PAA 的星形的全亲水性嵌段聚合物(图 6 - 7)[101]。

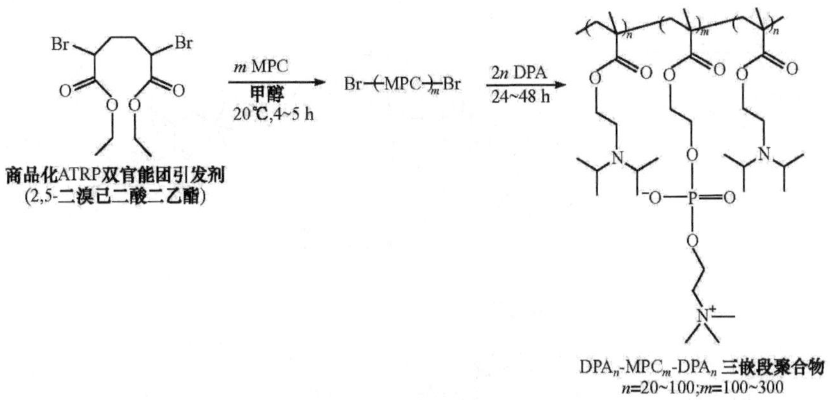

图 6 - 6　含生物相容性 MPC 嵌段的全亲水性嵌段聚合物的合成[99]

6.2.4.3　RAFT 合成全亲水性嵌段聚合物

RAFT 活性聚合方式由于是基于可逆链转移机理,比之于 ATRP 更适合于极性较大的单体,特别是水溶性单体以及含离子基团的单体。McCormick 等首先报道水溶性的苯乙烯类单体,如苯乙烯磺酸钠、乙烯基苄基胺和乙烯基苄基三甲基氯化铵等,均可以用 RAFT 方式可控地聚合并合成嵌段聚合物。他们最近还报道一系列酰胺类单体能够可控地以 RAFT 方式聚合[102~106]。图 6 - 8 是一些可通过 RAFT 合成的水溶性单体。

在此基础上,Yusa 等报道了聚(N-异丙基丙烯酰胺) -b-聚(2-丙烯酰胺基-2-甲基丙磺酸钠)(PNIPAM-b-PAMPS)全亲水性嵌段聚合物[107]。Müller 研究组报道了 PNIPAM-b-PAA 的 RAFT 合成[108]。

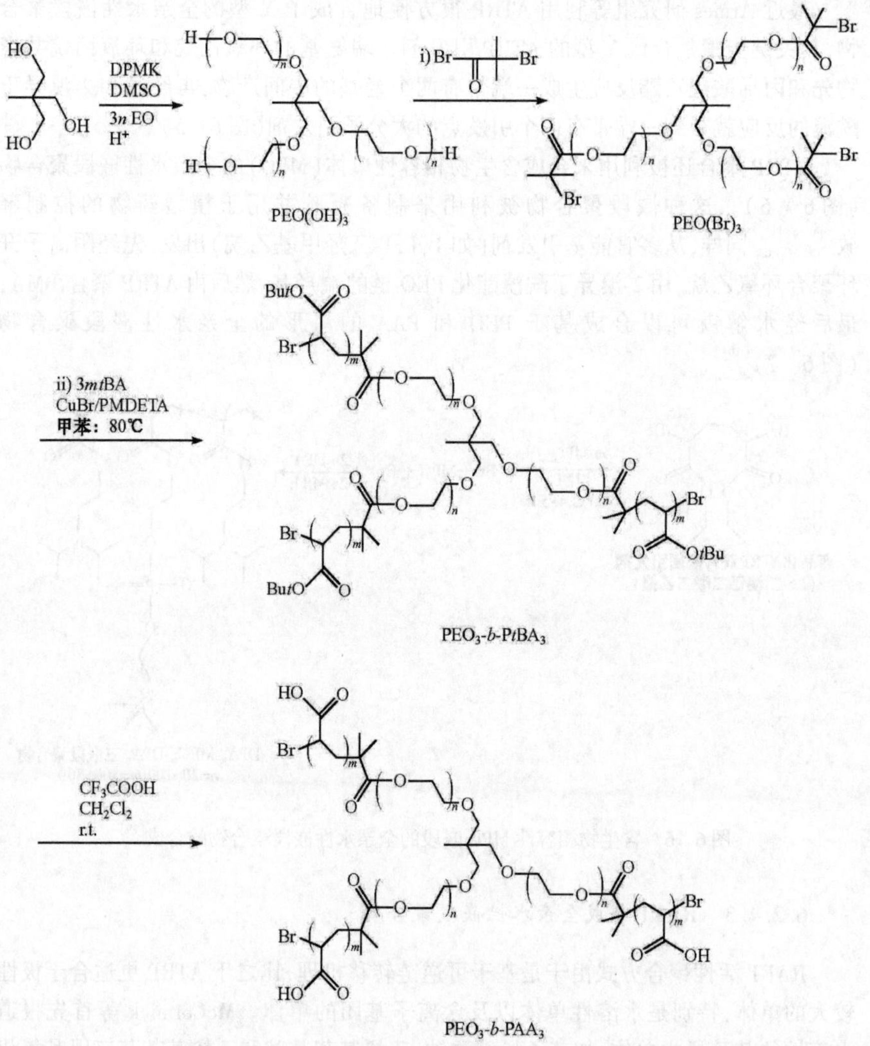

图 6-7　合成星形 PEO-b-PAA 聚合物[101]

6.2.5　N-羧基-α-氨基酸酐(NCA)的开环聚合反应

　　N-羧基-α-氨基酸酐(NCA)的开环聚合反应尤其适于制备具有生物相容性的全亲水性嵌段聚合物。自 20 世纪 70 年代以来,NCA 用胺类引发的开环聚合反应就已经被发现,并被应用于非极性氨基酸或极(碱)性氨基酸的均聚和共聚物合成。非极性氨基酸包括缬氨酸、异亮氨酸、丙胺酸、苯丙胺酸等;极性氨基酸则包括

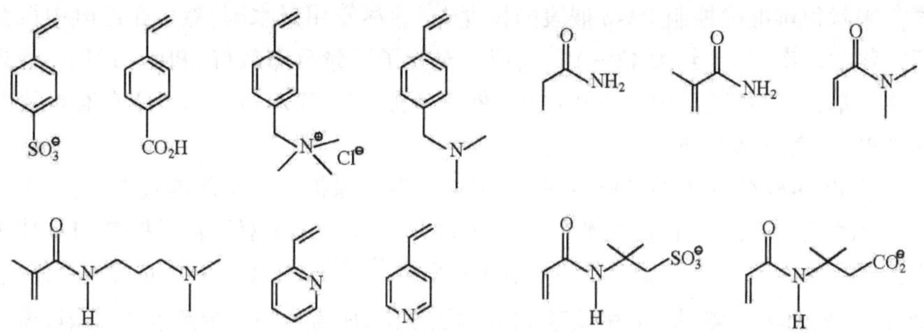

图 6-8　适合 RAFT 聚合的单体的化学结构式

苏氨酸和赖氨酸等。但聚合过程中的链断裂、链转移和链终止反应导致了相对分子质量分布的多分散性。据报道,使用有机镍引发剂来引发此反应可以避免副反应的发生并且可以得到较规整的共聚物(PDI < 1.13)[109]。聚赖氨酸-b-聚谷氨酸(PLys-b-PGlu)合成具体步骤为:在 DMF 中通过有机镍引发剂聚合 Lys-NCA 得到带有金属有机末端的活性的聚(Lys-NCA),加入 Glu-NCA 即可得到 PLys-b-PGlu 嵌段聚合物[109]。

另一种合成全亲水性嵌段聚合物的方法是用合适的高分子链来终止活性 NCA 聚合物。曾经报道过亲核保护的葡萄糖基取代的丝氨酸-NCA 在聚合后用活性的亲电子的聚(2-甲基-2-噁唑啉)链中止[110]。由于糖肽嵌段的溶解性较差,这种糖肽的链不能很长(大约为 6~10)。经制备性体积排阻色谱(SEC)分离,这种嵌段聚合物的产率约为 46%,但相对分子质量分布较好(PDI < 1.09)。

但是,目前大多数含有多肽嵌段的全亲水性嵌段聚合物都是通过带有端官能基的大分子引发剂引发聚合制备的,大分子引发剂可以通过氨基酸-NCA 的开环引发聚合反应(图 6-9)。值得注意的是,这种合成方法必须要排除水的干扰,因为 NCA 水解会产生自由氨基酸,这样产物中常含有均聚物,并且分散性也比较差。

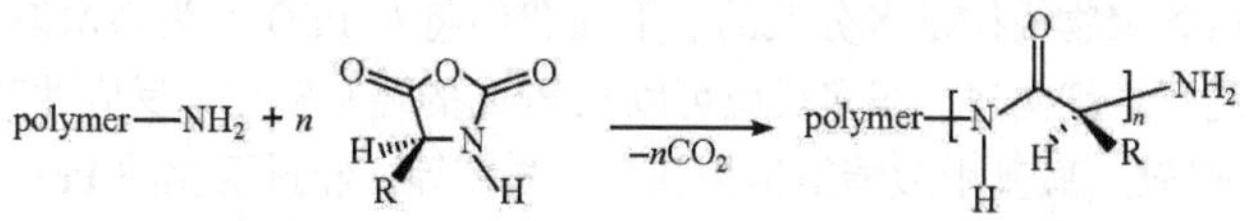

图 6-9　含端氨基大分子引发剂引发 NCA 开环聚合

聚环氧乙烷-b-聚天门冬氨酸(PEO-b-PAsp)可以通过 β-苄基-L-天冬氨酸 NCA 的开环聚合制备,用 α-甲基-ω-氨基-PEO 来引发[111~117]。聚合反应是在 DMF/氯仿中,36℃下进行的,产率约为 90%[114]。但是,该大分子引发剂仍存在引发效率不高的问题,40% 的 PEO 大分子引发剂在反应结束后仍然以均聚物形式存在,这样一来就很难准确控制 PAsp 嵌段的长度[118]。尽管用碱水解,然后在乙醚中沉淀后产物的产率不高(约为 42%)[111],但相对分子质量分布较好(PDI < 1.1)。最近有文章报道,三种脱保护的方法(加氢催化还原、NaOH 水解和 NaOH 在有机溶剂中的碱解)都比较有效[119]。

　　和 PEO-b-PAsp 不同,PEO-b-PGlu 可通过基团保护的疏水前体嵌段聚(γ-苄基-L-谷氨酸酯)来制备,由此水解即可得到 PGlu 嵌段。关于双端氨基封端 PEO 作为引发剂制备 ABA 三嵌段聚合物的报道还有很多[120~123],如以 α-甲基-ω-氨基-PEO 或者 α-(2-N,N-乙基氨基)-ω-甲氧基-PEO 为引发剂,所得产物为全亲水性二嵌段聚合物[124]。由于工业化生产的 PEO-NH_2 含有大量的杂质,并且如果含有双官能团的分子链就可能会导致三嵌段共聚物的形成。因此,对该引发剂的制备必须非常精细,并且需要将其从 CH_2Cl_2/EtOH(1:1)溶液中反复沉淀到乙醚中。产物中去除 PGlu 均聚物的方法是先将产物在冷 DMF 中沉淀,然后把沉淀物溶于 $CHCl_3$,再反复在乙醚中沉淀,所得终产物的相对分子质量分布系数在 1.26 左右。氨基酸 NCA 的聚合同样适用于赖氨酸,不过单体需要先经过化学保护转化为 ε-苄基氧羰基-L-赖氨酸,这样就可以在温和的条件下合成 PEO-b-Plys 嵌段聚合物[113,126~127]。赖氨酸的脱保护是在三氟乙酸、苯甲醚和甲基磺酸的混合体系中进行的。

　　不采用 PEO 引发剂引发氨基酸 NCA 的聚合以得到全亲水性嵌段聚合物的方法直到最近才有报道[128]。这里,γ-苄基-L-谷氨酸酯 NCA 的开环聚合反应是在 27℃下,CH_2Cl_2 中,氮气保护下由聚(2-甲基-2-㗁唑啉)大分子引发剂引发,得到的产物产率很高而且相对分子质量分布系数低(PDI 为 1.14~1.17)。

6.2.6　高分子链间的偶合或高分子改性

　　高分子链间的偶合和高分子改性可以利用有机化学中的各种反应,因此也许是全亲水性嵌段聚合物最灵活的合成方法。酰胺键和胺基甲酸酯基有良好的抗水解能力,因此可作为稳定的共价偶合点。但由于通常都是用工业聚合物作为前体,此方法所得到的嵌段共聚物往往是多分散的。下面我们将对 PEO 作为亲水嵌段与其他聚合物的偶合进行详细阐述。很多反应可以把 PEO 的羟基转化为反应性基团,比如 N-羟基琥珀酰亚胺酯,胺基甲酸酯衍生物和氰尿酰氯等。经过活化的 PEO 便可与其他的聚合物进行偶合。过去此方法主要适用于蛋白质和脂质体[129]。

6.2.6.1　通过酰胺键的偶合

　　(1)通过环氧化合物的偶合　PEO 的单甲基醚能够和 NaH 以及环氧氯丙烷在 THF 中反应而定量地转化为 PEO-甲基缩水甘油醚[130,131]。这种反应性强的环氧化合物可以和聚乙烯亚胺(PEI)偶合,定量得到产物 PEO-b-PEI。为了确保每个 PEO 只和一个 PEI 分子链偶合上,PEI 必须要过量加入,多余的 PEI 然后再经透析法除去;否则快速的缩合反应将会导致副反应的发生——几个 PEO 链和一个 PEI 链偶合或者 PEO 和 PEI 寡聚物偶合[132]。理论上任何带有胺基的嵌段都可以被偶合,这种合成路线尤其对偶合多肽或者蛋白质有实用性[131,132]。

(2) 通过酰氯偶合 单甲基封端的 PEO 的 OH 官能团可以先被转化为酰氯。这种转化需要两步:首先在 THF 中加 NaH,然后加入 2-溴乙酸乙酯发生亲核取代反应,经过水解转化为 PEO-2-羧基乙基醚,然后将羧基和 SOCl₂ 反应转化为酰氯。高反应活性的酰氯就可以和带有羟基、胺基(如 PEI, PAsp)的高分子链偶合[131,132]。

(3) 通过 N-羟基琥珀酰亚胺活性酯偶合 N-羟基琥珀酰亚胺活性酯因为容易水解、胺解,在蛋白质修饰中常用来增强反应能力。如端基带有 N-羟基琥珀酰亚胺活性酯的 PEO 可与蛋白质和任何含有伯胺基团的高分子链在温和条件下偶合,因此,它可以用来合成一系列的全亲水性嵌段聚合物(图 6-10)[133,134]。这种 N-羟基琥珀酰亚胺活性酯的合成可以通过 PEO 与过量的琥珀酸酐反应,所得产物再与 N-羟基琥珀酰亚胺酯化反应得到。

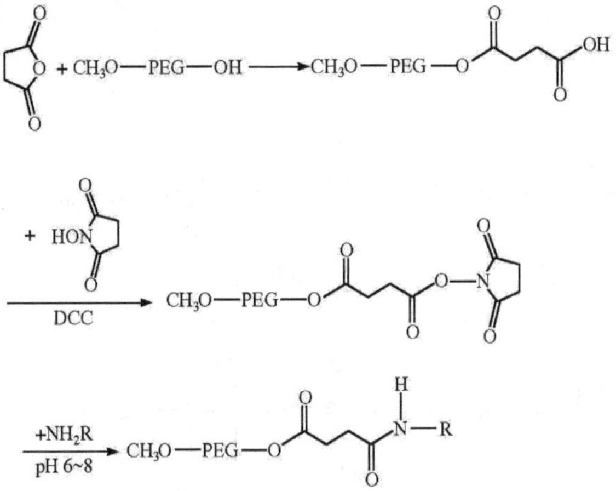

图 6-10 经过 N-羟基琥珀酰亚胺活性酯封端 PEO 的偶合反应制备全亲水性嵌段聚合物

但是同时这个反应也产生了两种副产物:一种是连接 PEO 的酯键水解产生的,不过可以通过使用经多步合成的 CH₃—PEO—NH₂ 来避免这个问题。另一种是由于产物不太稳定,因偶合上的分子链脱落而发生成环反应重新生成活性酯而产生的。如果直接使用端羧基 PEO 而不是先由 PEO 与琥珀酸酐反应生成端羧基,则由容易水解的不稳定酯键和环化副反应带来的问题可以完全避免。

含有阴离子嵌段的全亲水性嵌段聚合物也可以通过活性酯的途径来偶合制备。例如,聚[N-(2-羟丙基)甲基丙烯酰胺] (PHPMA)可以通过溶液中的自由基聚合制备含有如图 6-10 所示的活性酯末端基的均聚物,它可和含有氨端基的聚

[2-(三甲基铵)乙基甲基丙烯酸酯氯盐](PTMAEMCl)偶合。后者可通过盐酸巯乙胺作为链转移剂的自由基聚合反应来制备[136]。

6.2.6.2　通过酯键偶合

端基酯交换反应曾用于 PEO-*b*-PMAA 和 PMAA-*b*-PMMA 的制备[106]。这里,甲基丙烯酸酯类可以通过自由基聚合,采用硫醇类化合物为链转移剂。聚合产物的端基上带有高分子主链上唯一一个三级碳原子,因此这个酯基团可以选择性地与醇或 PEO 单甲基醚发生酯交换(图 6－11)。产物在酸解脱掉叔丁酯后就得到了 PEO-*b*-PMAA[137]。尽管这种全亲水性嵌段聚合物含有一个本应对水不稳定的酯键,但研究表明连接两种高分子链的酯键相当稳定,甚至可以经受 SOCl$_2$ 的化学处理[16]。

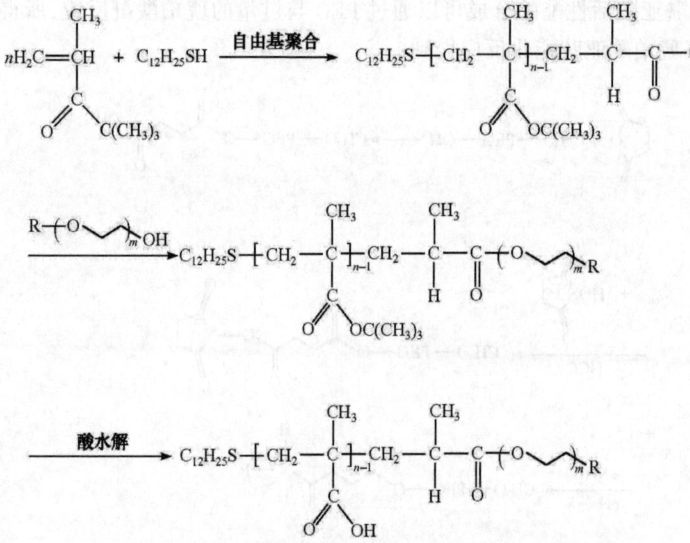

图 6－11　利用端基酯交换反应合成全亲水性嵌段聚合物[137]

6.2.6.3　通过氨基甲酸酯键偶合

1,1′-羰基二亚胺基吡咯几乎可以定量地把 PEO 的端羟基转化为一个反应活性好的基团,然后与伯胺偶合形成氨基甲酸酯键[138]。有报道指出,4,4′-甲苯二异氰酸酯可以把 PEO 偶合到 NCA 开环聚合得到的多肽分子链上[109]。这样聚(β-苄基-L-天冬氨酸酯)可与 PEO 相连,但产率较低(64%～74%),并且含有低相对分子质量的杂质(由 SEC 检测到)。从 β-苄基-L-天冬氨酸酯中脱掉苄基就得到了聚天冬氨酸嵌段。但 PEO—NH$_2$ 直接引发 NCA 开环聚合的方法似乎更简单可行一些。原则上讲,利用二异氰酸酯作为偶联剂,可把 PEO 与任何带有末端—NH₂ 的高分子链偶合起来[139]。

6.2.6.4 高分子化学改性

对现有嵌段物进行化学改性合成全亲水性嵌段聚合物的方式丰富多样,关键在于是否能找得到合适的化学反应条件。用高分子改性的手段,可以得到主链相同,功能各异的高分子。常用的改性方法包括利用丙磺酸内酯对胺基进行改性引入两性离子,PS 嵌段的磺化[140]、磷酸化[132]、酰胺化[141]、羟基化[38,39]、季铵化[18,19,140]以及水解等。这些化学改性方式已经在本部分中各有涉及,在此不再详细叙述。

6.3 全亲水性嵌段聚合物的环境敏感胶束化

全亲水性嵌段聚合物的某一嵌段在水中随着外部环境条件的变动可变得不溶解,从而转化为一个典型的两亲性嵌段聚合物。常见的外部环境条件的改变包括温度、pH 和离子强度等,因此操作上相当简便,这也是全亲水性聚合物的研究越来越广泛的原因。可以想像,如果全亲水性聚合物用于药物控制释放,这些环境条件都可以选择性地发生在生物体内,从而使得药物靶向传输与定点释放成为可能。另外某一个嵌段的亲水-疏水性的改变也可以通过聚电解质络合或加入带有反离子的表面活性剂等来达到,下面我们将一一详述。

6.3.1 温度敏感的全亲水性嵌段聚合物

如果全亲水性嵌段聚合物的某一嵌段具有最低临界溶解温度 (LCST) 或最高临界溶解温度 (UCST),则温度的改变会导致双嵌段聚合物的胶束化。聚(N-烷基丙烯酰胺)是具有 LCST 相行为的代表性高分子。图 6‒12 分别给出了一系列不同烷基取代的聚(N-烷基丙烯酰胺)。

PNIPAM[图 6‒12(a)]是研究最广泛的温度敏感高分子,它在 32℃左右具有很窄的相转变温度[142]。PNIPAM 的相转变温度可以通过和一个亲水单体或一个疏水单体无规共聚来进行调节,从而使得在实际应用时获得最佳效果。一般而言,和一个亲水单体(如丙烯酰胺,AAm)共聚会提高 LCST 温度甚至使 LCST 相行为完全消失,而和一个疏水单体(如 N-丁基丙烯酰胺)共聚则会降低 LCST 温度,同时增强其温度敏感性(图 6‒13)[143,144]。

聚(N,N-二乙基丙烯酰胺)[图 6‒12(b)]的 LCST 则在 26~36℃之间,是另一类研究得比较多的温度敏感高分子[146]。聚(2-羧基-N-异丙基丙烯酰胺)(PCI-PAM)[图 6‒12(c)]的单体化学结构上包括乙烯基、异丙基丙烯酰胺基和羧基,除了具有和 PNIPAM 一样的 LCST 相行为外,主链上连接的羧基还具有附加的功能[146]。PNIPAM-co-PCIPAM 和 PNIPAM 一样具有温度敏感性,且具有相近的 LCST[146,147]。

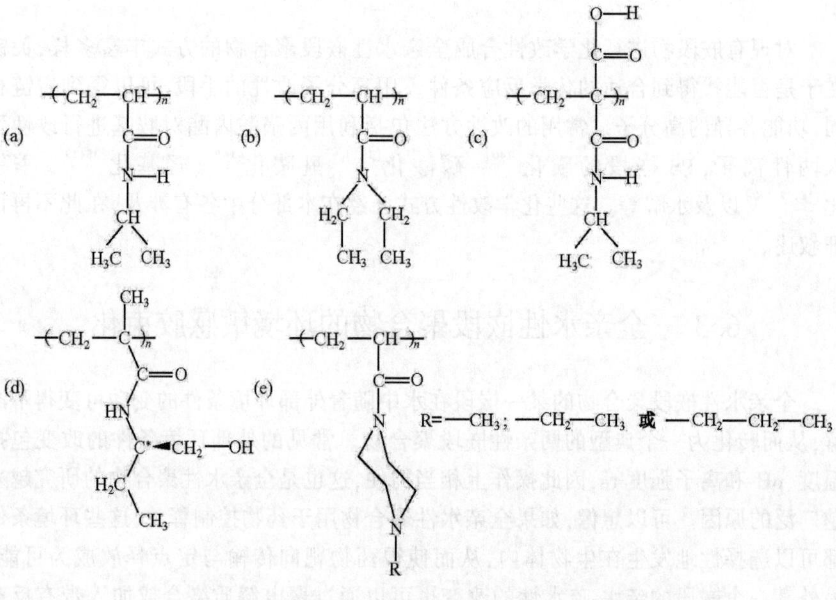

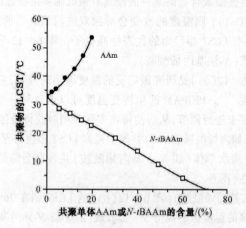

图 6-12　具有 LCST 相行为的聚(N-烷基丙烯酰胺)的化学结构

(a)聚(N-异丙基丙烯酰胺)(PNIPAM);(b)聚(N,N-二乙基丙烯酰胺)(PDEAM);(c)聚(2-羧基-N-异丙基丙烯酰胺)(PCIPAM);(d)聚[N-(L)-(1-羟甲基)丙基甲基丙烯酰胺][P(L-HMPMAM];(e)聚(N-丙烯酰基-N′-烷基哌嗪)

图 6-13　聚(N-异丙基丙烯酰胺)共聚入亲水性单体(AAm)或疏水性单体(N-tBAAm)后对 LCST 相行为的影响

　　水溶性聚合物的 LCST 对聚合度的依赖性也很大,相关的报道如 DMAEMA、甲基丙烯酸-2-(N-吗啡基)乙酯(MEMA)和甲基丙烯酸羟乙酯(HEMA)的均聚物等。这些单体都是水溶性的,如果聚合物具有 LCST 相行为,则可以想像到在低的聚合度时仍然具有良好的水溶性,而聚合度越高,LCST 越高。如 PHEMA,一般的印象是不具有水溶性。最近 Armes 研究组用 ATRP 合成了一系列不同相对分子质量的窄分布的 PHEMA,发现其可以溶解在冷水里,并且聚合度越低,发生沉淀的温度越高,这就反映了 LCST 对聚合度的依赖性(图 6 - 14)[94]。

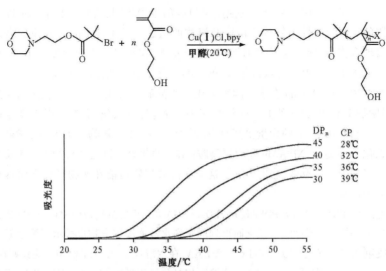

图 6 - 14　PHEMA 的 ATRP 合成和聚合物的 LCST 对聚合物的依赖性[94]

DP$_n$ 和 CP 分别表示 PHEMA 的聚合度和浊点温度

　　具有温度敏感效应的全亲水性嵌段聚合物通常包含一个具有 LCST 相行为的嵌段,在水中通过温度的变化,表现出可逆的温度敏感胶束化行为。这些嵌段包括 PMVE,PNIPAM, PDMAEMA, PDPAEMA 和聚甲基丙烯酸-2-(N-吗啡基)乙酯(PMEMA),其均聚物加热到一定温度以上都变得不溶解。第一个具有温度敏感可逆胶束化行为的全亲水性嵌段聚合物是 PEOVE-b-PMOVE,浊度随温度变化的实验证实它具有多步相分离[46,47]。对于 PMVE-PVA 也得出相似的结论,其胶束化温度接近于 PMVE 均聚物的 LCST(约 29℃)[60]。进一步对 PMVE-b-PMTEGVE 胶束化进行研究,发现胶束化发生在一个很窄的温度范围内,处于 PMVE 均聚物和 PMTEGVE 均聚物的 LCST 之间。在温度高于两个均聚物的 LCST 时,整个聚合物会从溶液中沉淀出来[148]。如前所述,嵌段聚合物的相变温度(浊点)主要依赖于两个嵌段的相对长度,并且可以在两个均聚物的浊点之间调整。此外,还发现全亲水性嵌段聚合物比同样的单体组成的无规共聚物具有更高的浊点。这可以通过全亲水性嵌段聚合物胶束化来解释，能溶解的嵌段分子链和溶剂接触，为嵌段聚合物提供了更好的溶解性。全亲水性嵌段共聚物胶束化研究的另外一个结论是其浊点对组成具有 S 型的依赖，而对相同组成的无规共聚物，则是成线性关系。温度敏感的胶束化行为也可以通过光散射表征。在临界胶束化温度(CMT)以下，高分子链以溶解的单分子形式存在；而在 CMT 以上，形成的胶束聚集体与少量单分子链共存。温度敏感胶束化行为还可以通过油性染料在水中的溶解度对于温度的依赖来探测。与全亲水性嵌段聚合物的浊点对组成的依赖不同，其临界胶束化温度在一个有限的范围内线性地依赖于嵌段共聚物的组成。对于含 PMVE 嵌段的全亲水性嵌段聚合物，不同温度下的 ^{1}H-NMR 研究发现，在临界胶束化温度以上，胶束的核是由不溶于水的 PMVE 嵌段组成，但 PMVE 分子链仍然保持溶胀状态[148]。

对 PEO-b-PNIPAAm 在水中的胶束化行为的研究表明：当 m_{PNIAAM}/m_{PEO} 为3:1时，温度低于 PNIPAAm 的 LCST(约30℃)时没有任何聚集，此温度以上发生可逆胶束化。当 PNIPAAm 的含量更高时，在低于 PNIPAM 均聚物的 LCST 时就可以发生胶束化[66]。通过 NIPAAm 和丙烯酰胺(AM)的共聚可以提高其 LCST,使胶束化温度更接近于人体温度，这也预示了这类嵌段共聚物可能在药物释放方面具有良好的应用前景。

通过对 PDMAEMA-b-PDEAEMA, PDMAEMA-b-PDPAEMA, PDMAMA-b-PMEMA 的 PDMAEMA 嵌段选择性的季铵化而得到的全亲水性嵌段聚合物也显示了温度敏感的可逆胶束化[60]。对于 PDMAEMA-b-PMEMA,在水溶液中，由于 PMEMA 均聚物在 pH 7 时具有 LCST 相行为(34~46℃, 依赖于相对分子质量)[164], 在此温度以上，可形成以 PDMAEMA 为壳、PMEMA 为核的胶束结构。将 PDMAEMA 壳进一步交联可制备核的亲水-疏水特性可调节的壳交联胶束[149]。PDMAEMA-b-PMAA 全亲水性嵌段聚合物的温度敏感胶束化行为也被观测到。在 pH 高于 PDMAEMA 的 pK_a 时，在 0.01mol/L NaCl 中，加热即可形成单分散胶束，其流体力学直径在 390 nm 左右。若没有 NaCl 的存在，升高温度形成的胶束尺寸约在 700 nm 左右。^{1}H-NMR 谱图分析表明，胶束的核由溶胀的 PDMAEMA 组成[66,67]。

图 6-3 所示的 PPO-PDMAEMA-b-POEGMA 三嵌段聚合物的温度敏感胶束化行为比较特殊而有趣。由于 PPO 均聚物的 LCST 在 16~20℃ 之间，而 PDMAEMA 均聚物的 LCST 在 40~60℃ 之间，因此随着温度升高，三嵌段聚合物先形成以 PPO 为核、PDMAEMA 嵌段为内壳、POEGMA 为外壳的三层"洋葱"状胶束；进一步升高温度到 DMAEMA 嵌段的 LCST 以上后，PPO 和 PDMAEMA 两种嵌段都变得不溶解而 POEGMA 嵌段仍然保持溶解，此时胶束进一步发生结构演化。从光散射观察到了散射强度和流体力学尺寸的二次转变(图 6-15)[83]。

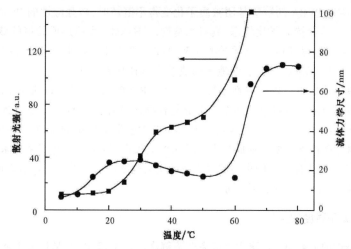

图 6‑15 PPO-DMA-OEGMA 三嵌段聚合物水溶液光散射强度和流体力学尺寸随着
温度升高发生二次转变

6.3.2 pH 敏感的胶束化

当全亲水性嵌段聚合物某一嵌段是聚弱酸或聚弱碱,则可通过调节 pH 使弱酸或弱碱嵌段呈电中性来改变其溶解度,适当条件下,一些嵌段会变得疏水,而另外一些嵌段保持水溶性。有关这类 pH 诱导胶束化行为有很多报道,包括非离子‑离子嵌段聚合物,聚酸‑聚碱嵌段聚合物,也可以是两种 pK_a 值不同的聚酸或聚碱嵌段组成。对这类体系最早研究的是 PEO-b-P2VP,酸性条件下,P2VP 嵌段因质子化而溶解,当加入碱时,P2VP 嵌段呈中性从而变得不溶解[41]。此外,研究发现 PEO-b-P2VP 在改变 pH 值刚形成胶束时,还有大约 16% 的 2VP 单元仍然是质子化的。然而,碱的用量和胶束的尺寸几乎没有关系,胶束的尺寸一般与共聚物的浓度呈线性关系。这有可能是因为样品中含有 P2VP 均聚物杂质[41]。一旦胶束形成,溶液的稀释则不会影响其大小(一直到 10^{-6} mg/mL),但是当总聚合物的浓度大于 16 g/L 时,胶束开始聚集沉淀。

当 pH 升高时,含两种聚碱嵌段的 PDMAEMA-b-PDEAEMA(其中 PDMAEMA 含量为 60%)中的 PDEAMEA 嵌段就会失去质子呈中性变得不溶解从而形成胶束的核[69]。类似地,PDMAEMA-b-PDEAEMA 中的 PDMAEMA 嵌段选择性地和丙磺酸内酯反应后,改变 pH 也可以形成以 DEAEMA 为核的胶束,改性后的 PDMAEMA 两性离子嵌段保持溶解形成胶束的壳[60]。两种聚酸嵌段形成的共聚物也可以通过 pH 诱导形成胶束,含有 21 mol% ~ 66 mol% PSSNa 的 PSSNa-b-PVBA 嵌段共聚物酸化后,中性的 PVBA 嵌段不溶解形成胶束。这是基于两种嵌段的 pK_a 的差别,当弱酸性 PVBA 的羧酸基团被质子化变得不溶解时,较强酸性的 PSSNa 的磺酸钠基团仍然保持离子化状态,具有水溶性。^{1}H-NMR 表明形成胶束的核中 PVBA 链段溶剂化程度很差,几乎检测不到 PVBA 的信号。另外一个类似的例子是 PNaVBA-b-POEGMA,酸化后溶液中形成胶束(pH 从 8 到 3)[81]。

胶束的形成也可以在碱性条件下[19]通过 P2VP-b-PAA 中 2VP 嵌段的去质子化而实现。以前曾有报道该体系会形成复合物而没有胶束形成[13]。直到最近才有关于两性离子嵌段聚合物 P4VP-b-PMAA 的钠盐形成胶束的报道[20]。P4VP 在中性或碱性条件下脱质子形成疏水嵌段而形成胶束,但是对这些胶束并未做进一步表征[20]。这类体系中胶束与单分子链的交换速率可以通过荧光发射光谱测定,正如 PDMAEMA-PMAA 体系所示[160]。

6.3.3 离子强度的变化

弱碱性的 PMEMA 均聚物可以完全溶解在酸性溶液中,但是加入电解质后很容易沉淀出来。因此,含有 PMEMA 的全亲水性嵌段聚合物可以通过加入小分子盐生成胶束,例如加入 Na$_2$SO$_4$,PMEMA-b-PDMAEMA 在水中就可以通过加盐和调节 pH 值得到胶束[61]。

对于 PMEMA-b-PDEAEMA 嵌段聚合物,以 PDEAEMA 为核的胶束可以通过把 pH 从 4 调到 8.6 得到,而在 pH 为 6~6.7 时,加入 Na$_2$SO$_4$ 就可以得到以 PMEMA 为核的可逆胶束,这将在 6.4 节详细叙述。

6.4　全亲水性嵌段聚合物的环境敏感多重胶束化

一般来说,小分子表面活性剂或者两亲性嵌段聚合物在水溶液中会形成以疏水嵌段为核、亲水嵌段为壳的正向胶束;而在有机溶剂中会形成以亲水嵌段为核、疏水嵌段为壳的反向胶束。自 1998 年以来,已经报道了很多新型的具有多重胶束化(schizophrenic micellization)特性的水溶性二嵌段共聚物,它们在没有有机共溶剂的作用下,在稀释的水溶液中通过改变外部环境条件如温度、pH 和离子强度等能自组装形成两种相互反转的胶束结构。在每一个例子中,通过细微地调节溶液的温度、pH 和离子强度,嵌段共聚物的单链可以独立地调整为亲水或亲油。被我们命名的"schizophrenic"嵌段共聚物这个短语,就是为了描叙这种传统小分子表面活性剂所不能展示的相行为。

每一个"schizophrenic"二嵌段共聚物(图 6-16)的合成和水溶液性质表征的实验细节在相关文献中都已经报道过,进一步了解可以查阅原始文献[61,87,161,162]。在图 6-16 中列出了本节中涉及的各种"schizophrenic"二嵌段共聚物的化学结构及名称的缩写。

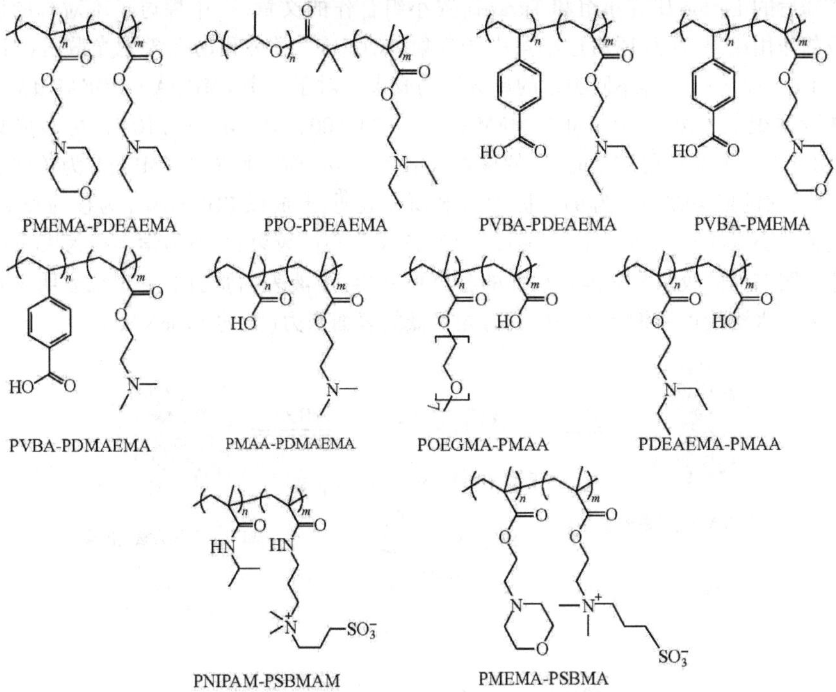

图 6－16　各种"schizophrenic"二嵌段共聚物的化学结构和名称的缩写

其中的每一个共聚物在稀溶液中通过调节溶液的 pH、温度和离子强度会自组装形成胶束

6.4.1　第一个"schizophrenic"二嵌段共聚物的例子

第一个报道的"schizophrenic"二嵌段共聚物[61]由两个含有三级胺的甲基丙烯酸酯类单体聚合而成,即甲基丙烯酸-2-(二乙胺基)乙酯(DEAEMA)和甲基丙烯酸-2-(N-吗啡基)乙酯(MEMA)(见图 6－17)。Armes 采用了非常适合甲基丙烯酸酯类的基团转移聚合(GTP)得到了嵌段聚合物 PMEMA-b-PDEAEMA[163]。在 pH 6时,在 20℃下,这个二嵌段共聚物 PMEMA-PDEAEMA 分子溶解在稀的水溶液中(在这个条件下,中性的 PMEMA 嵌段是亲水且中性的,而 PDEAEMA 嵌段质子化成一个阳离子聚电解质,因此溶解在水里)。在 pH 8.6 时,PDEAEMA 嵌段去质子化而变得疏水,形成以 PDEAEMA 为核、PMEMA 为壳的胶束,其变化可以通过动态光散射(DLS)判断;另一方面,如果在 pH 6 时加入足够多的小分子电解质,则PMEMA 嵌段变得不溶解,形成以 PMEMA 为核、质子化的 DEAEMA 嵌段为壳的胶束。胶束的结构可以使用 ¹H-NMR 来确定:在以 PDEA 为核的胶束中未探测到PDEAEMA 的信号,同样在以 PMEMA 为核的胶束中 PMEMA 的信号也受到抑制。

在随后的 Eastoe 研究小组和 Tuzar 研究小组合作的文章[161]中探讨了不对称的嵌段的作用结果,而且还通过小角中子散射(SNAS)、静态和动态激光光散射(SLS 和 DLS)来表征两种不同类型的单分散的胶束。对于一个 PMEMA-*b*-PDEAEMA 二嵌段共聚物(含有 60 mol% MEMA, M_n = 24 700; M_w/M_n = 1.10),在形成以 PDEAMEMA 为核的胶束时,它的聚集数估计为 74,而在形成以 PMEMA 为核的胶束时,它的聚集数估计为 97。因为 DLS 研究表明:形成以 PDEAEMA 为核的胶束,其流体力学半径为 26 nm, 而形成以 PMEMA 为核的胶束,流体力学半径为 33 nm, 这表明前面的胶束显著地比后面的胶束更紧凑,溶液表面张力的测定也表明这种胶束的水溶液如所期望的一样具有相当低的表面张力(大约 33 mN/m)。

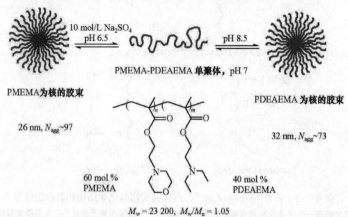

图 6-17　在稀的水溶液中 PDEAEMA-PMEMA 具有"schizophrenic"的相行为[61]
在 pH 超过 8 时会形成以 PDEA 为核的胶束,而在 pH 6.6 左右加入足够多的小分子电解质会形成以 PMEMA 为核的胶束

6.4.2　第二个"schizophrenic"二嵌段共聚物的例子

在 2001 年,我们报道了第二个"schizophrenic"二嵌段共聚物[162],是使用 AT-RP 来合成的。通过含有单羟基封端的聚环氧丙烷 PPO (DP = 33)与 2-溴异丁酰溴的酯化反应来合成 ATRP 的大分子引发剂 PPO—Br, 然后在 66℃ 和甲醇溶剂中,用它来引发 DEAEMA,目标产物是 PPO-*b*-PDEAEMA(见图 6-18)。

通过 ^{1}H-NMR 可以确定的聚合度为 42,且凝胶渗透色谱 GPC 分析出最终的聚合物相对分子质量分布 M_w/M_n 在 1.20。正如第一代确定的那样:PDEAEMA 嵌段具有 pH 敏感的水溶性。PPO 嵌段显示了可逆的温度依赖溶解行为;对聚合

图 6‑18　使用 PPO 做大分子引发剂的 PPO-*b*-PDEAEMA 二嵌段共聚物的 ATRP 合成[162]

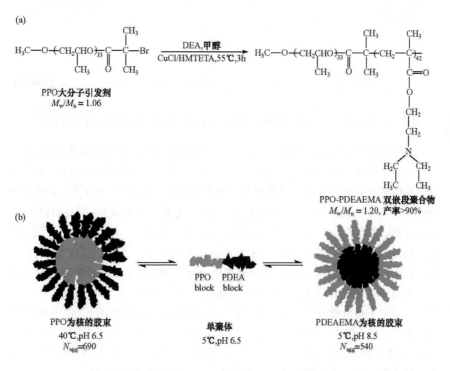

图 6‑19　（a）PPO-PDEAEMA 嵌段聚合物的合成和（b）在水溶液中的多重胶束化

度为 33 的 PPO 聚合物,在稀溶液中其 LCST 约在 20℃左右,因此 PPO-*b*-PDEA 在 pH 6 和低温 6℃(低于 PPO 的 LCST)时溶解于水中,且 PDEA 嵌段质子化,以阳离子聚电解质的形式存在。将溶液的 pH 从 6 调节到 8.6,在 6℃ 时会形成以 PDE-AEMA 为核的胶束;将 pH 固定在 6,选择性地加热最初的溶液到 40℃(超过 PPO 的浊点),形成了以 PPO 为核的胶束。胶束的形成和它们的结构可以通过 DLS 和 NMR 来确认,SLS 测定结果表明:形成的 PDEAEMA 为核和 PPO 为核的胶束的聚集数分别为 660 和 760(图 6 - 19)。

最近我们报道了使用原子转移自由基聚合(ATRP)的方法合成了一种新型的仅对溶液的 pH 响应的具有"schizophrenic"特征的两性离子嵌段共聚物[163]。这种二嵌段共聚物包含一个聚弱酸 PVBA 和一个聚弱碱 PDEAEMA(图 6 - 20)。

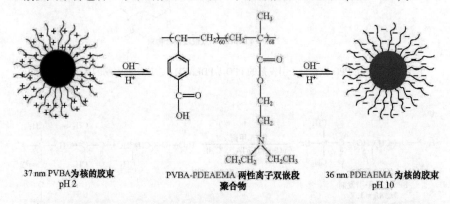

37 nm PVBA 为核的胶束
pH 2

PVBA-PDEAEMA **两性离子双嵌段**
聚合物

36 nm PDEAEMA 为核的胶束
pH 10

图 6 - 20 两性离子的二嵌段共聚物 PVBA-PDEAEMA 受 pH 调整的胶束的自组装行为[163]

在中性的时候两个嵌段都不溶解于水,仅仅当 PVBA 离子化后或 PDEAEMA 质子化后才溶解于水。从直观上看出,在中性 pH 时,大约在等电点(pI)7.4 左右这个两性离子嵌段共聚物是不溶解的。分别以氘代吡啶、D_2O/DCl 和 NaOD 作溶剂测定了其 ^{1}H-NMR 谱。在氘代吡啶中,当两个嵌段都溶剂化后,所有的PVBA 和 PDEAEMA 的质子峰信号都可以检测到。而在酸性条件下,所有的 PVBA 信号都受到抑制,表明这种嵌段去溶剂化而形成了胶束的核。另外,在碱性条件下,PDEA 的信号完全消失,表明形成的胶束以 PDEAEMA 为核。这两种胶束结构被细致地用 DLS SLS 和表面张力及粒子表面电位等方法进行了详细表征[163]。也利用了透射电子显微镜来研究这两种胶束,从透射电子显微镜中看出:以PVBA 为核的胶束要比以 PDEAEMA 为核的胶束大些,这可能是由于 PVBA 为核的胶束被吸附在 TEM 观察用铜网上促进它伸展变平导致的结果。我们使用原子力显微镜也观察到含有阳离子壳层的胶束在带有阴离子的云母表面上的吸附[164]。

使用 PMEMA 嵌段来代替 PDEA 嵌段得到的 PMEMA-PVBA 二嵌段共聚物也

显示了"schizophrenic"胶束化特征[87]，不过与前面的二嵌段"schizophrenic"特征有点区别。在没有添加小分子盐时，在酸性条件下会形成以 PVBA 为核的胶

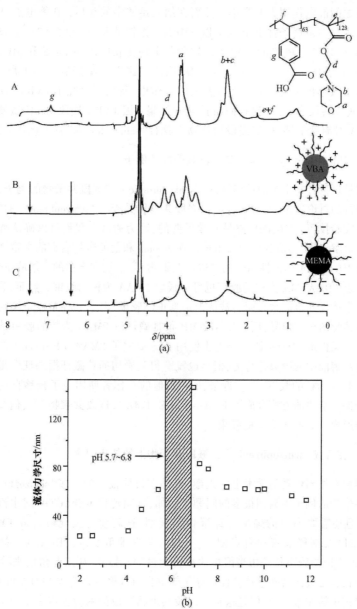

图 6 - 21　PVBA-*b*-PMEMA 嵌段聚合物水溶液的(a)^{1}H-NMR 图谱和(b)动态光散射表征[87]

束,但是在碱性条件下不会形成以 PMEMA 为核的胶束;而且在等电点时也没有沉淀出现, 这可能是因为在这种情况下两个嵌段都含有非常少的电荷密度, 所以嵌段之间静电作用力非常小。然而在加入足够多的盐后, 在等电点可以看到沉淀出现且在碱性条件下形成了以 PMEMA 为核的胶束(图 6 - 21)。图 6 - 21 中 A、B、C 分别是 PMEMA-PVBA 二嵌段共聚物在 pH 10, pH 4.5 和 pH 10 于 0.8 mol/L Na₂SO₄ 重水溶液中的 ¹H-NMR 图谱。这进一步证实了如上所述的 pH 和盐双重敏感自组装行为。在未发表的工作中,我们还研究了 PVBA-b-PDMAE-MA 二嵌段共聚物,也得到我们所预期的结果: 因 PVBA 嵌段对 pH 敏感和 PD-MAEMA 对温度敏感,使二嵌段聚合物也具有"schizophrenic"胶束化特征。

6.4.3　其他"schizophrenic"二嵌段共聚物的例子

文献里只有非常少的被确认的"schizophrenic"二嵌段共聚物的例子,从我们上面进行的讨论看出,要确认一个二嵌段共聚物是否有"schizophrenic"的特征,需要许多实验技巧。¹H-NMR 谱是非常重要的,因为通过它我们可以确认哪个嵌段变得不溶解,从而形成胶束的疏水核。在 Jerome 和他的合作者们的文章中报道了 PDMAEMA-PMAA 的两性离子的二嵌段共聚物[168]。它在合适的水溶液条件下,既可形成以 PDMAEMA 为核的胶束也可形成以 PMAA 为核的胶束。然而,观察到的乳状聚集体尺寸可能太大而不被认为是真正的胶束,由于 PMAA 残余峰的存在而且没有独特的核磁信号,所以用 ¹H-NMR 很难确认以 PMAA 为核的胶束是否真的形成了。类似地,Armes 研究小组也使用 DLS 研究了 PMAA-b-POEGMA 二嵌段共聚物在水溶液中的胶束化行为,但是也没有得到确切的核磁证据来证明是否形成了以 PMAA 为核的胶束[164]。近来,Gan 和他的合作者使用原子转移自由基聚合并结合保护基团的方法合成了 PMAA-b-PDEAEMA 二嵌段共聚物[169],但却无法确认是否形成以 PMAA 为核的胶束。

6.4.4　在合成"schizophrenic"二嵌段共聚物上的技巧问题

尽管有相当可观的学术上的兴趣,但是在目前报道的许多"schizophrenic"二嵌段共聚物的例子中遇到很多的问题。例如,基团转移聚合(GTP)对水汽非常敏感,而且还需要昂贵的烯酮硅缩醛做引发剂,这就使得大规模合成 PMEMA-b-PDEAEMA 二嵌段共聚物有点困难。而且,从学术角度讲,PDEAEMA 盐诱导的 PMEMA 嵌段的胶束化是相当困难的相转变过程。另外,从工业角度来看,MEMA 是一个相当昂贵的特殊单体。使用原子转移自由基聚合来合成 PPO-b-PDEA 二嵌段共聚物虽然非常方便,但是这种二嵌段共聚物形成的两种胶束在室温下都不稳定,这就限制了它可能的应用。尽管从学术的角度来看最有兴趣的 pH 敏感的 PV-BA-b-PDEAEMA 两性离子嵌段共聚物却可能是最小的商业吸引体系,因为 ATRP

合成在工业上是相当不方便的，需要一个昂贵的单体，且 VBA 嵌段的合成还要先保护基团再脱保护。最值得注意的是，近来 Armes 研究小组的进展，他们报道了结构可控的两性离子嵌段共聚物可以通过相当有效的两步合成得到，不用经过基团保护（见图 6‑22）[166]。

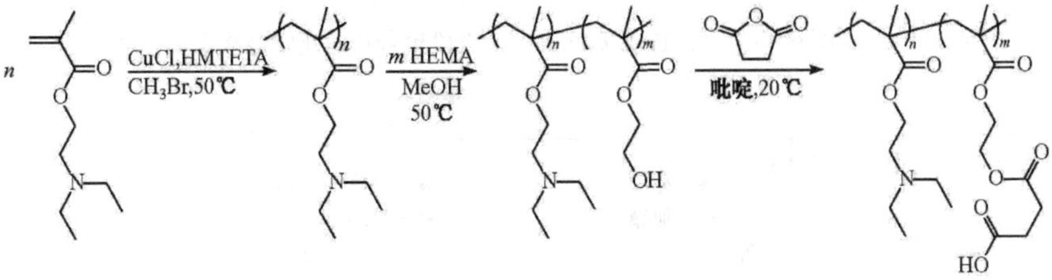

图 6‑22　从 ATRP 合成的带有羟基官能团的二嵌段共聚物母体与过量的丁二酸酐在室温下反应来制备具有 pH 敏感的两性离子二嵌段共聚物 PDEA-PSEMA[166]

首先，从一个三级胺的甲基丙烯酸酯和一个带有羟基官能团的单体如HEMA（甲基丙烯酸羟乙基酯）或 HPMA（甲基丙烯酸羟丙基酯）出发，使用连续加料的方法利用原子转移自由基聚合来合成二嵌段共聚物的母体。然后把 PHEMA 的羟基通过与过量的丁二酸酐在吡啶中于 20℃ 的条件下反应转化成带有羧基的 PSEMA，最后得到的这种"schizophrenic"二嵌段共聚物的稀水溶液的相行为非常类似于 Liu 和 Arms[163] 报道的 PVBA-b-PDEA。在低 pH 值以中性形式存在的 PSEMA 嵌段形成胶束的疏水内核，含三级胺的甲基丙烯酸酯形成胶束的阳离子外壳。相反，在碱性条件下，三级胺的甲基丙烯酸酯由于疏水形成胶束的内核，而离子化的 PSEMA 链形成了胶束的阴离子外壳。

6.4.5　完全温度敏感的二嵌段共聚物

许多非离子水溶性高聚物显示了所谓的反转温度溶解行为：在很低温度下能溶解在水溶液中，但是加热超过 LCST 时就从溶液中析出。然而，也有不少两性单体显示 UCST 相行为。因为需要某一很小的热能去克服两性单体中阴阳离子间的静电相互作用[166]，利用这种知识，Laschewsky 和他的合作者使用可逆加成‑断裂链转移聚合 RAFT 合成了第一个温度敏感的"schizophrenic"二嵌段共聚物[160,161]。他们首先合成具有 LCST 的 PNIPAM 均聚物，随后使用磺丙基季铵化的 N, N-二甲基胺丙基甲基丙烯酰胺（SBMAM）通过链扩展来合成具有 UCST 的嵌段。得到的二嵌段共聚物的水溶液分子溶解于水中，在20℃ ~34℃ 形成以 PSBMAM 为核的胶束；在超过 34℃（PNIPAM 的 LCST）时形成了以 PNIPAM 为核的胶束（图 6‑23 ~ 图 6‑25）。

图 6‑24　PNIPAM-b-PSBMAM 嵌段聚合物光散射强度随温度的变化[160,161]

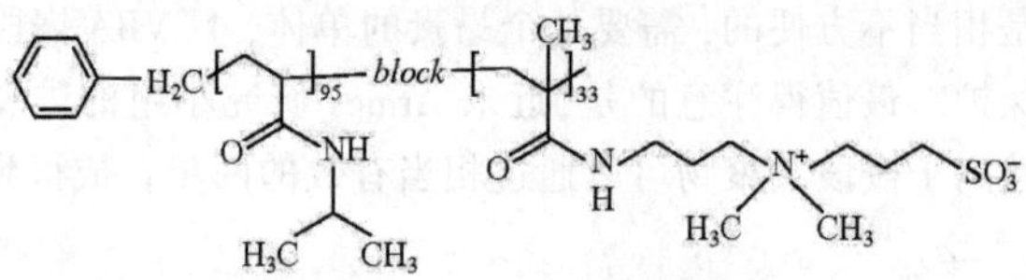

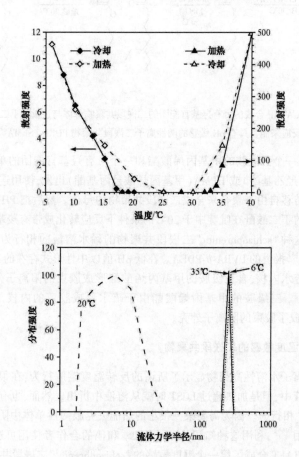

图 6 - 23　PNIPAM-*b*-PSBMAM 嵌段聚合物的化学结构

图 6 - 25　PNIPAM-*b*-PSBMAM 水溶液中的聚集体在不同温度下的流体力学尺寸分布[160,161]

　　然而,对这种二嵌段共聚物的合成来说,RAFT 聚合并不是最合适的方法,正如作者所述,最后的 PNIPAM-*b*-PSBMAM 二嵌段共聚物的相对分子质量分布较宽(PDI = 1.36)。总体转化率非常低,而且还有两种均聚物的杂质不能除去。在 Laschewsky 报道的 6 年前,Armes 研究小组就已经合成了非常接近的具有完全温度敏感效应的"schizophrenic"二嵌段共聚物, Bütün 使用基团转移聚合合成了 PMEMA-*b*-PDMAEMA 二嵌段共聚物的母体,然后用丙磺内酯选择性地对 DMAE-MA 嵌段进行化学改性,合成了 PMEMA-*b*-PSBMAM 二嵌段共聚物[166]。与 Las-chewsky 报道的二嵌段共聚物不同,PMEMA-*b*-PSBMAM(61mol% SBMA, M_n = 42 600)二嵌段共聚物的产率很高,相对分子质量分布相当低(M_w/M_n = 1.08),且没有均聚物的杂质存在。在图 6-26 中显示了这种嵌段共聚物的胶束化行为。

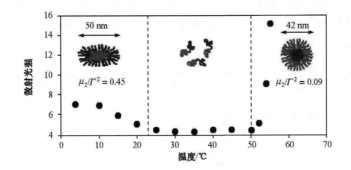

图 6-26 温度敏感的两性离子的"schizophrenic"二嵌段共聚物 PMEMA-PSBMAM 的稀水溶液的胶束化行为

当温度低于 20℃ 时,由于 PSBMAM 嵌段的 UCST 相行为而形成了以 PSBMAM 为核的胶束;当温度为 20~60℃ 时,二嵌段共聚物分子溶于水;当温度高于 60℃ 时,由于 PMEMA 嵌段的 LCST 行为而形成了以 PMEMA 为核的胶束[166]

根据这种嵌段共聚物的 DLS 和可变温的 ¹H-NMR 数据的研究得出:在低于 20℃ 时形成以 PSBMA 为核的胶束;在 20~60℃ 是分子溶解;在超过 60℃ 后,形成以 PMEMA 为核的胶束。这种最高临界胶束化温度仅仅比已经知道的 PMEMA 均聚物的浊点高一些[164]。后者的胶束可能是球状的、单分散的,直径大约为 39~46 nm。可是后来斯坦福大学的 Stancik 和 Gast 利用小角中子散射 SANS 详细地研究了一系列的 PMEMA-*b*-PSBMAM 共聚物,发现以 PSBMA 为核的胶束实际是被拉长的(棒状的或蠕虫状的)而不是球状的[166]。最近日本的研究组也报道了完全温度敏感的"schizophrenic"二嵌段共聚物,他们使用 RAFT 聚合了 PSBMAM 和 *N*,*N*-二乙基丙烯酰胺的二嵌段共聚物[162],然后利用 FT-IR 光谱监测了温度的变化对这种共聚物的水合作用。

6.4.6 可形成三种不同胶束的一种新型的 ABC 三嵌段共聚物

该项工作的灵感来源于我们早期的关于 PEO-PDEA 二嵌段共聚物和 PMAA 均聚物的二元体系的聚集行为的研究[89]。在甲醇中，20℃下使用 ATRP 连续加料法，用带有 PEG 的大分子引发剂先引发 DEAEMA 的聚合，然后再引发 HEMA 从而得到 PEO-PDEA-PHEMA 三嵌段共聚物。在吡啶溶剂中，PEO-PDEAEMA-PHEMA 中的 PHEMA 嵌段与过量的丁二酸酐经酯化反应转化为对应的 PEO-DEAEMA-PSEMA 两性离子三嵌段共聚物（图 6－27）。在室温下，这种三嵌段共聚物 PEO-PDEAEMA-PSEMA 可通过调节溶液的 pH，得到三种不同的胶束聚集体（图 6－28）[167]。

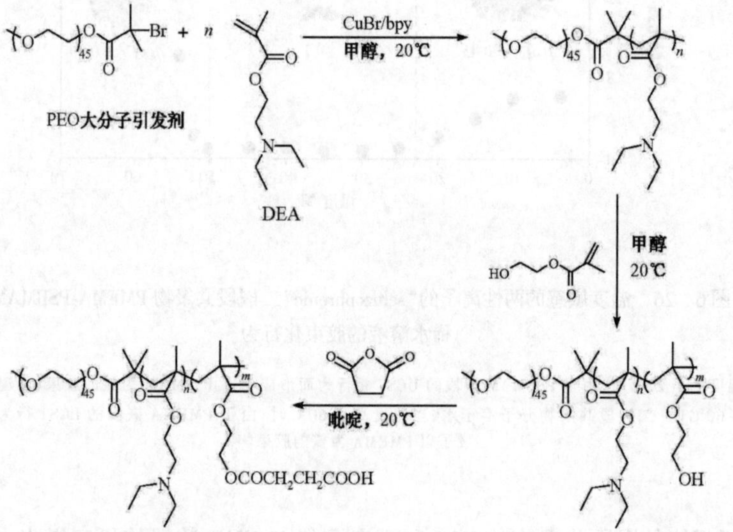

图6－27 利用顺序单体加料的方法，一种新型的 ABC 两性离子的三嵌段共聚物的 ATRP 合成

首先使用 PEO 的大分子引发剂引发 DEA 的聚合，接着引发 HEMA 的聚合，然后通过在室温下与过量丁二酸酐的酯化反应得到最终的三嵌段共聚物 PEO-PDEAMA-PSEMA[167]

形成这三种胶束的驱动力分别是低 pH 时氢键作用力，中间 pH 时聚电解质间的相互作用，和高 pH 时疏水基团的疏水相互聚集作用。在低 pH 时以氢键作用力结合的以 PSEMA/PEO 为核的胶束并不稳定，在升温或添加甲醇时这种氢键会遭到破坏。在等电点左右，以聚电解质间相互作用的 PSEMA/PDEA 为核的胶束对水

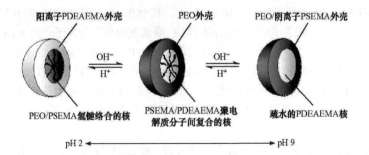

图 6‑28　一种新型的两性离子三嵌段共聚物 PEO-PDEAEMA-PSEMA 的胶束自组装行为

在 20℃的水溶液中简单地通过调节溶液的 pH 可以制备出"三个不同类型一体"的胶束[167]

溶液的离子强度非常敏感。在碱性条件下,会形成疏水的以 PDEA 为核、以 PSE-MA + PEO 为壳的胶束。这是文献中第一次报道的 ABC 三嵌段共聚物的水溶液丰富相行为。即单一组分体系在水溶液中可以形成三类不同类型的胶束。看来用"schizophrenic"不能圆满地概括这类体系的复杂性。

6.4.7　完全 pH 敏感的全亲水性嵌段聚合物囊泡结构相反转

刘福田和 Eisenberg 等使用阴离子聚合手段合成了 PAA-*b*-PS-*b*-P4VP 三嵌段聚合物,他们发现,在 DMF/THF/H₂O 混合溶剂中,制备条件对溶液中组装的形态有很大的影响。pH 从 1 变化到 14 时,聚集体结构经历了从囊泡(pH 1)到实心聚

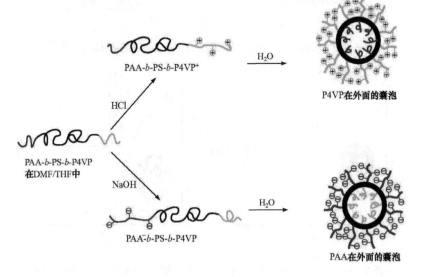

图 6‑29　PAA-*b*-PS-*b*-P4VP 囊泡结构随着 pH 变化发生的结构反转示意图[167]

集体(pH 3～11),再到囊泡(pH 14)的变化。其中在 pH 1 时,囊泡壁的外层为质子化的 P4VP,而内层为 PAA;而在 pH 14 时,囊泡壁的外层为离子化的 PAA,内层为 P4VP。在不同 pH 时的 PAA 分子链之间和 P4VP 分子链之间的排斥作用的差别导致了这种囊泡结构的演化。由于在水含量为 32% 时,三嵌段聚合物的临界胶束浓度极低,溶液中几乎不存在它的单分子链,这种结构反转可能是通过特定 pH 时含离子基团密度极低的 PAA 或者 P4VP 链扩散透过疏水的 PS 层造成的(图 6 -29)[167]。

　　Lecommandoux 等将 Eisenberg 等的研究进一步发展,发现在单纯的水溶剂中,通过改变溶液的 pH,即可实现囊泡结构的反转。他们合成了聚谷氨酸-b-聚赖氨酸(PGA-b-PLys)。在 pH ＜ 4 时,聚谷氨酸嵌段呈中性,其二级结构从带离子

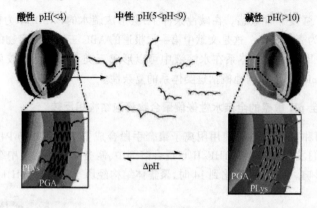

图 6 - 30　PGlu-b-PLys 囊泡结构随着 pH 变化发生的结构反转示意图[168]

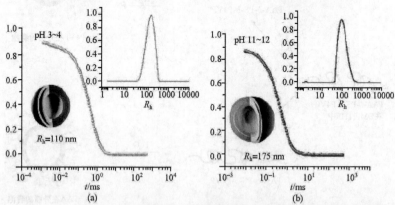

图 6 - 31　PGlu-b-PLys 在不同 pH 时形成的囊泡结构的动态光散射表征:自相
关函数和流体力学半径分布(内插图)[168]

(a) pH 3～4;(b) pH 11～12

基团的线团转变为更紧密的 α-螺旋结构,溶解性降低从而促使嵌段聚合物自组装成以聚谷氨酸为疏水核,而以聚赖氨酸为囊泡内壳和外壳的结构。在碱性条件下,聚赖氨酸变得不溶解从而构成囊泡的疏水部分,而聚谷氨酸形成囊泡的壳。在中间 pH 时,两种嵌段带相反电荷,组装结构被破坏,并因为嵌段间静电相互作用而沉淀下来。这种囊泡随着 pH 的变化而发生结构反转的过程已经被 ¹H-NMR 谱,荧光光谱,SANS 和中子散射实验所证实(图 6-30 和图 6-31)[168]。

6.5 前 景

全亲水性嵌段聚合物是非常有意义的新一类高分子表面活性剂,它在稀的水溶液中具有独特的环境敏感自组装行为,其研究方兴未艾。我们认为全亲水性嵌段聚合物未来的发展方向将包括以下几个方面:①新的全亲水性聚合物的合成。②基于全亲水性聚合物的有机/无机纳米杂化材料,可能是纳米材料新的发展领域。③全亲水性聚合物的环境敏感响应的动力学。这是目前自组装研究中涉足不多的一个领域。通过环境条件如 pH、温度和离子强度的跳跃,研究组装体结构变换的动力学,揭示其响应的内在机理和过程。④环境敏感全亲水性聚合物的实际应用。在这方面虽然已经有了一些成功的例子,如用于基因传输、药物释放等,但这些应用远远没有充分发掘其功能。

参 考 文 献

[1] Riess G, Hurtrez G, Bahadur P. Block copolymers. 2nd ed. Encyclopedia of Polymer Science and Engineering. vol. 2. New York: Wiley, 1986. 324~434

[2] Piirma I. Polymeric Surfactants. Surfactant Science Series 42. New York: Marcel Dekker, 1992. 1~286

[3] Webber S E, Munk P, Tuzar Z. Solvents and Self-organization of Polymer. NATO ASI Series, Series E: Applied Sciences. Vol. 327. Dordrecht: Kluwer Academic Publisher, 1996. 1~609

[4] Alexandridis P, Hatton T A. Block Copolymers. Polymer Materials Encyclopedia 1. Boca Raton: CRC Press, 1996. 743~764

[5] Hamley I W. In: Hamley I W, editor. The Physics of Block Copolymers. Oxford: Oxford Science Publication, 1998. 131~266

[6] Alexandridis P, Lindman B. Amphiphilic Block Copolymers: Self Assembly and Applications. Amsterdam, Elsevier, 2000. 1~436

[7] Riess G, Dumas P H, Hurtrez G. Block Copolymer Micelles and Assemblies. MML Series 6. London: Citus Books, 2002. 69~110

[8] Gan Z H, Jim T F, Li M, Wu C. Enzymatic biodegradation of poly(ethylene oxide-b-ε-caprolactone) diblock copolymer and its potential biomedical applications. Macromolecules, 1999, 32: 690

[9] Kim S Y, Lee Y M. Taxol-loaded block copolymer nanospheres composed of methoxy poly(ethylene glycol) and poly(ε-caprolactone) as novel anticancer drug carriers. Biomaterials, 2001, 22: 1697

[10] Kataoka K, Harada A, Nagasaki Y. Block copolymer micelles for drug delivery: design, characterization and

biological significance. Advanced Drug Delivery Reviews, 2001, 47: 113

[11] Cölfen H. Double-hydrophilic block copolymers: Synthesis and application as novel surfactants and crystal growth modifiers. Macromol. Rapid Commun. , 2001, 22: 219

[12] Gil E S, Hudson S A. Stimuli-reponsive polymers and their bioconjugates. Prog. Polym. Sci. , 2004, 29: 1173

[13] Kamachi M, Kurihara M, Stille J K. Synthesis of block polymers for desalination membranes. Preparation of block copolymers of 2-vinylpyridine and methacrylic acid or acrylic acid. Macromolecules, 1972, 6: 161

[14] Kabanov A V, Kabanov V A. Interpolyelectrolyte and block ionomer complexes for gene delivery: Physico-chemical aspects. Adv. Drug Deliv. Rev. , 1998, 30: 49

[15] Antonietti M, Breulmann M, Göltner C G, Cölfen H, Wong K K W, Walsh D, Mann S. Inorganic/organic mesostructures with complex architectures: Precipitation of calcium phosphate in the presence of double-hy-drophilic block copolymers. Chem. Eur. J. , 1998, 4: 2493

[16] Cölfen H, Antonietti M. Crystal design of calcium carbonate microparticles using double-hydrophilic block copolymers. Langmuir, 1998, 14: 682

[17] Bronstein L M, Sidorov S N, Gourkova A Y, Valetsky P M, Hartmann J, Breulmann M, Cölfen H, Antoni-etti M. Interaction of metal compounds with "double-hydrophilic" block copolymers in aqueous medium and metal colloid formation. Inorg. Chim. Acta, 1998, 280: 348

[18] Kurihara M, Kamachi M, Stille J K. Synthesis of ionic block polymers for desalination membranes. J. Polym. Sci. , 1973, 11: 687

[19] Briggs N P, Budd P M, Price C. The synthesis and solution properties of statistical and block copolymers of 2-vinyl pyridine and acrylic-acid. Eur. Polym. J. , 1992, 28: 739

[20] Creutz S, Jérôme R. Effectiveness of poly(vinylpyridine) block copolymers as stabilizers of aqueous titanium dioxide dispersions of a high solid content. Langmuir, 1999, 16: 7146

[21] Schulz R C, Schmidt M, Schwarzenbach E, Zöller J. Some new polyelectrolytes. Makromol. Chem. , Mac-romol. Symp. , 1989, 26: 221

[22] Creutz S, Teyssié P, Jérôme R. Living anionic homopolymerization and block copolymerization of 4-vinylpyri-dine at "Elevated" temperature and its characterization by size exclusion chromatography. Macromolecules, 1997, 30: 1

[23] Creutz S, Teyssié P, Jérôme R. Anionic block copolymerization of 4-vinylpyridine and tert-butyl methacrylate at "Elevated" temperatures: influence of various additives on the molecular parameters. Macromolecules, 1997, 30: 6696

[24] Varoqui R, Tran Q, Pefferkorn E. Polycation-polyanion complexes in the linear diblock copolymer of poly (styrene sulfonate)/poly(2-vinylpyridinium) salt. Macromolecules, 1979, 12: 831

[25] Ouali L, Pefferkorn E. Hydrodynamic thickness of interfacial layers obtained by adsorption of a charged diblock copolymer on a selective surface from aqueous solutions. Macromolecules, 1996, 29: 686

[26] Ger. 2237964 (1972), BASF AG, invs. : E. Seiler, G. Fahrenbach, D. Stein; Chem. Abstr. , 1974, 81, 13978x.

[27] Garg D, Höring S, Ulbricht J. Initiation of anionic polymerization of methyl methacrylate by living poly(eth-ylene oxide) anions, a new way for the synthesis of poly(ethylene oxide-b-poly(methyl methacrylate). Mak-romol. Chem. Rapid Commun. , 1984, 6:616

[28] Suzuki T, Murakami Y, Tsuji Y, Takegami Y. Synthesis of poly(ethylene oxide-b-methyl methacrylate). J.

Polym. Sci. , Polym. Lett. Ed. , 1976, 14: 676

[29] Suzuki T, Murakami Y, Takegami Y. Sythesis and characterization of block coplymers of poly(ethylene oxide) and poly(methyl methacrylate). Polym. J. , 1980, 12: 183

[30] Reuter H, Höring S, Ulbricht J. On the anionic block copolymerization of ethylene oxide with alkyl methacrylates: influence of the block length of poly(ethylene oxide) on the tacticity of the poly(alkyl methacrylate) block. Makromol. Chem. Suppl. , 1989, 16: 79

[31] Reuter H, Berlinova I V, Höring S, Ulbricht J. The anionic block copolymerization of ethylene-oxide with tert-butyl methacrylate-diblock and multiblock copolymers. Eur. Polym. J. , 1991, 27: 673

[32] Wang J, Varshney S K, Jérôme R, Teyssié P. synthesis of AB(BA), ABA and BAB block copolymers of tert-butyl methacrylate-(A) and ethylene oxide-(B). J. Polym. Sci. A. , 1992, 30: 2261

[33] Orth J, Meyer W H, Bellmann C, Wegner G. Stabilization of aqueous alpha-Al$_2$O$_3$ suspensions with block copolymers. Acta Polym. , 1997, 48: 490

[34] Kabanov A V, Bronich T K, Kabanov V A, Yu K, Eisenberg A. Soluble stoichiometric complexes from poly(N-ethyl-4-vinylpyridinium) cations and poly(ethylene oxide)-block-polymethacrylate anions. Macromolecules, 1996, 29: 6797

[35] Hillmyer M A, Bates F S. Synthesis and characterization of model polyalkane-poly(ethylene oxide) block copolymers. Macromolecules, 1996, 29: 6994

[36] Allgaier J, Poppe A, Willner L, Richter D. Synthesis and characterization of poly[1,4-isoprene-b-(ethylene oxide)] and poly[ethylene-co-propylene-b-(ethylene oxide)] block copolymers. Macromolecules, 1997, 30: 1682

[37] Förster S, Krämer E. Synthesis of PB-PEO and PI-PEO block copolymers with alkyllithium initiators and the phosphazene base t-BuP$_4$. Macromolecules, 1999, 32: 2783

[38] Ramakrishnan S. Well-defined ethylene-vinyl alcohol copolymers via hydroboration: control of composition and distribution of the hydroxyl groups on the polymer backbone. Macromolecules, 1991, 24: 3763

[39] Sanger J, Gronski W. Side-chain liquid crystalline copolymers with nonmesogenic comonomers—Influence of comonomer content on the nature of the mesophase. Macromol. Chem. , Rapid Commun. , 1997, 18: 69

[40] Ossenbach-Sauter M, Riess G. Emulsifying properties of block copolymers: water in water emulsions. C. R. Acad. Sci. Paris Ser. C. , 1976, 283: 269

[41] Martin T J, Prochazka K, Munk P, Webber S E. pH-dependent micellization of poly(2-vinylpyridine)-block-poly(ethylene oxide). Macromolecules, 1996, 29: 6071

[42] Hoogeveen N G, Stuart M A C, Fleer G J, Frank W, Arnold M. Novel water-soluble block copolymers of dimethylaminoethyl methacrylate and dihydroxypropyl methacrylate. Macromol. Chem. Phys. , 1996, 197: 2663

[43] Creutz S, Teyssié P, Jérôme R. Living anionic homopolymerization and block copolymerization of (dimethylamino)ethyl methacrylate. Macromolecules, 1997, 30: 6

[44] Creutz S, Jérôme R, Kaptijn G M P, van der Werf A W, Akkerman J M. Design of polymeric dispersants for waterborne coatings. J. Coat. Technol, 1998, 70, 41

[45] Kataoka K, Harada A, Wakebayashi D, Nagasaki Y. Polyion complex micelles with reactive aldehyde groups on their surface from plasmid DNA and end-functionalized charged block copolymers. Macromolecules, 1999, 32: 6892

[46] Aoshima S, Oda H, Kobayashi E. Syntheses of thermally-responsive block copolymers with side oxyethylene

groups by living cationic polymerization and their phase-separation behavior. Kobunshi Ronbunshu , 1992, 49: 937

[47] Aoshima S, Kobayashi E. Living cationic polymerization of vinyl ethers in the presence of added bases—recent advances. Makromol. Symp. , 1996, 96: 91

[48] Patrickios C S, Forder C, Armes S P, Billingham N C. Water-soluble ABC triblock copolymers based on vinyl ethers: Synthesis by living cationic polymerization and solution characterization. J. Polym. Sci. A, 1997, 36: 1181

[49] Forder C, Patrickios C S, Armes S P, Billingham N C. Synthesis and aqueous solution properties of amphiphilic diblock copolymers based on methyl triethylene glycol vinyl ether and benzyl vinyl ether. Macromolecules, 1997, 30: 6768

[50] Forder C, Patrickios C S, Billingham N C, Armes S P. Novel hydrophilic-hydrophilic block copolymers based on poly(vinyl alcohol). Chem. Commun. , 1996, 883

[51] Simionescu C I, Rabia I. Triblock copolymers of 2-substituted-2-oxazoline and poly (ethylene oxide). Polym. Bull. , 1983, 10: 311

[52] Simionescu C I, Rabia I, Crisan Z. Triblock copolymers of 2-methyl-2-oxazoline and poly(ethylene glycol adipate). Polym. Bull. , 1982, 7: 217

[53] Bijsterbosch H D, Cohen Stuart M A, Fleer G J, van Caeter P, Goethals E J. Nonselective adsorption of block copolymers and the effect of block incompatibility. Macromolecules, 1998, 31: 7436

[54] Liu Q, Konas M, Davis R M, Riffle J S. Preparation and properties of poly(alkyl vinyl ether-2-ethyl-2-oxazoline) diblock copolymers. J. Polym. Sci. A, 1993, 31: 1709

[55] Patrickios C S, Hertler W R, Abbott N L, Hatton T A. Diblock, ABC triblock, and random methacrylic polyampholytes: synthesis by group transfer polymerization and solution behavior. Macromolecules, 1994, 27: 930

[56] Lowe A B, Billingham N C, Armes S P. Synthesis and characterization of zwitterionic block copolymers. Macromolecules, 1998, 31: 6991

[57] Lowe A B, Billingham N C, Armes S P. Synthesis and aqueous solution properties of novel zwitterionic block copolymers. Chem. Commun. , 1997, 1036

[58] Wu D T, Yokoyama A, Setterquist R L. An experiment-study on the effect of adsorbing and nonadsorbing block sizes on diblock copolymer adsorption. Polym. J. , 1991, 23: 709

[59] Bütün V, Billingham N C, Armes S P. Synthesis and aqueous solution properties of novel hydrophilic-hydrophilic block copolymers based on tertiary amine methacrylates. Chem. Commun. , 1997, 671

[60] Bütün V, Bennett C E, Vamvakaki M, Lowe A P, Billingham N C, Armes S P. Selective betainisation of tertiary amine methacrylate block copolymers. J. Mater. Chem. , 1997, 7: 1693

[61] Bütün V, Billingham N C, Armes S P. Unusual aggregation behavior of a novel tertiary amine methacrylate-based diblock copolymer: formation of micelles and reverse micelles in aqueous solution. J. Am. Chem. Soc. , 1998, 120: 11818

[62] Budde H, Höring S. Synthesis of ethylene oxide methyl methacrylate diblock copolymers by group transfer polymerization of methyl methacrylate with poly(ethylene oxide) macroinitiators. Macromol. Chem. Phys. , 1998, 199: 2641

[63] Minoura Y, Kasuya T, Kawamura S, Nakano A. Block copolymerization of methyl methacrylate with poly (ethylene oxide) radicals formed by high-speed stirring. J. Polym. Sci. A, 1967, 6: 43

[64] Galin P J C, Galin M, Calme P. Bis(trichloroacetates) of poly(oxyethylene) glycols use for precise determination of the number-average molecular weight and as a synthetic reagent. Makromol. Chem. , 1970, 134: 273

[65] Lee K K, Jung J C, Jhon M S. The synthesis and thermal phase transition behavior of poly(N-isopropylacrylamide)-b-poly(ethylene oxide). Polym. Bull. , 1998, 40: 466

[66] Topp M D C, Dijkstra P J, Talsma H, Feijen J. Thermosensitive micelle-forming block copolymers of poly(ethylene glycol) and poly(N-isopropylacrylamide). Macromolecules, 1997, 30: 8618

[67] Ostu T, Yoshida M, Tazaki T. A model for living radical polymerization. Makromol. Chem. Rapid Commun. , 1982, 3: 133

[68] Listigovers N A, Georges M K, Odell P G, Keoshkerian B. Narrow-polydispersity diblock and triblock copolymers of alkyl acrylates by a "living" stable free radical polymerization. Macromolecules, 1996, 29: 8992

[69] Keoshkerian B, Georges M K, Quinlan M, Veregin R P N, Goodbrand B. Polyacrylates and polydienes to high conversion by a stable free radical polymerization process: use of reducing agents. Macromolecules, 1998, 31: 7669

[70] Benoit D, Chaplinski V, Braslau R, Hawker C J. Development of a universal alkoxyamine for "living" free radical polymerizations. J. Am. Chem. Soc. , 1999, 121: 3904

[71] Kato M, Kamigaito M, Sawamoto M, Higashimura T. Polymerization of methyl methacrylate with the carbon tetrachloride/dichlorotris- (triphenylphosphine) ruthenium (II)/methylaluminum bis (2,6-di-tert-butylphenoxide) initiating system: possibility of living radical polymerization. Macromolecules, 1996, 28: 1721

[72] Wang J S, Matyjaszewski K. Controlled/"living" radical polymerization. atom transfer radical polymerization in the presence of transition-metal complexes. J. Am. Chem. Soc. , 1996, 117: 6614

[73] Wang J S, Matyjaszewski K. Controlled/"living" radical polymerization. Halogen atom transfer radical polymerization promoted by a Cu(I)/Cu(II) redox process. Macromolecules, 1996, 28: 7901

[74] Zhang A, Zhang B, Wächtersbach E, Schmidt M, Schlüter A D. Efficient synthesis of high molar mass, first- to fourth-generation distributed dendronized polymers by the macromonomer approach. Chem. Eur. J. , 2003, 9: 6083

[75] Delduc P, Tailhan C, Zard S Z. A convenient source of alkyl and acyl radicals. Chem. Commun. , 1988, 308

[76] Hawthorne D G, Moad G, Rizzardo E, Thang S H. Living radical polymerization with reversible addition-fragmentation chain transfer (RAFT): direct ESR observation of intermediate radicals. Macromolecules, 1999, 32: 6467

[77] Le T P, Moad G, Rizzardo E, Thang S H. In PCT Int. Appl. WO 9801478 A1 980116, 1998

[78] Corpart P, Charmot D, Biadatti T, Zard S, Michelet D. In PCT Int. Appl. WO 9868974 A1 19981230, 1998

[79] Gabaston L I, Furlong S A, Jackson R A, Armes S P. Direct synthesis of novel acidic and zwitterionic block copolymers via TEMPO-mediated living free-radical polymerization. Polymer, 1999, 40: 4606

[80] Ashford E J, Naldi V, O'Dell R, Billingham N C, Armes S P. First example of the atom transfer radical polymerisation of an acidic monomer: direct synthesis of methacrylic acid copolymers in aqueous media. Chem. Commun. , 1999, 1286

[81] Wang X S, Jackson R A, Armes S P. Facile synthesis of acidic copolymers via atom transfer radical polymerization in aqueous media at ambient temperature. Macromolecules, 2000, 33: 266

[82] Zhang W, Shi L, Gao L, An Y, Li G, Wu K, Liu Z. Comicellization of Poly(ethylene glycol)-block-poly (acrylic acid) and poly(4-vinylpyridine) in ethanol. Macromolecules, 2006, 38: 899

[83] Liu S, Armes S P. The facile one-pot synthesis of shell cross-linked micelles in aqueous solution at high solids. J. Am. Chem. Soc., 2001, 123: 9910

[84] Liu S, Weaver J V M, Tang Y, Billingham N C, Armes S P, Tribe K. Synthesis of shell cross-linked micelles with pH-responsive cores using ABC triblock copolymers. Macromolecules, 2002, 36: 6121

[85] Liu S, Ma Y, Armes S P, Perruchot C, Watts J F. Direct verification of the core-shell structure of shell cross-linked micelles in the solid state using X-ray photoelectron spectroscopy. Langmuir, 2002, 18: 7780

[86] Liu S, Weaver J V M, Save M, Armes S P. Synthesis of pH-responsive shell cross-linked micelles and their use as nanoreactors for the preparation of gold nanoparticles. Langmuir, 2002, 18: 8360

[87] Liu S, Armes S P. Synthesis and aqueous solution behavior of a pH-responsive schizophrenic diblock copolymer. Langmuir, 2003, 19: 4432

[88] Tang Y, Liu S Y, Armes S P, Billingham N C. Solubilization and controlled release of a hydrophobic drug using novel micelle-forming ABC triblock copolymers. Biomacromolecules, 2003, 4: 1636

[89] Weaver J V M, Armes S P, Liu S. A "holy trinity" of micellar aggregates in aqueous solution at ambient temperature: unprecedented self-assembly behavior from a binary mixture of a neutral-cationic diblock copolymer and an anionic polyelectrolyte. Macromolecules, 2003, 36: 9994

[90] Lobb E J, Ma I, Billingham N C, Armes S P, Lewis A L. Facile synthesis of well-defined, biocompatible phosphorylcholine-based methacrylate copolymers via atom transfer radical polymerization at 20℃. J. Am. Chem. Soc., 2001, 123: 7913

[91] Ma Y, Tang Y, Billingham N C, Armes S P, Lewis A L, Lloyd A W, Salvage J P. Well-defined biocompatible block copolymers via atom transfer radical polymerization of 2-methacryloyloxyethyl phosphorylcholine in protic media. Macromolecules, 2003, 36: 3476

[92] Ma Y, Tang Y, Billingham N C, Armes S P, Lewis A L. Synthesis of biocompatible, stimuli-responsive, physical gels based on ABA triblock copolymers. Biomacromolecules, 2003, 4: 864

[93] Castelletto V, Hamley I W, Ma Y, Bories-Azeau X, Armes S P, Lewis A L. Microstructure and physical properties of a pH-responsive gel based on a novel biocompatible ABA-type triblock copolymer. Langmuir, 2004, 20: 4306

[94] Weaver J V M, Bannister I, Robinson K L, Bories-Azeau X, Armes S P, Smallridge M, McKenna P. Stimulus-responsive water-soluble polymers based on 2-hydroxyethyl methacrylate. Macromolecules, 2004, 37: 2396

[95] Bories-Azeau X, Merian T, Weaver J V M, Armes S P, van den Haak H J W. Synthesis of near-monodisperse acidic homopolymers and block copolymers from hydroxylated methacrylic copolymers using succinic anhydride under mild conditions. Macromolecules, 2004, 37: 8903

[96] Narain R, Armes S P. Direct synthesis and aqueous solution properties of well-defined cyclic sugar methacrylate polymers. Macromolecules, 2003, 36: 4676

[97] Narain R, Armes S P. Synthesis and aqueous solution properties of novel sugar methacrylate-based homopolymers and block copolymers. Biomacromolecules, 2003, 4: 1746

[98] Camp W V, Du Prez F E. Atom transfer radical polymerization of 1-ethoxyethyl (meth)acrylate: facile route toward near-monodisperse poly(methyl acrylic acid). Macromolecules, 2004, 37: 6673

[99] Cai Y, Tang Y, Armes S P. Direct synthesis and stimulus-responsive micellization of Y-shaped hydrophilic

block copolymers. Macromolecules, 2004, 37: 9728

[100] Cai Y, Armes S P. Synthesis of well-defined Y-shaped zwitterionic block copolymers via atom-transfer radical polymerization. Macromolecules, 2006, 38: 271

[101] Hou S J, Chaikof E L, Taton D, Gnanou Y. Synthesis of water-soluble star-block and dendrimer-like copolymers based on poly(ethylene oxide) and poly(acrylic acid). Macromolecules, 2003, 36: 3874

[102] Vasilieva Y A, Thomas D B, Scales C W, McCormick C L. Direct controlled polymerization of a cationic methacrylamido monomer in aqueous media via the RAFT process. Macromolecules, 2004, 37: 2728

[103] McCormick C L, Lowe A B. Aqueous RAFT polymerization: Recent developments in synthesis of functional water-soluble (co)polymers with controlled structures. Acc. Chem. Res., 2004, 37: 312

[104] Thomas D B, Convertine A J, Myrick L J, Scales C W, Smith A E, Lowe A B, Vasilieva Y A, Ayres N, McCormick C L. Kinetics and molecular weight control of the polymerization of acrylamide via RAFT. Macromolecules, 2004, 37: 8941

[105] Donovan M S, Sumerlin B S, Lowe A B, McCormick C L. Controlled/"living" polymerization of sulfobetaine monomers directly in aqueous media via RAFT. Macromolecules, 2002, 36: 8663

[106] Thomas D B, Sumerlin B S, Lowe A B, McCormick C L. Conditions for facile, controlled RAFT polymerization of acrylamide in water. Macromolecules, 2003, 36: 1436

[107] Yusa S, Shimada Y, Mitsukami Y, Yamamoto T, Morishima Y. Heat-induced association and dissociation behavior of amphiphilic diblock copolymers synthesized via reversible addition-fragmentation chain transfer radical polymerization. Macromolecules, 2004, 37: 7607

[108] Schilli C M, Zhang M, Rizzardo E, Thang S H, Chong Y K, Edwards K, Karlsson G, Muller A H E. A new double-responsive block copolymer synthesized via RAFT polymerization: poly(N-isopropylacrylamide)-block-poly(acrylic acid). Macromolecules, 2004, 37: 7861

[109] Deming T J. Facile synthesis of block copolypeptides of defined architecture. Nature, 1997, 390: 386

[110] Tsutsumiuchi K, Aoi K, Okada M. Synthesis of novel glycopeptide-polyoxazoline block-copolymers by direct coupling between living anionic and cationic polymerization systems. Macromol. Rapid Commun., 1996, 16: 749

[111] Yokoyama M, Inoue S, Kataoka K, Yui N, Sakurai Y. Preparation of adriamycin-conjugated poly(ethyleneglycol)-poly(aspartic acid) block copolymer. A new type of polymeric anticancer agent. Makromol. Chem. Rapid Commun., 1987, 8: 431

[112] Yokoyama M, Inoue S, Kataoka K, Yui N, Okano T, Sakurai Y. Molecular design for missile drugs: synthesis of adriamycin conjugated with immunoglobulin G using poly(ethylene glycol)-block-poly(aspartic acid) as intermediate carrier. Makromol. Chem., 1989, 190: 2041

[113] Yokoyama M, Miyauchi M, Yamada N, Okano T, Sakurai Y, Kataoka K, Inoue S. Charaterization and anticancer activity of the micelle-forming polymeric anticancer drug adriamycin-conjugated poly(ethylene glycol)-poly(aspartic acid) block copolymer. Cancer Res., 1990, 60: 1693

[114] Yokoyama M, Kwon G S, Okano T, Sakurai Y, Sato T, Kataoka K. Preparation of micelle-forming polymer-drug conjugates. Bioconjug. Chem., 1992, 3: 296

[115] Katayose S, Kataoka K. PEG-poly(lysine) block copolymer as a novel type of synthetic gene vector with supramolecular structure. In: Ogata N, Kim S W, Feijen J, etc. Advanced Biomaterials in Biomedical Engineering and Drug Delivery System. Tokyo: Springer Verlag, 1996. 319

[116] Harada A, Kataoka K. Formation of polyion complex micelles in an aqueous milieu from a pair of opposite-

ly-charged block copolymers with poly(ethylene glycol) segments. Macromolecules, 1996, 28：6294

[117]　Harada A, Kataoka K. Chain length recognition：Core-shell supramolecular assembly from oppositely charged block copolymers. Science, 1999, 283：66

[118]　Yokoyama M, Miyauchi M, Yamada N, Okano T, Sakurai Y, Kataoka K, Inoue S. Polymer micelles as novel drug carrier-adriamycin-conjugated poly(ethylene glycol) poly(aspartic acid) block copolymer. J. Contr. Release, 1990, 11：269

[119]　Aoyagi T, Sugi K I, Sakurai Y, Okano T, Kataoka K. Peptide drug carrier：studies on incorporation of vasopressin into nano-associates comprising poly(ethylene glycol)-poly(1-aspartic acid) block copolymer. Colloids Surf. B, 1999, 16：237

[120]　Spach G, Reibel L, Loucheux M H, Parrod J. Synthesis of block coplymers in which one block is a polypeptide. J. Polym. Sci. C, 1969, 16：4706

[121]　Nishimura T, Sato Y, Yokoyama M, Okuya M, Inoue S, Kataoka K, Okano T, Sakurai Y. Adhesion behavior of rat lymphocytes on poly(γ-benzyl L-glutamate) derivatives having hydroxyl groups or poly(ethylene glycol) chains. Makromol. Chem. , 1984, 186：2109

[122]　Kugo K, Ohji A, Uno T, Nishino J. Synthesis and conformations of A-B-A triblock copolymers with hydrophobic poly(-benzyl L-glutamate) and hydrophilic poly(ethylene oxide). Polym. J. , 1987, 19：376

[123]　Cho C S, Kim S U. In vitro degradation of poly(γ-benzyl-glutamate)/poly(ethylene glycol) block coplymers. J. Contr. Release, 1988, 7：283

[124]　Hruska Z, Riess G, Goddard P. Synthesis and purification of a poly(ethylene oxide) poly(gamma-benzyl-l-glutamate) diblock copolymer bearing tyrosine units at the block junction. Polymer, 1993, 34：1333

[125]　Pratten M K, Lloyd J B, Hörpel G, Ringsdorf H. Micelle-forming block copolymers：pinocytosis by macrophages and interaction with model membranes. Makromol. Chem. , 1986, 186：726

[126]　Harada A, Cammas S, Kataoka K. Stabilized α-helix structure of poly(L-lysine)-block-poly(ethylene glycol) in aqueous medium through supramolecular assembly. Macromolecules, 1996, 29：6183

[127]　Kataoka K, Togawa H, Harada A, Yasugi K, Matsumoto T, Katayose S. Spontaneous formation of polyion complex micelles with narrow distribution from antisense oligonucleotide and cationic block copolymer in physiological saline. Macromolecules, 1996, 29：8666

[128]　Tsutsumiuchi K, Aoi K, Okada M. Synthesis of polyoxazoline-(glyco)peptide block copolymers by ring-opening polymerization of (sugar-substituted) α-amino acid N-Carboxyanhydrides with polyoxazoline macro-initiators. Macromolecules, 1997, 30：4013

[129]　Zalipsky S. Functionalized poly(ethylene glycols) for preparation of biologically relevant conjugates. Bioconjugate Chem. , 1996, 6：160

[130]　Jungk S J, Moore J R, Gandour R D. Efficient synthesis of C-pivot lariat ethers. 2-(Alkoxymethyl)-1,4, 7,10,13,16-hexaoxacyclooctadecanes. J. Org. Chem. , 1983, 48：1116

[131]　Sedlak M, Antonietti M, Cölfen H. Synthesis of a new class of double-hydrophilic block copolymers with calcium binding capacity as builders and for biomimetic structure control of minerals. Macromol. Chem. Phys. , 1998, 199：247

[132]　Sedlak M, Cölfen H. Synthesis of double-hydrophilic block copolymers with hydrophobic moieties for the controlled crystallization of minerals. Macromol. Chem. Phys. , 2001, 202：687

[133]　Konak C, Mrkvickova L, Nazarova O, Ulbrich K, Seymour L W . Formation of DNA complexes with diblock copolymers of poly(N-(2-hydroxypropyl)methacrylamide) and polycations. Supramol. Sci. , 1998,

6：67

[134] Oupicky D, Konak C, Ulbrich K. Preparation of DNA complexes with diblock copolymers of poly[N-(2-hydroxypropyl)methacrylamide] and polycations. Mater. Sci. Engineer. C, 1999, 7：69

[135] Oupicky D, Konak C, Ulbrich K. DNA complexes with block and graft copolymers of N-(2-hydroxypropyl) methacrylamide and 2-(trimethylammonio)ethyl methacrylate. J. Biomater. Sci., Polym, Ed., 1999, 10：673

[136] Oupicky D, Konak C, Dash P R, Seymour L W, Ulbrich K. Effect of albumin and polyanion on the structure of DNA complexes with polycation containing hydrophilic nonionic block. Bioconjugate Chem., 1999, 10：764

[137] Esselborn E, Fock J, Knebelkamp A. Block copolymers and telechelic oligomers by end group reaction of polymethacrylates. Macromol. Chem. Macromol. Symp., 1996, 102：91

[138] Kabanov A V, Vinogradov S V, Suzdaltseva Y G, Alakhov V Y. Water-soluble block polycations as carriers for oligonucleotide delivery. Bioconjugate Chem., 1996, 6：639

[139] Yokoyama M, Anazawa H, Takahashi A, Inoue S. Synthesis and permeation behavior of membranes from segmented multiblock copolymers containing poly(ethylene oxide) and poly(beta-benzyl L-aspartate) blocks. Makromol. Chem., 1990, 191：301

[140] Pefferkorn E, Tran Q, Varoqui R. Adsorption of charged diblock copolymers on porous silica. J. Polym. Sci., 1981, 19：27

[141] Li Y, Kwon G S. Micelle-like structures of poly(ethylene oxide)-block-poly(2-hydroxyethyl aspartamide)-methotrexate conjugates. Colloids Surf. B, 1999, 16：217

[142] Schild H G. Poly(N-isopropylacrylamide)：experiment, theory and application. Prog. Polym. Sci., 1992, 17：163

[143] Shibayama M, Tanaka T. Volume phase transition and related phenomena of polymer gels. Adv. Polym. Sci., 1993, 109：1

[144] Chen G, Hoffman A S. Graft copolymers that exhibit temperature-induced phase transition over a wide range of pH. Nature, 1996, 373：49

[145] Qiu Y, Park K. Environment-sensitive hydrogels for drug delivery. Adv. Drug Deliv. Rev., 2001, 63：321

[146] Aoyagi T, Ebara M, Sakai K, Sakurai Y, Okano T. Novel bifunctional polymer with reactivity and temperature sensitivity. J. Biomater. Sci., Polym Ed., 2000, 1：101

[147] Ebara M, Aoyagi T, Sakai K, Okano T. Introducing reactive carboxyl side chains retains phase transition temperature sensitivity in N-isopropylacrylamide copolymer gels. Macromolecules, 2000, 33：8312

[148] Forder C, Patrickios C S, Armes S P, Billingham N C. Synthesis and aqueous solution characterization of dihydrophilic block copolymers of methyl vinyl ether and methyl triethylene glycol vinyl ether. Macromolecules, 1996, 29：8160

[149] Butun V, Billingham N C, Armes S P. Synthesis of shell cross-linked micelles with tunable hydrophilic/hydrophobic cores. J. Am. Chem. Soc. , 1998, 120: 12136

[150] Creutz S, van Stam J, Antoun S, de Schryver F C, Jérôme R. Exchange of polymer molecules between block copolymer micelles studied by emission spectroscopy. A method for the quantification of unimer exchange rates. Macromolecules, 1997, 30: 4078

[151] Bütün V, Armes S P, Billingham N C, Tuzar Z, Rankin A, Eastoe J, Heenan R K. The remarkable "flip-flop" self-assembly of a diblock copolymer in aqueous solution. Macromolecules, 2001, 34: 1603

[152] Liu S, Billingham N C, Armes S P. A schizophrenic water-soluble diblock copolymer. Angewandte Chem. Int. Ed. , 2001, 40: 2328

[153] Liu S, Armes S P. Polymeric surfactants for the new millennium: a pH-responsive, zwitterionic, schizophrenic diblock copolymer. Angewandte Chem. Int. Ed. , 2002, 41: 1413

[154] Bütün V, Vamvakaki M, Billingham N C, Armes S P. Synthesis and aqueous solution properties of novel neutral/acidic block copoly. Polymer, 2000, 41: 3173

[155] Bories-Azeau X, Armes S P, van den Haak H J W. Facile synthesis of zwitterionic diblock copolymers without protecting group chemistry. Macromolecules, 2004, 37: 2348

[156] Weaver J M V, Armes S P, Bütün V. Synthesis and aqueous solution properties of a well-defined thermoresponsive schizophrenic diblock copolymer. Chem. Commun. , 2002, 2122

[157] Cai Y, Armes S P. A zwitterionic ABC triblock copolymer that forms a "trinity" of micellar aggregates in aqueous solution. Macromolecules, 2004, 37: 7116

[158] Gohy J F, Creutz S, Garcia M, Mahltig B, Stamm M, Jerome R. Aggregates formed by amphoteric diblock copolymers in water. Macromolecules, 2000, 33: 6378

[159] Dai S, Ravi P, Tam K C, Mao B W, Gan L H. Novel pH-responsive amphiphilic diblock copolymers with reversible micellization properties. Langmuir, 2003, 19: 6176

[160] Arotcarena M, Heise B, Ishaya S, Laschewsky A. Switching the inside and the outside of aggregates of water-soluble block copolymers with double thermoresponsivity. J. Am. Chem. Soc. , 2002, 124: 3787

[161] Virtanen J, Arotcarena M, Heise B, Ishaya S, Laschewsky A, Tenhu H. Dissolution and aggregation of a poly(NIPA-block-sulfobetaine) copolymer in water and saline aqueous solutions. Langmuir, 2002, 18: 6360

[162] Maeda Y, Mochiduki H, Ikeda I. Hydration changes during thermosensitive association of a block copolymer consisting of LCST and UCST blocks. Macromol Rapid Commun. , 2004, 26: 1330

[163] Webster O W. Hydration changes during thermosensitive association of a block copolymer consisting of LCST and UCST blocks. J. Polym. Sci. Part A, 2000, 38: 2866

[164] Webber G B, Wanless E J, Armes S P, Baines F L, Biggs S. Adsorption of amphiphilic diblock copolymer micelles at the mica/solution interface. Langmuir, 2001, 17: 6661

[165] Xue W, Huglin M B, Khoshdel E. Behaviour of crosslinked and linear poly[1-(3-sulphopropyl)-2-vinyl-pyridinium-betaine] in aqueous salt solutions. Polymer International, 1999, 48: 8

[166] Stancik C, Gast A P, Bütün V, Weaver J V M, Armes S P. to be submitted to Macromolecules, 2006

［167］　Liu F, Eisenberg A. Preparation and pH triggered inversion of vesicles from poly(acrylic acid) -block-poly-styrene-block-poly(4-vinyl pyridine). J. Am. Chem. Soc. , 2003, 126: 16069

［168］　Rodriguez-Hernandez J, Lecommandoux S. Reversible inside-out micellization of pH-responsive and water-soluble vesicles based on polypeptide diblock copolymers. J. Am. Chem. Soc. , 2006, 127: 2026

第 7 章　聚电解质的胶束化及其应用

蒋锡群　陈　琦

7.1　引　言

7.1.1　聚电解质的分类

聚电解质(polyelectrolyte,PEL)是指分子链上具有许多离解性基团的高分子,当高分子电解质溶于介电常数很大的溶剂,如水中时,就会发生离解,生成高分子离子和许多低分子离子,后者称为抗衡离子[1]。根据离子类型,聚电解质可分为阳离子型聚电解质、阴离子型聚电解质和具有正负两种离解性基团的高分子,即两性聚电解质。例如壳聚糖(chitosan)、聚赖氨酸(polylysine)属于阳离子型聚电解质,聚丙烯酸(polyacrylic acid)和海藻酸(alginic acid)属于阴离子型聚电解质,蛋白质和核酸属于两性聚电解质。部分聚电解质的结构如图 7-1 所示。

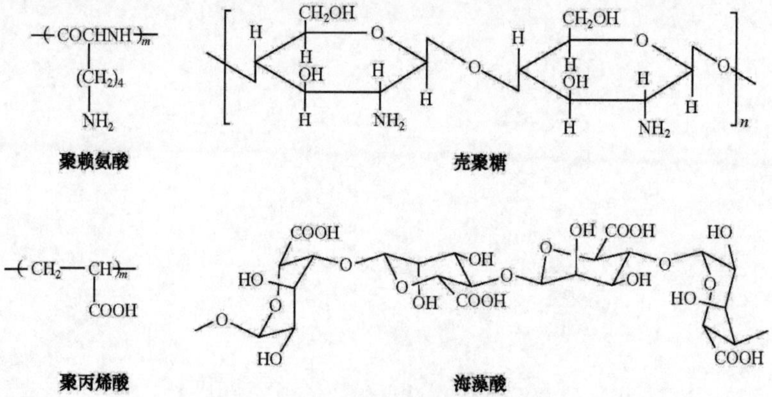

图 7-1　部分典型聚电解质的化学结构

此外,根据离子电性的强弱还可分为强聚电解质和弱聚电解质。

聚电解质具有两个十分显著的特性:一是聚电解质水溶液中的抗衡离子具有相当低的活度系数;二是聚电解质的聚离子链段由于强烈的静电斥力而处于高度伸展的状态[2]。

7.1.2　影响聚电解质自组装的因素

聚电解质可通过静电、疏水、氢键等相互作用形成具有规则结构,尺寸在纳米尺度的胶束、微粒、空心微囊等组装体。聚电解质的自组装一般采用可溶性的尤其是水溶性的线形或支链高分子,典型的聚电解质自组装是通过混合两个荷电相反的聚合物溶液来实现的。在组装过程中,反应物分子之间某一对链段一旦发生复合反应(complexation),即形成聚电解质复合物(polyelectrolyte complexes)。由于聚电解质分子的长链结构,相邻链段的分子构型不需要发生显著变化,因此复合反应很容易发生。通常认为,聚电解质自组装包括两个过程:首先是荷电相反的两个聚合物链互相接近,这是一个由扩散控制的过程;其次是已经接近的聚电解质链段上相反电荷的中和过程[2]。

影响聚电解质自组装的因素主要有以下几个方面。

7.1.2.1　离子强度

聚电解质溶液的离子强度是由聚电解质和小分子电解质的浓度共同决定的。在一个含有小分子电解质的聚电解质溶液中,小分子离子由于聚电解质静电场的吸引而富集在聚电解质周围,使得聚电解质链段上电荷基团之间的屏蔽作用增强,同时,聚电解质的离子基团与抗衡离子之间形成的离子对数也增加,使得聚电解质的有效电荷密度降低。在这两种效应的影响下,大分子线团收缩,粒子的粒径减小。聚合物离子周围微环境内相同电荷的离子浓度增加,会阻碍聚电解质组装体的形成。因此,增加小分子电解质的浓度能使单一组分聚电解质粒子发生收缩,或使已形成的聚电解质组装体中的静电作用减弱,难溶的聚电解质组装体组分变得部分可以溶解,甚至促进组装体离解。例如当聚电解质嵌段共聚物胶束或微囊的外壳是由聚电解质构成时,外壳的链段之间会存在静电排斥力。这里以聚乙基乙烯-磺化聚苯乙烯嵌段共聚物(PEE-b-PSSH)为例,当外加盐的浓度小于聚电解质链段抗衡离子的浓度时,形成“渗透压型刷”,抗衡离子产生的渗透压使聚电解质链段仍然保持原先的伸展状态,在此范围内盐的浓度增加对粒径影响不大;反之,当外加盐的浓度大于抗衡离子的浓度时,聚电解质链段形成“盐型刷”,链段之间的静电力遭到部分屏蔽,壳层厚度会随盐的浓度增加而减小,表现为整体粒径 D 与盐浓度成 $c^{-0.13}$ 的关系,如图 7-2 所示[3]。当然粒径随外加盐浓度的变化关系会随嵌段共聚物的不同而有所变化。

Bartkowiak[4] 研究了离子强度对海藻酸/壳聚糖复合微囊的影响,实验发现,微囊的膜厚和力学强度随外加氯化钠的浓度增加而减小,同时其浓度的增加会使微囊呈现多孔性(图 7-3)。

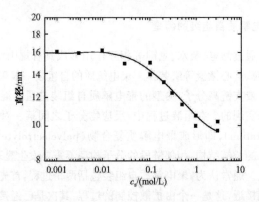

图 7-2　嵌段共聚物 PEE-*b*-PSSH 的粒径随外加盐浓度 c_s 的变化[3]

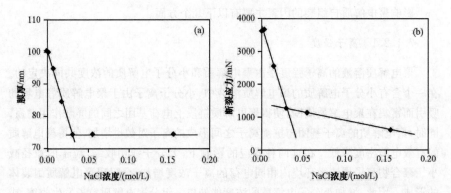

图 7-3　海藻酸/壳聚糖微囊的(a)膜厚和(b)断裂应力随氯化钠浓度的变化曲线[4]

7.1.2.2　pH

由于溶液中 H^+ 的浓度决定了聚电解质中离子基团的离解度(尤其对于弱聚电解质)和有效电荷密度,因此介质的 pH 是形成聚电解质组装体最重要的条件之一。当两个组分均为强聚电解质时,pH 的影响较小;当至少有一个组分为弱聚电解质时,pH 会影响聚电解质组装体的组成。一般只有在一个较窄的 pH 范围内,当弱聚电解质离解到最大程度时,两个组分才能形成具有等化学配比的聚电解质组装体。在这个范围以外,弱聚电解质的离解度非常低,只能形成非等化学配比的聚电解质组装体或不能形成组装体。例如聚丙烯酸(PAA)是一种典型的弱聚电解质,PAA 与壳聚糖只能在一定 pH 范围内形成纳米微粒,将 pH 变化到这一范围之外则导致粒子的解离或沉淀[5];此外,PAA 与无机粒子的组装体对 pH 也很敏感,并且随 pH 的变化,无机粒子和 PAA 之间会发生由静电相互作用至氢键相互作用的转变[6]。基于聚电解质对 pH 敏感这一特性,可以利用聚电解质组装体在不同 pH 时形成或解离所导致的形态变化来实现对功能性分子的控释,这也是近年来控制释放领域中非常活跃的研究热点。

7.1.2.3　温度

某些聚电解质在不同温度下有不同的构象,因此温度对由这些聚电解质参与形成的组装体的形态也有一定的影响。例如,Immaneni 研究了聚赖氨酸(PLys)的构象随外界条件发生转变的过程,圆二色性法表明,在水溶液中,随着温度升高,PLys 有一个构型转变:从 α-螺旋转变为 β-螺旋,转变的温度间隔大约为 27℃。因此温度的变化会对 PLys 与其他组分的聚电解质的自组装过程产生一定的影响[7]。

7.1.2.4　浓度

浓度对聚电解质自组装过程的影响也主要基于其对弱聚电解质离解度和有效电荷密度的影响。以 PAA 为例,当浓度较稀时,由于许多阳离子远离高分子链,高分子链上的阴离子互相产生排斥作用,以致链的构象比中性高分子更为舒展,尺寸较大。当浓度增加时,则由于高分子离子链互相靠近,构象不太舒展。并且阳离子的浓度增加,阳离子在聚阴离子链的外部与内部进行扩散,使部分阴离子静电场得到平衡以其排斥作用减弱,链发生蜷曲,尺寸缩小[1]。例如聚丙烯酸-聚(2-乙烯基吡啶)-聚丙烯酸三嵌段共聚物(PAA_{134}-$P2VP_{628}$-PAA_{134})在一定的 pH 下,随聚合物浓度的增加,发生了由链状向三维网络结构的转变[8]。

除了上述外界条件的影响外,聚电解质本身的性质如电荷密度、分子质量、离子基团的电离强度等也会影响聚电解质的自组装过程[9],这里就不加以讨论了。

7.1.3　聚电解质自组装过程的机理研究

人们对于聚电解质自组装过程的认识始于 20 世纪 30 年代对生命起源的研究,实验发现,生物体中的活细胞来源于一种脂微囊前体,而这种微囊正是由一种聚电解质——磷脂自组装形成的。但是直到 50 年代 Michaels 等系统研究了由乙烯类聚电解质制备的聚电解质复合物后,高分子科学的聚电解质自组装领域才取得了初步的进展。而对于其自组装行为机理的深入研究以及在药物控释上的应用则是近 20 年来发展起来的,并且日趋成熟[2]。

一般来说,通过以下几种方法可以实现聚电解质的自组装。

7.1.3.1　聚电解质嵌段共聚物胶束化[2]

具有明显亲水性差异的聚电解质嵌段共聚物可以在水溶液中自组装成胶束;带有相反电荷的两种嵌段共聚物则由于静电作用发生自组装,其胶束化过程分别如图 7-4 和图 7-5 所示。在图 7-4 中,二嵌段共聚物是由亲水链段 A 和疏水链段 B

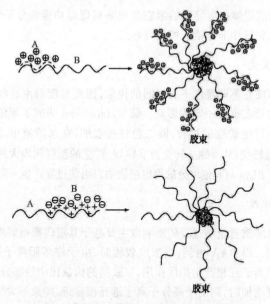

图7-4　二嵌段共聚物在水介质中形成胶束的过程

A. 亲水链段；B. 疏水链段[2]

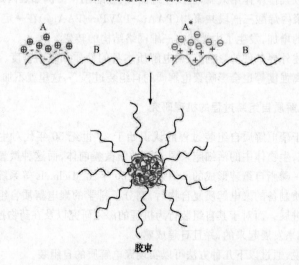

图7-5　带相反电荷的嵌段共聚物在水中形成胶束的过程[2]

A. 阴离子链段；A* 阳离子链段；B. 非离子化水溶性链段

所构成,一般而言,带有电荷的链段成为亲水链而在水溶液中发生溶胀,与此同时,疏水链段在水溶液中发生塌陷因而收缩聚集成为内核。形成胶束的尺寸取决于疏水内核的表面张力与亲水外壳内相邻链段的静电排斥力之间的平衡。另外一种情况是,当两种二嵌段共聚物具有相同的水溶性非离子链段而离子化链段带有相反的电荷时,它们在水溶液中会自组装形成胶束,其中带相反电荷的链段由于静电作用相互结合收缩在内形成核,非离子链段舒展在外形成壳,整个过程如图7-5所示。

7.1.3.2　通过聚合物酸(盐)和聚合物碱(盐)之间的中和反应

如图7-6所示,可以利用带相反电荷的聚电解质通过酸碱反应形成离子键而进行自组装,同样道理,也可以利用聚电解质酸形成的盐和聚电解质碱形成的盐进行自组装。

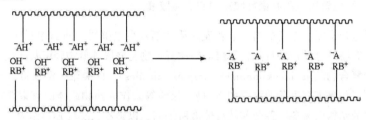

图7-6　聚阴离子和聚阳离子的自组装过程

7.1.3.3　具有离子基团的单体结合在聚电解质上之后再进行模板聚合

当带有负电性基团(如羧基)的单体遇到带有正电性基团(如氨基)的聚电解质,由于静电吸引作用,单体会与聚电解质相互结合,引发剂的加入使得单体以聚合物为模板发生聚合反应,如图7-7所示。

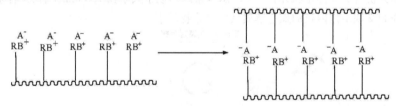

图7-7　单体和聚电解质的自组装过程

以上介绍了聚电解质的分类、自组装过程的影响因素以及主要机理,下面将就以下几个方面对目前聚电解质的自组装进行详细讨论:

(1)聚电解质嵌段共聚物胶束化;

(2)逐层沉积法组装聚电介质空心球;

(3)聚电解质均聚物和无机纳米微粒及小分子有机酸的自组装;

(4)聚电介质和聚合物单体的自组装及空心化;

(5)聚电解质之间的自组装;

(6) 聚电解质均聚物的胶束化。

由于聚电解质组装体融合了聚电解质、嵌段共聚物、无机及有机小分子等等不同物质的特性,结构多样,具有高度的亲水性,并且在结构与性能上与生物大分子存在许多相似性,具有其他材料所不能比拟的显著优点,因而聚电解质组装体在生物医用材料方面(特别是药物控释体系)有着巨大的应用前景,这一方面将在 7.3 节进行讨论。

7.2 聚电解质自组装体的制备

7.2.1 聚电解质嵌段共聚物胶束和空心微胶囊

通过带有相反电荷的离子或者表面活性剂与聚电解质之间的相互作用,可以形成具有特殊分散性并且融合了聚电解质复合物与嵌段共聚物胶束共同性质的嵌段离聚复合物胶束(block ionomer complex micelles)。此类聚电解质嵌段共聚物胶束可以包裹带有电荷的物质如蛋白质、核酸等。作为药物载体的胶束要求具有较稳定的结构以避免在释药前就被体液所解离。以聚乙二醇(PEG)作为一个嵌段的聚电解质胶束在药物缓释方面已有比较成熟的应用,Bronich[10]等报道了以金属阳离子和聚电解质之间的静电作用作为自组装驱动力进行核交联的聚乙二醇-聚甲基丙烯酸嵌段共聚物(PEG-b-PMAA)胶束,其中,聚甲基丙烯酸盐的 COO^- 在金属阳离子 Ca^{2+} 的作用下,形成不溶于水的内核(核由于电中性呈现出疏水性),而亲水的 PEG 则成为胶束的外壳。胶束在乙二胺的作用下,含羧基内核被进一步共价键交联固定(如图 7-8 所示),最终形成了大小在 160 nm 左右、具有亲水外壳和交联结构内核的聚电解质嵌段共聚物胶束。

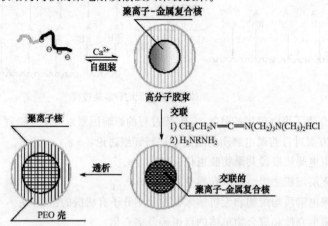

图 7-8　核交联的聚乙二醇-聚甲基丙烯酸(PEG-b-PMAA)嵌段共聚物胶束的形成过程[10]

　　Eisenberg[11]报道了在不同结构的表面活性剂溴化十六烷基三甲基铵(CTAB)、溴化十二烷基二甲基铵(DDDAB)、溴化十八烷基二甲基铵(DODAB)、溴化辛基甲基铵(TMAB)的作用下,PEO-b-PMAA 自组装形成不同形态的胶束(图 7-9);并且通过改变两种表面活性剂的混合物的组成比例对粒子的分散性和形态进行调控。

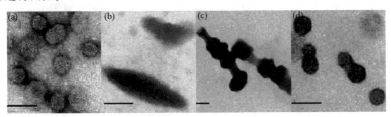

图 7-9　在不同表面活性剂作用下形成的嵌段共聚物 PEO$_{210}$-b-PMA$_{97}$ 胶束的 TEM 形貌
(乙酸铀染色,标尺 100 nm)[11]
(a)溴化十六烷基三甲基铵(CTAB);(b)溴化十二烷基二甲基铵(DDDAB);(c)溴化十八烷基二甲基铵
(DODAB);(d)溴化辛基甲基铵(TMAB)

　　除了单一种类的聚电解质嵌段共聚物在溶液中由于离子链段和非离子链段亲水性的不同组装可形成胶束外,两种带有相反电荷的嵌段结构聚电解质同样可以通过静电相互作用自发识别形成单分散性非常好且具有核-壳结构的纳米粒子,粒子内部为聚电解质复合物,外壳为非离子亲水链段。粒子大小由聚电解质嵌段的长短决定[12],这一点可从热力学角度进行解释:为降低界面自由能,开始形成的初级复合粒子之间发生合并,随着聚集数目增加,粒子内核变大,为避免外壳亲水链段与疏水内核相混合,内核中的复合链段如果不够长就必然要采取伸直链构象,因此随着复合链段聚集数增加,内核构象熵减少最终与粒子界面能减少达到平衡,粒子大小趋于稳定。有趣的是,荷电相反的两种嵌段共聚物混合后,只有严格配对亦即电荷数目完全相同的聚电解质嵌段之间才产生复合形成粒子内核,不能匹配的嵌段共聚物仍游离在水中[13](图 7-10)。然而,如果把其中一种嵌段共聚物换成一种聚电解质均聚物,仍可形成纳米粒子,且对聚电解质和嵌段共聚物中离子嵌段的长短没有任何要求[14],正是基于这一点,最近有许多研究工作设计合成各种含离子链段的嵌段共聚物,它们与生物活性大分子(如蛋白质、核酸等)复合后便可形成聚合物纳米粒子,故可用作为蛋白药物或基因药物载体。

　　通过类似的方法,Schlaad[15]采用聚丁二烯-聚甲基丙烯酸铯盐嵌段共聚物(PB-b-PMACs)与聚苯乙烯-聚(1-甲基-4-乙烯基吡啶碘盐)嵌段共聚物(PS-b-P4VPMeI)在 THF 中通过静电作用力自组装形成微相分离的微囊,大小在 100~200 nm 之间(图 7-11)。

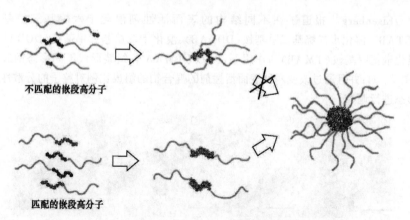

不匹配的嵌段高分子

匹配的嵌段高分子

图 7-10　聚离子复合物胶束通过链长识别进行自组装的示意图[13]

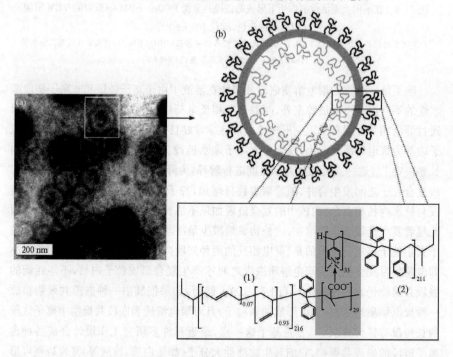

图 7-11　(a) PB-*b*-PMACs 与 PS-*b*-P4VPMeI 形成的聚离子复合物微囊的 TEM 照片；
(b) 相应于(a)图方框的放大示意图[15]

　　如果聚电解质中同时兼有可离子化的弱酸和弱碱部分，则在一定的 pH 范围内呈现出两性，因而被称为两性聚电解质（polyampholytes）。通常天然态的蛋白质（如 BSA），变性蛋白质（如明胶）以及人工合成的含弱酸和弱碱嵌段的共聚物都是两性聚电解质。两性聚电解质在水溶液中的净电荷取决于溶液的 pH,当 pH 达到某一特定值时,其净电荷为零,这一特定的 pH 被称为两性聚电解质的等电点(pI)。两性聚电解质在等电点附近时会表现出异常的性质,而在其他 pH 范围内仍然展现出类似普通聚电解质的特性[16]。如果选择一种阳离子型聚电解质和一种阴离子型聚电解质与疏水嵌段形成三嵌段共聚物,则其胶束呈现出两性聚电解质的特性,疏水链段通常嵌于聚电解质形成的内核和外壳之间。例如 Bieringer[17] 报道的聚 N,N-二甲氨基异戊二烯-聚苯乙烯-聚甲基丙烯酸三嵌段共聚物(AiSA)(图 7-12)在溶液(四氢呋喃/水)中随 pH 的变化,在等电点前后不同的基团发生质子化或者去质子化(请参考第 6 章)。

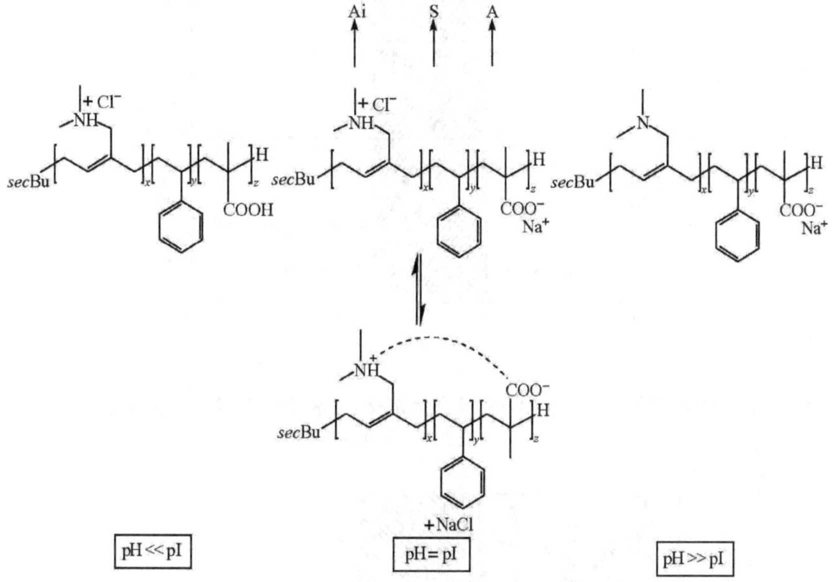

图 7-12　两性三嵌段共聚物 AiSA 中基团随 pH 变化发生质子化以及去质子化的过程[17]

上面所述的是三个不同的嵌段组成的 ABC 三嵌段共聚物的例子,如果其中有两个嵌段是一样的,即 ABA 型三嵌段共聚物,是否也具有两性聚电解质的特性呢? 直至近年,Vasiliki Sfika[18] 合成了聚丙烯酸-聚(2-乙烯基吡啶)-聚丙烯酸(PAA_{134}-b-P2VP_{628}-b-PAA_{134})三嵌段共聚物,这个问题才有了答案。其中,P2VP 在较低的 pH 条件下易质子化,相当于弱碱,而 PAA 在较高的 pH 条件下容易电离,相当于弱酸,这样 PAA_{134}-b-P2VP_{628}-b-PAA_{134} 在溶液中就表现出两性,等电点由浊度滴定法来确定(如图 7-13 所示,阴影部分表示形成沉淀的区域即产生等电点的区域)。从图中可以看出,pI 大约在 5.5 左右。经过进一步光散射和黏度的测定,发现这种三嵌段共聚物在溶液中随 pH 的变化呈现出不同的形态(图

7－14)。在低 pH(＜4)和低浓度条件下,聚合物以链状形式存在于溶液中[图7－14(a)],中间的 P2VP 嵌段此时是被质子化的,其静电性质决定了聚合物的主要行为。如果 pH 范围不变但是浓度增加,质子化的 P2VP 与部分电离的 PAA 之间通过静电作用力结合形成三维网状结构[图7－14(b)]。当 pH 落在等电点附近时,溶液中的嵌段共聚物主要以不带电荷的状态存在,因而产生沉淀[图7－14(c)]。在高 pH(＞7)时,由于发生 PAA 电离、P2VP 去质子化的过程,P2VP 形成疏水链段收缩形成内核,亲水的 PAA 则舒展形成外壳,整体呈现出胶束的状态[图7－14(d)]。

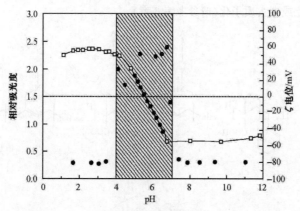

图 7－13　PAA$_{134}$-b-P2VP$_{628}$-b-PAA$_{134}$在 25 ℃水溶液中的吸光度与 ζ 电位随 pH 的变化曲线[18]
●吸光度;□ζ电位

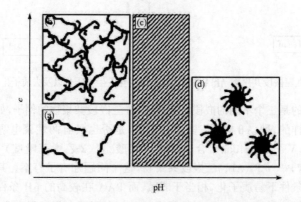

图 7－14　PAA$_{134}$-b-P2VP$_{628}$-b-PAA$_{134}$水溶液随 pH 及浓度不同发生的形态变化示意图
(a) 游离分子;(b) 互穿网络;(c) 沉淀区域;(d) 紧密胶束[18]

由此可见,只有当 pH＞7 时,PAA$_{134}$-b-P2VP$_{628}$-b-PAA$_{134}$才能发生自组装行

为形成胶束。这种嵌段两性聚电解质同样对 pH 呈现敏感的特性,相对于两嵌段的两性聚电解质来说,三嵌段两性聚电解质可以在更宽的 pH 范围内形成胶束,而 P2VP-*b*-PAA 二嵌段两性聚电解质只能在较高的 pH 范围内自组装形成胶束。这种多嵌段两性聚电解质为实现高分子的多功能化开辟了一条新途径。

聚电解质嵌段共聚物融合了聚电解质、嵌段共聚物和表面活性剂三者的结构特点,在水溶液中容易形成胶束和微囊,由于其独特的物理化学特性,聚电解质嵌段共聚物已经成为近年来研究的热点,例如其对 pH 敏感的特性可以应用于药物缓释方面,这方面的内容将在 7.3.3 节中详细讨论。

7.2.2　逐层沉积法组装聚电解质空心球和复合空心球

利用带相反电荷的聚电解质之间的静电相互作用力自组装形成复合物多层膜的方法称为 LBL(layer-by-layer)法,一般制备方法如下所述:模板经化学处理带上正电荷,把它浸入含有阴离子聚电解质的溶液中进行吸附使其表面带上负电荷,用去离子水洗去游离的阴离子聚电解质后再浸入含有阳离子聚电解质的溶液中,吸附阳离子聚电解质后同样进行水洗,这时表面又带上了正电荷。重复上述步骤就可以在模板上沉积出 LBL 膜,该方法技术简单,易操作,重现性好,适用范围广,环境友好,因而实用性强(请参考第 12 章)。

当采用带电的胶体粒子作为模板进行 LBL 沉积,再通过化学或者物理的方法将内核除去,即可获得聚合物空心球。三聚氰胺甲醛(MF)粒子是带正电的胶粒,能在 pH<1.5 时被酸分解,因而成为近年来运用 LBL 法制备聚合物空心球广泛采用的模板粒子。Caruso[20] 在 MF 粒子上逐层交替沉积带负电的聚苯乙烯磺酸钠(PSSNa)和带正电的聚烯丙胺盐酸盐(PAH),最后将内核溶解即可获得 PSS/PAH 空心球,改变沉积 PSS 和 PAH 的层数可对膜的厚度进行定量调控(请参考第 12 章图 12-5),交替沉积有 9 层聚合物的空心球的 SEM 照片显示(图 7-15),粒子直径在 2μm 左右,并且由于干态情况下失水,粒子表面呈现出多层褶皱。

除了以 MF 作为模板,Caruso[21] 还利用表面带负电的聚合物粒子为模板,制备了无机/有机复合空心球,在带负电的 PS 粒子表面交替沉积带正电的聚二烯丙基二甲基氯化胺(PDADMAC)和 SiO₂ 纳米微粒,形成复合纳米粒子。形成的复合物粒子用适当的溶剂溶解内核即可获得 SiO₂/PDADMAC 空心球,如果采用煅烧的方法则可完全除去有机物质,获得无机 SiO₂ 空心球,制备流程如图 7-16 所示。膜的厚度可以通过改变沉积的膜层数目来控制(表 7-1)。

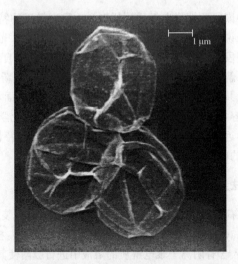

图 7-15　交替沉积 9 层聚电解质空心球[(PSS/PAH)₄/PSS]的 SEM 照片[20]
最外层为 PSS

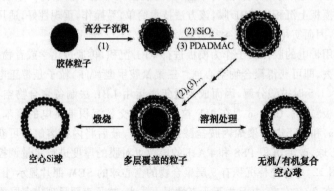

图 7-16　无机和无机/有机复合空心球的制备流程图[21]

表 7-1　在带负电的聚苯乙烯球 PS 上沉积 SiO₂-PDADMAC 的层数以及对应膜厚的关系[1]

膜层数	多层膜厚度/nm	
	SiO₂	SiO₂-PDADMAC
1	25	24
2	70	68
3	117	112
4	169	155
5	210	181

注:1) 由单粒子光散射 SPLS 测量[21]。

Caruso[22]同样通过 MF 为模板,也制备了 SiO₂/PDADMAC 的空心球。此外,还可以以生物胶粒为模板粒子,最后通过脱蛋白质来除去内核制备该类复合空心球[22]。

总之,以胶粒作为模板,通过 LBL 的方法在胶粒表面包覆高分子壳或者无机纳米粒子,并且可以重复这一步骤以制备具有多层物质的纳米粒子,通过不同的溶解方法和煅烧方法,可以获得高分子空心球、无机空心球以及高分子/无机复合空心球。这种方法对空心球壳层厚度以及物理化学性质具有卓越的控制能力,在催化和靶向给药等诸多方面具有重要的应用[20]。

7.2.3　聚电解质均聚物和无机纳米微粒及小分子有机酸的自组装

如上所述,利用 LBL 法制备的空心球由于模板粒子的移除,壳层会产生不同程度的塌陷,因而粒子的稳定性就受到了大大影响[23]。若直接将聚电解质和带电的无机纳米粒子在温和的条件下进行自组装,并且在一定的条件下通过加入另一种带电的无机胶粒同样可以获得高分子-无机纳米空心球而避免了移除模板粒子的步骤,从而获得了稳定性较好的复合微囊[24]。

Stucky[24]以带正电的生物大分子聚赖氨酸为原料,直接与带负电的纳米金溶胶进行混合,即可获得纳米粒子,进一步加入带负电的 SiO₂ 粒子,发现形成了空心球结构,激光共聚焦显微镜清晰地展现了上述两种粒子的结构(图 7-17)。

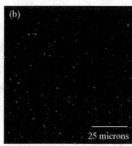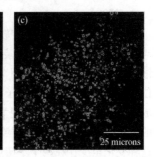

图 7-17　微粒形成过程的激光共聚焦显微镜照片[24]

(a) 溶液中的 PLys(经异硫氰酸盐荧光标记物 FITC 染色);(b) 加入 Au 纳米粒子后形成的球形絮状物 AuNP/PLys;(c) 继续在(b)中加入 SiO₂ 纳米粒子后形成的微球

进一步研究发现,如果改变加料的顺序,最后都无法形成空心球,而是形成一些片状聚集体。由此,Stucky 提出了自组装的"絮凝"机理(图 7-18),即 Au/PLys 絮状物的形成是决定组装产物结构的关键步骤。Au 的加入中和了 PLys 表面的电荷,每个高分子链可以结合诸多无机粒子,同时一个粒子也可以结合多根高分子链,这样就使不同聚电解质分子链之间由于无机粒子的引入发生了相互连接,这个过程形象地被称为"絮凝",就好像盐的加入会导致聚电解质发生凝结。由于 PLys 相对于 Au 是过量的,Au/PLys 粒子表面带有正电荷,当继续加入带负电的 SiO₂ 粒子时,由于静电吸附,PLys 链段上的"空位"会继续与 SiO₂ 粒子结合,从而 PLys 有向外扩展的驱动力导致形成空心的微囊。

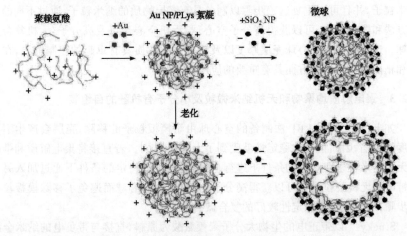

图 7-18　由 PLys,Au 纳米粒子和 SiO₂ 纳米粒子基于絮凝机理自组装形成无机-有机复合空心球的流程图[24]

　　除了聚赖氨酸外,拥有较好生物相容性和可降解性的聚丙烯酸 PAA 也可以与无机小分子粒子发生组装,Mori[25] 采用 PAA 和表面带有特定功能基的 SiO₂ 纳米粒子进行自组装,从图 7-19 中可以看出,这种 SiO₂ 粒子具有两个质子接受位,分别为 N 原子和 O 原子。实验发现,当溶液的 pH 介于 2.2～8.5 时,可以形成 PAA/SiO₂ 复合物,表现为溶液中出现乳白色浑浊但无沉淀,通过加碱再加酸的方法,可以使溶液发生浑浊-澄清-浑浊的周期变化。NaOH 电位滴定曲线显示,这种变化至少存在两个平衡过程。由此,Mori 提出了形成复合物时静电作用和氢键作用相互转变的机理(图 7-19),由于 PAA 的 pK_a 在 5.8(也有文献报道为 4.75[5])左右,当 pH 在 2.2～5.3 之间时,PAA 大部分未解离,通过 PAA 中羧基质子的转移与质子化的 N 相互作用形成离子复合物,当 pH 在 5.8～8.0 之间时,PAA 中羧基发生部分解离,而 N 原子此时已处于去质子化状态,离子相互作用被破坏,此时主要由未解离的羧基与 O 原子间通过氢键作用形成复合物,当 pH 很小时(<2.2),溶液中的质子成为 N 原子质子化的主要来源,无法发生 PAA 质子转移的过程,而当 pH 很大时(>8.5),PAA 上的羧基发生完全解离,因此上述两种情况均不能发生自组装行为。

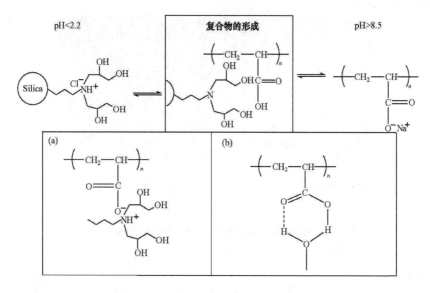

图 7-19 Si 纳米粒子与 PAA 随 pH 诱导发生可逆的结合与分解的假设机理
(a) 离子复合物；(b) 氢键复合物[25]

这种对环境 pH 敏感的无机-高分子纳米复合材料在很多方面有重要的应用，如可通过特定的反应对无机粒子的表面进行修饰和功能化，因而在药物控释，化学传感和基因载体上有独特的应用前景。

聚电解质除了能与带电的无机胶粒发生自组装外，小分子有机酸同样可以和聚电解质依靠静电力在水溶液中进行自组装，组装程度依赖于溶液的 pH 以及酸的 pK_a。研究发现[26]：以 PLys 为原料，将其稀溶液直接与柠檬酸稀溶液进行混合，数分钟后即可观察到有纳米粒子形成，为了提高粒子的稳定性，可以加入 SiO_2 胶粒使其在表面进行沉积，其粒子形态如图 7-20 所示。

为了进一步研究球形粒子的形成机理，Stucky[26]还采用其他含 2～4 个羧基的有机小分子酸与几种聚电解质进行对比实验，结果如表 7-2 所示。可以看出，能形成纳米微粒的最低 pH 一般取决于有机酸的 pK_a 值，最高 pH 和聚多胺侧链氨基的 pK_a 值有关，当 pH 降到 pK_a 以下一个单元时，粒子便会发生解离。这些也进一步表明了形成粒子的主要驱动力是 COO^- 和 NH_3^+ 之间的静电作用力，只有当外界的 pH 范围既能使有机酸的羧基质子发生解离又可以将聚多胺的氨基质子化时，形成粒子的复合反应才能进行。

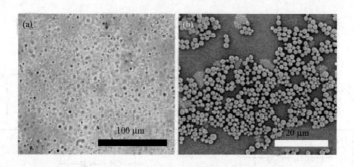

图 7 - 20 PLys/柠檬酸粒子 (a) 未加 SiO₂ 纳米粒子的光学显微镜照片;(b) 加入 SiO₂ 纳米
粒子后的 SEM 照片[26]

表 7 - 2 室温下聚氨基酸和小分子有机酸纳米粒子的形成[26]

酸	$n(COOH)$[1)	pK_a	PLys	PLO	PLH	PLR
柠檬酸	3	6.43	5.5~9.0	5.5~9.5	4.5~6.0	沉淀
异柠檬酸	3	6.40	5.5~9.0	5.0~9.5	5.0~6.0	沉淀
苯均三酸	3	4.7	4.5~8.0	4.5~9.0	4.0~6.0	沉淀
EDTA	4	10.26(6.16)	无	无	无	6~10
碳酸	2	10.33	无	无	无	无
烷基二羧酸	2	3.85~5.69	无	无	无	无(与草酸盐沉淀)
[$n(CH_2)=0$~6]						
酒石酸	2	4.34	无	无	无	无
苹果酸	2	5.2	无	无	无	无
富马酸	2	4.54	无	无	无	无

注:1) "$n(COOH)$"指酸中羧基的数目。

　　PLO:聚(L-鸟氨酸);PLH:聚(L-组氨酸);PLR:聚(L-精氨酸)。

7.2.4 聚电解质和聚合物单体的自组装及空心化

　　上面介绍了聚电解质与表面活性剂、聚电解质与无机粒子以及小分子酸的自组装过程,如果选择一个可与聚电解质发生相互作用的单体组成聚电解质-单体体系,是否也能发生自组装呢? 如果进一步聚合单体,情况又会如何呢? 本课题组的工作对上述问题作出了回答。作者以天然聚多糖壳聚糖(CS)和丙烯酸(AA)为研究体系,发现壳聚糖和丙烯酸单体能自组装成核-壳结构的胶束,聚合胶束中的单体就形成了高分子纳米空心球,图 7 - 21 所示的是壳聚糖和丙烯酸单体自组装形成的胶束及聚合丙烯酸后所形成的纳米空心球[27]。在聚合过程中,粒径和ζ电位随聚合时间的不同也呈现出明显的变化(图 7 - 22),当聚合时间从 60 min 增加至80 min 时,发生了突跃,此后粒径和ζ电位均保持恒定水平。

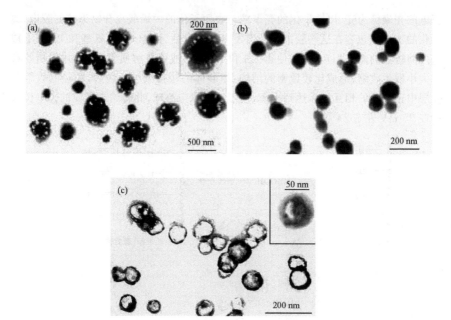

图 7-21 （a）聚合前 CS-AA 胶束的 TEM 照片；（b）聚合完成后 CS-PAA 纳米微球的
TEM 照片；（c）切开微球后的 TEM 照片[27]

插图为单个胶束的放大照片

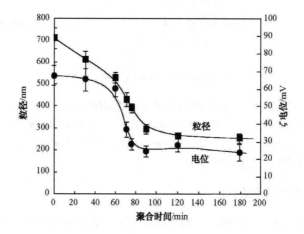

图 7-22 CS-AA 胶束的大小和 ζ 电位随聚合时间的变化[27]

基于上述实验现象，我们提出了相应的自组装机理——水相微胶束聚合模型，
如图 7-23 所示。首先质子化的壳聚糖与去质子化的丙烯酸在水溶液中形成以带

正电的壳聚糖为壳、以质子化的壳聚糖与去质子化的丙烯酸复合物为核的胶束,离子化的 AA 被包容在这些胶束中。引发 AA 聚合后,由于 CS 上氨基和 PAA 上羧基之间较强的静电相互作用,使得 CS 和 PAA 形成聚电解质复合物,并伴随胶束的大小发生收缩,形成比较致密的结构,组装体的粒径减小。最后,粒径的收缩与壳层中正电荷的相互排斥达到平衡,便形成纳米空心球,此时纳米微粒的 ζ 电位维持在 25 mV 左右。

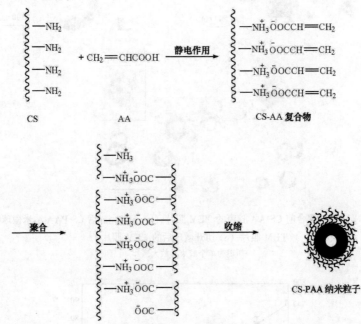

图 7-23　聚合法制备 CS-PAA 纳米空心球的机理

为了进一步提高粒子的稳定性,采用戊二醛对纳米空心球进行交联,并研究了负载模型药物阿霉素的粒子在体外的释放行为[27],结果表明纳米空心球有较高的包覆率和较好的缓释效应,为这类可降解的生物相容性纳米微粒在载药纳米体系中的应用开辟了非常有价值的道路。

7.2.5　聚电解质之间的自组装

同样,利用 COO^- 和 NH_3^+ 之间的静电作用力,作者将壳聚糖(CS)和聚丙烯酸(PAA)的溶液通过滴加的方法进行混合,也可获得球形的纳米粒子[28],该粒子也只能在一定的 pH 范围内稳定存在。CS 是一种弱碱,PAA 是弱酸,在 pH 小于 4.0 的情况下,PAA 中的羧基主要以—COOH 的形式存在,酸性越强,以—COOH 形式存在的比例就越大,因此 CS 和 PAA 之间的作用力被减弱而导致 CS-PAA 纳米微粒的解离,当体系的 pH 在 4.0~9.0 之间时,CS 和 PAA 分子都是部分离子化的,它们分子链上带有相反的电荷,因而能通过静电作用使得 CS 和 PAA 的纳米微粒保持原来致密的球形结构。当溶液的 pH 大于 9.0 时,PAA 中的羧基完全被 OH^- 中和,CS 中的氨基以—NH_2 的形式存在,纳米结构完全被破坏,CS 在碱性条件下不溶解而聚集形成沉淀。实验中还发现了一个有趣的现象,即滴加顺序会影响粒子的形态(图 7 - 24),这个发现为空心微囊的制备提供了一条可能的途径。

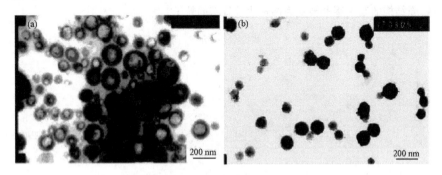

图 7 - 24　pH 4.5 条件下制备的 CS-PAA 纳米粒子的 TEM 照片
(a) PAA 滴加入 CS;(b) CS 滴加入 PAA[28]

　　这种自组装方法在温和的条件下进行,无须表面活性剂和有机溶剂的加入,在室温和水溶液中自组装行为能很快发生。若采用亲水性好并且可生物降解的聚电解质为原料,得到的纳米粒子可以作为理想的药物载体,并且由于粒子对 pH 的敏感特性,可以实现对 pH 敏感的药物缓释。

7.2.6　聚电解质均聚物的胶束化

　　前面所提的都是聚电解质嵌段共聚物或者聚电解质和其他小分子之间发生的自组装行为,而且研究日趋成熟。但是单一聚电解质的自组装行为至今仍少有报道,我们以海藻酸钠为研究对象,通过海藻酸钠随水溶液 pH 值的变化,研究聚电解质均聚物的自组装行为[29]。海藻酸(ALG)是从褐藻或细菌中提取出的天然多糖,由古洛糖醛酸(记为 G 酸)与其立体异构体甘露糖醛酸(记为 M 酸)两种结构单元,通过 α(1-4)糖苷键链接而成的一种无支链的线性共聚物,其结构见图 7 - 25。其中 G 酸和 M 酸

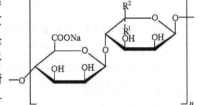

图 7 - 25　海藻酸钠的化学结构[30]
R^1=H,R^2=COONa 或 R^1=COONa,R^2=H

的 pK_a 分别为 3.65 和 3.38[30]。

　　通过过硫酸钾的分解作为质子源使质子逐步释放到海藻酸钠的链上,由于被质子化的链段失去了部分亲水性及羧酸基团之间的氢键作用,使得质子化部分的海藻酸分子链变得部分不溶形成了组装体的核,而未质子化的链段构成壳层,从而自组装形成胶束。相对于直接用盐酸滴加,硫酸钾的分解使质子释放速度更加均匀,而且可以通过温度进行控制。整个自组装过程更加接近于热力学上的平衡过程。图 7 - 26 显示了粒子形态随过硫酸钾分解时间的增加发生的变化,由疏松的核 - 壳结构的胶束逐渐转变为结构比较致密的粒子[29]。

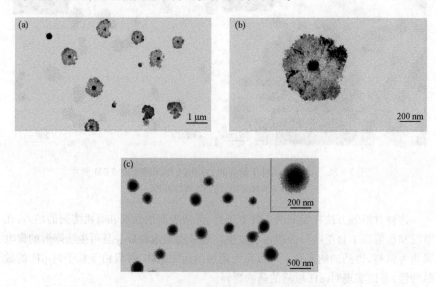

图 7 - 26　不同分解时间下海藻酸钠的 TEM 照片
(a) 分解时间 15 min;(b) (a)中单个胶束的放大照片;(c) 分解时间 80 min

7.3　聚电解质的应用

　　前面主要介绍了目前聚电解质分子自组装的不同方法,由于聚电解质复合物在结构与性能上与生物大分子存在许多相似性(如表面电荷、亲疏水性、小分子物质的选择输运等),同时许多生物功能如基因信息的传递、酶的选择性和抗体 - 抗原作用等主要是基于生物大分子之间的相互作用或者生物大分子与小分子化合物之间的相互作用,因而聚电解质复合物在生物医用材料方面有着巨大的应用前景,如膜材料、药物控释体系和酶载体等等,尤其是药物控释领域更成为近年来研究的热点。下面就对这一方面展开讨论。

7.3.1　pH 响应药物控释

聚电解质复合物的 pH 响应溶胀性能是通过聚电解质复合物在不同 pH 时形成或解离所导致的体积变化来实现的,与聚电解质的电荷性质、密度、分子链的结构、制备条件等密切相关。用聚电解质嵌段共聚物、阳离子聚合物-阴离子聚合物复合物或聚电解质均聚物——两性大分子复合物作载体,都可以实现药物的 pH 响应释放[19]。例如聚(2-乙烯基吡啶)与聚乙二醇的嵌段共聚物(P2VP-b-PEG)形成的微囊[19]可以在 pH＞4.5 的条件下稳定存在,但是当 pH 低于 4 时,内核的 P2VP 就会被质子化从而破坏了微囊的结构。图 7-27 显示了在电子显微镜下微囊结构随着时间逐渐发生解离的过程。粒子的这种 pH 敏感特性使之可以应用于控制特殊药物的缓释上,例如癌症细胞相对于正常细胞来说具有较高的新陈代谢速率和微酸性的细胞液,将 pH 敏感的粒子作为药物载体可以选择性地在癌症细胞内离解释放药物,从而达到更好的治疗效果。

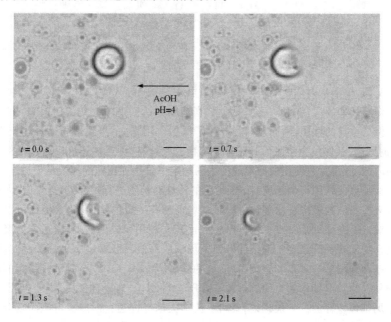

图 7-27　二嵌段共聚物 P2VP-b-PEG 微囊在外加乙酸的条件下发生逐渐解离的光学显微镜照片[19]

Kenji 等[32]把聚丙烯酸溶液滴入聚环乙亚胺溶液中制备胶囊,胶囊表面是聚丙烯酸/聚环乙亚胺聚电解质复合物膜。结果发现模型化合物苯亚乙基乙二醇从胶囊中的释放在酸性条件下具有 pH 响应性并且该过程是可逆的。如果进一步把在中性条件下离子化且将受 pH 影响更大的组氨酸基团($pK_a = 6.0$)引入聚环乙亚胺中,则所制备的胶囊具有更好的 pH 响应药物释放性能(图 7-28)。因为葡萄糖酶可以将葡萄糖转变为葡萄糖酸,因而葡萄糖浓度与 pH 具有一定的对应关系,利用这一点,该类微囊同样对葡萄糖具有很好的响应,在药物控释体系中具有良好的应用前景。

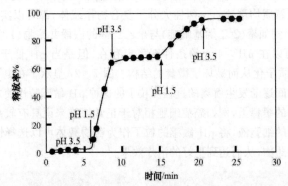

图 7-28　组氨酸修饰的聚丙烯酸/聚环乙亚胺复合微囊对模型化物苯亚乙基乙二醇的
pH 响应控释曲线[32]

又如,聚甲基丙烯酸-聚乙二醇嵌段共聚物(PMAA-b-PEG)可以作为胰岛素或者降血钙素的优良载体。经口服后,当药物到达酸度较高的胃时,PMA-b-PEG 仍然保持稳定的性质,因而对药物产生了保护作用,进一步到达肠道后,由于环境 pH 的升高,载体发生溶胀而开始释放药物。此外,这种载体还可以防止蛋白质在小肠内的降解,并且使蛋白质渗透到小肠细胞中以达到预期的疗效[33]。

除了直接利用聚电解质对 pH 敏感的特性对药物进行控释外,近年来,人们还发现某些特殊的聚电解质复合材料对电场也具有一定的响应能力,因而可以通过电场对 pH 进行间接调控,1994 年,Kwon 等[34]利用聚烯丙胺/肝素形成的聚电解质复合物实现了肝素在生理条件下的电场响应释放。肝素是一种聚酸(侧链带有羧酸基和磺酸基),可以和聚烯丙胺(弱的聚碱)在 pH = 2~11 时形成稳定的聚电解质复合物。电场作用力使局部的 pH 升至 11 以上,复合物解离,释放出肝素;关掉电场则停止释放。一般说来,聚离子药物大都可以通过形成聚电解质复合物来实现电场响应释放。

7.3.2　免疫隔离细胞移植

利用异体或基因工程的细胞移植来治疗疾病具有很多优点,近十几年来得到了广泛的研究。其中一个重要的问题是需要把移植的细胞与宿主的免疫系统进行隔离。当体内有外来细胞或粒子进入时,巨噬细胞就会识别并进行吞噬,以达到清除"异物"的作用,此外,如果移植的细胞与蛋白质或细菌细胞有较强的亲和作用,容易产生肉芽瘤或发生感染。为了克服上述缺点,Caruso[35]模拟 SMBV(超分子生物带菌体)的脂蛋白结构,在以 LBL 方法合成的聚电解质微粒上通过适当的化学反应接上长链脂肪酸结构,最后接上亲水性的 PEG 衍生物,将模板核粒子移除后,可以加入抗原从而获得基因药物载体。以巨噬细胞 TPH-1 为例,实验发现,这种表面修饰的聚苯乙烯磺酸钠/4 代树形聚酰胺-胺(PSSNa/4G PAMAM)粒子较未修饰的粒子对 TPH-1 的吸附作用明显减小,粒子与 TPH-1 未发生立即吸附,且4h 后也仅有一个粒子发生了吸附。同时,以人血清蛋白 HSA 为模型蛋白质,经过表面修饰的粒子同样较未修饰的粒子具有较高的包封率。这种修饰后的聚电解质粒子具有较好的生物相容性,同时这种粒子还容易与生物体表面例如鼻黏膜、角膜、口腔黏膜发生相互作用,在给药部位有较好的吸收,兼备了上述不易被巨噬细胞识别并且不易吸附在蛋白质或细菌细胞周围的特性,因此可以作为抗原的载体,在治疗方面具有相当广阔的应用前景。

细胞移植在治疗诸如糖尿病等激素和新陈代谢方面的疾病中是一个有力的手段,但是有核细胞的固定性和组织的脆弱性是一个不利因素。将细胞固定在一个载体上再移植到寄主上,这种方法可降低上述两个不利因素的影响。Alexader等[36]考察了电荷密度对聚电解质复合物微胶囊中包裹的活细胞的活性的影响情况。采用含甲基丙烯酸的聚电解质与季铵化的二甲基胺基甲基丙烯酸来形成聚电解质复合物,活细胞为人体的 Burkitt 淋巴瘤(Raji)细胞。在两种不同电荷密度情况下,细胞都能保持原有的功能,进行分裂繁殖。相比而言,在低电荷密度的聚电解质形成的微胶囊里,Raji 细胞拥有更好的结构整体性,营养液和废物的渗透性较好,微胶囊表面的生物反应性很低。因而,抗原和聚电解质形成的复合物由于两者的静电相互作用和疏水相互作用而稳定存在。复合物不仅表现出高免疫性,而且还具有明显的保护活性,这些独特的性质使聚电解质复合物在免疫隔离细胞移植的研究上独树一帜。

7.3.3　多肽蛋白质药物控释

利用聚电解质复合微囊作为蛋白药物的控释载体,具有十分突出的优点。首先,聚电解质微囊包埋细胞的过程相当温和,有助于保持药物的活性;其次,很多天然存在的聚电解质拥有很好的生物相容性、可降解性、低毒性等等,使得它们成为药物载体的首选。目前应用比较广泛的是海藻酸和壳聚糖。由于壳聚糖具有优异的生物黏结性,壳聚糖/海藻酸钠微囊被普遍作为多肽蛋白药物如胰岛素的口服稀释制剂的载体。Heller[37]采用药物扩散包埋法制备了负载 Interleukin-2(IL-2)的壳聚糖/海藻酸钠微囊,IL-2 是一种白细胞杀菌素,主要用于肿瘤的治疗,实验通过检测产生的胞素白细胞 CTL 的活性来测定这种多肽蛋白药物的活性和治疗作用。图 7‑29 中显示胞素白细胞的存活周期与存活率之间的关系,其中黑色柱代表细胞中存活的 IL-2,白色柱代表释放到介质中的 IL-2,由此可见,直至两个月后,CTL 仍然能保持杀死肿瘤细胞的活性,使 IL-2-壳聚糖/海藻酸钠微囊在肿瘤治疗方面能保持相对较长的疗效。

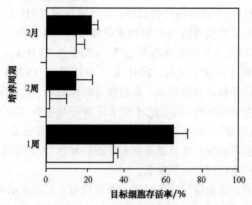

图 7‑29　具有特殊杀灭活性的淋巴细胞随时间存活率柱状示意图[37]

7.3.4　组织再生工程

碱性生长因子是一类重要的多肽蛋白药物,在组织的愈合、再生方面有重要用途,但是这类药物在体内的半衰期很短,因此如何选择一种载体对其进行较长时间的缓释是主要面临的问题。很多碱性纤维原细胞生长因子(bFGF),一般等电点大于 9.0,在生理条件下带负电荷,可以与带正电的聚电解质通过静电作用形成聚电解质复合物。Yasuhiko[38]将 bFGF 与明胶形成复合物微粒,动物实验表明,头盖骨发生缺损的家兔在植入这种制剂后,头盖骨在 12 周后即能发生痊愈,与同样剂量但是不通过明胶为载体的 bFGF 直接植入的效果相比较,骨密度明显提高。这种药物制剂可以使某些在外科手术上几乎不可能修复的缺陷得到愈合。

除了体内组织的直接再生外,还可先通过体外进行人造组织的培养,然后再进行移植。由于人体内的很多组织例如骨头等是三维生长的,体外培养就要求基底材料对细胞在空间的生长有一定的定型作用,并且能够及时从培养介质中吸取养分,对细胞产生的代谢物进行排泄,同时阻止细胞向培养介质的渗透。聚电解质拥有这种"半透"性质,因而成为近年来人造组织载体研究的热点。Sittinger[39]采用磺化纤维素和聚二烯丙基二甲基氯化胺(PDADMAC)形成的聚电解质复合物微粒作为细胞生长的基底,将 PLys 和软骨细胞植入基底,置于培养介质中进行生长。实验发现,两周后,软骨细胞仍然保持活性,生长速度与采用经典基质琼脂糖相比能获得同样的效果,但是这种聚电解质基底较琼脂糖而言,对细胞/高分子组织具有更好的包裹并且提供了一定的生长空间,同时,后续移除过程简单易行。

除了作为载体外,聚电解质由于类似于胶原蛋白等连接组织,且对水及体液中大部分小分子具有透过性,因此可作为人体内许多组织的替代物进行移植,例如人造软骨、血管等等。

7.3.5　基因治疗

基因治疗是当前药物控制释放的研究热点之一。到目前为止,在基因治疗中,大都以病毒为载体,但是这可能导致内源病毒重组、致癌、免疫反应等负效应,限制了其在人类疾病基因治疗方面的应用。为了解决这个问题,近年来以非病毒材料为基因载体的基因治疗研究引起了人们的重视[40]。其中用阳离子聚电解质或者聚电解质嵌段共聚物和基因(聚阴离子)形成的类似于病毒结构的聚电解质复合物作为基因的载体,就是其中一个重要的方面。

目前使用的聚电解质以多肽为主,例如 PEG-b-PAsp,PEG-b-PLys 等嵌段共聚物中的聚阳离子链段可以与核酸、蛋白质等生物小分子结合,从而作为外源载体进入细胞质,发生解离后,将外源基因释放出来进入细胞核进行表达,从而获得基因的载体。图 7-30 中所示的是载有基因的 PEG-b-PLys 的内吞过程[40],由于 PEG-b-PLys 载体具有很好的生物相容性,在生物体内能够与细胞膜相接触,通过细胞的内吞作用(endocytosis)进入细胞,内涵体(endosome)在细胞质(cytosol)中逐渐溶解释放出 PEG-b-PLys 载体,然后在细胞内酶的作用下释放出所携带的基因,该基因进入细胞核后参与 DNA 的复制,从而表达出具有特定功能的酶或者蛋白质,达到预期的疗效。

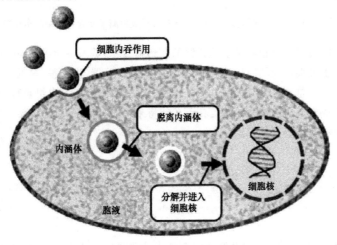

图 7-30　嵌段共聚物胶束在细胞内越过细胞屏障发生转让示意图[40]

　　Kataoka[41]报道了聚乙二醇-聚赖氨酸嵌段共聚物(PEG-b-PLys)与反义核苷酸进行自组装,形成带有基因的聚电解质复合粒子。如图7-31所示,外层是亲水的PEG链段,内核则是疏水的反义核苷酸链段与聚赖氨酸。粒子粒径在60 nm左右并且具有较窄的分布,同时,粒子具有较好的渗透特性,因而使其成为较好的基因载体。

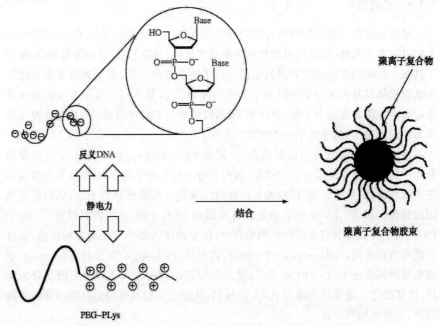

图7-31　阳离子嵌段共聚物与寡核苷酸形成聚离子复合物胶束的示意图[41]

　　聚电解质组装微粒除了上述介绍的在药物缓释、基因治疗等方面的应用外,在其他方面也有很广泛的应用,例如可以作为生物传感器、生物膜、絮凝剂等,在这里就不详述了。总而言之,由于聚电解质的诸多优异特性,对其自组装行为的研究和应用已经成为近年的热点。相信在不久的将来,随着科技手段的日新月异,聚电解质组装材料一定会大放异彩。

参 考 文 献

[1]　何曼君,陈维孝,董西侠. 高分子物理. 上海:复旦大学出版社,1991. 137

[2]　Kötz J, Kosmella S, Beitz T. Self-assembled polyelectrolyte systems. Prog. Polym. Sci., 2001, 26: 1199

[3]　Förster S, Hermsdorf N, Böttcher C, Lindner P. Structure of polyelectrolyte block copolymer micelles. Macromolecules, 2002, 35: 4096

[4]　Bartkowiak A. Effect of the ionic strength on properties of binary alginate/oligochitosan microcapsules. Colloids and Surfaces A: Physicochemical and Engineering Aspects, 2002, 204: 117

[5]　Hu Y, Jiang X Q, Ding Y, Ge H X, Yang C Z. Synthesis and characterization of chitosan-poly(acrylic acid) nanoparticles. Biomaterials, 2002, 23: 3193

[6]　Mori H, Müller A H E, Klee J E. Intelligent colloidal hybrids via reversible pH-induced complexation of polyelectrolyte and silica nanoparticles. J. Am. Chem. Soc., 2003, 125: 3712

[7]　(a)Immanen A, McHugh A J. Flow-induced conformational changes and phase behavior of aqueous poly-L-lysine solutions. Biopolymer, 1998, 45 (3): 239; (b) Wang Y L, Chang Y C. Synthesis and conformational transition of surface-tethered polypeptide: poly (L-lysine). Macromolecules, 2003, 36: 6511

[8]　Sfika V, Tsitsilianis C. Association phenomena of poly (acrylic acid)-b-poly (2-vinylpyridine)-b-poly (acrylic acid) triblock polyampholyte in aqueous solutions: from transient network to compact micelles. Macromolecules, 2003, 36:4983

[9]　Masanori H. Polyelectrolytes Science and technology. New York: Maecel Dekker Inc., 1993. 77

[10]　Bronich T K, Kabanov A V. Novel block ionomer micelles with cross-linked ionic cores. Polymer Preprints, 2004, 45(2): 384

[11]　Solomatinl S V, Bronich T K, Kabanov V A, Eisenberg A, Kabanov A V. Block ionomer complexes from combinations of surfactants: Particle morphology and surfactant mixing. Polymer Preprints, 2004, 45(2): 395

[12]　Arada A, Kataoka K. Formation of polyion complex micelles in an aqueous milieu from a pair of oppositely-charged block copolymers with poly(ethylene glycol) segments. Macromolecues. 1995, 28: 5294

[13]　Harada A, Kataoka K. Chain length recognition: Core-shell supramolecular assembly from oppositely charged block copolymers. Science, 1999, 283: 65

[14]　(a)Kabanov A V, Bronich T K, Kabanov V A, Yu K, Eisenberg A. Soluble stoichiometric complexes from poly (N-ethyl-4-vinylpyridinium) cations and poly(ethylene oxide)-block-polymethacrylate anions, Macromolecules. 1996, 29: 6797; (b)Lysenko E A, Bronich T K, Eisenberg A, Kabanov V A, Kabanov A V. Block ionomer complexes from polystyrene-block-polyacrylate anions and N-acetylpyridinium cations. Macromolecules, 1998, 31: 4511

[15]　Schrage S, Sigel R, Schlaad H. Formation of amphiphilic polyion complex vesicles from mixtures of oppositely charged block ionomers. Macromolecules, 2003, 36(5): 1417

[16]　Dobrynin A V, Colby R H, Rubinstein M. Polyampholytes. J. Polym. Sci. B, Polym. Phys., 2004, 42: 3513

[17]　Bieringer R, Abetz V, Müller A H E. Triblock copolyampholytes from 5-(N, N-dimethylamino) isoprene, styrene, and methacrylic acid: Synthesis and solution properties. Eur. Phys. J. E.: Soft Matter, 2001, 5: 5

[18]　Sfika V, Tsitsilianis C. Association phenomena of poly (acrylic acid)-b-poly (2-vinylpyridine)-b-poly (acrylic acid) triblock polyampholyte in aqueous solutions: From transient network to compact micelles. Macromolecules, 2003, 36: 4983

[19]　Förster S, Abetz V, Müller A H E. Polyelectrolyte block copolymer micelles. Adv. Polym. Sci., 2004, 166: 173

[20]　Donath E, Sukhorukov G B, Caruso F, Davis S A, Möhwald H. Novel hollow polymer shells by colloid-templated assembly of polyelectrolytes. Angew. Chem. Int. Ed., 1998, 37(16): 2202

[21]　Caruso F, Caruso R A, Möhwald H. Nanoengineering of inorganic and hybrid hollow spheres by colloidal templating. Science, 1998, 282(6): 1111

[22]　Caruso F. Hollow capsule processing through colloidal templating and self-assembly. Chem. Eur. J., 2000, 6: 413

[23]　Khopade A J, Caruso F. Electrostatically assembled polyelectrolyte/dendrimer multilayer films as ultrathin nanoreservoirs. Nano Lett., 2002, 2: 415

[24]　Murthy V S, Cha J N, Stucky G D, Wong M S. Charge-driven flocculation of poly(L-lysine)-gold nanoparticle assemblies leading to hollow microspheres. J. Am. Chem. Soc., 2004, 126: 5292

[25]　Mori H, Müller A H E, Klee J E. Intelligent colloidal hybrids via reversible pH-induced complexation of polyelectrolyte and silica nanoparticles. J. Am. Chem. Soc., 2003, 125: 3712

[26]　McKenna B J, Birkedal H, Bartl M H, Deming T J, Stucky G D. Micrometer-sized spherical assemblies of polypeptides and small molecules by acid-base chemistry. Angew. Chem. Int. Ed., 2004, 43: 5652

[27]　Hu Y, Jiang X Q, Ding Y, Chen Q, Yang C Z. Core-template-free strategy for preparing hollow nanospheres. Adv. Mater., 2004, 16(11): 933

[28]　Hu Y, Jiang X Q, Ding Y, Ge H X, Yang C Z. Synthesis and characterization of chitosan-poly (acrylic acid) nanoparticles. Biomaterials, 2002, 23: 3193

[29]　Cao Y, Shen X C, Chen Y, Guo J, Chen Q, Jiang X Q. pH-induced self-assembly and capsules of sodium alginate. Biomacromolecules, 2005, 6(4): 2189

[30]　(a) Orive G, Ponce S, Hernandez R M, Gascon A R, Igartua M, Pedraz J L. Biocompatibility of microcapsules for cell immobilization elaborated with different type of alginates. Biomaterials, 2002, 23: 3825; (b) Drury J L, Mooney D J. Hydrogels for tissue engineering: scaffold design variables and applications. Biomaterials, 2003, 24: 4337; (c) Lai H L, Abu'Khalil A, Craig D Q M. The preparation and characterisation of drug-loaded alginate and chitosan sponges. International Journal of Pharmaceutics, 2003, 251: 175

[31]　Zhang G Z, Niu A Z, Peng S F, Jiang M, Tu Y, Li M, Wu Q. Formation of novel polymeric nanoparticles. Acc. Chem. Res., 2001, 34: 249

[32]　Kenji K, Takao, O, Takayuki K, Toru T. Permeability characteristic of polyelectrolyte complex capsule membranes: Effect of preparation condition on permeability. J. Appl. Polym.Sci., 1996, 59: 687

[33]　Langer R, Peppas N A. Advances in biomaterials, drug delivery, and bionanotechnology. Bioengineering, Food, and Nature Products, 2003, 49(12): 2990

[34]　Kwon I C, Bae Y H, Kim S W. Heparin release from polymer complex. J. Control Rel., 1994, 30: 155

[35]　Khopade A J, Caruso F. Surface-modification of polyelectrolyte multilayer-coated particles for biological applications. Langmuir, 2003, 19: 6219

[36]　Wen S, Alexander H, Inchikel A, Stevenson W T K. Microcapsules through polymer complexation: Part 3: encapsulation and culture of human Burkitt lymphoma cells in vitro. Biomaterials, 1995,16: 325

[37] Liu L S, Liu S Q, Ng S Y, Michael F, Tadao O, Heller J. Controlled release of interleukin-2 for tumour immunotherapy using alginate/chitosan porous microspheres. J. Control Rel., 1997, 43: 65

[38] Yasuhiko T, Keisuke Y, Susumu M, Izumi N, Haruhiko K, Ikuo A, Makoto T, Yoshito I. Bone regeneration by basic fibroblast growth factor complexed with biodegradable hydrogels. Biomaterials, 1998, 19: 807

[39] Sittinger M, Lukanoff B, Burmester G R, Dautzenberg H. Encapsulation of artificial tissues in polyelectrolyte complexes: preliminary studies. Biomaterials, 1996, 17: 1049

[40] Kakizawa Y, Kataoka K. Block copolymer micelles for delivery of gene and related compounds. Advanced Drug Delivery Reviews, 2002, 54: 203

[41] Kataoka K, Togawa, H, Harada A, Yasug K, Matsumoto T, Katayose S. Spontaneous formation of polyion complex micelles with narrow distribution from antisense oligonucleotide and cationic block copolymer in physiological saline. Macromolecules, 1996, 29: 8556

第8章 聚合物聚集体中的溶胶-凝胶反应和有机-无机纳米杂化颗粒

陈永明　杜建忠　熊　鸣

8.1 引　言

　　自组装是当今最活跃的科学领域之一,它是形成蛋白质、细胞乃至生命的一个重要途径,因此关于自组装的研究对于揭开生命的奥秘具有十分重要的意义。得益于可控聚合反应获得的结构确定的嵌段共聚物在溶液和本体状态自发地自组装产生了极其丰富的有序的纳米尺度的结构和形貌——从单独的纳米颗粒到三维有序的结构,尺度从纳米到微米级,在有外场的作用下有序结构尺度还可以更大;并且纳米尺度结构的进一步组装还可以得到高级的有序结构,也可以作为模板制备形式繁多的纳米材料。因此,嵌段聚合物的自组装在纳米材料和技术中扮演着极其重要的角色[1,2]。

　　不同性质的聚合物链通过共价键键合在一起就得到所谓的嵌段共聚物,其自组装体现在三个方面:①在稀溶液中:在选择性溶剂中相互聚集形成聚合物胶束,取决于聚合物链的结构和组成以及自组装条件,胶束的形貌可以有球形、棒状、囊泡、管状和复合胶束等;②在浓溶液中:如果聚合物胶束的浓度大到一定程度,由于胶束之间corona(壳或冠)的相互交叠导致胶束形成有序堆积的溶致液晶相,如球状胶团堆积形成的立方结构(立方液晶)、棒状胶团堆积形成的六角束以及层状液晶;③在本体和表面:本体时的微相分离也可以产生不同种类的形貌,如层状(LAM)、六角堆积棒状(HEX)、体心六方球形(BCC)等及一些复杂的形貌。

　　本章涉及的是嵌段共聚物在稀溶液中的自组装。我们知道两亲小分子在水中达到一定的浓度(即临界胶束浓度,CMC)时会相互聚集在一起,亲油的烷基链形成胶束的内核,而亲水基处于水和内核的界面。亲油基团的聚集减少了与水接触的面积,降低了自由能。两亲嵌段共聚物同样具有这样的性质,如果某溶剂可以溶解嵌段共聚物中的某一段,但不能溶解另一段,这种溶剂称为选择性溶剂。例如对于聚丙烯酸-b-聚苯乙烯(PAA-b-PS),水可以溶解PAA段,但不能溶解PS段,水就是PAA的选择性溶剂。嵌段共聚物在这种溶液环境下就会形成胶束聚集体,最大程度地降低不溶嵌段和溶剂的接触。嵌段共聚物同样具有临界胶束浓度(参见第10章),但CMC值非常小,溶液中游离聚合物单链数目非常少,与聚集体中聚合物链的交换速率也很慢。如果成核聚合物的玻璃化转变温度(T_g)高于聚合物胶束存在的温度,聚合物链被冻结于胶束中,这时可以认为没有聚合物链的交换。这是聚合物胶束区别于小分子的地方。

典型聚合物胶束的形貌是核‐壳球形结构,即不溶解的一段聚集成核,溶解的一段从核上指向溶液中,如图 8‐1 所示。人们在相当长的一段时间认为聚合物胶束的形貌很简单,直到近十来年才发现聚合物胶束的形貌非常丰富,使得人们对聚合物聚集体的认识有了一个跨越性的提高。例如在1995 年,Eisengberg 等发现将形成壳的嵌段尽可能地缩短,如缩短聚合物 PS-*b*-PEO 和

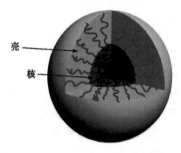

图 8‐1　典型聚合物胶束的结构

PS-*b*-PAA 中的 PEO 和 PAA 嵌段(PS、PAA 和 PEO 分别为聚苯乙烯、聚丙烯酸和聚氧乙烯),这样的嵌段共聚物可以在极性溶剂中形成形貌非常丰富的聚集体。这是由于球形胶束核‐壳界面曲率较大,如果组成壳的链变短,相互之间的体积排斥作用减小,导致核‐壳界面曲率变小,促使其产生其他的形貌,如双层膜的曲率为最小。这是一项很重要的发现,对理解不同形貌的聚合物聚集体的形成具有指导意义(参见第 1 章)。在本书的其他章节中有对嵌段共聚物自组装机理和进展的专门论述,在此就不再重复。

8.1.1　嵌段共聚物胶束的形貌固定

随着聚合物自组装研究的深入开展,人们开始关注一个重要的问题,即胶束的稳定化。一般而言,这些胶束离开制备环境后可能会变形,甚至被破坏。Eisenberg 等[3] 所制备的胶束大多数都含有聚苯乙烯,其玻璃化转变温度(T_g)较高,因此他们利用加入过量水、渗析等办法可以在动力学上固定胶束的形貌。但在环境改变时,如温度、溶剂性质变化、添加其他分子等,聚集体的形貌可能改变,甚至解离成独立的聚合物链。这种变化在有的情况下是需要的,如需要可逆转化的情况下。但在某些应用中这种变化又是不利的,比如用聚合物囊泡负载催化剂在进行催化反应时,需要囊泡在复杂的环境保持稳定。因此,采用化学方法固定胶束是自组装领域的一个重要的研究方向。

胶束固定化的一个容易想到的途径是将嵌段共聚物链段上带有反应性基团,当聚合物自组装形成聚集体后,通过一定的化学反应方式将聚集的聚合物链段通过共价键交联在一起,这样形貌就会被固定下来,即使环境发生改变,形貌也不会有变化。已经采用的化学反应种类有加入交联剂进行反应、光交联、聚合反应等。例如,如果聚合物可以组装成囊泡、蠕虫状、管状等聚集体,通过交联反应就可以得到稳定的中空纳米颗粒、纳米纤维和纳米管。这些新型材料具有诱人的应用前景,

但是这样的材料通过其他方式往往不能或很难得到。尽管目前有多种方法制备无机纳米管,但要简便得到具有稳定有机结构的、可在溶剂中分散的纳米管仍然很困难。

反应性嵌段共聚物的组装和形貌固定涉及三个过程(如图 8-2 所示)。首先,通过单体聚合原位地在嵌段共聚物上引入可以进行交联反应的基团,这包括反应性单体的均聚合或与反应性单体的共聚合。另外,将已经合成的嵌段共聚物通过高分子反应修饰上反应性基团也是一种选择。然后,将聚合物在选择性溶剂中进行自组装,通过调控聚合物的组成、自组装条件以了解反应性聚合物的组装规律。最后,在某种条件下进行交联反应,固定形貌。

图 8-2　反应性嵌段共聚物的组装和形貌固定

这些过程在实际应用中会存在一些问题和挑战,具体反映在两方面。一方面,嵌段共聚物在溶液中组装成 core/corona 结构的球形粒子是最常见的形貌,但从材料学的角度来说,球形纳米颗粒的合成方法很多,有些途径也很简单、原料易得。但是形成非球形(棒状、囊泡状、管状、层状等)或其他复杂形貌更能体现嵌段聚合物自组装的优势。通过嵌段共聚物组成和组装条件的变化可以进行形貌的调控,这是目前人们积极进行的课题研究,但并不是所有嵌段共聚物都可以自组装成多种形貌的聚集体,从实验上人们还需更多的积累。另一方面是交联反应对形貌的影响。一般来说,人们希望带有反应性基团的嵌段共聚物能形成期待形貌的聚集体,但不希望交联反应影响其形貌。然而在实际应用中,往往同时满足形貌和交联反应这两个条件是比较困难的。

8.1.2　研究进展

国际上在这方面提出新方法并有代表性的研究组有:加拿大 Calgary 大学的刘国军(Guojun Liu)研究组[4]、美国华盛顿大学 Karen Wooley 研究组[5] 等、英国 Sheffield 大学的 Steven P. Armes[6] 研究组等。

1996 年,刘国军等首次运用共价交联固定嵌段共聚物聚集体的思想制备了交联的星状聚合物和球形胶束[7]。他们研究组在这个领域的主要特点是在嵌段共聚物中引入了在光照条件下可发生 2+2 成环的肉桂酰基团,聚合物形成胶束后可直接进行紫外光照射将胶束固定。这种嵌段聚合物一般都是通过阴离子聚合制备的,他们通过聚合物的结构(如两嵌段共聚物、三嵌段共聚物)、组成和聚集条件的调控,勾画出一个形貌和内容丰富的很有特色的体系,制备了一系列具有交联结构的球形纳米聚集体[4,7]、纳米纤维[8~10]、纳米管[11]、纳米通道[12] 等等(参见第 5 章)。

　　Wooley 研究组在 1996 年首次提出了"壳交联胶束"(shell-cross-linked
knedel;SCK)的概念[5]。其基本思想如图 8‐3 所示。通过两亲嵌段聚合物的自
组装形成具有一定形貌的聚合物胶束后,加入小分子交联剂将胶束的壳固定。例
如,对以聚 4‐乙烯吡啶为壳的胶束,加入对‐氯甲基苯乙烯使其壳上形成季铵盐,最
后加入亲水性的自由基聚合引发剂,通过光引发进行对‐氯甲基苯乙烯的聚合(图
8‐4),而对以聚丙烯酸为壳的情况,可加入二胺基化合物作为交联剂将胶束固定。
在这两种情况下,胶束的壳均形成了交联的聚合物网络,得到了类似分子胶囊的纳
米材料——壳交联胶束。

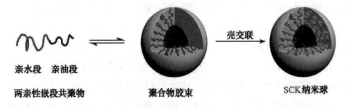

图 8‐3　"壳交联纳米颗粒"的制备[18]
包括嵌段共聚物的自组装和胶束的壳交联

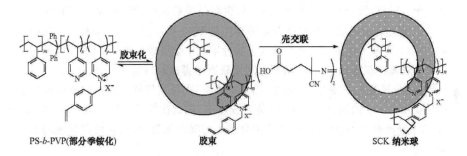

图 8‐4　由苯乙烯和 4‐乙烯基吡啶的嵌段共聚物制备 SCK 的途径[18]

　　基于以上思路,Wooley 研究组在 SCK 领域取得了进展,得到了一系列稳定的
纳米聚集体[13~19]。最近,他们的研究兴趣转向了 SCK 的应用研究,例如通过混合
胶束方法制备的 SCK 纳米粒子的生物相容性研究。此外,他们还利用不同的引
发剂和聚合手段(如原子转移自由基聚合、氮氧自由基聚合等方法),合成了一系
列以聚丙烯酸为亲水嵌段的囊泡,将壳交联后进行进一步的研究,包括纳米笼子
(nanocage)[15,16,20]、生物相容性[20~23]、纳米材料前体[24]、囊泡的 pH 响应[25]以及
热诱导形变[26]。

　　其中,合成纳米笼子的方法是先合成聚丙烯酸的嵌段共聚物[如聚丙烯酸-b-
聚(1,4 异戊二烯),聚己内酯-b-聚丙烯酸],在合适的溶剂中形成胶束后,加入交联

剂使之形成 SCK,然后再利用臭氧降解、酸或碱水解 SCK 的核的方式,使之成为纳米笼子。

在生物兼容性方面,一般采用两种手段:一种是先形成带有特定端基的 SCK,再在壳上修饰生物分子;另一种是利用以生物分子为端基的引发剂来引发嵌段共聚物聚合,最后形成 SCK。已经引入并得到研究的生物分子如甘露糖、肽链等。

聚(1,2-丁二烯)-*b*-聚氧乙烯嵌段共聚物(PB-*b*-PEO)是一类很有意思的聚合物。一方面聚丁二烯嵌段容易通过阴离子聚合制备,并且聚合物悬挂的双键容易在紫外光照射下发生聚合反应。另一方面,这类两亲嵌段共聚物可形成形貌丰富的聚集体,如蠕虫状聚集体[27]、囊泡,形成胶束后,利用 γ 射线使之交联固定[28]。Bates 等[29]对 PB-*b*-PEO 和聚氧乙烯-聚乙基乙烯(PEO-*b*-PEE)有深入的研究。对于前者,在其形成了囊泡之后,可以在溶液中利用氧化还原自由基聚合(以 $K_2S_2O_8$ 为引发剂、$Na_2S_2O_5/FeSO_4 \cdot 7H_2O$ 为氧化还原剂)使囊泡壁交联,得到强度较大的微米级囊泡;而对于后者,在选择性溶剂中形成的囊泡本身就具有较大的强度。

其他一些化学交联的方法主要是利用了聚合反应。例如,利用聚丙交酯大分子作为 RAFT 链转移剂引发 *N*-异丙基丙烯酰胺聚合,得到的产品可以在甲醇溶液中形成囊泡。此时再加入一定比例的双丙烯酸乙二醇酯,在 AIBN 的存在下与之共聚,就使得聚合物链在增长的同时,也将已经形成的囊泡的结构交联固定住了[30]。或是合成端基含有甲基丙烯酸基团的聚(2-甲基㗁唑啉)-*b*-聚二甲基硅氧烷-*b*-聚(2-甲基㗁唑啉),该聚合物在选择性溶剂中会形成囊泡的结构,用紫外光照射使其端基的双键发生反应,从而达到交联固定囊泡的目的[31]。再如,聚苯乙烯-*b*-聚[3-(异氰基-L-丙氨酰基-氨基-乙基)-噻吩]嵌段共聚物可以在四氢呋喃和水的体积比为 1/5 的混合溶剂中,组装形成囊泡,这时在体系中加入联(2,2′-吡啶)钌(Ⅱ)-联吡唑作为氧化剂,可以使聚合物中的噻吩基聚合,从而使得囊泡的壁交联固定下来[32]。

8.1.3 聚合物聚集体中进行的溶胶-凝胶反应

前面介绍的例子都是在纯有机聚合物上进行的,得到的也是纯有机结构的纳米颗粒。我们知道烷氧基硅[—$Si(OR)_3$]基团易水解生成硅醇,并且进一步缩合生成交联网状的有机倍半硅氧烷结构,即溶胶-凝胶过程,得到既具有有机组分,又具有无机组分的杂化结构。近年来,人们通过含有—$Si(OR)_3$ 基团聚合物的溶胶-凝胶化来制备有机聚合物杂化氧化硅材料,这种材料结合了有机材料的黏弹性、韧性和无机材料的刚性、稳定性,具有广泛的应用前景。但是,这种方法适合制备大尺寸材料,难以控制在纳米或微米尺寸。如果通过嵌段聚合物的自组装,并在组装体中进行溶胶-凝胶化,就可以在微观尺寸上得到有机/无机杂化的材料。通过嵌段聚合物组成和自组装条件的变化,有可能产生各种形貌的聚集体,而这种自组装是自发产生的,不需要其他的驱动力,同时避免了制备中空颗粒常用的模板材料。这种优势无疑会使之具有广泛的应用价值。在聚合物的聚集体内部进行溶胶和凝胶反应而不影响聚集体的形貌,也是一个颇具挑战的课题。

　　笔者所在研究组近年来在该领域进行了探索研究,在对反应性单体可控自由基聚合反应的认识基础上发现了一类新型的反应性嵌段共聚物,这种聚合物可以在选择性溶剂中进行自组装,形成了多种形貌的聚集体,并成功地在聚集体内部进行溶胶-凝胶反应,从而将聚集体转化为内部交联的、有机/无机杂化的纳米尺度材料,取得了重要的进展,得到了一系列新颖结构的材料[33],下面我们现将这些工作进行总结。

8.2　可控自由基聚合与反应性嵌段共聚物的合成[33a]

　　众所周知,—Si(OR)₃ 基团可以水解为—Si(OH)₃,然后可以进一步交联成聚倍半硅氧烷。如果自组装形成的聚集体含有—Si(OR)₃ 基团的话,那么就可以通过水解交联制备有机和无机杂化的纳米材料。γ-甲基丙烯酰氧基丙基三甲氧基硅烷(TMSPMA)单体含有—Si(OCH₃)₃ 基团,具有很高的反应活性,遇水分子很容易发生水解反应。TMSPMA 分子上的双键又是一种最为常见的自由基聚合和阴离子聚合的基团,所以 TMSPMA 这种双功能反应性被用于改善有机、无机材料的界面并增加界面的结合力,是一种工业上常用的硅烷偶联剂。TMSPMA 单体反应性如图 8-5 所示。

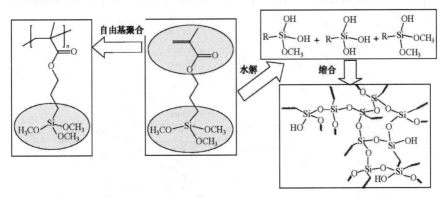

图 8-5　TMSPMA 的两种反应性质:自由基聚合和水解/缩合反应

　　TMSPMA 用传统的自由基(共)聚合形成线性高分子之后,将—Si(OCH₃)₃ 基团进行溶胶-凝胶反应,可用于合成有机/无机杂化材料。但是,由于传统自由基聚合的慢引发、快增长、速终止的特点,聚合的过程是不可控的,聚合物的相对分子质量不能控制,分散性宽,不能用于合成嵌段共聚物。早在 1992 年就有人尝试过这个单体的阴离子聚合,但是,尽管单体经过非常仔细的纯化和选择引发剂和聚合溶剂,聚合产物的相对分子质量仍大于预计值,分散系数也高于一般阴离子聚合的产物[25]。

经过高分子科学家的努力,最近 10 多年可控/"活性"自由基聚合取得突破并得到很大发展,成为高分子化学的一个重要的热点研究领域。这种聚合的关键是在聚合过程中使自由基和休眠自由基之间建立一个平衡,并且使平衡大大地倾向于休眠自由基一侧,这样自由基的浓度和双基终止的速率大大降低,这使得链增长的速率变慢。从而实现聚合过程可控,可以得到窄分布、相对分子质量和端基确定的均聚物以及嵌段共聚物。由于自由基除了对氧气敏感外,能够在很多条件下稳定,如水、功能基团存在时,这就为功能性单体的可控聚合提供了许多机会。典型的可控/"活性"自由基聚合方法包括:原子转移自由基聚合(ATRP),氮氧自由基调控的自由基聚合(NMP),可逆加成断裂链转移(RAFT)聚合等。可控自由基聚合的发展为实现 TMSPMA 的可控聚合带来了机会。

我们研究了 TMSPMA 单体的 ATRP 动力学,采用的引发剂是 2-溴代异丁酸乙酯(2-EBiB),这是一种典型的对甲基丙烯酸酯类单体的 ATRP 引发剂;催化体系是溴化亚铜/ N, N, N', N'', N''-五甲基二亚乙基胺(CuBr/PMDETA),在苯甲醚溶液中进行 ATRP,反应温度为 70℃。用体积排阻色谱跟踪了 TMSPMA 聚合反应。图 8-6 表明聚合物的相对分子质量随反应时间的延长而逐渐增加。在～70 min之前,SEC 曲线都只有一个单峰,相对分子质量分布系数小于 1.2。此后,在高相

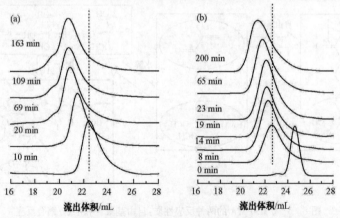

图 8-6　TMSPMA 在苯甲醚中进行 ATRP 反应的 SEC 图[33a]

苯甲醚/单体＝1.3/1.0(体积比)

(a) 在 70℃时,以 2-溴代异丁酸乙酯为引发剂进行的聚合;(b) 在 50℃时,以 PEO-Br 为引发剂进行的聚合

对分子质量部分出现了小峰,这是增长链端自由基偶合终止的结果。总体上,将 $\ln([M]_0/[M]_t)$ 对反应时间作图为一级动力学直线,但是在反应初期略微弯曲[如图 8-7(a)所示]。这表明在反应初期,有少量的增长自由基发生了双基终止,导致后期的反应速率比前期要慢一些。

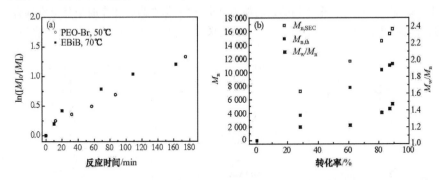

图 8-7　(a) $\ln([M]_0/[M]_t)$ 对反应时间作图为一级动力学直线(分别由 EBiB 和 PEO-Br 引发聚合);(b) 通过 SEC 测出的相对分子质量($M_{n,SEC}$)以及通过单体转化率计算出来的理论相对分子质量($M_{n,th}$)随化率变化(EBiB 引发聚合[33a])

　　另外,如图 8-7(b)所示,通过 SEC 测出的相对分子质量($M_{n,SEC}$)以及通过单体转化率计算出来的理论相对分子质量($M_{n,th}$)都随着转化率而线性增长。$M_{n,SEC}$ 比 $M_{n,th}$ 要大一些,这种差别是可以理解的,因为前者是通过线性聚苯乙烯标定的相对分子质量。

　　上述结果表明,用 2-EBiB 作引发剂时,TMSPMA 在苯甲醚中的聚合为可控自由基聚合。然而,当转化率超过 80% 以后,聚合物的相对分子质量分布(M_w/M_n)会逐渐变宽。所以,如果要得到分散性好的 PTMSPMA 均聚物,或者要制备 PT-MSPMA-Br 大分子引发剂,转化率最好控制在 80% 以内。

　　用数均相对分子质量为 2 000 的单甲氧基氧乙烯(MeO-PEO-OH)与 α 溴代异丁酰溴反应得到了大分子引发剂 MeO-PEO-Br,简写为 PEO-Br。用这种大分子引发剂进行 TMSPMA 的 ATRP 聚合就可以得到嵌段共聚物,如图 8-8 所示。我们研究了大分子引发剂引发 TMSPMA 在 50℃ 的 ATRP 反应动力学。如图 8-6(b)所示,所有 PEO-b-PTMSPMA 嵌段共聚物的 SEC 曲线都只有一个单峰。即使转化率接近 100%,也没有在高相对分子质量方向出现小峰。总的来说,TM-SPMA 的 ATRP 是符合一级动力学的,如图 8-7(a)所示。从图 8-9 中可以看到,从 1H-NMR 得到的 PEO-b-PTMSPMA 聚合物的相对分子质量($M_{n,NMR}$)与从转化率得到的相对分子质量($M_{n,th}$)很接近。$M_{n,NMR}$、$M_{n,th}$ 以及 $M_{n,SEC}$ 都随着转化率的增加而线性增大。聚合物的相对分子质量分布(M_w/M_n)在 1.2~1.4 左右。

这些结果表明 PEO-Br 引发了可控自由基聚合。与小分子引发剂不同的是,用大分子引发剂进行 TMSPAM 单体的 ATRP 聚合,即使单体的转化率接近完全依然没有偶合终止,说明大分子引发剂抑制了增长链的端基偶合。这如果从大分子限制了端基的运动降低了偶合终止的碰撞概率来解释,有些牵强,因为小分子引发剂引发时随着链的增长聚合物的运动能力都会下降,但在高转化率时依然会有偶合。这可能和 PEO 在聚合溶液中的某种行为有关,它使聚合物链增长的控制更加容易。

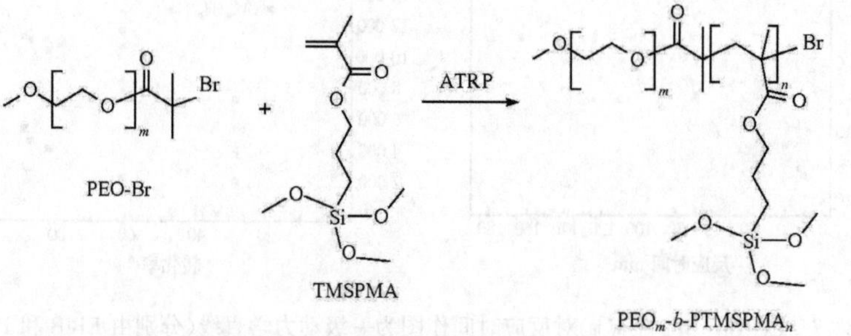

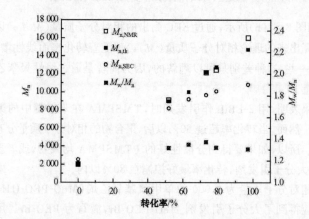

图 8-8　以 PEO-Br 为大分子引发剂通过 ATRP 合成 PEO-*b*-PTMSPMA

图 8-9　从 ^{1}H-NMR 得到的 PEO-*b*-PTMSPMA 聚合物的相对分子质量($M_{n,NMR}$)、从转化率得到的相对分子质量($M_{n,th}$)以及由 SEC 得到的相对分子质量 $M_{n,SEC}$ 随转化率的变化[33a]

　　以上实验成功的实施为合成含有 TMSPMA 嵌段的聚合物提供了基础,如果改变 PEO-Br 引发剂的长度或者改变 TMSPMA 与引发剂的投料比,就可以得到具有不同嵌段长度的 PEO-*b*-PTMSPMA 共聚物(表 8-1 中实验 1~4)。从表 8-1可以发现,由 ^{1}H-NMR 和转化率得到的聚合物的组成是一致的。嵌段聚合物的 SEC 曲线都只有一个单峰,而且相对分子质量的分布很窄。

如果把 TMSPMA 和第二单体(如甲基丙烯酸甲酯 MMA)在一起进行无规共聚,就可以得到 PEO-b-P[TMSPMA$_y$-r-MMA$_z$]共聚物(表 8 - 1 中实验 5 和 6)。从 ^{1}H-NMR 图谱可以得到共聚物的实际组成,不过共聚合产物的相对分子质量分布变宽。第二单体的引入为以后调控聚集体的交联提供了机会。

表 8 - 1　以 PEO-Br 为大分子引发剂引发 TMSPMA 聚合形成的嵌段聚合物的若干数据[33]

实验[a]	投料比[b]	温度/°C	转化率/%	数均相对分子质量[c]	分散系数[c]	核磁分析给出的组成[d]	转化率给出的组成[e]
1	45/50	90	80	11600	1.34	45/42	45/40
2	45/200	70	88	45000	1.10	45/180	45/176
3	113/200	70	91	28600	1.25	113/206	113/182
4	17/200	70	91	40200	1.16	17/178	17/182
5	45/35/35	70	76*	13600	1.58	45/42/39	—
6	45/15/60	70	73*	12700	1.78	45/19/67	—

a. 反应条件:[PEO-Br]$_0$:[CuBr]$_0$:[PMDETA]$_0$:[TMSPMA]$_0$ = 1:1:1: x(x=[TMSPMA]);对于实验 5 和 6,[TMSPMA]$_0$ 被[TMSPMA]$_0$:[MMA]$_0$ 取代; b. 对于实验 1~4,是指 EO / TMSPMA 的投料比,对于实验 5~6,是指 EO / TMSPMA / MMA 的投料比,17,45 和 113 是指不同的大分子引发剂的聚合度(DP);c. 以苯乙烯为标准,从 SEC 得到的数据;d. EO / TMSPMA 或者 EO / TMSPMA / MMA;e. 计算得到的 EO / TMSPMA,为 DP$_{EO}$/([TMSPMA]$_0$× conv.%);* 纯化后的转化率。

对 PEO-b-PTMSPMA 共聚物进行 ^{29}Si-NMR 分析,在 −40.9 ppm 处得到一个尖锐的单峰,证明聚合物上的硅没有水解,合成及实验操作是成功的。需要指出的是甲氧基硅很容易水解,在聚合过程中需要加热到一定的温度反应一段时间,另外催化剂的去除、聚合物的沉淀纯化,甚至聚合物的保存都需要小心地无水操作,以避免聚合物的水解和凝胶化。

8.3　通过反应性嵌段共聚物的自组装制备纳米囊泡[33b,33c]

8.3.1　纳米囊泡

在溶液中,嵌段共聚物自组装形成的聚合物囊泡是由双分子膜组成,内壁和外壁都是由可溶解的片段组成,壁的厚度均匀,内部和外部都是相同性质的溶剂。形成囊泡是一种自发过程,自组装在瞬间就完成,不需要模板辅助。这就赋予囊泡在客体分子的封装和可控释放领域存在着巨大的潜在应用价值,从而越来越引起人们的重视[35~39](参见第 1 章)。

我们合成的反应性嵌段共聚物 PEO-b-PTMSPMA 是一种两亲性聚合物,PEO 是亲水性嵌段,而 PTMSPMA 是亲油性嵌段。如果调节聚合物的组成和自组装的条件,该聚合物可能在选择性溶剂中(如水中)进行自组装,形成形貌多样的聚集体。由于 PTMSPMA 嵌段含有反应性的—Si(OR)₃基团,因此可望在形成聚集体后通过这些基团的水解和缩合反应把聚集体的形貌永久固定下来。

本节将论述如何在聚合物囊泡中通过溶胶-凝胶法来制备有机和无机杂化的、由聚氧乙烯和聚倍半硅氧烷构成的囊泡[33b,33e]。不过发现这种聚合物形成囊泡多少有些偶然,由于 PTMSPMA 均聚物在醇中是溶解的,所以在进行自组装研究时首先是考虑将嵌段共聚物溶解在甲醇中,然后往聚合物甲醇溶液中加入水,得到了透明但有蓝色散射光的溶液,这表明溶液中存在聚集体。将碱性的溶胶-凝胶催化剂三乙胺(TEA)加入溶液,一段时间后取溶液滴在碳膜铜网上,通过透射电镜观测,发现生成囊泡状纳米颗粒。合成路线见图 8-10。

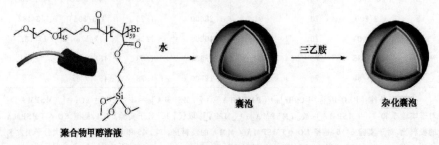

图 8-10　囊泡状纳米颗粒的合成路线[33e]
黄色部分代表 PEO 嵌段;红色部分代表聚硅氧烷,它是由蓝色部分凝胶化得到的

8.3.2　用核磁共振研究囊泡的自发形成

用核磁共振研究了囊泡在混合溶剂甲醇/水中的自组装,以了解聚集体的结构。PEO₄₅-*b*-PTMSPMA₅₉ 共聚物在不同条件下的 ^{1}H-NMR 谱记录于图 8-11中。从图中可以看出在甲醇中属于 PEO 和 PTMSPMA 两个嵌段的质子峰都很明显[图 8-11(a)],但是与在氘代氯仿中[图 8-11(a)中的插图]相比,在甲醇中属于 PTMSPMA 的质子峰有明显的拓宽。这些结果表明 PTMSPMA 嵌段在甲醇中可能有微弱的聚集,嵌段共聚物不是以单分子状态分散在甲醇中。虽然这个结果不是所期望的那样,但是这并不影响嵌段共聚物其后的自组装行为。如图 8-11(b)所示,往核磁管中加入等体积的氘代水后,属于 PEO 的峰依然很尖锐,而属于 PT-MSPMA 嵌段的峰则完全消失,表明 PEO 链在混合溶剂中依然溶解,而 PTM-SPMA 链则完全以聚集的状态存在,分子运动受到限制,即分子的可动性大为降低。这个结果表明在此二元溶剂中,嵌段共聚物形成了胶束,该胶束由 PEO 形成外层的冠(corona),由 PTMSPMA 形成核(core)。仅仅通过 NMR 还不能确定此时胶束的具体形貌,这需要通过透射电镜和光散射实验来确定。下节的讨论将证明得到的胶束就是囊泡,而 PTMSPMA 嵌段聚集在一起形成了囊泡壁。

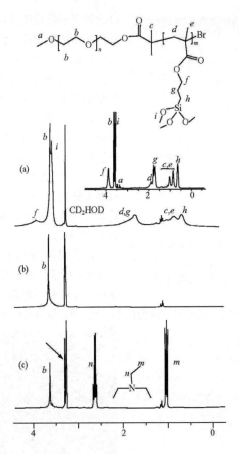

图 8 ̄ 11　PEO₄₅- b -PTMSPMA₅₉(2.0 mg)的¹H-NMR[33b]

(a) 在 CD₃OD(1.0 mL)中(插图为在 CDCl₃ 中);(b) 加了 1 mL D₂O 后;(c) 加了 0.001 mL 三乙胺后 5h

其中箭头所指的甲醇峰是由三甲氧基硅基团水解而产生的

8.3.3　囊泡形貌

　　最直观的形貌研究方法是电子显微镜技术,这种聚合物胶束的形貌很难观测,透射电镜(TEM)分析看不到规则的颗粒。由于 PTMSPMA 的 T_g 低于室温,此时的聚集体离开了溶液环境很容易变形。于是将铜网上的液滴用液氮冷冻,真空除去溶剂,然后用透射电镜观察,这样就得到了较为规则的形貌,如图 8 ̄ 12 所示,从中可以较清晰地分辨出囊泡的形貌,但形貌仍很模糊。

　　加入催化剂三乙胺(TEA)后,将样品溶液滴在铜网上直接通过透射电子显微镜来观测,如图 8 ̄ 13 所示。与没有加入催化剂相比,得到了清晰规则的“环状物”,这是囊泡的形貌投影到平面上形成的环形。同时环内的灰度大于环外,由于

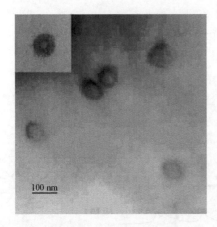

图 8-12　聚合物 PEO₄₅-b-PTMSPMA₅₉在浓度为 1.0 g/L,甲醇/水=45:55(质量比)时所形成的囊泡的电镜照片[33b]

硅的原子序数比碳、氢、氧等元素的大,吸收电子束的能力强,到达像平面的电子数便相应减少了,图像中所对应的区域的亮度便相应降低了。因此透射电镜照片中较暗的部分是硅元素密集的区域。囊泡的平均半径为(45.6±12.1)nm,这与没有加 TEA 时得到的囊泡的半径是一致的(见图 8-12)。囊泡壁的厚度为(16.9±2.5)nm,高度均匀。该厚度与 PTMSPMA 链段处于双层结构[28,29]时的长度具有可比性(PTMSPMA₅₉链的伸直长度为 14.8 nm)。

该样品对应的扫描电镜照片如图 8-13(b)所示。由于离开溶剂后在高真空条件下囊泡有一定塌陷,所以看起来有点像面包圈。同时,该塌陷也证明了囊泡内部是空心的,在溶液中的时候包裹有溶剂。

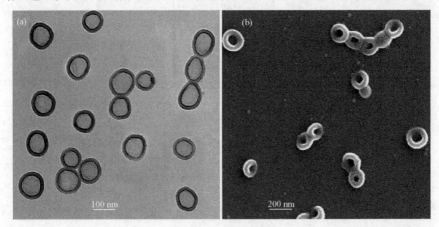

图 8-13　(a)初始浓度为 0.45 g/L,在甲醇/水(质量比)为 45/50,并加入了 1.3%(质量分数)三乙胺交联固定后形成的囊泡的透射电镜照片;(b)此囊泡的扫描电镜照片[33b]

8.3.4　用光散射研究囊泡的形成

以上电镜研究结果表明,催化剂的加入不会破坏自组装形成的囊泡,而仅仅是加速组成囊泡壁的 PTMSPMA 嵌段的水解和交联反应。我们现讨论运用动态和静态光散射法进一步研究加入催化剂前后囊泡在溶液中行为的结果。

当水加入到共聚物的甲醇溶液中时,囊泡立即自发形成了。动态光散射给出的表观流体力学半径(R_h)为 42.2 nm。加入 TEA 催化剂后,R_h 为 42.6 nm,可以认为基本上没有变化。加入催化剂前后的表观扩散系数 D_{app} 对散射矢量 q^2 也没有依赖性,这说明不管囊泡是否交联,它们都是球形对称的。囊泡的绝对重均相对分子质量由加入 TEA 之前的 7.95×10^7 降为之后的 6.29×10^7。这种降低是合理的,是由于 R—Si(OCH$_3$)$_3$ 基团水解为 R—Si(OH)$_3$ 基团,再发生交联反应时伴有小分子离开所致。假设水解和交联反应 100% 完成,计算得到的囊泡的分子质量为 5.99×10^7,这与实验得到的数值非常接近。通过 ^{1}H-NMR 测得嵌段共聚物的数均分子质量为 16 700,结合没有交联时囊泡的重均分子质量,可以算出囊泡的聚集数 $N_{agg} = 3\ 719$。光散射的结果已经证明在水解交联过程中囊泡的聚集数没有变化。结合囊泡的半径,可以算出每一根聚合链在囊泡表面所占的面积为 9.9 nm^2。

杂化囊泡的均方旋转半径为 $\langle R_g \rangle = 51.0$ nm,与囊泡表观流体力学半径 $R_{h,app} = 42.6$ nm 的比值($\langle R_g \rangle / R_{h,app}$)为 1.2。一般认为,$R_g$ 与高分子链实际伸展到的空间有关,结构越松散,R_g 越大;而 R_h 为一个与高分子具有相同平动扩散系数的等效硬球的半径。如果高分子链为舒展的 Gauss 链,则高分子链在扩散时所占空间内的溶剂分子并不随高分子一起运动,因此等效硬球的半径 R_h 要远远小于高分子链实际伸展到的空间尺寸 R_g;当高分子链聚集在一起或者蜷缩成球体后,R_h 接近等效硬球的半径,反而大于 R_g。囊泡的 $R_g / R_h = 1.2$,介于理论上的松散连接的高度支化的链或者缔合物($R_g / R_h = 1$)与线性的柔性 Gauss 线团($R_g / R_h = 1.5$)之间。文献中空心胶束或者空心粒子的 R_g / R_h 值为 1.10～1.17[39]。

8.3.5　影响自组装的几个因素的研究

8.3.5.1　溶剂组成

根据文献报道,二元溶剂的组成对平头形胶束有很大的影响[40]。我们研究了在甲醇和水混合溶剂中水含量对 PEO$_{45}$-b-PTMSPMA$_{42}$ 嵌段共聚物形成囊泡的影响。结论是:当水含量为 31.3%(质量分数)时,小球和短棒子共存,小球的直径为 19 nm,和棒子的直径是一样的。当水含量增加两个百分点,片状结构出现了,还有一些囊泡与之共存。有意思的是片状结构的边缘还有一些突起的短棒子,棒子的直径和囊泡壁的厚度是一样的,都是 20 nm。这是胶束从球和棒子共存到片状结构,最后转变成囊泡的中间态。当水含量为 38.7%(质量分数)时,囊泡数量变多,片状结构变少。当水含量为 48.7%(质量分数)时,囊泡大量出现。当水含量大于 55.8%(质量分数)时,形成的完全是囊泡了,甚至当水含量高达 98.4%(质量分数)时,囊泡仍然是唯一的形貌。

8.3.5.2　PTMSPMA 嵌段长度

一般来说,高度的组成不对称性是线团-线团(coil-coil)型嵌段共聚物在选择性溶剂(对短链是良溶剂,对长链是不良溶剂)中形成囊泡的必要条件。我们对 PEO 长度相同而 PTMSPMA 嵌段长度不同(重复单元数分别为 29,42,59,180)的 PEO$_{45}$-b-PTMSPMA 形成囊泡的情况进行了研究,在水含量为 55.8%(质量分数),TEA 浓度为 0.4%(质量分数)的条件下,得到的胶束全部为囊泡。当 TMSPMA 的重复单元数为 29,42,59,180 时,由 TEM 得到的囊泡壁的厚度分别为 11.4、12.2、14.3 和 21.7 nm。因此,通过调整 PTMSPMA 嵌段的长度,可以得到不同壁厚的囊泡。

8.3.5.3　催化剂、水解和缩合反应

上面已经提到,PEO-b-PTMSPMA 可以在选择性溶剂中自动形成囊泡。然而,由于 PTMSPMA 嵌段的 T_g 低于室温,在溶液中刚形成的囊泡离开溶剂后很容易变形。一旦加入催化剂,—Si(OCH$_3$)$_3$ 基团就会发生凝胶化反应,囊泡的壁变得结实、稳定。另一方面,不加入催化剂时—Si(OCH$_3$)$_3$ 基团也会发生凝胶化反应,不过这个过程要慢得多。也就是说,囊泡壁上的反应性基团在甲醇和水混合溶剂中可以慢慢水解、缩合,如果交联反应之前,聚合物发生了水解,那么原来亲油的 PTMSPMA 嵌段可能会因为水解而导致具有一定的亲水性,组装行为无疑会发生变化。因此有必要研究在囊泡形成多长时间后加入催化剂比较合适。另外,酸也是常用的催化剂,我们尝试着研究了酸对囊泡形成的影响。

TEM 结果显示,在囊泡形成 5h 之内的任何时间加入催化剂对囊泡的形貌、尺寸大小等没有明显影响。然而,如果时间延长到一天之后才加入 TEA,那么囊泡的平均尺寸和壁厚都会稍微有些增加,同时尺寸的均匀性变差。这是由于在水中—Si(OCH$_3$)$_3$ 基团的慢慢水解导致 PTMSPMA 嵌段的极性变化所致。

即使囊泡在水中形成一个月后,不加任何催化剂,也能通过 TEM 观察到囊泡,只是分散性要大些。时间不足 1 个月很难直接看到囊泡,除非采用冷冻干燥的办法制样,这是由于交联反应不充分。在极端情况下,用 PEO$_{45}$-b-PTMSPMA$_{49}$ 制备的囊泡在放置二年后,仍然可以稳定存在于溶剂中。这说明了在没有催化剂的情况下,囊泡也可以自己在水溶液中发生凝胶化反应而固定下来。一旦加入 TEA,几个小时后就可以通过透射电镜清晰地看到囊泡,其大小和壁厚也与电镜观察的时间没有关系。但是,反应时间长一些时所得到的杂化囊泡的图片质量要好一些,这是因为囊泡壁的凝胶化程度要高一些。

加入少量的酸,如盐酸、三氟乙酸或者乙酸,溶液聚集体的散射光马上消失,通过 TEM 也观测不到规则的颗粒,样品放置时间长了还会有凝胶生成。所以酸性

催化剂不适合在这里作溶胶⁻凝胶的催化剂。然而,用碱作催化剂时,无论其浓度
多高,都不会导致胶束颜色的变化,更不会产生沉淀。

　　产生上述现象的原因如下:一般来说,酸、碱都是有机硅氧烷水解和交联的催
化剂。但是,它们的催化机理是不同的。当盐酸加入囊泡溶液中以后,会迅速把
—Si(OCH₃)₃基团转变成—Si(OH)ₓ(OCH₃)₃₋ₓ($x \leqslant 3$)基团。与此同时,
—Si(OCH₃)₃和—Si(OH)ₓ(OCH₃)₃₋ₓ基团之间的异缩聚以及—Si(OH)ₓ基团之
间的均缩聚也同时进行。然而,酸催化水解反应快,但催化交联反应的速率相对较
慢,如图 8⁻14 所示。—Si(OCH₃)₃变成硅醇后,对应的嵌段由亲油性变成亲水
性,囊泡聚集体自然会解离。这样,囊泡会因为来不及被交联固定而破坏。然而,
碱的催化机理则与酸相反,它催化水解的速率慢,而催化交联的速率相对快。这主
要是因为 TEA 是水解生成的≡Si—OH 的质子受体,可以和它形成氢键,从而提
高缩聚交联反应的活性。另外,与酸相比,碱催化水解的速率也慢得多,就是说,一
旦组成囊泡壁的 PTMSPMA 上的—Si(OCH₃)₃水解生成≡Si—OH,马上就会发
生缩聚反应生成—Si—O—Si—。这样,囊泡就不会被破坏。有时候,也可以先用
碱催化,再用酸催化的办法来增加囊泡的水解和交联程度。

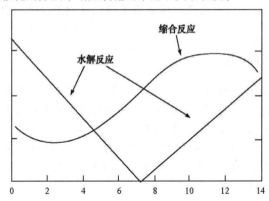

图 8⁻14　烷氧硅基在不同 pH 时的水解和缩合反应速率示意

8.3.6　杂化囊泡的稳定性

　　发生凝胶化反应以后的囊泡在溶液中非常稳定,放置两年半以后仍然稳定存
在。将杂化囊泡溶液稀释到 0.001 mg/mL,然后用超声处理半小时,在电镜下观
察不到任何破坏。另外,如前面提到的,经过碱处理以后的囊泡,对酸或者碱都有
较强的稳定性。该囊泡在空气气氛中、450℃下煅烧 7h 后仍然维持原来的形貌,
只是由于 PEO 被烧掉而导致体积有一些收缩,煅烧前后的扫描电镜图片如图
8⁻15所示。以上特点都是由于在囊泡壁生成了聚倍半硅氧烷的结果,这是纯有机
囊泡所不具备的性质。

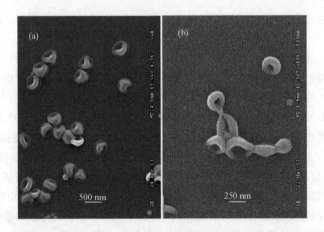

图 8-15　PEO₄₅-b-PTMSPMA₅₉形成的囊泡的扫描电镜照片[33e]

(a) 煅烧前；(b) 450℃ 煅烧 7h 后

另外，将杂化囊泡用水稀释到 1.25×10^{-5} g/mL 后做动态光散射实验，所得到囊泡的尺寸及尺寸分布结果同样也表明杂化囊泡的尺寸不会随外部条件而变化。

8.3.7　囊泡的形成机理

从上面的研究中可以看出，囊泡是由片状双层结构卷曲、闭合而成，这可以从前面增加甲醇和水二元溶剂的水含量所对应的自组装结果得到证实，也和经典的囊泡形成过程相一致。文献中，当增加水和二氧六环混合溶剂的水含量时，基于 PS-b-PAA 嵌段共聚物自组装所得到的平头型胶束为球、球和棒子的混合物、棒子、棒子和囊泡的混合物、囊泡[41]。对于这里的体系，我们可以在很宽的水含量范围内得到形貌唯一的囊泡。

值得一提的是，尽管嵌段共聚物的组成改变，例如在形成核的 PTMSPMA 嵌段长度比形成冠的 PEO 嵌段长段小的情况下，如 PEO₄₅-b-PTMSPMA₂₉，囊泡还是很容易形成的。这与文献中由 PS-b-PAA 或者 PS-b-PEO 制备囊泡时的条件不同，此时要求 PS 长度比 PAA 或者 PEO 长得多。然而，文献中线团-棒（coil-rod）型嵌段共聚物在溶液中自组装形成囊泡对聚合物的不对称性要求并不高[33]，再考虑到 PTMSPMA 聚合物有很大的侧基环绕在聚合物主链骨架的周围，故我们认为它应该具有一种蠕虫状的链形貌。当 PEO-b-PTMSPMA 在溶液中形成胶束时，核与冠之间的界面曲率可以降低，以符合形成囊泡双层结构的要求。此外，PTMSPMA 在室温下为黏稠的固体，虽然不溶于水，但是它可以溶解在甲醇、乙醇等极性溶剂中。由于—Si(OCH₃)₃基团的存在，应该具有一定的亲水性（与 PS 等相比)。在自组装的过程中,PTMSPMA 嵌段形成的囊泡壁可能被水和甲醇的混合溶剂溶胀[42],从而增大了亲油部分的体积,该体积的增大有利于增大表面活性剂堆积参数,而最大值 1 就对应着双层结构或者囊泡。可见,这也是形成囊泡的一个有利条件。

　　已经很清楚,PEO‐b‐PTMSPMA 形成的囊泡具有一个由亲油的 PTMSPMA 嵌段组成的壁,而亲水的 PEO 链在溶剂中向壁的两边舒展。加入催化剂后,凝胶化反应仅仅只在囊泡壁上进行。由于 PEO 在水溶液中对囊泡壁的保护作用[43],囊泡与囊泡之间的宏观凝胶化反应就没有发生的可能性。由于在壁上发生了凝胶化反应,此时的杂化囊泡已经不再是由许多聚合物链聚集在一起的聚集体,而是一个纳米尺度上的空心凝胶,或者说是一个空心的具有特殊结构的纳米级的大分子,其结构示意图如图 8‐16 所示。

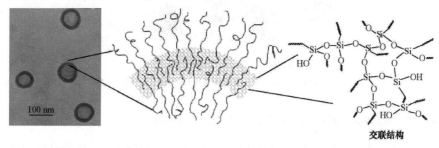

图 8‐16　凝胶化囊泡壁结构示意图
左边为透射电镜照片;中间指交联囊泡的双分子层结构;右边为化学交联结构

8.4　多空腔图案化的复合囊泡[33d]

　　纳米囊泡以其特殊的空心结构以及在包封、药物释放和催化剂载体等领域巨大的潜在应用价值引起了人们广泛的重视。但是,一般的囊泡都具有一个空腔,通过进一步自组装形成具有复杂的、多空穴的结构是可能的,但报道的例子很有限。Eisenberg 等曾经报道过“大复合囊泡”(LCVs),这种复杂的囊泡是通过高度不对称的 PS‐b‐PAA 或者 PS‐b‐PEO 的自组装得到的[44]。他们认为这是由于囊泡之间的碰撞、融合导致的,其内部有很多被聚合物连续相所隔开的空间。另外,他们还报道过一种“六方堆积中空箍”(HHH)结构[45]。迄今为止,只有以上两种具有复杂空心结构的聚合物聚集体见诸报道[46]。

　　在我们有关 PEO‐b‐PTMSPMA 自组装与组装条件的关系的研究中,发现在 N, N‐二甲基甲酰胺(DMF)和水的混合溶剂中形成一种类似“大复合囊泡”的多空穴囊泡,如图 8‐17 的电镜照片所示。从投影图上来看,有些像向日葵一样的图案[33d]。采用的步骤为:首先让 PEO₄₅-b-PTMSPMA₅₉ 嵌段聚合物在 DMF 中溶解,滴加入水以诱导自组装的进行;然后,加入催化剂 TEA 以促进 PTMSPMA 的凝胶化反应将组装体的结构固定下来。后面对此将进行较详细的讨论。

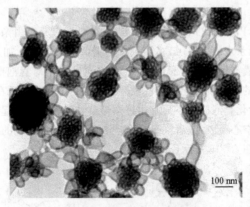

图 8-17　纳米向日葵的 TEM 图[33d]

初始浓度为 10 mg/mL,水含量为 51.4%(质量分数)

8.4.1　共聚物在 DMF 中不同起始浓度下的胶束结构

由于前面已经证明,凝胶化反应催化剂(TEA)不会破坏聚集体的形貌,因此以下的形貌观察都是针对凝胶化以后的杂化结构。

聚合物在 DMF 中不同起始浓度下得到胶束的电镜照片如图 8-18 所示(水的质量分数为 51.4%)。当起始浓度小于 10.0 mg/mL 时,得到的是中空球。当起始浓度大于或者等于 10.0 mg/mL 时,得到的是像纳米向日葵一样的聚集体,见图 8-17。

图 8-18(a)是起始浓度为 0.1 mg/mL 时得到的胶束的透射电镜照片。从中可以看出,颗粒的尺寸小于 100 nm,大部分的球形粒子都有少许空穴,可以认为是多室囊泡(multi-compartment)。孔的直径在 5~20 nm 之间,最外层的囊泡壁为 15 nm。偶尔也可以看到几个单室囊泡,与前节在甲醇中制备的囊泡的结构是一样的。当浓度增加到 1.0,2.0,6.0 和 8.0 mg/mL 后,颗粒的尺寸增加,中空空穴的数量也增多,典型的 TEM 照片如图 8-18(b)所示(2.0 mg/mL)。起始浓度越大,球形聚集体的平均直径也越大。中空球的结构有些像文献中的 LCV,但要规整得多,而且其分散性也比大复合囊泡的要小得多,如 SEM(图 8-19)所示数量很多的杂化颗粒,尺寸非常均匀。

当起始浓度大于或者等于 10.0 mg/mL 时,得到的是投影像向日葵或者菊花一样的形貌的颗粒。起始浓度为 20.0 mg/mL 时的 TEM 图片如图 8-18(d)所

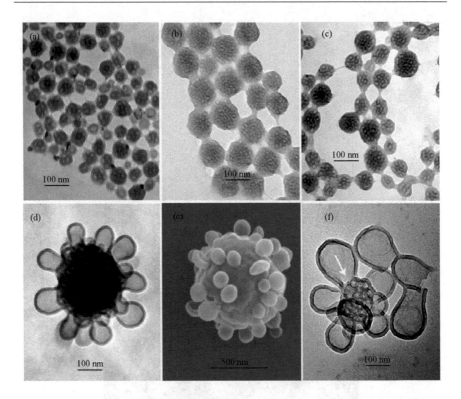

图 8-18　典型的中空球的透射电镜照片[(a),(b)和(c)], 向日葵的透射电镜照片
[(d),(f)]和扫描电镜照片[(e)][33d]

聚合物在 DMF 溶剂中的起始浓度为 0.1[(a)], 2.0[(b),(c)]和 20.0 mg/mL[(d),(e),(f)];
除(c)图水含量为 94%(质量分数)外,其他的均为 51.4%(质量分数)。(f)为向日葵和它落下来
的花瓣的透射电镜照片

示,可以发现花瓣样的凸起具有均匀的壁,尺寸在 15 nm,这和低浓度时得到的囊
泡的壁是一致的;其内部是尺寸在 100～500 nm 的多孔颗粒,但由于内部结构复
杂不容易看到细节。从一个小一些的颗粒上,如图 8-18(f)所示,可以较清楚地看
到其内部是一种有均匀壁分离的、多泡状结构。这种均匀的内部壁和外部壁也是
双层结构,很显然是来自于分子的自组装。从图 8-18(e)和图 8-20 所示的 SEM
结果可以看出三维的表面有乳突物的形貌。我们认为向日葵的核和低浓度下得到
的中空球的结构是一致的,只是从球的表面鼓出一些囊泡,这些囊泡与核是连续
的,并且颗粒尺寸更大。如图 8-18(f)箭头所指,旁边的花瓣有开口。另外,还可
以发现一些有开口的囊泡状物,结合图 8-20 的 SEM 图观察到的“小坑”(箭头所
示),可以认为这些“开口”囊泡原本在溶液中是与大复合囊泡相连接的,但在电镜
分析制样时脱落下来。

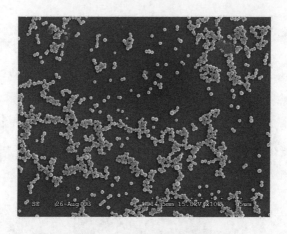

图 8‑19　中空球的 SEM 图[33d]

样品同图 8.18(b)

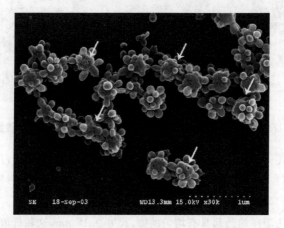

图 8‑20　纳米向日葵的 SEM 图[33d]

箭头所指的是花瓣脱落后形成的凹陷。初始浓度是 20 mg/mL,水含量为 51.4%(质量分数)

　　为了进一步明确这种独特颗粒的内部结构,我们对中空球[图 8‑18(b)对应的样品]和向日葵[图 8‑18(d)对应的样品]分别进行超薄切片,得到的 TEM 照片分别如图 8‑21(a)和(b)所示。从图中可以看出内部的空心结构。因此,可以认为这些空心部分是被聚合物膜连续相所分割,每一个空穴都是相对独立的。向日葵的内部具有很多的在 10～30 nm 之间的空洞,呈蜂窝状。图中聚合物双层膜的厚度不均匀,这应该是在环氧包埋进行超薄切片中造成的。

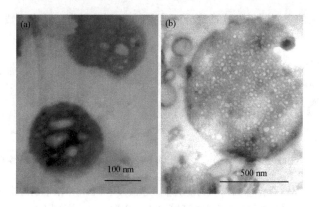

图 8‑21 环氧树脂中包埋的粒子[33d]

这里的(a)和(b)分别对应于图 8‑18(b)和(d)的样品

8.4.2 形成机理

很明显,以上这些粒子有着复杂的中空结构。然而,由于聚集体太软了以至于难以在干的固态下保持其内部结构,在凝胶前是很难知道其实际形态的。前面在这个体系形成囊泡的研究中已经证明,由于碱催化的水解反应比缩聚反应速率慢,一旦 PTMSPMA 嵌段发生了水解,缩聚反应也会立刻发生,加入 TEA 催化剂后聚集体交联固定,而形貌保持不变。此外,嵌段聚合物在溶液中自组装成的中空粒子具有双层膜结构,而且厚度均匀,这也是分子自组装的特征。实际上,和简单囊泡一样,PTMSPMA 嵌段仍然形成膜的聚集相,而 PEO 仍然被溶剂化,这是大复合囊泡的基本结构。

形貌的不同和溶剂的性质有关,在 DMF 和水的混合溶剂中,自组装形成的大复合囊泡可能是由小囊泡融合而成。在甲醇/水混合溶液中,囊泡由 PEO 冠之间的相互排斥作用而稳定。如图 8‑22 所示,在 DMF/水体系中,由于界面势能较高,PEO 链段排斥力不足以稳定囊泡。这些囊泡倾向于相互附着、融合,形成大复合囊泡来降低界面能。由于碰撞导致融合的囊泡壁(无论是在外层还是核中间空洞的隔膜)仍然是均匀的双分子层结构,所以囊泡壁厚很均匀。在浓度低的时候,溶液中的囊泡数目较少,相应的只能有较少的囊泡融合,形成较小的有少量空腔的大复合囊泡。随着浓度增加,囊泡的数目也增加了,于是有更多的囊泡相互融合成了尺寸更大、空穴更多的粒子。一旦加入催化剂,交联反应立刻就发生了,同时形貌被固定。然而,在较高浓度时形成像花一样的囊泡仍然让人费解。我们猜想在较高浓度时同时形成了许多大小不同的囊泡,而相对于体积较大者,较小的囊泡有着较高的界面势能,因此,碰撞和融合优先发生在较小的囊泡中,当它们都消耗完了后,较大的囊泡附着在这些复合囊泡表面,并同其融合。从而形成了像花一样的形貌。

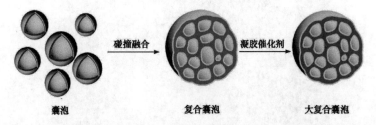

　　　　　囊泡　　　　　　　　　　　　复合囊泡　　　　　　　　　　大复合囊泡

图 8-22　形成大复合囊泡(LCV)的可能机理:三乙胺催化 PTMSPMA 相的溶胶-凝胶反应[33d]

黄色表示 PEO,蓝色表示 PTMSPMA,红色表示交联的聚有机硅氧烷

8.5　简单纳米球和大复合胶束[33e]

　　在先进材料的制备中,有机和无机杂化纳米球占有重要的地位。文献中已有的方法一般是通过单体在无机纳米球的表面进行可控自由基聚合[47~53]。这需要涉及比较复杂的有机硅的修饰(对二氧化硅纳米球)或者硫醇处理(纳米金颗粒)等问题。另外,在聚合过程中,由于这种球表面的局部自由基浓度很高,因此容易导致球与球之间的自由基偶合反应,出现不溶的交联物。

　　在 8.3 和 8.4 两节中我们着重讨论的是 PEO 链节含 45 个单元的嵌段共聚物。本节的 PEO 链节大大增长,达 113 单元,得到了不同形态的组装体。研究表明,PEO_{113}-b-$PTMSPMA_{206}$ 在二元溶剂中形成杂化纳米球[33e](图 8-23)。其他的基于 PEO 和 PTMSPMA 的嵌段共聚物在不同的条件下也可以形成各种各样的球。

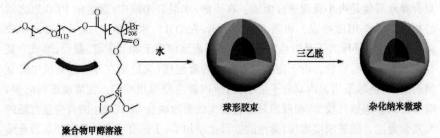

　　　　　聚合物甲醇溶液　　　　　　　球形胶束　　　　　　　　　杂化纳米微球

图 8-23　由两嵌段聚合物自组装成杂化纳米球的制备示意图[33e]

黄色部分代表 PEO 嵌段,红色部分代表聚硅氧烷嵌段,它是由蓝色部分凝胶而来

8.5.1　简单纳米球

典型的用 PEO₁₁₃-*b*-PTMSPMA₂₀₆ 所制备的纳米球的 TEM 图片如图 8-24 所示。图中所能看到的是纳米球的核[半径为(13.9±2.0)nm],PEO 部分因为散射电子能力弱而看不到。由于 PTMSPMA₂₀₆ 的伸直链长度大约为 50 nm,因此 PTMSPMA 在纳米球的核中,只能采用折叠构象。如果将 PTMSPMA 链段的聚合度从 206 降为 46,则纳米球的核半径变为(11.1±1.2)nm,这与 PTMSPMA₄₆ 的伸直链长度是一致的(11.5 nm)。

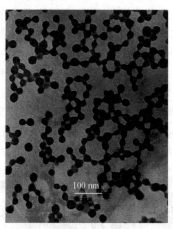

图 8-24　由 PEO₁₁₃-*b*-PTMSPMA₂₀₆ 制备得到的纳米球的透射电镜照片[33e]

聚合物在甲醇中的起始浓度为 1.0 mg/mL,水含量为 55.8%(质量分数),三乙胺浓度为 0.04%(质量分数),纳米球直径为(27.8 ± 4.0)nm

动态光散射结果表明,没有加催化剂或者在加入催化剂三天后纳米球的表观扩散系数 D_{app} 与散射矢量 q^2 成直线关系并与 q^2 轴平行,基本上没有变化,这表明球是自组装形成的,催化剂只起到促进纳米球凝胶化的作用。没有加催化剂、加入三天后的纳米球的表观流体力学半径 $R_{h,app}$ 都是 20.0 nm。进一步跟踪表明,反应 10 天后纳米球的 $R_{h,app}$ 仍然为 20.0 nm。所有这些都表明纳米球在溶液中是高度规整、分散性极小(PDI = 0.04)的球形粒子。$R_{h,app}$ 比由透射电镜得到的半径稍微大一点,这是一个合理的结果。

静态光散射结果表明:加入 TEA 后几分钟内就可以观察到相对分子质量的降低,这意味着水解和交联反应的进行。加入催化剂后,纳米球的表观相对分子质量 $M_{w,app}$ 从 $1.88×10^7$ 降为 $1.54×10^7$。PEO₁₁₃-*b*-PTMSPMA₂₀₆ 的 M_w 为 70 200,可以计算出聚集数 N_{agg} 为 268。交联后的纳米球的绝对重均相对分子质量 $M_w = 1.30×10^7$。

与 8.3.1 节的结果比较就可以清楚看到,增加亲水性 PEO 的长度后,组装体的形态发生很大变化,得到以 PEO 为壳、交联氧化硅为核的纳米球。这种变化很容易理解。亲水链变长会导致 PEO 链之间的排斥力加大,使得聚集体核-壳界面曲率增加,形成热力学稳定的球形胶束。

8.5.2　大复合胶束

在反应性嵌段共聚物的合成中,以 PEO-Br 引发 TMSPMA 和甲基丙烯酸甲酯(MMA)的 ATRP 无规共聚,因而得到的嵌段共聚物的第二嵌段为 PTMSPMA-r-PMMA,通过在这一共聚物自组装体中进行的凝胶化,可以得到氧化硅杂化 PMMA 的结构,这样可以调控凝胶的交联密度,并赋予新的成分。同时我们引入的第二单体还会改变嵌段聚合物的极性,从而可能影响到自组装的结构,丰富了由这种方法制备的纳米材料的形貌。我们初步研究了 PEO_{45}-b-$(PTMSPMA_y$-r-$PMMA_x)$ 在 DMF/水中(水的质量分数为 51.4%)的自组装行为,发现这些聚合物可以形成结构复杂的纳米球或者微米球[33a],尺寸在数十到数百纳米。典型的扫描电镜照片如图 8-25 所示,其左上角为相应的透射电镜照片。这些球的结构可能与 Eisenberg 所发现的"大复合胶束"(LCM)类似。

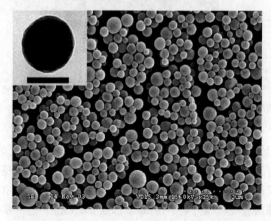

图 8-25　PEO_{45}-b-P[$TMSPMA_{19}$-r-MMA_{67}]在 DMF 溶剂中自组装形成的杂化纳米球的扫描电镜照片[33a]

初始浓度为 10.0 mg/mL,水含量为 51.4%(质量分数)

左上角的比例尺为 250 nm

此外,我们还发现球的大小与聚合物在 DMF 中的起始浓度有关。例如当起始浓度为 2.0、10.0 以及 20.0 mg/mL 时(水的质量分数均为 51.4%),由 SEM 得到的球的平均直径分别为(221±42)、(280±48)、(609±166)nm。这些微球的尺寸远大于简单的核–壳球形胶束尺寸,因而这种微球的结构可能是一种复合胶束,即球内部为反相胶束。

8.6 结论与展望

通过化学反应在嵌段共聚物的聚集体内部进行交联,不仅可以得到形貌稳定的纳米颗粒,也可以作为一种手段进行功能新型纳米材料的设计和制备。我们在研究一种双功能单体——含烷氧基硅的甲基丙烯酸酯的可控自由基聚合中,制备了一类新型反应性嵌段共聚物,可以在选择性溶剂中自组装成种类繁多的聚集体,并在聚集体中成功地进行了烷氧基硅的溶胶–凝胶反应。实验结果表明,加入碱性催化剂加速了水解和交联反应,而不会影响自组装体的形貌。

在聚集体中进行烷氧基硅的溶胶–凝胶反应,不仅将聚集体的形貌通过氧化硅的稳定结构固定下来,得到了一系列的有机/无机杂化纳米颗粒,还充分说明在纳米微米尺度上进行溶胶–凝胶是可能的。结合嵌段共聚物在溶液中自发组装形成不同形貌结构的特点,这种途径无疑会成为简便制备纳米颗粒的新方法。目前,已经进行的工作得到了具有壳为聚合物、核为氧化硅的小球、胶囊、多空穴胶囊等结构新颖的纳米颗粒,正在进行的研究还发现其他多种形貌的颗粒。

这种新型的纳米颗粒具有有机聚合物和氧化硅杂化的结构,因而无论是高度稀释、改变溶剂还是超声都不会再改变其结构,体现出聚集体形貌固定的优点。在高温下烧蚀这种纳米颗粒,也只能将有机成分除去,而剩下的无机组分仍可保持着颗粒的形状,这也充分反映出在聚合物聚集体中进行溶胶–凝胶化得到的有机/无机杂化结构的特色。

这个体系的另一个重要特点是在水相中进行,并且具有生物相容性的 PEO 覆盖杂化颗粒的表面,这会有利于形成的纳米材料在环境友好介质中的应用,也为其应用于生物医药领域带来可能。

简单囊泡可以把药物、染料等物质包封起来,并进行释放;也可以作为载体,包裹具有催化活性的分子、纳米颗粒进行催化反应。如果能控制囊泡壁的交联密度,还可以调节囊泡内外分子的交换,实现尺寸的选择性。此外,在囊泡壁上引入对 pH、温度敏感的组分,可望实现胶囊对环境变化的响应。囊泡的这些性质具有很诱人的前景。

图案化的多空穴囊泡可以通过这种简单的途径获得,也充分表明了这种方法的诱人之处。如果将客体分子或颗粒包裹到这种新型纳米材料的各个空穴中,可能实现分步释放,从而在生物医药领域发挥作用。

除了在溶液中,嵌段共聚物还可在本体、界面/表面上进行自组装,产生三维有序结构、图案化表面结构等,因而它们具有极其丰富的内涵。以上建立的这种方法同样可望运用在本体、界面/表面上进行自组装,并进行溶胶-凝胶反应。这种方法不仅可以稳定自组装结构,结合烧蚀处理,还会产生大量新颖的有序纳米材料、图案化的薄膜,因而可望在吸附材料、催化、薄膜传感器、表面修饰改性、生物材料等方面具有广泛的应用。

参 考 文 献

[1] Hamley I W. Nanotechnology with soft materials. Angew. Chem. Int. Ed. , 2003, 42: 1692

[2] Föster S, Konrad M. From self-organizing polymers to nano- and biomaterials. J. Mater. Chem., 2003, 13: 2671

[3] Cameron N S, Corbierre M K, Eisenberg A. 1998 E. W. R. Steacie Award Lecture Asymmetric amphiphilic block copolymers in solution: a morphological wonderland. Can. J. Chem. , 1999, 770: 1311

[4] Liu G J. Nanostructures of functional block copolymers. Curr. Opin. Colloid Interface Sci. , 1998, 3: 200

[5] Thurmond K B, Kowalewski T, Wooley K L. Water-soluble knedel-like structures: The preparation of shell-cross-linked small particles. J. Am. Chem. Soc. , 1996, 118: 7239

[6] Liu S Y, Armes S P. Polymeric surfactants for the new millennium: A pH-responsive, zwitterionic, schizophrenic diblock copolymer. Angew. Chem. Int. Ed. , 2002, 41: 1413

[7] Guo A, Liu G J, Tao J. Star polymers and nanospheres from cross-linkable diblock copolymers. Macromolecules, 1996, 29: 2487

[8] Liu G J, Yan X H, Qiu X P, Li Z. Fractionation and solution properties of PS-b-PCEMA-b-PtBA nanofibers. Macromolecules, 2002, 35: 7742

[9] Liu G J, Yan X H, Duncan S. Polystyrene-block-polyisoprene nanofiber fractions. 1. Preparation and static light-scattering study. Macromolecules, 2002, 35: 9788

[10] Liu G J, Yan X H, Duncan S. Polystyrene-block-polyisoprene nanofiber fractions. 2. Viscometric study. Macromolecules, 2003, 36: 2049

[11] Stewart S, Liu G J. Block copolymer nanotubes. Angew. Chem. Int. Ed., 2000, 39: 340

[12] Liu G J, Ding J F. Diblock thin films with densely hexagonally packed nanochannels. Adv. Mater. , 1998, 10: 69

[13] Thurmond K B, Kowalewski T, Wooley K L. Shell cross-linked knedels: A synthetic study of the factors affecting the dimensions and properties of amphiphilic core-shell nanospheres. J. Am. Chem. Soc. , 1997, 119: 6656

[14] Huang H Y, Kowalewski T, Remsen E E, Gertzmann R, Wooley K L. Hydrogel-coated glassy nanospheres: A novel method for the synthesis of shell cross-linked knedels. J. Am. Chem. Soc. , 1997, 119: 11653

[15] Huang H Y, Kowalewski T, Remsen E E, Wooley K L. Nanocages derived from shell cross-linked micelle templates. J. Am. Chem. Soc., 1999, 21: 3805

[16] Zhang Q, Remsen E E, Wooley K L. Shell cross-linked nanoparticles containing hydrolytically degradable, crystalline core domains. J. Am. Chem. Soc., 2000, 122: 3642

[17] Ma Q G, Remsen E E, Kowalewski T, Wooley K L. Two-dimensional, shell-cross-linked nanoparticle arrays. J. Am. Chem. Soc., 2001, 123: 4627

[18] Thurmond K B, Huang H Y, Clark C G, Kowalewski T, Wooley K L. Shell cross-linked polymer micelles: Stabilized assemblies with great versatility and potential. Colloids Surf. B: Biointer., 1999, 16: 45

[19] Pochan D J, Chen Z Y, Cui H G, Hales K, Qi K, Wooley K L. Toroidal triblock copolymer assemblies. Science, 2004, 306: 94

[20] Turner J L, Wooley K L. Nanoscale cage-like structures derived from polyisoprene-containing shell cross-linked nanoparticle templates. Nano Lett., 2004, 4: 683

[21] Becker M L, Remsen E E, Pan D, Wooley K L. Peptide-derivatized shell-cross-linked nanoparticles. 1. Synthesis and characterization. Bioconjugate Chem., 2004, 15: 699

[22] Pan D, Turner J L, Wooley K L. Shell cross-linked nanoparticles designed to target angiogenic blood vessels via rvâ3 receptor-ligand interactions. Macromolecules, 2004, 37: 7109

[23] Joralemon M J, Murthy K S, Remsen E E, Becker M L, Wooley K L. Synthesis, characterization, and bioavailability of mannosylated shell cross-linked nanoparticles. Biomacromolecules, 2004, 5: 903

[24] Tang C B, Qi K, Wooley K L, Matyjaszewski K, Kowalewski T. Well-defined carbon nanoparticles prepared from water-soluble shell cross-linked micelles that contain polyacrylonitrile cores. Angew. Chem. Int. Ed., 2004, 43: 2783

[25] Ma Q G, Remsen E E, Kowalewski T, Schaefer J, Wooley K L. Environmentally-responsive entirely hydrophilic shell cross-linked (SCK). Nano Lett., 2001, 1: 651

[26] Zhang Q, Jr C G C, Wang M, Remsen E E, Wooley K L. Thermally-Induced (re)shaping of core-shell nanocrystalline particles. Nano Lett., 2002, 2: 1051

[27] Won Y Y, Davis H T, Bates F S. Giant wormlike rubber micelles. Science, 1999, 283: 960

[28] Maskos M, Harris J R. Double-shell vesicles, strings of vesicles and filaments found in crosslinked micellar solutions of poly(1,2-butadiene)-block-poly(ethylene oxide) diblock copolymers. Macromol. Rapid Commun., 2001, 22: 271

[29] a. Discher B M, Won Y Y, Ege D S, Lee J C M, Bates F S, Discher D E, Hammer D A. Polymersomes: Tough vesicles made from diblock copolymers. Science, 1999, 284: 1143; b. Discher B M, Bermudez H, Hammer D A, Discher D E, Won Y Y, Bates F S. Cross-linked polymersome membranes: Vesicles with broadly adjustable properties. J. Phys. Chem. B, 2002, 106: 2848

[30] Hales M, Kowollik C B, Davis T P, Stenzel M H. Shell-cross-linked vesicles synthesized from block copolymers of poly(D, L-lactide) and poly(N-isopropyl acrylamide) as thermoresponsive nanocontainers. Lamgmuir, 2004, 20: 10809

[31] Nardin C, Hirt T, Leukel J, Meier W. Polymerized ABA triblock copolymer vesicles. Langmuir, 2000, 16: 1035

[32] Vriezema D M, Hoogboom J, Velonia K, Takazawa K, Christianen P C M, Maan J C, Rowan A E, Nolte R J M. Vesicles and polymerized vesicles from thiophene-containing rod-coil block copolymers. Angew. Chem., Int. Ed., 2003, 42: 772

[33] a. Du J Z, Chen Y M. Atom-transfer radical polymerization of a reactive monomer: 3-(Trimethoxysilyl)propyl methacrylate. Macromolecules, 2004, 37: 6322; b. Du J Z, Chen Y M, Zhang Y H, Han C C, Fischer K, Schmidt M. Organic/inorganic hybrid vesicles based on a reactive block copolymer. J. Am. Chem. Soc., 2003, 125: 14710; c. Du J Z, Chen Y M. Preparation of organic/inorganic hybrid hollow particles based on gelation of polymer vesicles. Macromolecules, 2004, 37, 5710; d. Du J

Z, Chen Y M. Organic-inorganic hybrid nanoparticles with a complex hollow structure. Angew. Chem. Int. Ed. , 2004, 43: 5084; e. Du J Z, Chen Y M. Hairy nanospheres by gelation of reactive block copolymer micelles. Macromol. Rapid Commun. 2005, 26: 491

[34]　Ozaki H, Hirao A, Nakahama S. Polymerization of Monomers Containing functional silyl groups. 2. Anionic living polymerization of 3-(tri-2-propoxysilyl)propyl methacrylate. Macromolecules, 1992, 25: 1391

[35]　Ding J F, Liu G J. Water-soluble hollow nanospheres as potential drug carriers. J Phys. Chem. B, 1998, 102: 6107

[36]　Jenekhe S A, Chen X L. Self-assembly of ordered microporous materials from rod-coil block copolymers. Science, 1999, 283: 372

[37]　a. Discher D E, Eisenberg A. Polymer vesicles. Science, 2002, 297: 967; b. Soo P L, Eisenberg A. Preparation of block copolymer vesicles in solution. J. Polym. Sci., Part B: Polym. Phys., 2004, 42: 923

[38]　Antonietti M, Förster S. Vesicles and liposomes: A self-assembly principle beyond lipids. Adv. Mater. , 2003, 15: 1323

[39]　Duan H, Chen D, Jiang M, Gan W, Li S, Wang M, Gong J. Self-assembly of unlike homopolymers into hollow spheres in nonselective solvent. J. Am. Chem. Soc. , 2001, 123: 12097

[40]　Luo L B, Eisenberg A. Thermodynamic size control of block copolymer vesicles in solution. Langmuir, 2001, 17: 6804

[41]　Shen H W, Eisenberg A. Morphological phase diagram for a ternary system of block copolymer PS (310)-*b*-PAA(52)/dioxane/H₂O. J. Phys. Chem. B, 1999, 103: 9473

[42]　Yu Y S, Zhang L F, Eisenberg A. Morphogenic effect of solvent on crew-cut aggregates of amphiphilic diblock copolymers. Macromolecules, 1998, 31: 1144

[43]　Bütün V, Wang X S, de Paz Báñez M V, Robinson K L, Billingham N C, Armes S P. Synthesis of shell cross-linked micelles at high solids in aqueous media. Macromolecules, 2000, 33: 1

[44]　a. Yu K, Zhang L F, Eisenberg A. Novel morphologies of "crew-cut" aggregates of amphiphilic diblock copolymers in dilute solution. Langmuir, 1996, 12: 5980; b. Zhang L F, Eisenberg A. Morphogenic effect of added ions on crew-cut aggregates of polystyrene-*b*-poly(acrylic acid) block copolymers in solutions. Macromolecules, 1996, 29: 8805; c. Yu K, Eisenberg A. Bilayer morphologies of self-assembled crew-cut aggregates of amphiphilic PS-*b*-PEO diblock copolymers in solution. Macromolecules, 1998, 31: 3509

[45]　a. Zhang L F, Bartels C, Yu Y S, Shen H W, Eisenberg A. Phys. Rev. Lett. , 1997, 79: 5304; b. Yu K, Bartels C, Eisenberg A. Trapping of intermediate structures of the morphological transition of vesicles to inverted hexagonally packed rods in dilute solutions of PS-*b*-PEO. Langmuir, 1999, 15: 7157

[46]　Lu Z H, Liu G J, Liu F T. A microsphere with complex hollow loops structure was produced by microphase separation in a droplet of emulsion. Macromolecules, 2001, 34: 8814

[47]　von Werne T, Patten T E. Atom transfer radical polymerization from nanoparticles: A tool for the preparation of well-defined hybrid nanostructures and for understanding the chemistry of controlled/ "living" radical polymerizations from surfaces. J. Am. Chem. Soc. , 2001, 123: 7497

[48]　von Werne T, Patten T E. Preparation of structurally well-defined polymer-nanoparticle hybrids with

controlled/living radical polymerizations. J. Am. Chem. Soc. , 1999, 121: 7409

[49] Pyun J, Matyjaszewski K, Kowalewski T, Savin D, Patterson G, Kickelbick G, Huesing N. Synthesis of well-defined block copolymers tethered to polysilsesquioxane nanoparticles and their nanoscale morphology on surfaces. J. Am. Chem. Soc. , 2001, 123: 9445

[50] Mori H, Seng D C, Zhang M, Müller A H E. Hybrid nanoparticles with hyperbranched polymer shells via self-condensing atom transfer radical polymerization from silica surfaces. Langmuir, 2002, 18: 3682

[51] Perruchot C, Khan M A, Kamitsi A, Armes S P, von Werne T, Patten T E. Synthesis of well-defined, polymer-grafted silica particles by aqueous ATRP. Langmuir, 2001, 17: 4479

[52] Chen X Y, Randall D P, Perruchot C, Watts J F, Patten T E, von Werne T, Armes S P. Synthesis and aqueous solution properties of polyelectrolyte-grafted silica particles prepared by surface-initiated atom transfer radical polymerization. J. Colloid Interface Sci. , 2003, 257: 56

[53] Ohno K, Koh K, Tsujii Y, Fukuda T. Synthesis of gold nanoparticles coated with well-defined, high-density polymer brushes by surface-initiated living radical polymerization. Macromolecules, 2002, 35: 8989

第9章 小分子诱导的嵌段共聚物
在溶液中的自组装

陈道勇

9.1 引　言

分子组装科学(或超分子科学)是研究分子间以非共价键相互作用形成特定结构和功能材料的一门新兴科学。分子组装科学不仅在材料科学和信息科学等领域有着极其广阔的应用前景,对于生物、医药技术的进一步发展,以及揭示生命过程中的各种机制都有着重要的理论意义及应用价值[1,2]。

高分子自组装是分子组装科学领域的一个重要的组成部分。与有机小分子相比,有机高分子材料因其可加工性和良好的力学性能,具有明显的优越性。其组装形成的各种材料在应用领域有其独特的优势[3,4]。而高分子在溶液中的自组装是近年来高分子科学中最为活跃的研究领域之一,每年有千篇以上的相关论文在国际期刊上发表。由嵌段及接枝共聚物在选择性溶剂中形成的具有核-壳结构的纳米胶束,在药物,生物活性物质,光、电、磁活性物质的负载,纳米材料制备,合成分子结构控制等诸多领域已显示出良好的应用前景[5~7]。与此同时,有机高分子在溶液中自组装行为的研究,对于揭示生物分子之间的特殊相互作用、认识分子识别的机制、了解分子运动及构象转变等均具有重要意义。

一般来说,聚合物的自组装是指嵌段共聚物在熔体中或选择性溶剂中,受不同嵌段之间的相分离驱动而形成有序结构的过程[8,9]。近年来,江明等通过设计聚合物的结构、将聚合物之间的相互作用局域化等方法,成功地发展出无嵌段共聚物(block copolymer free)的路线。并由此制备出一系列核-壳间非共价键连接的聚合物胶束,拓展了聚合物在溶液中自组装的研究领域(见第 4 章)[10]。本章的重点是叙述小分子/嵌段共聚物形成的络合物的自组装行为。

9.2　背景概述

9.2.1　小分子与嵌段共聚物的络合物在本体中的自组装

两嵌段共聚物由于不同嵌段之间的相分离,可以形成各种有序结构。Matsen等的理论研究表明[11],可以用仅仅与两嵌段共聚物组成及结构有关的参数预测相分离形成的有序结构的种类。这些参数是:嵌段间的 Flory-Huggins 相互作用参

数 χ（与共聚物的组成有关）、共聚物的聚合度以及各个嵌段的体积分数（见第 2 章）。这是理论物理学在高分子物理研究领域中取得的一个巨大的成功。该理论表明，对于强相分离的两嵌段共聚物体系，相分离所得到的形态可以通过调节嵌段共聚物的体积比来调控。

在强相分离的嵌段共聚物体系中，我们通过控制嵌段共聚物的结构参数来调控聚集体的形态。但是，要获得不同结构参数的嵌段共聚物并不太容易。这一点，我们可以在 Polymer Source Inc.（一家出售聚合物样品的加拿大公司）的价格表上看出。通常，结构确定的嵌段共聚物样品的价格在每克 300 美元左右，远高于黄金的价格。芬兰的 Oli Ikkala 等利用具有功能端基的有机小分子与嵌段共聚物的某一个嵌段相互作用，方便地实现了对嵌段共聚物结构参数的控制。所使用的嵌段共聚物通常是聚苯乙烯与聚（4-乙烯基吡啶）的嵌段共聚物（PS-b-P4VP）；有机小分子是末端带酚羟基的烷基链如十九烷基苯酚（PDP）。利用酚羟基与吡啶单元形成的氢键，小分子与 P4VP 嵌段之间形成络合物[12~14]。其结构如图 9-1 所示。

图 9-1　PS-b-P4VP 与十九烷基苯酚形成的络合物的结构[15]

Ikkala 等认为，十九烷基苯酚与吡啶单元的络合是不可逆的。通过与小分子的络合，如同获得了一种新的嵌段共聚物。调节小分子与吡啶单元的比例，可以方便地调节该嵌段共聚物的结构参数，从而可以实现对形成的组装体聚集态结构的调控[14]。与此同时，在小分子和与其络合的嵌段之间可能发生相分离，从而在由络合物形成的相中产生新的精细结构。如在摩尔比为 1/1 的络合物体系中，除不同嵌段之间的相分离外，P4VP 嵌段与小分子之间也会发生相分离，从而形成"结构中的结构"（structure within structure）这样的相分离形态。如图 9-2 所示。

我们知道，氢键键能远低于化学键键能，通常会在较高温度下解离。Ikkala 的研究表明，氢键解离导致聚集态结构变化，而聚集态结构的变化则进一步导致材料性能的变化。由此可以实现对材料导电性能的温度调控。如图 9-3(a)所示，在较低温度下，PS-b-P4VP/磺酸甲酯（MSA）/十九烷基苯酚之间可形成化学计量比

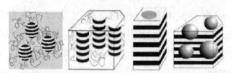

图 9-2　PS-*b*-P4VP/十九烷基苯酚络合物体系相分离形态随 PS-*b*-P4VP 结构参数的变化
而变化[14]

■ PS;　■ P4VP;　□ 烷基尾巴

在 PS-*b*-P4VP/PDP 的等化学计量的络合物体系中,调节嵌段之间的长度比,从左至右,随着络合物嵌段
所占的体积比例的增加,它所组成的相的形态从球形→柱状相→层状相连续转化。在络合物嵌段所形
成的相的内部,小分子与吡啶单元之间相分离,形成层状结构

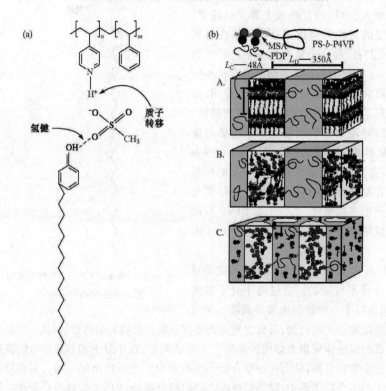

图 9-3　PS-*b*-P4VP/PDP/MAS 体系的相结构示意图[12]

(a) 利用磺酸甲酯的作用,可以增强酚羟基与吡啶基团的结合;(b) 利用氢键的温度响应特性,通过升高
温度使得氢键解离,进一步升温后使得 PDP 与 P4VP 相容性发生变化,诱导聚合物聚集体的聚集态结构
以及聚合物性质发生变化

的络合物。其中,MSA 构成了连接吡啶单元与十九烷基苯酚之间的桥梁。体系由
溶液铸膜后,发生相分离,对应于该嵌段共聚物的结构参数,形成层状结构;而在

P4VP 与小分子络合物形成的层的内部,小分子与 P4VP 之间产生相分离因而进一步形成层状结构,即结构中的结构[图 9-3(b)中 A]。温度升高后,氢键解离,首先是 P4VP(小分子)络合物的层状结构消失[图 9-3(b)中 B]。再进一步升高温度,小分子与 P4VP 相不相容,且由于该小分子与 PS 链之间为 UCST 体系,高温时与 PS 相容而扩散到 PS 相,两相的体积比发生变化,体系变成柱状相[图 9-3(b)中 C]。由于体系中含有导电的小分子电解质,其导电性随着聚集体形态的变化而变化,因而实现了温度对体系导电性的调控[12]。

9.2.2　嵌段共聚物在溶液中的自组装

为讨论小分子诱导嵌段共聚物的自组装,我们先对嵌段共聚物在溶液中的组装行为做一个简单回顾(参见第 1 章)。在溶液中,如将 AB 嵌段共聚物置于 A 的选择性溶剂中(即该溶剂是嵌段 A 的溶剂,B 的非溶剂),B 嵌段之间会发生聚集;而在 B 嵌段聚集的过程中,与 B 嵌段共价键相连的 A 嵌段的分子链会围绕在聚集的 B 嵌段的周围并保持溶解状态,从而使得 B 嵌段的聚集局域化,形成以 B 嵌段的聚集体为核,溶解的 A 嵌段为壳的核壳结构聚集体——聚合物胶束。由于 A 嵌段的分子链处于溶解状态,聚集体可在溶液中分散。该过程如图 9-4 所示。

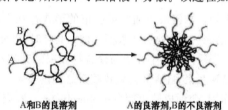

A和B的良溶剂　　　　　A的良溶剂,B的不良溶剂

图 9-4　嵌段共聚物在选择性溶剂中的
胶束化及胶束的结构

聚合物胶束可以是球形、囊泡、柱状、管状及环状等不同形态。大小通常在几十纳米到几个微米。聚合物胶束化的过程可以是热力学控制过程,也可以是动力学控制过程,这取决于两嵌段之间的溶解-聚集的相对强弱。

Eisenberg 等的研究表明[16],聚合物胶束的形态和大小主要受如下几种因素的影响:①成壳分子链之间的相互排斥;②疏溶剂的核与溶剂之间的界面能;③成核分子链的构象熵。比如减弱壳分子链之间的相互排斥,迎合了体系减小其核与溶剂之间的界面能的倾向,使得胶束的尺寸趋于增大。但是,核体积的进一步加大,意味着成核分子链将损失其构象熵,增加分子链伸展的程度,以填充体积不断增加的核。达到某一临界状态后,聚合物胶束将改变其形态,形成囊泡、管状或柱状等聚集体。通过控制嵌段共聚物的结构参数及组成或控制溶剂的性质,可以控制聚合物胶束的形态[9,17]。

与嵌段共聚物本体中的组装体系相似,小分子与嵌段共聚物的络合为改变嵌段共聚物在溶液中的自组装行为提供了方便、有效的途径。控制小分子与嵌段共聚物络合单元的比例、选择不同的小分子,可以方便地改变嵌段共聚物的结构参数、调节嵌段共聚物在溶剂中的溶解‑聚集平衡[18]。

几十年来,人们为了满足科学研究及应用等诸多领域对小分子表面活性剂的大量需求,制备出种类繁多、性质不同的表面活性剂,这为嵌段共聚物/小分子络合物体系性质的调控提供了多种可能性。通常,小分子表面活性剂带有一个极性的亲水的头和一个疏水的亲酯的尾巴。形成络合物时,小分子极性的头与嵌段共聚物中的某一个嵌段通过氢键或离子‑离子相互作用而结合。这个嵌段通常是聚电解质或离聚物,也可是重复单元含有吡啶、氨基等的聚合物链。所得到的小分子/嵌段共聚物络合物在溶液中的行为取决于络合物的组成、结构,也取决于溶剂的种类。下面分别就小分子/嵌段共聚物络合物在水中以及在低极性溶剂中的组装行为加以讨论。

9.2.3 双亲性嵌段共聚物/表面活性剂在水溶液中的行为

双亲性嵌段共聚物在水溶液中通常以胶束的形式存在。其极性嵌段伸向水中,形成聚合物胶束的壳。在与小分子表面活性剂共存时,小分子的极性端通常是和嵌段共聚物的极性嵌段作用。小分子与聚合物胶束的壳相互作用后,由于小分子疏水的尾巴之间会相互聚集,通常会导致胶束之间的聚集。如果只是少量的小分子与嵌段共聚物作用,会形成胶束簇(micelle-cluster),胶束簇依然可在水体系中分散,这是由于未络合的亲水嵌段起了稳定作用,但是聚集体的规整性下降。若

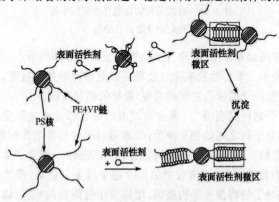

图 9‑5 嵌段共聚物 PS-*b*-PE4VP(聚 *N*-乙基吡啶)胶束与表面活性剂在水溶液
中的相互作用[19]

有大量的小分子表面活性剂与聚合物胶束的壳络合,并且小分子的疏水尾巴之间相互聚集,会使得胶束壳稳定聚集体的能力丧失,从而产生沉淀[19,20]。该过程示意于图 9-5 中。

9.2.4　双亲水性嵌段共聚物/表面活性剂在水溶液中的组装

除非两嵌段之间可相互络合,双亲水性嵌段在水溶液中通常呈分子分散状态。在很多双亲水性嵌段共聚物中,只有一个嵌段能与小分子表面活性剂络合。其中,非络合的嵌段为聚环氧乙烷、聚乙烯醇、聚甲基丙烯酸-β-羟乙酯等,而络合嵌段通常为聚电解质或离聚物,其重复单元带有与小分子表面活性剂的极性端相反的电荷。由于离子-离子相互作用,小分子表面活性剂与双亲水性嵌段共聚物的某一嵌段络合。再由于表面活性剂的疏水尾巴之间会发生聚集,从而导致了嵌段共聚物在水中的聚集。从另一角度来看,带有疏水尾巴的小分子与聚电解质嵌段的络合等同于对该嵌段的疏水修饰。这样,原本亲水的聚电解质嵌段由于与小分子表面活性剂络合变得疏水,因而将在水中发生聚集,诱导该嵌段共聚物的胶束化。如 Eisenberg 等的研究结果表明,PEO(聚氧乙烯)-b-PMANa(聚甲基丙烯酸钠)/CTAB(溴化三甲基十六烷基铵)等阳离子表面活性剂等化学计量络合物在水溶液中自组装,形成了可在水溶液中稳定分散的聚合物囊泡[21]。该过程如图 9-6 所示。

图 9-6　双亲水嵌段共聚物/小分子表面活性剂形成囊泡

与小分子表面活性剂作用后,由于小分子表面活性剂尾部在水溶液中的聚集倾向,络合嵌段聚集,诱导嵌段共聚物胶束化,并形成聚合物囊泡

进一步地,若用可聚合的小分子表面活性剂与嵌段共聚物组装形成囊泡,便可将小分子表面活性剂聚合,使得聚合物囊泡的结构在各种电解质浓度下稳定存在[22]。该聚合反应虽然仅仅涉及小分子表面活性剂,由于聚合使得原本彼此独立的小分子与聚合物的非共价键作用协同起来,大大加强了形成的聚集体的稳定性。

9.2.5　小分子/嵌段共聚物络合物在低极性有机溶剂中的行为

如上所述,在水溶液中,当小分子表面活性剂的极性的头部与嵌段共聚物的极性嵌段相互络合后,小分子疏水尾巴的聚集会诱导与其络合的嵌段的聚集,从而诱导嵌段共聚物胶束化。但是,当络合是在低极性的有机溶剂中发生时,情况便完全不同。由于小分子表面活性剂的尾巴能够在该类溶剂中溶解,使得嵌段共聚物之间不能发生聚集。相反,通常与小分子表面活性剂络合的嵌段具有一定的极性,在有机溶剂中与小分子表面活性剂络合后,其溶解性增强,更易于在低极性介质中分子分散。

嵌段共聚物/小分子络合物在低极性有机溶剂中的行为,将随嵌段共聚物在络合前状态的不同而不同。在与小分子混合/络合前,在选择性溶剂中,嵌段共聚物通常是以聚合物胶束的形式存在。成核的聚合物嵌段通常具有较高的极性。带有亲酯尾巴的小分子表面活性剂与某一嵌段络合后,将改善该嵌段在介质中的溶解性。可以预期,如果其尾巴的亲酯性足够强,会使得聚合物胶束解离,嵌段共聚物将分子分散在介质中。另一种情形是,当低极性溶剂中混合有少量极性稍强的溶剂如醇类时,嵌段共聚物作为壳的嵌段可以是离聚物,这时小分子表面活性剂与其成壳嵌段发生络合。同样地,该络合会增强嵌段共聚物在溶液中形成的胶束的溶解性。Kabanov 等研究了 PS-*b*-PE4VP/AOT[二(2-乙基己基)磺化琥珀酸钠]在水中及己烷/甲醇(异丙醇)体系中的行为[23]。PS-*b*-PE4VP 可以形成以 PS 为核,PE4VP 为壳的聚合物胶束。虽然,在水中形成的聚合物胶束的形态与此相同,但是与 AOT 络合后形成的络合物在水中会形成沉淀。该络合物可以在己烷及醇类的混合溶剂中溶解,形成以 PE4VP/AOT 络合物为壳,PS 为核的聚合物胶束(如图 9-7 所示),

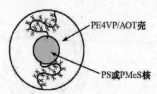

图 9-7　小分子表面活性剂 AOT 与 PE4VP 嵌段络合,提高了该聚合物胶束在环己烷/甲醇体系中的稳定性[23]

稳定地分散于该溶剂中。

综上所述,在我们研究嵌段共聚物/小分子在有机溶剂中的胶束化之前,该络合物的胶束化只能在水溶液中实现。其中,涉及到的有机小分子通常是表面活性剂,含有一定长度的疏水链。在有机溶剂中,小分子疏水链对有机溶剂的亲合性会使得嵌段共聚物更易于分子分散。因此,寻找到合适的方法及体系实现嵌段共聚物/小分子络合物在有机溶剂中的自组装,对于丰富高分子自组装的内容,拓展聚合物胶束的应用范围,显然具有一定的意义。

9.3　嵌段共聚物/小分子脂肪酸络合物在低极性有机溶剂中的自组装

9.3.1　PS-*b*-P4VP/小分子脂肪酸络合物在氯仿中的胶束化

嵌段共聚物在共同溶剂中可以分子分散。上已述及，由于小分子表面活性剂尾巴的亲酯性，嵌段共聚物与小分子表面活性剂形成的络合物也会在低极性溶剂中分子分散，因而得不到其组装体。原理上，尾巴越长，其分散能力越强。为了研究小分子表面活性剂的尾巴对嵌段共聚物/小分子络合物在低极性溶剂中行为的影响，我们研究了 PS-*b*-P4VP 与硬脂酸、癸酸、己酸、乙酸及甲酸等络合物在氯仿中的行为。对于 PS-*b*-P4VP/线性脂肪酸的络合物而言，每个络合单元是由吡啶基团与羧酸基团形成的（图9-8）。已有的研究表明，在低极性溶剂中，吡啶基团中氮上的孤对电子与羧基氢原子之间可以形成较强的氢键[17]。该氢键是在一个有机碱和一个有机酸之间形成，有较强的极性。实际上，该络合单元可以划分为两个极性不同的部分：一是羧基与吡啶基团的结合部分，这部分具有较高的极性，

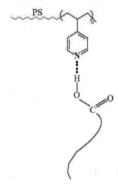

图9-8　PS-*b*-P4VP 与小分子线性有机酸在氯仿中的络合及络合单元的结构

在低极性有机溶剂中，这个结构会倾向于聚集。二是有机酸的碳氢链，为非极性部分，在氯仿中会分散开来。单个络合单元的溶解性，以及由于络合单元是处于一个聚合物链上而导致的熵效应，决定了络合嵌段在溶液中的行为。定性地看，当小分子有机酸的尾巴较长时，溶解将占主导地位，嵌段共聚物处于分子分散状态，得不到嵌段共聚物的聚集体。当缩短尾巴的长度甚至削去尾巴，将会使得高极性结合点之间的聚集成为主宰。这样，络合嵌段不再溶解，络合嵌段之间将发生聚集，并诱导嵌段共聚物在低极性有机溶剂中的胶束化[15]。

我们的研究表明，浓度为 1.0 mg/mL 的嵌段共聚物 PS-*b*-P4VP 在氯仿中处于分子分散状态。该浓度的嵌段共聚物与硬脂酸、癸酸、己酸、乙酸等形成的等化学计量比的络合物也能够分子分散在氯仿中。但是，当用甲酸与该嵌段共聚物络合时，因为甲酸中没有亲酯性的碳氢基团，失去了对极性的络合结构的稳定能力，络合单元之间相互聚集，络合物在氯仿中发生了胶束化。

这一过程可由 ^{1}H-NMR 加以表征，结果如图9-9所示。谱图 A 为嵌段共聚物在氘代氯仿中的核磁共振谱图，其归属标明于图中。左上角为谱图中各个峰 X_y（$X=A, B, C, D$；$y=a, b, c$）面积的定量数值。由图可见，随着甲酸的加入，与

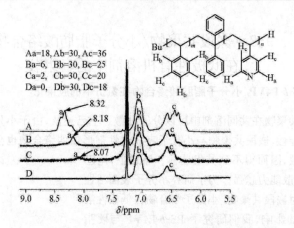

図 9－9　甲酸/PS-b-P4VP 在 CDCl₃ 中¹H-NMR 谱随甲酸/吡啶单元摩尔比
(MR)的变化[15]

MR 分别为：A. 0；B. 1/5；C. 1/2；D. 1/1

右上角为聚合物中苯环及吡啶环信号的归属

P4VP 嵌段中吡啶单元有关的信号逐渐减弱，直至甲酸与吡啶单元的摩尔比≥1 时
(D)，吡啶单元的信号完全消失，即 a 峰完全消失；c 峰中属于吡啶的信号消失，只
剩下属于苯环的信号。这样，D 谱图中，b 峰与 c 峰的面积比等于 3/2，恰好是苯
环上 H_b 与 H_c 的数值比。这表明在甲酸与吡啶单元的摩尔比(MR)为 1/1 的情况
下，几乎所有的吡啶都与甲酸结合并形成聚集体，使得吡啶单元的运动性丧失。这
导致在液体核磁中，吡啶的信号严重加宽，以至于在谱图上看不到吡啶的信号。但
是，当该 MR 远小于 1/1 的情况下，部分吡啶信号依然存在。这说明聚集体的结
构中有部分吡啶单元仍处于溶解状态。然而，根据核磁峰面积定量计算的结果表
明，吡啶信号消失的比例大于结合上甲酸的吡啶单元的比例。这是由于络合单元
带动了邻近的非络合吡啶单元也参与了聚集。

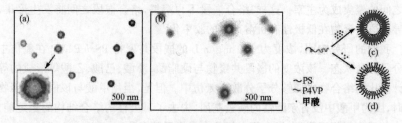

图 9－10　PS-b-P4VP/甲酸(PS 与 P4VP 两嵌段的长度比近似为 1∶1 时)在氯仿中所形成
的聚合物胶束的形态及图示[15]

(a) MR=1/3；(b) MR=1/1

TEM 观察以及光散射表征结果均表明，当 PS-*b*-P4VP 的两嵌段长度比近似为 1/1 时，该络合物聚集体的形态为囊泡[图 9-10(a),(b)]。原则上，改变甲酸的比例，可以调节 PS 与络合嵌段之间的溶解-聚集平衡。增加甲酸/吡啶的 MR，可使薄壁囊泡的壁变厚。这是传统的嵌段共聚物在选择性溶剂中的组装所难以实现的。其示意图见图 9-10(c),(d)。

9.3.2　PS-*b*-P4VP/全氟辛酸络合物的胶束化

如前所述，带有碳氢链的线性小分子脂肪酸可以与 PS-*b*-P4VP 形成在氯仿中分子分散的络合物。但是，全氟辛酸与 PS-*b*-P4VP 混合，形成的络合物却会在氯仿中发生胶束化[24]。可能的原因是全氟辛酸的链没有足够的柔性，以屏蔽羧基与吡啶基团结合导致的极性的结合点之间相互聚集的倾向；另一可能的原因则是全氟辛酸本身在氯仿中就有相互聚集的倾向。当全氟辛酸络合比例较大时，全氟辛酸沿着 P4VP 分子链的方向局部浓度高。这样全氟辛酸之间会发生聚集，导致聚合物的络合嵌段不再溶解，由此诱导嵌段共聚物的胶束化。与 PS-*b*-P4VP/甲酸体系类似的是，当全氟辛酸/吡啶的比例(MR)近似为 1：1 时，络合物胶束化得到囊泡状的聚集体[如图 9-11(a)所示]。不同的是，当 MR 为 2：1，全氟辛酸过量时，未络合的全氟辛酸会被包裹在形成的聚集体中。这一现象的发生是由于全氟辛酸分子对 P4VP 嵌段的修饰，使得形成的囊泡的壁中含有大量的含氟分子，从而对游离的全氟辛酸具有亲合性。由于包覆了游离的全氟辛酸，使得聚集体在电镜照片中的形态以及由光散射测得的⟨R_g⟩/⟨R_h⟩发生变化。电镜观察的结果和光散射表征结果均表明，包覆游离的全氟辛酸后形成的聚集体在形态上接近于一个实心的聚合物胶束[如图 9-11(b)所示]。

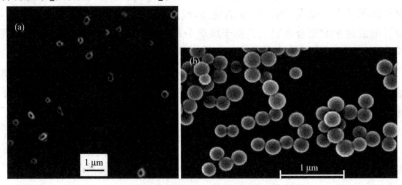

图 9-11　PS-*b*-P4VP/全氟辛酸体系在氯仿中胶束化获得聚集体的 SEM 照片[24]
(a) MR=1/1；(b) MR=2/1

进一步的研究表明，在核中与吡啶络合的全氟辛酸以及游离的被包覆的全氟

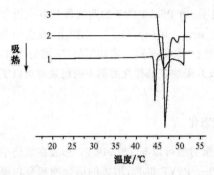

图 9-12　PS-*b*-P4VP/全氟辛酸体系在不同
的 MR 时所获得的聚集体溶液的 DSC 曲线[24]
曲线 1：MR＝1/5；曲线 2：MR＝1/1；
曲线 3：MR＝2/1

辛酸均呈结晶状态。当 MR 较低时(MR＝1/5)，由于非络合吡啶的存在，使得结晶的规整性较差，在较低的温度下就会熔融(图 9-12，曲线 1)。当 MR 为 1/1 时(图 9-12，曲线 2)，得到的结晶体的熔点较高。当过量的全氟辛酸与嵌段共聚物混合后，得到的聚集体在差示扫描量热仪(DSC)中出现两个熔融温度(图 9-12，曲线 3，MR＝2/1)。其中之一对应于 MR 为 1/1 时所得到的结晶体的熔融温度，另一个则熔融温度较高，对应于游离的被包覆在核中的全氟辛酸的结晶体。与纯的全氟辛酸相比，被包覆的全氟辛酸结晶的熔融温度较低。这与 Wooley 等观察到的纳米受限空间对 PCL 结晶体性能的影响是一致的。[25]

9.4　嵌段共聚物/小分子胶束结构及胶束化过程的控制

9.4.1　低密度核聚合物胶束的获得及表征

上已述及，在 PS-*b*-P4VP/甲酸/氯仿胶束化体系中，当聚合物嵌段的长度比近似为 1/1 时，我们得到了聚合物囊泡。增加甲酸/吡啶的摩尔比，使得形成囊泡的壁变厚。在进一步的研究工作中，我们试图改变该络合物在氯仿中自组装所得到的聚集体的形态。根据 Eisenberg 的论述，成壳与成核嵌段长度比较大的共聚物，更容易形成通常的聚合物胶束。由于成壳分子链的加长，使得成壳分子链之间的排斥加剧，因而核被压缩从而体积减小。这样将不容易形成聚合物囊泡[16]。所以，我们研究了 PS 嵌段与 P4VP 嵌段长度比为 2/1 的 PS-*b*-P4VP 与甲酸在氯仿中的络合及自组装行为，希望能得到新的聚集体形态，并期望通过改变甲酸/吡啶单元的摩尔比，实现聚合物聚集体形态的转变。用电镜观察发现，在这种情况下，当 MR 较高时，得到的是典型的实心胶束结构[图 9-13(a)]；当 MR 较低(＜1/2)时，得到了类似于囊泡结构的聚集体[图 9-13(b)]，但并不典型，在粒子的中间可以看到一个下陷的区域，说明中心具有低密度结构，这符合囊泡的结构特点[26]。

为了进一步确定所获得的聚集体的结构，我们同时用动态及静态光散射对所获得的聚集体加以表征[27~29]。通常，可以通过均方旋转半径$\langle R_g \rangle$与流体力学半径$\langle R_h \rangle$的比值$\langle R_g \rangle/\langle R_h \rangle$的大小来表征聚合物聚集体的结构。对于非穿流的质量均匀分布的聚合物小球而言，该比值为 0.774；对于一个壁厚近似为零的球壳而言，该

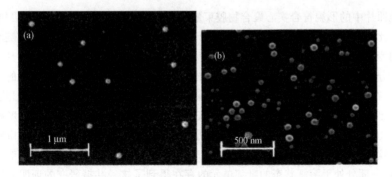

图 9‑13　PS-*b*-P4VP/甲酸(PS 与 P4VP 两嵌段的长度比近似为 2/1 时)在氯仿中所形成的
聚合物胶束的形态[26]

(a) MR=1/1; (b) MR=1/3

比值为 1。对该体系所获得的聚集体在溶液中的光散射结果(图 9‑14)表明,甲酸/
吡啶摩尔比接近于 1 时,$\langle R_g \rangle / \langle R_h \rangle$ 较小(0.5~0.6),符合实心聚合物胶束的结构
特征;甲酸/吡啶摩尔比较小时,所获得聚集体的 $\langle R_g \rangle / \langle R_h \rangle$ 比值在 1 附近,符合囊
泡的特征[17]。可是,虽然 MR 不同时 $\langle R_g \rangle / \langle R_h \rangle$ 的变化很大,但 $\langle R_g \rangle$ 的变化却很
小。根据 $\langle R_g \rangle$ 的定义,其数值取决于聚集体中聚合物链的构象分布[27~29]。实心胶
束与聚合物囊泡相比,分子链的排布截然不同,所以,$\langle R_g \rangle$ 数值的变化不大与上述
关于聚集体形态的推测是矛盾的。仔细观察扫描电镜上类似于囊泡状的粒子的形
态[图 9‑13(b)],可以发现与文献上的囊泡相比有所不同。比如,粒子中心区域
及边缘的反差与典型的囊泡相比尚显不足,而较高 MR 时所获得的聚集体在扫描

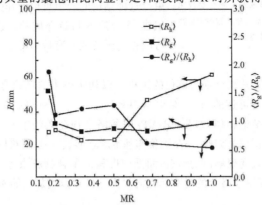

图 9‑14　均方旋转半径 $\langle R_g \rangle$、平均流体力学半径 $\langle R_h \rangle$ 及二者的比
值 $\langle R_g \rangle / \langle R_h \rangle$ 随甲酸/吡啶摩尔比的变化而变化[26]

电镜照片中的形貌符合实心聚合物胶束的特征[图 9－13(a)]。〈R_g〉随甲酸/吡啶摩尔比的变化基本不变的事实表明,粒子内部分子链的构象分布随甲酸/吡啶摩尔比的变化几乎不变,说明甲酸/吡啶摩尔比低时获得的粒子与实心胶束之间具有相似的分子链排列方式。〈R_g〉/〈R_h〉值和图 9－13(b)中粒子中心区域与边缘的反差说明,在较低的甲酸/吡啶摩尔比条件下获得的聚集体的中心密度较低。因此,我们得出结论:甲酸/吡啶摩尔比较低时,该络合物的组装获得的是一个低密度核的聚合物胶束。这一推测与聚合物胶束形成的机制是一致的。因为,当甲酸/吡啶摩尔比较低时,大部分吡啶处于非络合状态。由于非络合状态的吡啶可在溶剂中溶解(这一部分处于溶解状态的吡啶单元的存在得到了核磁共振研究的证明),聚合物聚集体的核处于溶胀状态,如同一个部分物理交联的凝胶的溶胀。这种核会在溶剂挥发后塌陷,使得电镜观察到的形态介于聚合物囊泡与实心聚合物胶束之间。另外,由于核的密度较低,光散射方法得到的〈R_g〉/〈R_h〉值较高。进一步的研究表明,在低的甲酸/吡啶摩尔比条件下,尚有一些未聚集的聚合物链,由于这些聚合物链的存在,使得〈R_g〉/〈R_h〉值甚至大于1.0。总之,我们的研究工作表明,当 PS 嵌段与 P4VP 嵌段的长度比为 2 时,由 PS-*b*-P4VP/甲酸络合体系获得的只是胶束状聚集体。在低的甲酸/吡啶摩尔比条件下可获得低密度核的胶束。这种结构的胶束可以看作是核由多种成分组成,亲介质的与疏介质的。这种结构的胶束可能在用于负载时有特殊的表现。这一过程如图 9－15 所示。

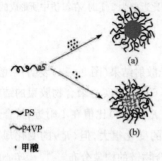

图 9－15　PS-*b*-P4VP/甲酸(PS 与 P4VP 两嵌段的长度比近似为 2/1)在氯仿中所形成的聚合物胶束的形态示意图[10]

(a) MR＞2/3 时,形成实心聚合物胶束;

(b) MR＜1/2 时,形成低密度核的聚合物胶束

仔细地分析上述聚合物胶束化的过程可以初步得出的结论是:甲酸与吡啶单元形成的络合是不可逆的(这个结论与 Ikkala 等关于 PS-*b*-P4VP/酚类络合物的络合行为给出的结论相似);PS-*b*-P4VP/甲酸络合物在氯仿中的胶束化过程也偏离热力学平衡。正因为如此,一旦聚集体基本形态形成以后,就难以通过调节甲酸/吡啶的摩尔比来改变聚集体的形态;而低密度核的聚合物胶束也难以通过甲酸络合位置的调整,使得未络合的吡啶单元向界面处扩散以增加核的密度。

9.4.2　水溶性短寿命粒子的制备及机理

聚合物胶束由于是非共价键力导致的结合,通常结构并不稳定,会给进一步的应用造成困难。所以,用化学或物理的方法使得聚合物胶束的结构固定化,为聚合物胶束在各种环境下的进一步应用提供了条件。但是,在某些应用场合,聚合物胶束的不稳定性却有可利用的价值。如在药物控释体系的制备方面,通常需要聚合物胶束能够在一定条件下解离。这样,一方面有利于药物的释放,另一方面也有利于聚合物胶束在生物体中的代谢。事实上,在生物体这样一个相对稳定的环境中,与小分子表面活性剂等形成的聚集体相比,聚合物胶束相当稳定。由于其临界胶束浓度极小,聚合物胶束通常不会因稀释而解离。运用生物可降解高分子形成的聚合物胶束(可降解的聚合物通常是形成聚合物胶束的核),可以因聚合物的降解而解离。但是,由于聚合物的降解大多需要生物酶等的参与,而生物酶与聚合物胶束核的接触由于壳对核的屏蔽作用而变得困难。事实上,以聚合物胶束制备成药物控释体系,尚无商品化的先例。因此,探索新的聚合物胶束的解离模式和解离机制是有意义的。下面讨论其中的一个例子。

　　如图 9-16 所示,嵌段共聚物 PEO_{113}-b-PAA_{70}(下标为对应嵌段共聚物的平均聚合度)能够分子分散在水中。小分子 ETC[1-(3-dimethylaminopropyl)-3-ethyl-carbodiimide methiodide]在水中也具有很好的溶解性。将小分子 ETC 加入到该嵌段共聚物的水溶液中时,体系立即出现乳光。光散射测试表明,体系中有聚集体形成,聚集体的尺寸在 100nm 左右。用 TEM 观察粒子的形态,发现随着 ETC/COOH 摩尔比的不同,聚集体呈现出短棒状、囊泡以及实心聚合物胶束等不同形

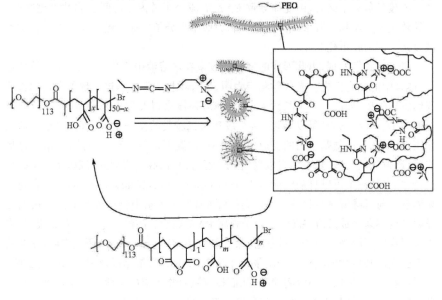

图 9-16　PEO-b-PAA 与 ETC 小分子之间的反应、络合、聚合物胶束化及胶束解离的过程与机理的示意图[30]

态(如图 9－17 所示)[30]。

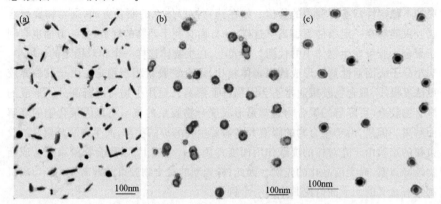

图 9－17　PEO-*b*-PAA/ETC 在水中获得的聚集体的 TEM 照片[30]

MR 为 ETC/AA 的摩尔比

(a) MR＝0.5/1；(b) MR＝1/1；(c) MR＝1.5/1

ETC 的 N＝C＝N 结构与羧基负离子反应形成异尿结构,导致 ETC 小分子与 PAA 嵌段的连接。ETC 另一端的季铵阳离子则可以与由 PAA 嵌段部分电离而产生的羧基负离子络合,由此而导致 PAA 嵌段分子链内或链间的非共价键交联,并导致嵌段共聚物的胶束化。这一机制类似于小分子二酸氢键交联诱导的含胺类嵌段共聚物的胶束化[31]。

研究中我们发现,由此形成的聚合物胶束在水溶液中不稳定。1～3 个星期过后,体系中的乳光消失。光散射测定表明,聚合物粒子消失。这一现象在初期曾使我们感到失望,如同一个工匠做了一个器具,还没来得及拿出来展示时,器具就已经消失了。好在 ETC 可以催化 PAA 羧基与二胺类的交联反应。在 ETC 的催化作用下,羧基与伯氨基之间的反应可在水中、常温下迅速进行。因此,在聚集体形成后,迅速加入二胺,聚集体得以稳定化。经过思考,我们意识到,该体系在交联之前,实际上是一个可以自动解离(self-association and self-dissociation)的聚合物胶束体系。与可降解聚合物体系不同,这种解离是在体系中自动进行的。其机制是异尿结构逐渐变成酸酐,ETC 小分子脱离 PAA 嵌段。酸酐再进一步变成羧酸,嵌段共聚物回到原来的分子分散状态,聚合物胶束解离。进一步的研究表明,解离的速率受嵌段共聚物的相对分子质量、ETC/COOH 的摩尔比以及溶液 pH 的影响。控制这些因素,可以控制解离速率,从而控制聚合物胶束的寿命。对于药物控释体系的制备,这一结果无疑提供了控制胶束解离的一个新思路。

9.4.3　PS-*b*-P4VP/不同链长小分子脂肪酸之间的络合竞争

很多嵌段共聚物在选择性溶剂中胶束化时,不溶嵌段的聚集通常是不可逆的。因此,其胶束化过程实际上偏离热力学平衡。大多数嵌段共聚物胶束化体系中的临界胶束浓度极低,体系中聚合物单链与聚集体之间的平衡和交换在很多体系中不明显[32]。在这样的胶束化体系中,初期形成的结构通常不随时间的改变而改变。所以,胶束化过程必须要在很低的浓度下进行。如上所述,PS-*b*-P4VP/甲酸的胶束化过程也是由动力学因素控制的不可逆过程。与嵌段共聚物在选择性溶剂中的胶束化过程相似,该络合物的胶束化也必须在低浓度下进行。如图 9 - 18 所示,当浓度高于 5.0 mg/mL 时,粒子的规整性下降,分散度提高。

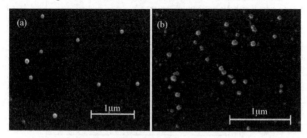

图 9 - 18　PS-*b*-P4VP/甲酸形成的等化学计量比的络合物在氯仿中胶
束化所形成的聚集体的 SEM 照片[18]
共聚物浓度为:(a) 1.0 mg/mL;(b) 5.0 mg/mL

在嵌段共聚物的胶束化过程中,不溶解嵌段相互聚集的同时,可溶解嵌段通过构象调整,在聚集的链段周围富集并使得聚集过程在有限的区域中发生。当嵌段共聚物的浓度较高时,可溶解嵌段的分子链之间以及可溶解嵌段与聚集嵌段之间将会发生缠结。如果聚集速率很快,没有足够的时间使得可溶解嵌段的分子链从缠结中解脱出来,将难以得到规整的聚集体。所以,调整不溶解嵌段或成核嵌段聚集的速率可能是控制聚合物胶束化过程的一种有效方式。对于嵌段共聚物在选择性溶剂中的胶束化过程而言,利用透析、减缓选择性溶剂的滴加速率等,可以提高所获得的聚合物聚集体的规整性。但是,由于溶剂的扩散过程比聚合物的胶束化过程慢很多,所以,用上述方法仍然难以实现对聚合物胶束化过程的有效控制。

我们的研究表明,PS-*b*-P4VP 与癸酸(DA)等带有碳氢链尾部的线性小分子脂肪酸形成的络合物可在氯仿中分子分散;而 PS-*b*-P4VP/甲酸(FA)体系形成的络合物却在氯仿中发生胶束化,形成不同结构及形态的聚合物胶束[15]。我们利用不同链长脂肪酸组装行为的差别,提出了一项利用络合竞争控制组装过程的途径。这一思路是,先将 PS-*b*-P4VP 与带有一定长度疏水链的线性小分子有机酸如 DA

　　络合,得到的络合物可分子分散在氯仿中。然后再加入 FA,FA 与吡啶之间的络合可以取代或部分取代 DA 与吡啶的络合。进而,吡啶/FA 单元之间相互聚集,诱导嵌段共聚物胶束化。但是,由于 DA 与嵌段共聚物的预先络合,FA 与吡啶络合的过程被延长,嵌段共聚物/甲酸络合的胶束化过程因此也被延长了。结果是,聚合物胶束化的过程进行得更加平稳[18]。图 9-19(曲线 1)表明,在没有癸酸的情况下,嵌段共聚物的浓度为 1% 时,与甲酸络合后得到的聚集体体系很不稳定。几天后在体系中就可看到沉淀产生。相反,如果预先与等化学计量的 DA 络合后,再与等化学计量的 FA 络合,得到的体系十分稳定(曲线 2)。该浓度下得到的聚集体的电镜照片如图 9-20 所示。

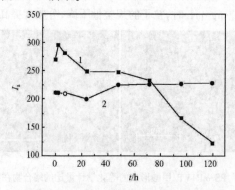

图 9-19　聚集体分散体系的光散射强度随混合时间的变化,反应了聚
集体在溶液中分散的稳定性[18]

曲线 1:PS-b-P4VP 与甲酸混合;曲线 2:嵌段共聚物先与等化学计量的癸酸混
合,然后再与甲酸混合

嵌段共聚物的浓度为 10.0 mg/mL;t:从与甲酸混合后开始计时

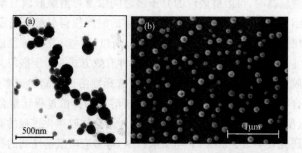

图 9-20　PS-b-P4VP/DA/FA 在氯仿中所获得的聚集体的(a)TEM
及(b)SEM 照片[18]

PS-b-P4VP 的浓度为 10.0 mg/mL,吡啶/DA/FA 之间的摩尔比为 1:1:1

核磁共振研究表明,FA 与吡啶单元的络合只能部分取代 DA 与吡啶的络合。在胶束化过程中,可溶性的 DA/吡啶络合单元与 FA/吡啶单元共存于络合物中,改变了共聚物络合体系的溶解-聚集平衡,使得有 DA 存在的体系的胶束化过程呈现出热力学控制的特征。DA 与嵌段共聚物的预先络合对 PS-*b*-P4VP/甲酸体系的胶束化过程的影响如图 9-21 所示。

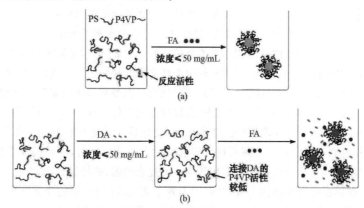

图 9-21 PS-*b*-P4VP/FA[(a)]以及 PS-*b*-P4VP/DA/FA[(b)]在氯仿中胶束化过程的示意图[18]

将 P4VP 链上先裹上一层癸酸,可以延缓甲酸的攻击,并进而影响吡啶/甲酸的络合所导致的胶束化过程。这容易使人联想起一种沙漠上的蠕虫,为了躲避猎食者的攻击,常将自己的身上裹上一层沙子。这一行为延长了蠕虫的生命,同时也影响了沙漠上这样一对猎手与猎物之间的生态平衡。

9.5 化学交联反应诱导嵌段共聚物在共同溶剂中的胶束化

9.5.1 化学交联反应诱导嵌段共聚物胶束化

以上已经谈到,聚合物胶束真正走向应用面临的瓶颈之一是聚合物胶束制备的低效率。通常,嵌段共聚物在选择性溶剂中的胶束化需要在低于 5.0 mg/mL 的浓度下进行。高于该浓度,通常会产生不规则的聚合物聚集体甚至沉淀。原因是在高浓度下,不溶嵌段的聚集速率太快,这样可溶嵌段没有足够的时间从缠结中解脱出来,以形成一个完整的壳来屏蔽所形成的聚合物胶束的核[4]。上面我们也谈到,控制聚合物胶束化并提高其制备浓度的可能方式之一是降低成核嵌段之间的聚集速率,这在嵌段共聚物/选择性溶剂体系中难以实现。事实上,非共价键作用大都是瞬间发生的,而化学反应的速率有时是可以控制的。吴奇等利用化学改性聚合物某一嵌段的方法,使得该嵌段的溶解性发生变化,从而成功地实现了嵌段共聚物的胶束化(参见第 11 章)[33]。瓶颈之二是聚合物胶束不稳定。由于使聚合物胶束聚集的驱动力是非共价键力,聚合物胶束只能在一定的条件下存在。虽然我们有时候需要能在一定条件下解离的聚合物胶束,但同时也需要结构稳定的聚合物胶束用作催化剂载体以及聚合物材料改性等。如果直接利用化学交联反应诱导嵌段共聚物胶束化,则既可以控制聚合物聚集的速率并在此基础上获得高的聚合物胶束的制备效率,又可以直接获得以核为交联结构的聚合物胶束。但是,根据Flory 的观点,对于聚合物均聚物的交联反应,对单分散聚合物而言,如果平均每个链上有一个交联点,就会得到一个宏观的凝胶。因此,通过交联实现聚合物胶束化似乎是很困难的。但是,在共同溶剂中交联嵌段共聚物的某一嵌段,情况会有所不同。化学交联会使得交联嵌段聚集。重要的是,在被交联嵌段聚集的过程中,非交联嵌段由于与交联嵌段化学键相连,会聚拢在聚集体的周围。可以想像,当可交联嵌段较短时,由于非交联嵌段的屏蔽作用,交联反应只能在有限的空间里发生。这个过程有点类似于捆扎一束鲜花,当花朵较大、花茎较短时,随着捆扎数量的增加,体积较大的花朵会将花茎包围在其中。反过来想像,如果这样的交联会导致宏观凝胶,那就意味着要将体积较大的(因为处于无规线团状态)的非交联嵌段放置于交联嵌段形成的网格中,而交联网格是在非交联线团存在的情况下形成的。这个过程的实现无疑是困难的。当然,我们做这样分析的前提是两个嵌段不相容。

为了验证上述想法,我们在 DMF 中用 1,4-二溴丁烷交联了 PS-b-P4VP(PS$_{658}$-b-P4VP$_{336}$ 以及 PS$_{84}$-b-P4VP$_{112}$)的 P4VP 嵌段[34]。DMF 是该嵌段共聚物的共同溶剂。尽管我们使用了过量的交联剂,但交联并没有形成宏观凝胶。光散射及电镜观察证实了粒子的形态为规则的球形聚集体,其规整性与两个嵌段的长度比有关。

电镜观察初步表明,所获得的球形粒子有核-壳结构。如图 9-22 所示,SEM下观察到的粒子的平均尺寸明显大于 TEM 下观察到的粒子尺寸。这是因为交联剂 1,4-二溴丁烷因含有原子序数较高的溴原子而在 TEM 中有较大的反差,所以TEM 中观察到的体积仅仅是核的大小,而 SEM 中观察到的则是粒子的整个轮廓,因而显著大于核的体积。

粒子核壳结构的有力证据来自于[1]H-NMR 对交联过程在氘代 DMF 中的跟踪研究(图 9-23)。上已述及,随着交联反应的进行,因交联而聚集的 P4VP 嵌段的信号(图 9-23a 及 c 的一部分)在液体 NMR 谱中将逐渐消失;而非交联嵌段基本保持了其交联前的信号强度(图 9-23b 基本不变)。其略有减少可能是由于其靠近核的部分运动性下降所致)。显然,PS 仍然保持其溶解状态。对于一个球形粒子来说,只有 PS 形成毛发状(hair-like)的壳包围在核的周围,才能具有足够的运动性,使其信号强度保持不变。

应该说明的是,用 1-溴丁烷在 DMF 中与该嵌段共聚物在同样条件下反应,不

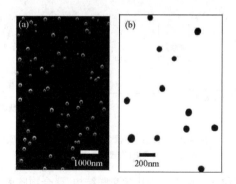

图 9-22 由化学交联诱导嵌段共聚物 PS-*b*-P4VP 胶束化所获得的粒
子的(a)SEM 及(b)TEM 照片[34]

在 DMF 中,常温下用 1,4-二溴丁烷直接交联 P4VP 嵌段获得。嵌段共聚物的浓
度为 0.10 g/mL

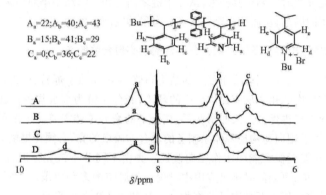

图 9-23 在氘代 DMF 中,PS-*b*-P4VP/1,4-二溴丁烷体系在不同时间的 ^{1}H-NMR 谱图[34]

A、B、C 对应的反应时间分别为 0,10,28h。嵌段共聚物的浓度为 0.05 g/mL;1,4-二溴丁烷与吡啶单元
的摩尔比为 2/1。左上角为各个峰 X_y(X=A,B,C;y=a,b,c)的相对面积,右上角为吡啶及苯环上氢原
子在谱图上的归属。D 为 1-溴丁烷与嵌段共聚物在相同条件下反应 52h 测得的谱图(1-溴丁烷与吡啶单
元的摩尔比为 4/1)。DMSO 作为内标

能得到聚集体。图 9-23 中图谱 D 是一个对照实验,在氘代 DMF 中,随着 1-溴丁
烷与嵌段共聚物的反应,季铵化的吡啶信号逐渐增强(d 和 e),说明季铵化的吡啶
可以很好地溶解在 DMF 中。也就是说,化学交联,而不是季铵化,导致了核-壳结
构粒子的形成。化学交联诱导嵌段共聚物胶束化的过程如图 9-24 所示。

重要的是,化学交联反应诱导嵌段共聚物胶束化的过程可以在高浓度下进行。
例如,利用嵌段共聚物 PS_{84}-*b*-$P4VP_{112}$(相对分子质量分散系数为 1.09)在 DMF 中
有较高的溶解度,可以直接交联浓度达 200 mg/mL 的嵌段共聚物样品,得到结构

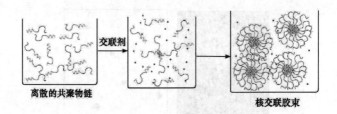

离散的共聚物链　　　　　　　　　　　　　　　　　核交联胶束

图 9-24　化学交联反应诱导核交联聚合物胶束的形成过程[34]

红色为可交联嵌段；蓝色圆点代表交联剂

规整的核壳聚合物粒子。由于核为化学交联结构，聚合物胶束结构充分稳定，这类胶束可望用于聚合物改性等。我们的实验证实了我们的设想，即处于溶解状态下分子链构象的转变速率远远大于交联反应诱导的交联嵌段的链的聚集速率，而交联反应的速率可以按我们的需要去控制。这样，在被交联嵌段聚集的过程中，非交联嵌段有充分的时间调整其构象，从分子链之间的相互缠结中解脱出来，形成壳包围在聚集体的周围，从而使得交联反应在有限的空间中发生。

9.5.2　制备不相容分子链之间充分混合的杂壳聚合物胶束

聚合物胶束的应用取决于胶束的结构和核-壳的组成。通常，核为客体分子的负载或者在核中的化学反应提供相应的环境；壳分子链为聚合物胶束在介质中的稳定或相容性提供保证。某些情况下，高分子的壳分子链需要满足多种不同的要求。比如，用于靶向药物控释体系制备的聚合物胶束的壳，必须在提供其生物相容性的同时，也能提供官能团用作靶向改性。壳由不同分子链充分混合组成的"杂壳"聚合物胶束，可望同时满足应用中对聚合物胶束的多种要求。从原理上说，杂壳聚合物胶束可以由两种嵌段共聚物 A-b-B 和 C-b-B 在可溶解 A 和 C 而不能溶解 B 的溶剂中自组装来制备。但是，研究表明，当 A 与 C 嵌段不相容时，自组装方法得到的是壳分别为 A 和 C 的两种聚合物胶束的混合物。显然，A 与 C 性质的差异越大，在应用上就越有意义。

但是，利用化学交联诱导胶束化的方法，在共同溶剂中交联 B 嵌段，可以克服 A 与 C 之间的相分离倾向，实现 A 与 C 在聚合物胶束中的充分混合。如图 9-25 所示，将 PS-b-P2VP 与 PEO-b-P2VP 在 DMF 中混合，用 1,4-二溴丁烷在 100℃下交联 P2VP 嵌段。得到的聚集体既可以在 PS 的溶剂 PEO 的非溶剂二氧六环中单个分散，也可以在 PEO 的溶剂 PS 的非溶剂水中单个分散[35]。这一实验事实说明，每一个获得的聚集体中既含有足够量的 PEO 链，同时也含有足够量的 PS 链。同时，PS 链及 PEO 链之间没有明显的相分离发生。设想，如果在每一个杂壳聚合物胶束中有一定大小的 PS（或 PEO）相存在，在水（或二氧六环）中会诱导不同粒子之间的聚集，使得聚集体的尺寸增大[36]。

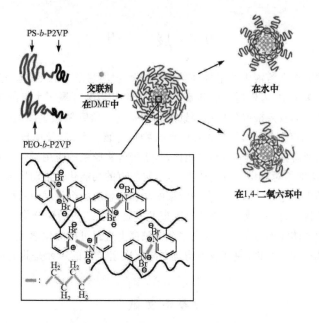

图 9-25　杂壳聚合物胶束形成的方法、过程及原理的图解说明以及杂壳聚合物胶束在壳成分的选择性溶剂中链构象的变化[35]

用四氧化钌对聚集体染色,可以观察到一种很细致的相分离结构(图 9-26)。其中颜色较深的区域为 PEO 相。相区的尺寸大小为 2 nm 左右,远小于以具有相应 PEO 及 PS 链长的嵌段共聚物 PS-b-PEO 链所形成的相分离的微区的尺寸(在 25℃下,该嵌段共聚物之间的相互作用参数 χN 值约为 37)。

同样,由于化学交联诱导胶束化过程所具有的可控性,混合嵌段聚合物的胶束化过程可在较高的浓度下发生。在上述两种嵌段共聚物的浓度为 50.0 mg/mL 时,交联 P2VP 嵌段,可直接制备高浓度的"杂壳"聚合物胶束。

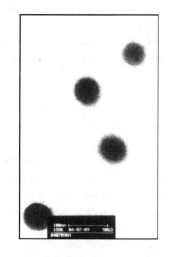

图 9-26　化学交联 PS-b-P2VP 和 PEO-b-P2VP 形成的杂壳聚合物胶束的电镜照片[35]
用 RuO_4 染色,反差较大的是 PEO 链

9.6　展　望

　　嵌段共聚物在溶液中的组装是高分子科学、材料科学中的热点研究领域之一。在过去的十多年中,人们对嵌段共聚物在溶液中的组装开展了大量的深入的研究工作。对聚合物胶束极好的应用前景的预期是这一研究领域重要的驱动力之一。近年来,文献中有大量的、纷繁多样的聚合物自组装体系,以及由自组装获得的各种聚集体的形态报道。但是,与之相比,基于聚合物胶束的应用研究开展得相对较少,进展的速度相对较慢。我们认为,聚合物胶束的功能化是推动聚合物胶束加速走向应用的重要途径。应用聚合物胶束的功能化解决各个领域中的科学问题将是我们面临的挑战之一。另外,聚合物胶束尤其是交联结构的聚合物胶束实际上是一个具有纳米体积的分子。如何在聚合物胶束上进行可控的化学反应或对聚合物胶束进行选择性的修饰,使其成为构筑更高层次组装体的单元是我们面临的另一挑战。

参 考 文 献

[1]　Lehn J M, Atwood J L, Davies L E D, MacNicol D D, Vogtle F. Comprehensive Supramolecular Chemistry. Vol. 1~11. Pergamon, 1996

[2]　Lehn J M. Perspectives in supramolecular chemistry—from molecular recognition towards molecular information-processing and self-organization. Angew. Chem.Int. Edit., 1990, 29: 1304

[3]　Discher D E, Eisenberg A. Polymer vesicles. Science 2002, 297: 967

[4]　Webber S E. Polymer micelles: An example of self-assembling polymers. J. Phys. Chem. B, 1998, 102: 2618

[5]　Yan X H, Liu G J, Liu F T, Tang B Z, Peng H, Pakhomov A B, Wong C Y. Superparamagnetic triblock copolymer/Fe_2O_3 hybrid nanofibers. Angew. Chem.Int. Edit., 2001, 40: 3593

[6]　Stewart S, Liu G. Block copolymer nanotubes. Angew. Chem.Int. Edit., 2000, 39: 340

[7]　Kataoka K, Harada A, Nagasaki Y. Block copolymer micelles for drug delivery: design, characterization and biological significance. Adv. Drug Deliv. Rev., 2001, 47: 113

[8]　Zhang L F, Eisenberg A. Multiple morphologies of crew-cut aggregates of polystyrene-*b*-poly(acrylic acid) block-copolymers. Science, 1995, 268: 1728

[9]　Jenekhe S A, Chen X L. Self-assembled aggregates of rod-coil block copolymers and their solubilization and encapsulation of fullerenes. Science, 1998, 279: 1903

[10]　Chen D Y, Jiang M. Strategies for constructing polymeric micelles and hollow spheres in solution via specific intermolecular interactions, Accounts Chem. Res., 2005, 38: 494

[11]　Matsen M W, Schick M. Stable and unstable phases of a diblock copolymer melt. Phys. Rev. Lett., 1994, 72: 2660

[12]　Ruokolainen J, Makinen R, Torkkeli M, Makela T, Serimaa R, ten Brinke G, Ikkala O. Switching supramolecular polymeric materials with multiple length scales. Science, 1998, 280: 557

[13] Ikkala O, ten Brinke G. Hierarchical self-assembly in polymeric complexes: Towards functional materials. Chemical Communications, 2004: 2131

[14] Ruokolainen J, ten Brinke G, Ikkala O. Supramolecular polymeric materials with hierarchical structure-within-structure morphologies. Advanced Materials, 1999, 11: 777

[15] Peng H S, Chen D Y, Jiang M. Self-assembly of formic acid/polystyrene-block-poly(4-vinylpyridine) complexes into vesicles in a low-polar organic solvent chloroform. Langmuir, 2003, 19: 10989

[16] Zhang L F, Eisenberg A. Morphogenic effect of added ions on crew-cut aggregates of polystyrene-b-poly(acrylic acid) block copolymers in solutions. Macromolecules, 1996, 29: 8805

[17] Duan H W, Chen D Y, Jiang M, Gan W J, Li S J, Wang M, Gong J. Self-assembly of unlike homopolymers into hollow spheres in nonselective solvent. J. Am. Chem. Soc., 2001, 123: 12097

[18] Yao X M, Chen D Y, Jiang M. Micellization of PS-b-P4VP/formic acid in chloroform without or with the premixing of the copolymer with decanoic acid. Macromolecules, 2004, 37: 4211

[19] Bakeev K N, Lysenko E A, MacKnight W J, Zezin A B, Kabanov V A. Complexes of oil-soluble amphiphilic copolymers and low-molecular mass surfactants. Colloid Surf. A—Physicochem. Eng. Asp., 1999, 147: 263

[20] Lysenko E A, Bronich T K, Slonkina E V, Eisenberg A, Kabanov V A, Kabanov A V. Block ionomer complexes with polystyrene core-forming block in selective solvents of various polarities. 1. Solution behavior and self-assembly in aqueous media. Macromolecules, 2002, 35: 6351

[21] Kabanov A V, Bronich T K, Kabanov V A, Yu K, Eisenberg A. Spontaneous formation of vesicles from complexes of block ionomers and surfactants. J. Am. Chem. Soc., 1998, 120: 9941

[22] Bronich T K, Ming O Y, Kabanov V A, Eisenberg A, Szoka F C, Kabanov A V. Synthesis of vesicles on polymer template. J. Am. Chem. Soc., 2002, 124: 11872

[23] Lysenko E A, Bronich T K, Slonkina E V, Eisenberg A, Kabanov V A, Kabanov A V. Block ionomer complexes with polystyrene core-forming block in selective solvents of various polarities. 2. Solution behavior and self-assembly in nonpolar solvents. Macromolecules, 2002, 35: 6344

[24] Peng H S, Chen D Y, Jiang M. Self-assembly of perfluorooctanoic acid (PFOA) and PS-b-P4VP in chloroform and the encapsulation of PFOA in the formed aggregates as the nanocrystallites. J. Phys. Chem. B, 2003, 107: 12461

[25] Zhang Q, Remsen E E, Wooley K L. Shell cross-linked nanoparticles containing hydrolytically degradable, crystalline core domains. J. Am. Chem. Soc., 2000, 122: 3642

[26] Yao X M, Chen D Y, Jiang M. Formation of PS-b-P4VP/formic acid core-shell micelles in chloroform with different core densities. J. Phys. Chem. B, 2004, 108: 5225

[27] Zhang G Z, Wu C. The water/methanol complexation induced reentrant coil-to-globule-to-coil transition of individual homopolymer chains in extremely dilute solution. J. Am. Chem. Soc., 2001, 123: 1376

[28] Zhang G Z, Wu C. Reentrant coil-to-globule-to-coil transition of a single linear homopolymer chain in a water/methanol mixture. Phys. Rev. Lett., 2001, 86: 822

[29] Tu YF, Wan X H, Zhang D, Zhou Q F, Wu C. Self-assembled nanostructure of a novel coil-rod diblock copolymer in dilute solution. J. Am. Chem. Soc., 2000, 122: 10201

[30] Gu C F, Chen D Y, Jiang M. Short-life core-shell structured nanoaggregates formed by the self-assembly of PEO-b-PAA/ETC (1-(3-dimethylaminopropyl)-3-ethylcarbodiimide methiodide) and their

stabilization. Macromolecules, 2004, 37: 1666

[31] Ma Q G, Remsen E E, Clark C G, Kowalewski T, Wooley K L. Chemically induced supramolecular reorganization of triblock copolymer assemblies: Trapping of intermediate states via a shell-crosslinking methodology. Proc. Natl. Acad. Sci. U. S. A., 2002, 99: 5058

[32] Moffitt M, Khougaz K, Eisenberg A. Micellization of ionic block copolymers. Accounts Chem. Res., 1996, 29: 95

[33] Wu C, Niu A Z, Leung L M, Lam T S. Preparation of narrowly distributed stable and soluble polyacetylene block copolymer nanoparticles. J. Am. Chem. Soc., 1999, 121: 1954

[34] Chen D Y, Peng H S, Jiang M. A novel one-step approach to core-stabilized nanoparticles at high solid contents. Macromolecules, 2003, 36: 2576

[35] Hui T R, Chen D Y, Jiang M. A one-step approach to the highly efficient preparation of core-stabilized polymeric micelles with a mixed shell formed by two incompatible polymers. Macromolecules, 2005, 38: 5834

[36] Podhajecka K, Stepanek M, Prochazka K, Brown W. Hybrid polymeric micelles with hydrophobic cores and mixed polyelectrolyte/nonelectrolyte shells in aqueous media. 2. Studies of the shell behavior. Langmuir, 2001, 17: 4245

第10章 嵌段共聚物自组装胶束及其相互作用与有序聚集

史林启

嵌段共聚物因两链段的性质不同,在本体的状态下可以发生相分离,自组装形成多种形态结构。自20世纪80年代以来,科学家们发现嵌段共聚物在选择性溶剂(block-selective solvent)中的自组装可以形成形态和结构多样的胶束（micelles）或胶束状聚集体(micelle-like aggregates，MLAs)。所谓嵌段共聚物的选择性溶剂,是指该溶剂是共聚物中一个嵌段的良溶剂,而是另一嵌段的沉淀剂。例如,对两亲性嵌段共聚物(amphiphilic block copolymer)聚苯乙烯-b-聚丙烯酸(PS-b-PAA)而言,水是聚丙烯酸的溶剂,而是聚苯乙烯的沉淀剂。因此在合适的条件下,把 PS-b-PAA"溶于"水中时,PS 嵌段的分子链相互缠结在一起形成胶束的核,而溶于水的 PAA 嵌段形成胶束的壳。和普通的胶体粒子相比,嵌段共聚物在选择性溶剂中形成的胶束比较稳定,这是因为成核嵌段相互缠结被冻结,成壳嵌段可以起到保持胶束在水中相对稳定的作用。嵌段共聚物在选择性溶剂中的自组装是高分子科学的一个热点研究领域,在生命科学、制药学、材料科学等领域有重要的科学价值和潜在的应用前景。

迄今为止,高分子科学家已经用嵌段共聚物制备了球形、棒状、囊泡状、空心、管状、纤维状等形态丰富的胶束[1]。其中,核-壳结构的球形胶束是最经典和最常见的一种胶束形态,它可以分为星形胶束或毛发形胶束 (star micelles or hairy micelles) 和平头胶束 (crew-cut micelles)。其中,星形胶束的成壳嵌段长度大大长于成核嵌段,因此,星形胶束的壳层比核层厚,而平头胶束的结构则正好相反。图 10-1是星形胶束和平头胶束的结构示意图。

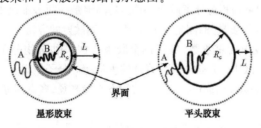

图 10-1 星形和平头胶束的结构示意图

A,B 为嵌段;R_c 为胶束的核厚度;L 为胶束的壳厚度

　　高分子胶束可以广泛地应用于药物控释、环境保护等方面,在制备纳米电子元件、纳米复合材料等许多方面也具有重要的应用前景。由于胶束在选择性溶剂中的稳定性,可以利用高分子胶束作为模板,制备许多性能优异的新材料。

　　目前,嵌段共聚物在选择性溶剂中的胶束化研究主要涉及胶束的制备、胶束的形态、结构,胶束形成的动力学研究和胶束的应用等许多方面,本书其他许多章节对此有所讨论。在本章中我们将对胶束的表征、含金属有机链和含生物大分子的嵌段共聚物的自组装及嵌段共聚物胶束的相互作用与有序聚集的研究分别予以介绍。

10.1　嵌段共聚物胶束结构的表征

　　胶束的结构经常用以下参数来定量或定性地表征:

　　(1) 临界胶束浓度 (critical micellization concentration, CMC) 或临界缔合浓度(critical association concentration, CAC)。当嵌段共聚物浓度低于临界胶束浓度时,在选择性溶剂中以单分子形式存在;当浓度高于临界胶束浓度时,缔合形成胶束。当胶束"溶液"的温度高于临界胶束温度(critical micellization temperature, CMT)时,形成胶束的嵌段共聚物分子可以从胶束中解缔或部分解缔成为单分子。常用的测定临界胶束浓度的方法有荧光法、光散射法及表面张力法。

　　(2) 平衡常数 K。嵌段共聚物的分子链胶束之间存在着一个平衡。K 越小,胶束的结构越稳定,反之则相反。平衡常数 K 的测定比较复杂。一方面,是因为胶束的浓度,特别是在选择性溶剂中以单分子形式存在的嵌段共聚物的浓度非常低,不容易测定;另一方面,胶束或嵌段共聚物的单分子在选择性溶剂中的扩散系数很低,热力学平衡的时间非常长,对于被"冻结"的胶束,其平衡几乎是不能达到的。

　　(3) 胶束的形态 (morphology)。原子力显微镜 (AFM)、透射电镜 (TEM)和扫描电镜 (SEM) 是观察胶束形态和尺寸的最直接和有效的手段。

　　(4) 胶束的"重均相对分子质量" M_w^m。其测定是一项基础而重要的工作,目前胶束"重均相对分子质量"的测定主要使用静态光散射的方法。

　　(5) N_{agg}。胶束的聚集数,是指单个胶束中嵌段共聚物分子的数量。因此,$N_{agg} = M_w^m / M_w^s$。式中,M_w^s 是嵌段共聚物的重均相对分子质量。

　　(6) $\langle R_g \rangle$ (gyration radius)。胶束的均方旋转半径,多是用静态光散射方法测定的。

　　(7) R_h (hydrodynamic radius)。胶束的流体力学半径,可以直接反映胶束在溶液中的大小。胶束的流体力学半径多是由动态光散射(dynamic light scattering, DLS)和体积排阻色谱 (size exclusion chromatography, SEC) 测定的。

（8）胶束的核厚度 R_c（micellar core radius）。

（9）胶束的壳厚度 L（the thickness of the shell formed by the soluble blocks）。

10.2　胶束中成核嵌段和成壳嵌段的动力学

光散射和荧光技术是研究胶束中分子链段动力学的首选方法。利用这两种方法，可以方便地研究成壳嵌段分子链在胶束溶液中的构象、分子链的堆积情况等诸多信息，但对于成核的嵌段分子链的情况则知之不多。例如，聚苯乙烯-聚甲基丙烯酸甲酯嵌段（PS-b-PMMA）在二甲苯中自组装形成以 PS 嵌段为壳、以 PMMA 嵌段为核的核-壳型胶束，人们观察到了 PMMA 嵌段在胶束核中的伸展[2]。对于聚苯乙烯聚二甲基硅氧烷嵌段共聚物（PS-b-PDMS）在癸烷中自组装形成的核-壳型胶束，人们发现被拉伸的成核嵌段 PS 的长度超过了相同相对分子质量的均聚物 PS 在癸烷中自由分子链的长度[3]。此外，人们也普遍认为，在嵌段共聚物胶束的核-壳之间还存在着一个界面层（interface），界面层的厚度取决于嵌段共聚物中两个嵌段分子链之间的相互作用参数 χ_{AB} 以及两个嵌段分子链和选择性溶剂间的相互作用参数。胶束中成核嵌段和成壳嵌段的分子链运动及胶束的结构还可以用 NMR 来表征。^{1}H-NMR谱研究表明，当高分子链的运动能力降低时，质子氢的共振吸收峰变宽；当高分子链的运动能力进一步降低至处于玻璃态时，质子氢的共振吸收峰减小甚至消失。早在 20 多年前，Spevacek 等就观察到了这种现象[4]。他发现聚苯乙烯-聚丁二烯嵌段共聚物（PS-b-PB）在 PB 嵌段的选择性溶剂中形成的胶束，在 26℃时，形成胶束核的 PS 链段处于玻璃态，其^{1}H-NMR共振吸收峰消失；而当胶束溶液的温度升高到 87℃时，PS 链段的吸收峰又重现出现，并且强度与其在良溶剂中的相近。对于 PMMA-b-PAA 在 CD$_3$OD 中组装形成的胶束和 PS-b-PAA 在 D$_2$O 中自组装形成的胶束，Eisenberg 等[5]也观察到类似的结果。

10.3　含有机金属的嵌段共聚物自组装研究

金属有机聚合物兼具无机材料和有机高分子材料的多重性能，如既具有独特的氧化还原、电、光、磁等特性，又具有比金属、陶瓷等材料更方便的加工性。对金属有机聚合物的研究，特别是主链包含过渡金属的聚合物的研究是新型高分子材料研究领域的一个热点。在自组装领域研究较多的是含聚二茂铁类衍生物的嵌段共聚物，该类聚合物自组装得到的新材料在相分离材料、半导体材料和磁性陶瓷前驱体等方面有重要的应用前景。

加拿大 M.Winnik 小组对含二茂铁基的有机金属嵌段共聚物的合成和自组装

方面开展了富有成效的研究工作,系统探讨了该类嵌段共聚物的结构、结晶性能、组装条件等对其自组装行为的影响,得到多种具有新形态、新功能的组装新材料。1994 年他们首次由阴离子引发开环聚合制备了聚二茂铁基二甲基硅烷-b-聚二甲基硅氧烷的嵌段共聚物(PFS-b-PDMS),以及其他具有结晶或者非晶的二茂铁基衍生物的二嵌段、三嵌段共聚物。如 PS-b-PFS(聚苯乙烯-b-聚二茂铁基二甲基硅烷)、PI-b-PFS(聚异戊二烯-b-聚二茂铁基二甲基硅烷)、PI-b-PFP(聚异戊二烯-b-聚二茂铁基苯基磷)、PFP-b-PFS-b-PDMS(聚二茂铁基苯基磷烷-b-聚二茂铁基二甲基硅烷-b-聚二甲基硅氧烷)等(表 10-1)。

表 10-1　含聚二茂铁基嵌段共聚物及其自组装胶束的形态

聚合物	结构	胶束形态
聚二茂铁基二甲基硅烷-b-聚二甲基硅氧烷 Poly(ferrocenyldimethylsilane-b-dimethylsiloxane)(PFS-b-PDMS)		球形、圆柱形、纳米管、纳米棒
聚苯乙烯-b-聚二茂铁基二甲基硅烷 Poly(styrene-b-ferrocenyldimethylsilane)(PS-b-PFS)		球状、纳米管状
聚异戊二烯-b-聚二茂铁基苯基磷 Poly(isoprene-b-ferrocenylphenylphosphine)(PI-b-PFP)		球形
聚二茂铁甲基苯基硅烷-b-聚二甲基硅氧烷 Poly(ferrocenylmethylphenylsilane-b-dimethylsiloxane)PFMPS-b-PDMS		球形
聚二茂铁甲基乙基硅烷-b-聚二甲基硅氧烷 Poly(ferrocenylmethylethylsilane-b-dimethylsiloxane)(PFMES-b-PDMS)		球形

续表

聚合物	结构	胶束形态
聚二茂铁基苯基磷-*b*-聚二茂铁基二甲基硅烷-*b*-聚二甲基硅氧烷 Poly（ferrocenylphosphine-*b*-ferrocenyldimethylsilane-*b*-dimethylsiloxane）（PFP-*b*-PFS-*b*-PDMS）		圆柱形、球形
聚氧化乙烯-*b*-聚二茂铁基二甲基硅烷 Poly(ethyleneoxide-*b*-ferrocenyldimethylsilane)（PEO-*b*-PFS）		球形

10.3.1　二茂铁基嵌段共聚物在选择性溶剂中的自组装

二茂铁基嵌段共聚物在不同的溶剂中能形成多种不同形状的胶束，主要有球形（spherical）、圆柱形蠕虫状（cylindrical worm）、纳米管状（nanotube）以及纤维状（fiberlike）等结构[6~9]（图 10-2）。

PFS_n-*b*-$PDMS_m$ 嵌段共聚物（$n:m = 1:6$）在正己烷中（PDMS 的良溶剂）自组装成圆柱形蠕虫状胶束[7]。胶束含 PFS 圆柱核，核外包覆着绒毛状的 PDMS 以阻止不溶性核的聚集，保证胶束结构的稳定。干燥时，外层 PDMS 收缩为连续绝缘壳，若内核 PFS 被氧化成氧化聚二茂铁后，因 PFS 具有一定的导电性，这种嵌段共聚物胶束是一种潜在的纳米级自绝缘导线。

PFS_n-*b*-$PDMS_m$（$n:m = 1:12$）在选择性溶剂正己烷和正癸烷中，PFS 链段发生聚集和结晶形成中空纳米管状结构，其中 PFS 链段形成纳米管的壳层，PDMS 链段形成冠层。这种纳米管可以捕获铅离子[8]。

在二茂铁基嵌段共聚物的胶束化过程中，成核链段 PFS 的结晶化是形成各种胶束形态的驱动力。在 PFS 链段的非溶剂中，结晶链采取紧缩折叠构象，自组装结构的形状强烈依赖于核、溶剂的性质以及溶胀链伸展之间的表面能大小。例如 PFS-*b*-PDMS 在 PFS 的熔点（T_m）以下形成圆柱形蠕虫状胶束，但在 T_m 以上（约 120~145℃）则形成球形胶束，这表明圆柱形胶束的形成强烈依赖于 PFS 的结晶，即成核聚合物的结晶化是形成胶束的驱动力。他们用广角 X 射线散射（WAXS）对胶束进行检测，圆柱形胶束呈现出强烈的吸收，其相应的（011）面层间距为 6.287Å，与 PFS 均聚物的（011）面层间距 6.3Å 相近[8]，表明在圆柱形胶束中

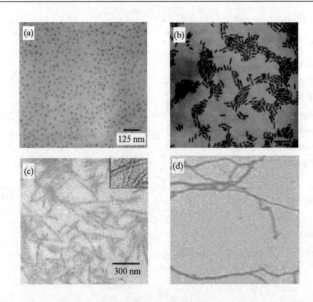

图 10-2　含二茂铁基嵌段共聚物在不同溶剂中形成不同形状的胶束

(a) PFMPS$_{40}$-b-PDMS$_{240}$在正己烷中[6]；(b) PFS$_{50}$-b-PDMS$_{300}$在正己烷/THF[7]中；

(c) PFS$_{40}$-b-PDMS$_{480}$在正己烷中[8]；(d) PI$_{320}$-b-PFS$_{53}$在正己烷/THF[9]中

具有结晶性结构。非晶聚物 PFMPS-b-PDMS 和 PFMES-b-PDMS 自组装只得到了球形胶束。

三嵌段共聚物 PFP-b-PFS-b-PDMS 中若 PFP 段很短，在正己烷中自组装成以有机金属 PFS 为核，以 PDMS 为壳层的圆柱形胶束；而在 PFP 段稍长时，因为非晶形的 PFP 破坏了 PFS 的结晶，在正己烷中自组装为球形胶束。如果聚合物中的某一嵌段是 Si 的不对称取代产物，如含有聚二茂铁甲基乙基硅烷的三嵌段共聚物 PFMES-b-PDMS-b-PFMES 和含有聚二茂铁甲基苯基硅烷的三嵌段共聚物 PFMPS-b-PDMS-b-PFMPS，则在正烷烃中自组装成球形胶束。这同样证明了在溶液自组装胶束的形成过程中，PFS 嵌段的结晶化起了关键的作用[10]。

嵌段比例不同的 PI-b-PFS 在正己烷/四氢呋喃混合溶剂中分别形成片层状和圆柱状胶束[11,12]。PFS 链段的结晶有利于形成片层状结构，而壳层 PI 链段的伸展能与核层 PFS 的结晶能之间的竞争作用则导致圆柱状胶束的形成。圆柱状 PI-b-PFS 胶束在金属催化作用下可得到壳交联结构，在 600℃以上高温裂解，得到大小和分布可控的磁性陶瓷。

PI-b-PFP 在正己烷中自组装成星形球状胶束。这种胶束以 PFP 为密集核，以 PI 链为疏松外壳，核半径随 PFP 嵌段长度增加而增大。嵌段共聚物中的磷可以与过渡金属配位，从而将过渡金属引入胶束的核，如与金配位生成的含金的嵌段共聚物仍是球形胶束,只是具有更大的粒径和更宽的粒径分布。另外 PI 链段中的乙烯基在引发剂 AIBN 的存在下,紫外辐射可发生壳交联而使胶束结构更加稳定。这种含金属嵌段共聚物的自组装胶束有可能用作催化剂、氧化还原活性胶囊密封材料以及磁性纳米结构材料的前驱体。

有机金属聚合物的水溶性通常较差,但若与亲水或水溶性聚合物结合成两亲性嵌段聚合物,便可在水溶液中实现自组装。Winnik 小组首次报道了两亲性金属有机嵌段共聚物聚氧乙烯-*b*-聚二茂铁基二甲基硅烷(PEO-*b*-PFS)的合成并在水溶液中自组装成为球形胶束[13]。这种材料可以用作药物缓释剂以及用于非均相催化剂的乳化剂和微孔材料合成的模板。他们还报道了含有亲水基团的聚二茂铁基二甲基硅烷-*b*-聚甲基丙烯酸(二甲基胺乙基)酯(PFS-*b*-PDMAEMA)的制备及其在选择性溶剂中的自组装,在水中自组装成球形、囊泡状、棒状、圆柱状和中空管状结构的胶束,在乙醇中则自组装为球形胶束[14]。

10.3.2　影响金属嵌段共聚物自组装行为的因素

二茂铁基嵌段共聚物在选择性溶剂中的胶束形态受很多因素的影响,包括分子链的结构与长度、嵌段比例、分子质量以及胶束的制备方法等。

10.3.2.1　嵌段长度及分子质量的影响

无论对于 PFS-*b*-PDMS、PEO-*b*-PFS、PI-*b*-PFP、PS-*b*-PFS 两嵌段共聚物,还是对于 PFS-*b*-PDMS-*b*-PFS 三嵌段共聚物而言,对胶束结构的形成起关键作用的是共聚物中不同嵌段的溶解性及其比例。对 PS-*b*-PFS 嵌段共聚物在正己烷中的研究表明,当不溶链段 PFS 较长时,形成球形胶束;当可溶段 PS 与不溶段 PFS 的嵌段长度相当时,形成片层状的胶束结构;在保持嵌段比例相同的情况下,增加相对分子质量,则形成了纳米管状胶束。对于 PFS-*b*-PDMS 嵌段共聚物,当 PFS：PDMS＝1：6 时在正己烷中形成蠕虫状胶束;当 PFS：PDMS＝1：13 时自组装形成空心纳米管[15]。

10.3.2.2　胶束制备方法的影响

胶束的形状强烈依赖于其制备条件,如溶剂、温度以及陈化时间等。对二茂铁基嵌段共聚物而言,常用的特定溶剂为烷烃,如正己烷、正辛烷和正癸烷等。Winnik 小组研究了 PFS-*b*-PDMS 在正己烷和正癸烷中的自组装行为。由于嵌段共聚物在两种溶剂中的溶解性不同,室温下,在正己烷中形成了纳米管状胶束,而在正癸烷中由于不能溶解,未能形成胶束。对同一种溶剂而言,如在正己烷中,当加热到不溶嵌段 PFS 的玻璃化温度以上时,则出现了纳米管和空心球胶束的混合体;陈化 3 天之后,空心球数量减少;陈化 1 个星期之后,空心球胶束完全消失。外界条件对自组装后的胶束也会产生影响。Winnik 小组研究了在低强度（60W）超声波作用下 PFS-b-PDMS 的自组装胶束[7]。结果发现,在超声波作用下胶束的流体力学半径减小,但减小到一定数值后趋于稳定,形成的胶束大小基本相等,这有助于制备尺寸均一的纳米结构材料。

环境诱导二茂铁基嵌段共聚物胶束形态的变化是 Winnik 等的另一项重要工作,他们发现温度诱导 PFS-b-PDMS 在正己烷中由管到棒的可逆转变:23℃形成纳米管,当溶液升至 50℃时转变为短棒,再降至 25℃时又形成纳米管[16]。

Winnik 等将 PFS$_{80}$-b-PDMS$_{960}$纳米管状胶束（在碳膜表面）置于超临界 CO$_2$（PDMS 的良溶剂）中,通过改变处理温度、压力和时间,发现纳米管逐渐分解,并重新组装为囊泡状胶束（图 10-3）[17]。

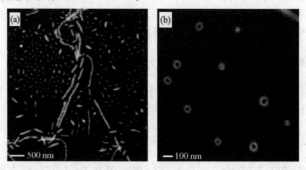

图 10-3　PFS$_{80}$-b-PDMS$_{960}$纳米管在超临界 CO$_2$ 中处理形态的变化[17]
(a) 40℃,34.5MPa,1.5h; (b) 80℃,17.2MPa,1.5h

PFS-PMVS（聚甲基乙烯基硅烷）嵌段共聚物在正己烷中自组装形成以 PSF 为内壁的纳米管,通过氢化硅烷化反应形成壳交联结构,该纳米管 PSF 中的 Fe^{2+} 具有氧化还原活性,可以非常容易地还原其他金属离子。将 Ag[PF$_6$]的甲苯溶液滴到上述纳米管溶液中,银离子在纳米管的腔中被原位还原,得到一维有序排列的银纳米粒子（图 10-4）[18]。

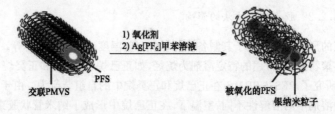

图 10-4　一维银纳米粒子在 PFS-PMVS 纳米管中的形成示意图[18]

10.4 嵌段共聚物胶束在生物医药领域中的应用研究

高分子表面活性剂在医学和制药学中的应用已有很长的历史,包括研究凝胶和乳液作为人造血液成分、药物释放体系、免疫辅助剂、抗肿瘤和抗感染剂等。20世纪 80 年代,Helmut Ringsdorf 等所做的开创性工作加速了"高分子胶束在生物和医药中的应用"这一新研究领域的出现[19]。Ringsdorf 与其合作者基于早先对药物与均聚物结合物的研究工作提出了将高分子胶束应用于生物和医药领域这一概念。

为开发负载能力高且在体内相对稳定的药物输送载体,人们曾试着将疏水性药物与水溶性聚合物进行复合,但这样往往会发生沉淀。然而,在复合物不沉淀的情况下,负载到聚合物载体上的药物分子的量就非常有限。针对这一问题,Ringsdorf 提出了一个很精妙的解决方法,即以两亲性嵌段共聚物代替水溶性聚合物与药物分子复合,其中只有一个嵌段与药物分子通过疏水作用发生结合,而另一个嵌段如聚乙二醇则未被药物分子修饰,而且是水溶性的,这样得到以药物修饰嵌段为核、以聚乙二醇为壳的胶束。

在 20 世纪 80 年代末到 90 年代初这段时期内,Kataoka 等进行了一系列的动物实验,证实了嵌段共聚物胶束作为药物输送载体的功效。Kataoka 等将 Ringsdorf 最初提出的概念进行了推广,即除了疏水相互作用外,还可利用静电相互作用、金属离子络合以及氢键等非共价相互作用甚至共价键将需要负载的药物分子连接到嵌段共聚物的成核嵌段上或包埋到胶束的核内。这对提高载药量以及药物释放过程的受控程度很有帮助,从而极大地推动了高分子胶束在生物医药领域中的应用研究。

嵌段共聚物自组装胶束的尺寸通常在数十纳米范围内(介观尺寸范围),并且分布相当窄,这与病毒和脂蛋白等天然介观输送体系的尺寸分布范围相近,从而决定了其具有独特的体内生理特性。通过改变嵌段共聚物成核嵌段的结构性质,利用不同的分子间相互作用,可在高分子胶束的核中包埋基因、蛋白质以及其他多种不同性质的药物分子。因而,在生理环境下,一些溶解度较低或稳定性较差的药剂可用高分子胶束作为有效的包裹材料。与表面活性剂胶束相比,高分子胶束通常更加稳定,其表观临界胶束浓度和分解速率明显较低,这可使药物在体内保留更长的时间,最终使药物在目标位置(病灶)达到更高的累积浓度。对高分子胶束的外表面进行功能化可改变其物理化学性质和生物学性质,从而可以设计胶束载体用于受体调控药物输送,因而在靶向给药治疗肿瘤方面具有重要的应用前景。另外,高分子胶束还作为非病毒性基因的载体,这也是高分子胶束载药体系的一个重要应用。

　　本节主要介绍高分子胶束在药物控制释放和基因输送领域中最新的研究和应用进展。重点介绍一些在生物和医药方面具有重要意义的新型高分子胶束。另外还从分子设计和物理化学性质表征的角度出发,举例说明高分子胶束与药物负载和控制释放有关的特性,如图 10-5 所示。

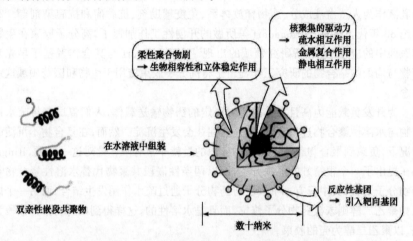

图 10-5　高分子胶束的一些与药物输送相关的性质

10.4.1　核中包埋细胞毒素的高分子胶束

　　Kataoka 等[20]利用高分子胶束实现了细胞毒素对实性肿瘤的有效命中,他们采用的是复合了阿霉素(DOX)的聚乙二醇-b-聚(α,β天冬氨酸)嵌段共聚物体系[PEG-PAsp(DOX)]。由于 PEG 具有良好的水溶性、较强的分子链活动能力以及较低的毒性等物理化学性质,因而被选择作为成壳嵌段。利用碳二亚胺(carbodiimide)使 PAsp 嵌段上的侧链羧基与 DOX 分子上的糖苷伯胺基进行缩合,将 DOX 通过共价键引入 PAsp 嵌段的侧链。采用这种方法,PAsp 嵌段上大约 50% 的羧基可与 DOX 结合,这使得 PAsp 嵌段足够疏水从而在水相介质中形成胶束[21]。此外,DOX 分子具有通过 π-π 相互作用发生明显自缔合的性质,这会大大增加胶束核的黏结性,从而使更多的 DOX 分子通过简单的物理相互作用被包埋入核内。值得一提的是胶束的结构会随着核内被物理包埋的 DOX 量的增加而进一步得到稳定,从而减少 DOX 的泄露,使 DOX 在实性肿瘤内的累积量增加,而在脏器内由非特异性分解造成的毒副反应降低[22]。通过化学连接或物理包埋,在核内负载 DOX 的 PEG-PAsp(DOX)胶束由于网状内皮吞噬系统(RES)吸收的减少,最终可达到更长的血液循环时间;并通过增强渗透保留效应(EPR)在实性肿瘤内显著累积,在肿瘤内的胶束持续释放 DOX 使肿瘤完全消退[23]。这种体系目前处在最终的动物实验阶段,可以预见在不久的将来将会进入临床试验阶段。

从载体对许多疏水性药物具有广泛适应性这一要求出发,设计和获得一种简单的嵌段共聚物,使其形成稳定的高分子胶束并能在核内高效地物理包埋疏水性药物,是非常吸引人的。受到 PEG-b-PAsp(DOX)胶束成功的鼓舞,Kataoka 等将其研究工作进行扩展,合成了类似的聚乙二醇-b-聚(β-苄基-L-天冬氨酸酯)(PEG-b-PBLA),它只以物理方式包埋 DOX[24]。采用透析或油/水乳液的方法可使 DOX 在 PEG-b-PBLA 胶束内达到较高的负载量(5%～18%,质量分数)。PBLA 侧链上的苄基与被包埋的 DOX 分子通过 $p-p$ 相互作用可对胶束的核起到稳定作用。胶束内的 DOX 分子与其在水溶液中相比更难化学降解。而且,与 PEG-b-PAsp(DOX)体系一样,即便有血清蛋白存在,PEG-b-PBLA 胶束在包埋 DOX 以后也变得更加稳定[25]。被包埋的药物可起到填充分子的作用,使胶束的稳定性增加,从而阻止胶束在稀释的过程中离解。为了成功地将药物负载到高分子胶束体系中,必须考虑嵌段共聚物与候选药物的结构匹配。针对皮下植入的鼠 C26 肿瘤,通过静脉注射的 PEG-b-PBLA 胶束负载的 DOX 比自由 DOX 的抗肿瘤活性高,这说明 DOX 在血液中的循环时间显著提高[26]。

除疏水相互作用外,作为嵌段共聚物胶束化的一种驱动力,离子性嵌段共聚物与金属络合的过程也引起了人们极大的兴趣。顺式二氨二氯化铂[cis-dichlorodiammineplatinum (Ⅱ),CDDP]是广为人们熟知的一种具有高效抗肿瘤活性的金属络合物,但由于其低的水溶性和明显的毒副作用,尤其是对肾具有急性和慢性的损伤作用,因而其临床应用受到限制[27]。此外,肾小球对 CDDP 的高效清除能力会导致其在血液中的循环时间极短。但这些问题可通过将 CDDP 包埋于能在肿瘤组织内高效累积且具有长循环周期的载体内来克服。CDDP 中 Pt(Ⅱ)上的 Cl⁻ 配体可被许多反应性基团所取代,这取决于周围环境中 Cl⁻ 的浓度。在这里,羧酸酯受到人们的关注,因为在没有 Cl⁻ 的介质中羧酸酯配体可取代 CDDP 中的 Cl⁻ 配体,而在生理盐水条件下新生成的羧酸酯配体仍可与氯离子进行交换反应使 CDDP 再生。利用羧酸酯的这种性质,采用铂的细胞毒素络合物与含有羧酸酯的嵌段共聚物,可以设计肿瘤导向的胶束负载体系。

关于含羧酸酯的高分子载体负载 CDDP 的研究已有报道[28]。但是,由于黏结作用力以及高分子间交联的增加,在这类复合体系中常常遇到溶解性的问题。例如将 CDDP 通过配位取代引入聚(L-谷氨酸)的侧链,当 CDDP 与 L-谷氨酸单元的摩尔比超过 0.2 时就会生成沉淀。然而,这种沉淀问题也可用来设计稳定的嵌段共聚物胶束载体,即将负载 CDDP 的核用亲水性的聚合物链如聚乙二醇包围起来。实际上,将 CDDP 与 PEG-b-PAsp 在蒸馏水中简单混合即可自发形成窄分布的聚合物-金属络合胶束,其直径约为 20 nm。研究发现,在 PEG-b-PAsp 体系中形成稳定胶束结构的 CDDP 与 Asp 单元的临界摩尔比(CDDP/Asp)为 0.5。

在 37℃的生理盐水中(0.15 mol/L 的 NaCl 溶液),CDDP 的持续释放时间可达 50 h 之久。释放速率与嵌段共聚物中 PAsp 链的长度成反比。值得注意的是当胶束中 CDDP 与 Asp 单元的摩尔比(CDDP/Asp)下降至临界值 0.5 时,经过大约 10h 的诱导期后胶束开始解离。从命中肿瘤组织的角度看,胶束的结构在生理盐水中的诱导衰减(解离)行为是非常有意义的,因为胶束解离所需的诱导期正是大分子药物通过静脉血液循环在肿瘤组织内累积的阶段。实际上,最近已经证实胶束负载的 CDDP 的血浆 AUC 值(AUC 值是指药物在规定的时间如 24h 内进入血液的量)是自由 CDDP 的 5.2 倍多,在肿瘤组织内达到非常高的水平(其 AUC 值是自由 CDDP 的 14 倍多),而对肾的损害很小。

10.4.2　在 PEG 链末端含有反应性基团的双亲性嵌段共聚物的合成

设计表面上连接导向分子并具有细胞专一命中特性的高分子胶束是开发新型胶束负载体系的又一个挑战。从这个角度讲,建立一种新颖且有效的路线来合成末端功能化的双亲性嵌段共聚物是非常重要的。这些嵌段共聚物应具有良好的生物相容性和生物可降解性,并能够在亲水性链段的末端结合导向分子。

在以前的一些报道中,采用一系列带有保护基的烷氧基钾来引发环氧乙烷聚合,体系中没有副反应发生,这表明由此得到的 PEG 在其 α端和 ω端含有不同的功能基团[29]。这种聚合方法可进一步应用于制备端基功能化的嵌段共聚物,在双功能 PEG 的 ω端延伸出第二种链段。例如,利用这种方法可以合成 α缩醛-聚乙二醇-b-聚(D, L-丙交酯)(α-acetal-PEG-b-PLA)。如图 10-6 所示,用 3, 3-二乙氧基丙醇钾顺序引发环氧乙烷(EO)和 D, L-丙交酯(LA)进行嵌段共聚[30]。嵌段长度可通过初始单体与引发剂的摩尔比来控制。α缩醛-PEG 的相对分子质量及分布可由体积排阻色谱(SEC)得到,而 PLA 的长度则在嵌段聚合反应完成后利用 ^{1}H-NMR谱将 PLA 中的 CH 峰面积与 PEG 中的 CH$_2$ 峰面积进行比较得到。位于嵌段共聚物 PEG 链末端的缩醛基通过温和的弱酸处理即可容易地转变为反应

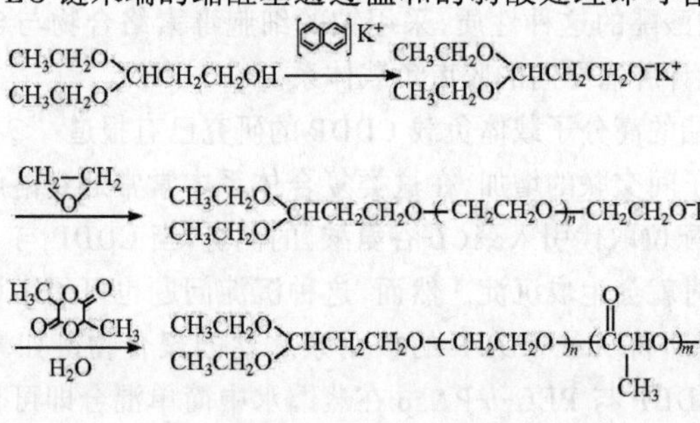

图 10-6　带缩醛端基的 PEG-b-PLA 的制备路线

性的醛基。

通过类似的方法,利用各种功能基被保护的烷氧基化合物可以合成多种类型的带有氨基、糖[31]等末端功能基的 PEG-b-PLA 嵌段共聚物,从而以此为起始物制备反应性的高分子胶束。

10.4.3　反应性高分子胶束的制备及其特点

由于 PEG-b-PLA 具有双亲性的特点,它能在水相介质中形成高分子胶束。这种胶束可用透析法制备,即先将嵌段共聚物溶解于两种嵌段的良溶剂中,如二甲基乙酰胺(DMAc),然后将该溶液用水透析,便可得到尺寸为数十纳米且窄分布的高分子胶束。例如,通过这种方法,利用两嵌段的相对分子质量均约为 5000 的 α-acetal-PEG-b-PLA 制备的胶束,由动态光散射(DLS)测得粒子流体力学直径为 31.2 nm,而相对分子质量分布系数为 0.03。

胶束形成以后,用盐酸将介质调节到 pH 2 左右即可使末端缩醛转变为醛基,转化率可达 90%。需要注意的是在这一过程中 PLA 嵌段并不发生断裂,因为酸性敏感的 PLA 链段被隔离在疏水性的核内。端基转变后胶束的直径和分布均不发生变化。

以酪胺酰谷氨酸(tyrosyl-glutamic acid,Tyr-Glu)为模型多肽配体,使其与胶束表面的醛基进行反应,发现多达 53% 的 PEG 链末端可被转化为肽酰化基团,即最多有 53% 的醛基可参与对胶束的进一步修饰反应[32]。这种带有肽基配体的胶束可用来研究表面电荷对胶束载药体系药代动力学的影响,也可以通过肽基受体用于调控药物输送。同样,采用区域选择方式也可将糖类单元引入胶束的表面。

10.4.4　带电嵌段共聚物形成聚离子复合物(PIC)胶束

在一定条件下将带相反电荷的两种聚电解质混合,聚阳离子(PC)和聚阴离子(PA)便通过静电相互作用形成聚电解质复合物(polyelectrolyte complex,PEC),又称为聚离子复合物(polyion complex,PIC,参见第 6 章)。由于正负电荷相互中和,这种 PIC 的亲水性大大降低,很容易相互聚集生成沉淀。如果将两种带相反电荷且均含有另一亲水嵌段(如 PEG)的嵌段聚电解质溶液混合,便可形成聚离子复合物胶束。即两种聚电解质嵌段通过静电复合形成疏水性的胶束核,而亲水性嵌段则形成壳层围绕在核周围,如图 10-7 所示。

带电嵌段共聚物形成的聚离子复合物胶束完全是水溶性的,并且粒径分布非常窄。从这一点讲,这是一类全新的聚离子复合物体系;从大分子自组装的角度来说,这类体系也是非常重要的。Kataoka 等采用聚乙二醇-b-聚(L-赖氨酸)和聚乙二醇-b-聚(α, β天冬氨酸)两种嵌段共聚物首先证实了 PIC 胶束的形成[33]。详细的光散射研究表明该胶束的缔合数与带电嵌段的长度密切相关,因而核的尺寸可

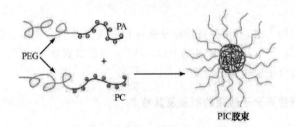

图 10-7　PIC 胶束的形成示意图

通过改变带电嵌段中赖氨酸和天冬氨酸单元的聚合度进行精确的调控。另一方面，只要 PEG 嵌段的相对分子质量保持恒定，则壳的厚度也保持恒定，这表明单个 PIC 的核被构象相当伸展的 PEG 链形成的保护层所包围着。可见由两种带相反电荷的嵌段共聚物形成的 PIC 胶束，其尺寸大小遵循简单但明确的规律，这可从热力学的角度进行清楚的解释。

　　胶束核-壳界面自由能降低的趋势要求胶束的缔合数增加，从而使界面的比表面积降低。但是，缔合数的增加会引起核的直径增大，从而导致成核链段伸展，同时，壳层密度增大，也会导致成壳嵌段构象更加伸展。因此，随着缔合数增加，核和壳中的链段均变得伸展，这显然会使构象熵降低，从而抵消胶束化过程中界面自由能的下降。正是这种界面能与聚合物链构象熵之间的平衡决定了热力学稳定的单一的 PIC 尺寸。PIC 核与 PEG 壳的分离非常明显，在两相区的界面处，PEG 与带电链段间的连接点规整地排列着。在带电链段长度不同的嵌段共聚物的混合溶液中，甚至会发生基于带电链段长度的严格识别，即只有两个相匹配的嵌段共聚物才能参与形成多分子胶束，留下带电链段长度不匹配的嵌段共聚物分子以孤立的形式存在于溶液中[34]。

　　如果用合成聚电解质或天然存在的聚电解质（DNA 和酶）[35]代替嵌段离子聚合物，也可以得到窄分布的 PIC 胶束，与两种嵌段共聚物形成的 PIC 胶束不同的是制备这种胶束不需要链长匹配，这使其可更广泛地用作蛋白质、核酸等带电化合物的输送载体。这种胶束的 PIC 核可作为上述带电化合物的微储集区，并可对它们的一些固有性质如稳定性、溶解性及反应活性进行调整。此外，这种 PIC 胶束的核可为生物化学反应提供独特的反应场所，因为它形成了一个与外界水相分离的相区。例如，胶束核中包埋的酶可能在高温下和有机介质中仍具有活性，通常酶在这样的条件是没有活性的，这是由于核与外面的介质相是分离的。从这个意义上说，可将这种胶束的核看作是一个纳米反应器。

10.4.5　在核中包埋酶分子的新型聚离子复合物胶束

　　溶解酵素（lysozyme）是一种天然的溶菌酶，它能够毁坏某些细菌的细胞壁，从而可以用作温和的抗菌剂。它具有较高的等电点（pI＝11），因而在很宽的 pH 区间带正电，在药物输送的实际应用中将它用作细胞溶解酶。人们已经获得了有关这种蛋白质的详细的物理化学性质，从深入研究复合机理的角度来说，这些性质是非常有用的。Kataoka 等选择溶解酵素作为模型蛋白质，将其包埋到胶束中进行研究[36]。例如，将溶解酵素与 PEG-b-PAsp 以不同的比例混合制备 PIC 胶束，其中 PEG 的摩尔质量为 12 000 g/mol，而 Asp 单元的聚合度为 15。这样制备的胶束溶液没有沉淀生成，并且在室温下放置 1 个月以后仍然保持澄清，这与将溶解酵素和 PAsp 的均聚物溶液混合时立即生成明显的沉淀形成鲜明的对比。Lysozyme/PEG-b-PAsp 体系在外观上的透明是由于形成了水溶性的聚离子复合物胶束，PEG 壳层对胶束的稳定起着至关重要的作用。由动态光散射得到胶束的流体力学直径为 50 nm，粒径分布 $\mu_2/\Gamma^2 < 0.04$。当溶解酵素过量时，胶束的相对分子质量会随 PEG-g-PAsp/lysozyme 比例而变化，这可能是由于协同缔合机理所致。当溶解酵素与 PEG-b-PAsp 等当量[1]混合时，所得胶束的扩散系数既没有角度依赖性，也没有浓度依赖性，表明体系中没有二次聚集发生。通过计算得出等当量胶束中的溶解酵素和 PEG-b-PAsp 的缔合数分别为 56 和 62。预计这种核内包埋了酶的 PIC 胶束可用作药物输送的负载体系以及作为纳米级的酶反应器。

　　Kataoka 等分别以藤黄微球菌细胞（Micrococcus Luteus cell）[35]和 4-硝基苯基-五-N-乙酰-β-壳五糖苷[NP-(GlcNAc)$_5$][37]两种类型的底物研究了 PIC 胶束负载溶解酵素的酶催化活性。结果显示，以微球菌黄体细胞为底物时，胶束负载的溶解酵素并不表现酶催化活性，这说明胶束核周围的 PEG 壳层抑制了细胞与核内包埋的溶解酵素之间的直接相互作用。但是以 NP-(GlcNAc)$_5$ 为底物时，溶解酵素却表现出显著的酶催化活性。这是由于 NP-(GlcNAc)$_5$ 能扩散进入 PIC 胶束的核里面，从而被核中包裹的溶解酵素催化水解。需要指出的是，胶束负载的溶解酵素的表观催化活性比自由酶高两倍以上，他们认为这是由于底物 NP-(GlcNAc)$_5$ 在胶束中的富集造成的。从纳米反应器设计的角度出发，这种结果是非常有价值的，因为通过调节胶束核内的微环境可实现对酶催化反应的控制。

　　盐浓度是影响这种 PIC 胶束稳定性的一个重要参数[35]，因为带电链段间的库仑相互作用会随着盐浓度的增加而逐渐被屏蔽。显然，可以利用 PIC 胶束的这种盐敏性构建纳米级的酶催化反应器，其活性可通过调节胶束周围的盐浓度来控制。前面提到，这种包埋了溶解酵素的 PIC 胶束对微球菌黄体细胞并没有催化活性。但随着离子强度的增加这种 PIC 胶束逐渐解体，使溶解酵素暴露在介质中，从而对微球菌黄体细胞表现出其本来的溶解活性。值得注意的是即便在底物细胞存在

　　1）当量为非法定用法。为了遵从学科和读者阅读习惯，本书仍沿用该用法。

的条件下,通过降低离子强度可使溶解酵素与 PEG-*b*-PAsp 完全可逆地再缔合,并且 PIC 胶束的形成使溶解酵素的催化活性又被完全抑制。这种对酶催化活性的同步开关控制是智能生物反应器的一个很好的例子,它有可能被应用于诊断和生物技术领域。

10.4.6　负载 DNA 的 PIC 胶束的设计及其功能

将聚乙二醇-*b*-聚(*L*-赖氨酸)(PEG-*b*-PLys)嵌段共聚物的溶液与等当量的 DNA 溶液在 10 mmol/L 的 Tris-HCl 缓冲溶液(pH=7.4)中直接混合,在很大的浓度范围内(≤150 μg/ml)均可得到水溶性的复合物。然而,将 DNA 溶液与 PLys 均聚物溶液在等当量条件混合却得不到水溶性的复合物,而是有沉淀生成。通过动态光散射研究发现,由 PEG-*b*-PLys/DNA 体系形成的胶束具有良好的尺寸分布。由 PEG-*b*-PLys 与质粒 DNA(pDNA)形成的 PIC 胶束的粒径随着赖氨酸单元与 pDNA 中磷酸根的摩尔比的增加而下降,最后在摩尔比为 2 左右时不再变化,此时胶束的粒径为 80 nm,具有较好的分散性。该 PIC 胶束的尺寸与自由 DNA 的尺寸相当,这充分表明参与复合的 DNA 发生收缩,从而形成了塌缩的胶束核。与 PEG-*b*-PLys 的复合可能使 DNA 的收缩变得容易,因为包围在 DNA 周围的 PEG 壳层使局部介电常数下降。此外,PEG 壳的空间排斥作用也阻止了胶束粒子的二次聚集,使胶束在水相介质中具有良好的溶解性。

在生物体内,与 PEG-*b*-PLys 结合的 DNA 可通过与其他聚阴离子的交换而被释放出来。由于 PEG-*b*-PLys/DNA 的复合胶束溶液是透明的,因而可用光谱学的方法考察被复合的 DNA 与其他聚阴离子间的交换反应动力学行为[38]。已知甲苯胺蓝(TB)染料在与聚乙烯磺酸盐[poly(vinyl sulfate),PVS]和硫酸葡聚糖(dextran sulfate,Dex-Sulf)等阴离子性的聚硫酸盐相互作用的时候其吸收光谱会发生变化,这种现象叫做"异染现象"或具有"异染性(metachromasy)"。利用 TB 的这种性质可以跟踪被复合的 DNA 与聚硫酸盐的交换动力学。被 PEG-PLys 复合的聚硫酸盐不会与 TB 作用产生异染现象,因为聚硫酸盐与 TB 间的作用位点被 PEG-PLys 阻断了;而在溶液体系中聚硫酸盐会诱导 TB 产生浓度依赖的异染现象。另外,尽管 DNA 具有阴离子性,但 TB 不会与其作用产生异染现象。这些性质为考察 DNA 通过与聚硫酸盐的交换反应从复合物中释放的行为奠定了基础。对于 PEG-PLys/DNA 化学计量复合体系而言,异染性检测表明通过向体系中加入与 DNA 等摩尔量的聚硫酸盐可使复合物中所有的 DNA 被定量地释放出来。随着 PLys 链段长度的增加,PEG-PLys/DNA 复合物的稳定性也不断增强。

良好的核酸酶耐受性是基因输送体系必须具备的一个特性。分别将自由 pD-NA 及与 PEG-PLys 嵌段共聚物复合的 pDNA 于 37℃在含 8%(体积分数)未经灭活处理的牛胎盘血清的 DMEM(Dulbecco's modified eagle's medium,一类液体细胞培养基)介质中培养一段时间,然后通过碘化钠法将 pDNA 从溶液中提取出来并进行琼脂糖凝胶电流分析。最后,采用光密度分析法测定得到未变化的超线团 pDNA 与因受核酸酶进攻而打开成环状的 pDNA 的比例。结果显示,PEG-PLys/DNA 复合物的稳定性即抵抗与 PVS 发生交换反应的能力随着 PLys 链段长度的增加而不断增强,而 pDNA 的降解速率随着与 PEG-PLys 的复合而急剧下降,而且也随着 PLys 链段长度的增加而下降。所以,使 pDNA 与 PEG-PLys 复合并且增加与之发生复合反应的 PLys 链段长度可有效增加其对核酸酶的耐受性。另外,pDNA 与含有较长 PLys 链段的 PEG-b-PLys 复合可使转染(transfection)效率大大提高,这与 PEG-PLys/DNA 胶束稳定性的趋势一致。体系中必须有过量的 PEG-PLys 存在从而达到较高的转染效率,这可能是由于吸附内吞作用使细胞对 pDNA 的吸收量增加。

10.4.7　带有反应性 PEG 端基的 PEG-b-聚阳离子嵌段共聚物的合成及其与 DNA 的胶束化

从基因输送领域中使用 PIC 胶束的角度出发,在成核分子链末端连接配体分子是非常重要的,通过受体-配体相互作用可将 PIC 胶束有效地吸入目标细胞内。为此,Kataoka 等合成了 α-缩醛-聚乙二醇-b-聚[2-(N, N-二甲基氨基)乙基-甲基丙烯酸酯](acetal-PEG-PAMA)[39]。如前所述,嵌段共聚物末端的缩醛基在水相中用弱酸处理即很容易地转变为醛基。

Acetal-PEG-PAMA 能与 pDNA 在水中复合形成稳定的 PIC 胶束。DLS 测得的平均粒径为 149 nm,分布系数为 0.19。将此 PIC 胶束溶液调节至弱酸性(pH 2.5),使位于胶束表面的缩醛转变为醛基。酸处理不改变胶束的分布,也不会使具有超线团构象的 pDNA 发生断裂或变性。许多配体包括糖和多肽等都很容易通过对 PEG 末端醛基的功能化连接到胶束的表面。

另一种制备在 PEG 末端含有功能基的 PEG-聚阳离子嵌段共聚物的方法是以两端带有不同功能基的 PEG 为大分子引发剂来引发阳离子性单体聚合。文献中着重讨论的聚离子链是聚乙烯亚胺(PEI),因为 PEI 复合的 DNA 具有非常高的转染效率。这是由于 PEI 链的缓冲效应(buffering effect)使核内体(endosome)内的微环境保持中性,使其成为 PEI/质粒复合物进入细胞以后的停留场所,从而阻止了核内体的核酸酶活化,而不能进攻质粒 DNA[40]。

通过两步反应便可合成嵌段共聚物 acetal-PEG-b-PEI,即先用 acetal-PEG 大分子引发剂引发噁唑啉进行阳离子聚合,接着在碱性条件下水解聚噁唑啉上的侧链酰基,如图 10-8 所示[41]。为用 acetal-PEG-OH 引发噁唑啉聚合,先要将羟基甲基磺酰化(acetal-PEG-SO₂CH₃),而另一端的缩醛基保持不变。

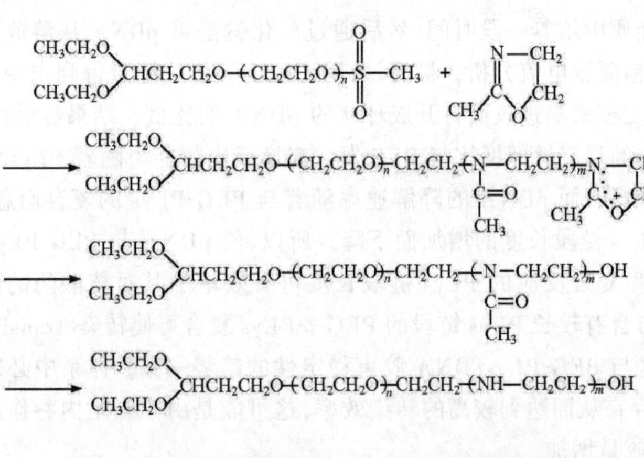

图 10-8　嵌段共聚物 acetal-PEG-*b*-PEI 的合成路线

10.4.8　对环境敏感的聚离子复合物胶束用于抗敏 DNA 的输送

包埋 pDNA 的 PIC 胶束即便在血清蛋白存在的条件下也可稳定存在。然而，如果以它为载体靶向输送相对分子质量低的 DNA 如抗敏性的低聚 DNA，PIC 胶束的稳定性就变成了一个关键问题。一些文献报道通过对核或壳进行交联使高分子胶束稳定[42]，即通过交联将胶束的结构固定起来，并永久抑制阻止其解体。但作为药物输送体系应用时，胶束又必须在目标位置解体以释放被包埋的药物。这样，用可逆的化学键进行交联，在药物起作用的位置，这种交联键会因对周围环境中的物理或化学刺激产生响应而断裂，这显然是一个好方法[43]。Kataoka 等制备了用二硫键交联的 PIC 胶束。该 PIC 胶束由 PEG-*b*-Plys 和低聚 DNA 复合形成，通过氧化赖氨酸单元的侧链硫醇使核交联。通过光散射测试确定了胶束在较高盐浓度下的稳定性以及加入还原剂如二硫苏糖醇（dithiothreitol）和谷胱甘肽（gluta-thione）后胶束的解离行为。这种用二硫键交联的 PIC 胶束在药物输送领域中的优点是，二硫键会在细胞内部发生断裂，原因是细胞内区域的还原气氛比细胞外流体强。在大多数细胞内，谷胱甘肽都是最丰富的还原剂，其细胞内浓度约为 3 mmol/L，而在血液中的浓度只是细胞内浓度的 1/300。这一巨大的浓度差为用二硫键稳定的具有特定性质的 PIC 胶束向细胞内输送抗敏 DNA 奠定了基础，这种 PIC 胶束在细胞内生理条件下会迅速分解。

综上所述，嵌段共聚物自组装所得的高分子胶束在药物和基因输送方面具有良好的应用前景。这方面的应用有赖于胶束的核-壳结构。许多具有良好柔性的亲水性聚合物如 PEG 等都可作为成壳链段，它们组装形成密集的受限链保护层，有效地稳定胶束。胶束的核与水相介质的分离是胶束化过程的直接驱动力，它可能是疏水相互作用、静电相互作用、金属离子络合以及氢键等几种分子间作用力共同作用的结果。这样形成的核因受到亲水性壳的保护而与水相介质分离,核中可以储集多种不同性质的药物。另外,在胶束的表面连接导向分子能够增大其在含有目标受体的特定细胞中的吸收。高分子胶束甚至有可能通过物理刺激的引导命中目标,例如,采用具有热敏性的高分子链如聚(N-异丙基丙烯酰胺)可对局部的发热产生响应。因此,可以预见高分子胶束将会在药物输送,尤其在基因和细胞毒素的调控输送方面具有十分广泛的应用。

10.5　嵌段共聚物胶束的相互作用

本节将讨论嵌段共聚物胶束之间的相互作用问题。二元两亲分子的结合规律一直是物理和化学家们关注的研究课题。实验表明,合适组分的两亲分子的混合物通常具有比单一组分更优越的性质,因此研究二元两亲分子的相互作用规律有助于理解两亲分子的自组装机理,深入揭示许多自然现象的本质。小分子表面活性剂胶束之间的链交换是一个普遍的现象,并且其胶束之间的链交换速率也比较快。若嵌段共聚物分子链的相对分子质量高,分子链的运动能力较差;同时,若嵌段共聚物胶束中核的玻璃化转化温度较高,室温下成核嵌段几乎不能自由运动,因此嵌段共聚物胶束之间的链交换速率非常低,尤其在胶束的结构被固定的情况下,链交换速率就更低,甚至不能发生。

嵌段共聚物自组装研究主要集中在胶束的形成和形态等方面,而对于嵌段共聚物胶束的动力学以及不同嵌段共聚物胶束的相互作用的研究却很少涉及。Eisenberg 等用光散射及透射电镜研究了两种不同嵌段长度的 PS-b-PAA 形成的二元平头胶束之间在二甲基甲酰胺(DMF)/水溶液中的链交换[44]。他们发现,在室温下,链交换速率依赖于溶剂的性质,即当溶剂中 DMF 的含量高于 89%(体积分数)时,才可以发生链交换,而当 DMF 的含量低于此值时,则几乎不能发生链交换。对于星形胶束,Mattice 等用荧光的方法研究了不同组成的聚苯乙烯-b-聚氧乙烯(PS-b-PEO)胶束之间的链交换[45];Munk 等则用黏度法研究了不同组成的聚苯乙烯-b-聚甲基丙烯酸(PS-b-PMAA)胶束之间的链交换[46]。他们发现,星形胶束之间的链交换速率依赖于嵌段共聚物的组成及溶剂的性质。嵌段共聚物的相对分子质量越大,成核嵌段的长度越长,胶束之间的链交换速率越慢。溶剂的性质也对胶束之间的链交换速率产生重要的影响,例如,在体积分数为 80% 的二氧六环/水溶液中,不同嵌段组成的胶束之间的链交换在几个小时即可完成,而在体积分数为70% 的二氧六环/水溶液中,完成链交换则需要几天甚至十几天的时间。从上面的介绍可以看到,在胶束之间链交换的研究中,使用的两亲性嵌段共聚物化学结构相同只是嵌段的长度不同,共聚物胶束的相互作用比较弱。如果采用不同化学结构的嵌段共聚物,并且相应胶束的成壳嵌段之间存在着较强的相互作用,那么,这两种不同胶束之间的链交换过程又是怎么样呢?

10.5.1　PS$_{24}$-b-PAA$_{116}$胶束与 PS$_{51}$-b-PAPMA$_{140}$胶束的链交换[47]

PS-b-PAA 在水溶液中形成以 PAA 为壳的胶束,PAA 带有负电荷。另外,PS-b-PGMA(聚甲基丙烯酸缩水甘油酯)在过量的氨水/丁酮中氨解得到 PS-b-PAPMA(聚甲基丙烯酸氨基丙二醇酯),PAPMA 上有氨基,带正电荷。其过程和结构如图 10-9 所示。

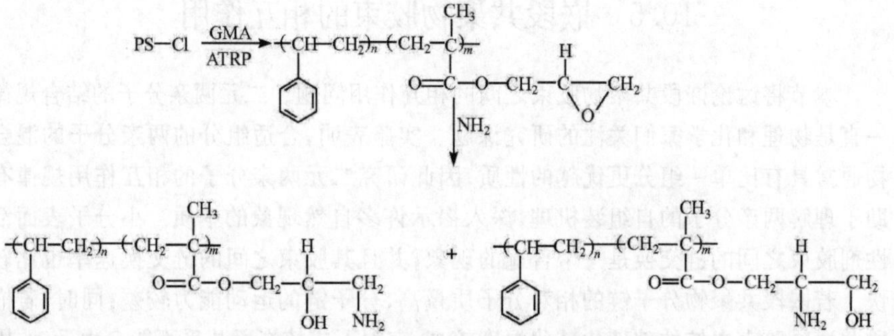

图 10-9　PS-b-PAPMA 的合成路线

PS$_{24}$-b-PAA$_{116}$和 PS$_{51}$-b-PAPMA$_{140}$的成壳嵌段比成核嵌段长,因此,当将它们的 DMF 溶液分别加入到水中时,分别形成以 PS 嵌段为核,以 PAA 嵌段或 PAP-MA 嵌段为壳的核壳型胶束。

图 10-10 是 PS$_{24}$-b-PAA$_{116}$和 PS$_{51}$-b-PAPMA$_{140}$胶束以及两种胶束的混合物的流体力学直径分布图。从图可以看到,PS$_{24}$-b-PAA$_{116}$和 PS$_{51}$-b-PAPMA$_{140}$胶束的流体力学直径分布分别在 28.0~55.5 nm(图 10-10A)以及 29.4~73.8 nm(图 10-10B),其分布较窄,其平均流体力学直径分别为 40.2 nm 和 48.3 nm。两种胶束混合物的流体力学直径分布在 32.9~86.3 nm (图 10-10C),其平均流体力学直径为 54.2 nm。可以看到,混合胶束中存在着粒径较大的胶束,这可能是由于 PS$_{24}$-b-PAA$_{116}$胶束的成壳嵌段 PAA 与 PS$_{51}$-b-PAPMA$_{140}$胶束的成壳嵌段 PAP-MA 之间存在着较强的作用,生成了一部分胶束簇(cluster of micelles)所致。

有意思的是,在室温下,随着放置时间的延长,混合胶束溶液的流体力学直径逐渐降低。在放置 2 个月后,混合胶束的流体力学直径分布变为 24.8~71.4 nm(图 10-10D),胶束的平均流体力学直径也从 54.2 nm 降低到 45.3 nm。从上述的讨论可以推断,两种胶束混合后,发生了胶束间的链交换,导致混合胶束的流体力学直径发生变化。在混合胶束的流体力学直径基本不再发生变化时,链交换基本完成,从而形成了二元杂化的胶束,杂化胶束的平均流体力学直径为 45.3 nm。

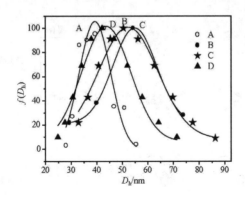

图 10-10　自组装胶束的流体力学直径分布曲线

水溶液,散射角 90°,温度 25℃

A.PS$_{24}$-b-PAA$_{116}$;B.PS$_{51}$-b-PAPMA$_{140}$;C.A 和 B 混合胶束(1d);D.A 和 B 混合胶束(60d)

在室温、不存在大量共溶剂的情况下,不论平头胶束还是星形胶束之间的链交换速率都是很低的。可是,为什么同样在这样的情况下,PS$_{24}$-b-PAA$_{116}$ 胶束与 PS$_{51}$-b-PAPMA$_{140}$ 胶束之间会发生链交换呢? 我们认为可能由于以下原因:

(1) PS$_{24}$-b-PAA$_{116}$ 胶束与 PS$_{51}$-b-PAPMA$_{140}$ 胶束之间存在着较强的作用力。PS$_{24}$-b-PAA$_{116}$ 胶束的壳嵌段为 PAA,其羧基在水溶液中可能部分电离为—COO$^-$;PS$_{51}$-b-PAPMA$_{140}$ 胶束的成壳嵌段上存在着氨基及羟基,因此,两胶束的成壳嵌段之间存在着较强的相互作用,这种作用既包含着羧基与氨基或与羟基之间的氢键作用,也可能包含—COO$^-$与质子化的氨基之间的静电作用力。我们认为,这种作用力是促使胶束之间链交换的主要原因。

(2) 松散的嵌段共聚物胶束的结构。由于 PS$_{24}$-b-PAA$_{116}$ 和 PS$_{51}$-b-PAPMA$_{140}$ 的成壳嵌段相对较长,和平头胶束相比,胶束与其单分子的平衡是较容易达到的,是结构开放的胶束。形成的星形胶束的结构相对较为松散,这为胶束之间链交换创造了条件。可以计算出 PS$_{24}$-b-PAA$_{116}$ 胶束和 PS$_{51}$-b-PAPMA$_{140}$ 胶束的均方旋转半径$\langle R_g \rangle$分别为 21.1 nm 及 23.0 nm,由此可以得出胶束的$\langle R_g \rangle / \langle R_h \rangle$值分别为 1.050 和 0.952,这比典型的球形胶束的要高,这说明 PS$_{24}$-b-PAA$_{116}$ 胶束和 PS$_{51}$-b-PAPMA$_{140}$ 胶束的结构相对松散,这也是在室温下,两种胶束之间可以发生链交换的一个重要原因。

简而言之,以上这两种主要因素促进了 PS$_{24}$-b-PAA$_{116}$ 胶束和 PS$_{51}$-b-PAPMA$_{140}$ 胶束之间的链交换。根据上面的讨论,胶束之间的链交换是按照图10-11所示的步骤逐步进行的。

(3) 温度。温度是影响化学反应或物理变化过程的一个重要因素,在通常的情况下,提高体系的温度可以大大加快反应或变化的进程。对于 PS$_{24}$-b-PAA$_{116}$ 胶

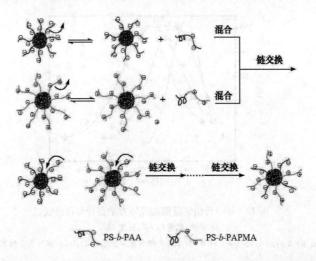

图 10‑11　PS_{51}‑b‑$PAPMA_{140}$胶束与 PS_{24}‑b‑PAA_{116}胶束在水中可能的链交换机理示意图

束和 PS_{51}‑b‑$PAPMA_{140}$胶束及胶束的混合物来说,提高溶液的温度可以增加高分子链的运动能力,从而有助于胶束间的链交换。另外,两种胶束中的核嵌段 PS 的聚合度较低,其玻璃化转化温度 T_g 也较低,分别为 50℃和 70℃,因此,在 50℃以上的某一特定温度,嵌段共聚物的高分子链的运动能力会迅速增加,胶束间的链交换也会加快。图 10‑12 是将 PS_{24}‑b‑PAA_{116}胶束和 PS_{51}‑b‑$PAPMA_{140}$胶束及混合胶束溶液在不同的温度下恒温 60 min 后,用 DLS 测得的平均流体力学直径$\langle D_h \rangle$。由图可见,两胶束的平均流体力学直径均随着温度的提高稍有增加。这是由于温度升高促使嵌段共聚物的分子链伸展。混合胶束的情况与此不同,当溶液的温度从 25℃增加到 65℃时,其平均流体力学直径$\langle D_h \rangle$从 54.2 nm 降低到 45.6 nm;当

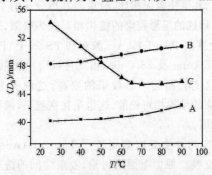

图 10‑12　PS_{24}‑b‑PAA_{116}（A）,PS_{51}‑b‑$PAPMA_{140}$（B）
及 A 和 B 二元混合胶束（C）的平均流体力学直径随温度变化曲线

继续升温至 80℃时,$\langle D_h \rangle$基本不变;而当温度继续上升至 90℃时,$\langle D_h \rangle$才微增至 45.8 nm,$\langle D_h \rangle$随温度的这种变化与单一胶束的行为不同,表明了链交换的发生。在 25～65℃时,由于胶束之间链交换导致部分杂化胶束的形成,$\langle D_h \rangle$随温度的升高而降低。在 65～70℃时,混合胶束的平均流体力学直径降到最低值,这表明异种胶束之间的链交换基本完成,形成杂化胶束。进一步升高温度时,杂化胶束的平均流体力学直径$\langle D_h \rangle$随温度的升高而稍稍增加,这与两单一胶束随温度的变化一样。我们认为,这也是胶束中嵌段共聚物的分子链伸展所致。

从上面的讨论也可以看出,在室温下,$PS_{24}\text{-}b\text{-}PAA_{116}$胶束或 $PS_{51}\text{-}b\text{-}PAPMA_{140}$ 胶束之间的链交换需要在 2 个月的时间内才能完成;而在 65℃的温度下,两胶束之间的链交换在几个小时内即可完成,这表明在适当的温度下,胶束之间,特别是在星形胶束之间存在较强相互作用力的情况下,链交换还是比较容易实现的。在上述两胶束之间进行链交换形成杂化胶束的过程中,混合胶束的$\langle D_h \rangle$及$\langle R_g \rangle$随着链交换的进行逐步减小,这表明杂化胶束的密度或致密性较高。这是因为,杂化胶束的成壳嵌段 PAA 和 PAMMA 之间存在着较强的相互作用(氢键作用及静电引力),形成复合物,从而使杂化胶束的成壳嵌段收缩,使杂化胶束的尺寸降低、密度增加所致。

粒子或胶束的$\langle R_g \rangle / \langle R_h \rangle$值可以反应其在溶液中的形态结构的变化,用动态光散射和静态光散射相结合的方法,通过$\langle R_g \rangle / \langle R_h \rangle$来进一步研究胶束之间的链交换过程及杂化胶束的结构。图 10–13 是将 $PS_{24}\text{-}b\text{-}PAA_{116}$ 和 $PS_{51}\text{-}b\text{-}PAPMA_{140}$ 混合胶束溶液在不同温度下恒温 60 min 后,胶束的$\langle R_g \rangle / \langle R_h \rangle$值随温度的变化情况。从图可以看到,当温度从 25℃增加到 65℃时,混合胶束的$\langle R_g \rangle / \langle R_h \rangle$值从 0.822 降低到 0.728,这表明,随着链交换的进行,杂化胶束逐步形成,胶束的结构越来越紧密。在 65℃时,杂化胶束完全形成,胶束的结构最为紧密;当温度从 65℃增加到 90℃时,杂化胶束的$\langle R_g \rangle / \langle R_h \rangle$值从 0.728 增加到 0.747,这是因为随着温

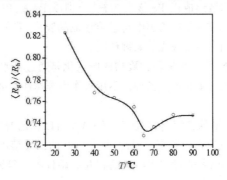

图 10–13 二元混合胶束的$\langle R_g \rangle / \langle R_h \rangle$值随温度的变化曲线(每一温度恒定 60 min)

度的升高,杂化胶束的分子链伸展性增强,胶束的结构也变得相对松散所致。65℃下杂化胶束的$\langle R_g \rangle / \langle R_h \rangle$值为 0.728,这比 PS$_{24}$-$b$-PAA$_{116}$ 胶束和 PS$_{51}$-b-PAPMA$_{140}$胶束的$\langle R_g \rangle / \langle R_h \rangle$值低许多,甚至低于密度均匀非穿透(non-draining)球体的值,这表明由于 PS$_{24}$-b-PAA$_{116}$ 胶束和 PS$_{51}$-b-PAPMA$_{140}$ 胶束之间的链交换而形成的杂化胶束的结构更紧密,密度更大。

10.5.2　聚(4-乙烯基吡啶)在聚苯乙烯-b-聚丙烯酸胶束上的吸附[48]

在一些具有较强相互作用的高分子之间,例如,聚(4-乙烯基吡啶)(P4VP)、聚(2-乙烯基吡啶)(P2VP)或含有 P4VP 及 P2VP 的共聚物与含羧基或酚基的聚合物如聚丙烯酸、聚乙烯苯酚之间,存在着较强的氢键作用或静电作用,在适当的情况下,把这些高分子混在一起时,往往可以形成高分子络合物(interpolymer complex,参见第 6 章)。高分子之间在氢键作用或静电作用下可以形成高分子络合物,如果高分子胶束和自由的高分子链之间也存在着较强的相互作用力,那么,这种作用又会导致怎样的结果呢? 其中一种最简单的情况就是带电荷的高分子链和带相反电荷的高分子胶束在静电引力的作用下形成络合物,这种情况在最近几年得到了广泛的研究。然而,据我们所知,对于嵌段共聚物胶束和线性高分子之间的氢键作用几乎没有研究。我们认为,嵌段共聚物胶束和线性高分子之间的氢键作用会导致线性高分子在胶束上的吸附。嵌段共聚物胶束和刚性纳米粒子不一样,刚性纳米粒子在吸附高分子链或小粒子的时候,其本身不会发生形变或形变很小;而嵌段共聚物胶束的成壳嵌段分子链是溶解的,其构象可以随着溶液环境的改变而作出调整,也就是说,嵌段共聚物胶束是一个名副其实的"软物质"。在吸附过程中,胶束的成壳嵌段分子链可以随环境的改变而产生较大的形变,因此,研究嵌段共聚物胶束的吸附特点和规律无论在理论上还是实际应用上都有着重要的意义。

研究表明,一些两亲性的高分子,如 PS-b-PAA、PS-b-PEO 和 PS-b-P4VP 在选择性溶剂中可以自组装形成以 PS 嵌段为核,分别以 PAA、PEO 和 P4VP 嵌段为壳的胶束。对于 PS-b-PAA 在乙醇中自组装形成的胶束,我们会自然地想到它和自由的 P4VP 链之间存在着较强的氢键作用。

在大多数情况下,两亲性嵌段共聚物的胶束化是通过把水加入到嵌段共聚物的溶液中实现的。在这里我们选乙醇而不用水作为选择性溶剂主要基于以下三个原因:

(1) 乙醇是 P4VP 的良溶剂,并且 PS-b-PAA 可以在乙醇中自组装形成以 PS 嵌段为核、PAA 嵌段为壳的胶束。因此,将 P4VP 的乙醇溶液和 PS-b-PAA 胶束的乙醇溶液混合后,PAA 嵌段与 P4VP 的相互作用仅限于氢键作用,这可以使复杂的问题大大简化。

(2) P4VP 只有在 pH 低于 4.8 的水溶液中才可以溶解,而在酸性水溶液中,

PS-b-PAA 胶束的成壳嵌段 PAA 的溶解能力降低,其胶束在水溶液中的稳定性降低,不利于进行光散射研究。

(3) 如果选择水作为溶剂,除氢键作用外,还要考虑 pH、离子强度对胶束或复合胶束结构的影响,这将使问题复杂化。

把乙醇加入到 PS_{200}-b-PAA_{78} 的 DMF 溶液时,会形成以 PS 嵌段为核、PAA 嵌段为壳的胶束,随着大量乙醇的加入,溶液中 DMF 的浓度变得很低,同时由于 PS 嵌段(即胶束的核)的玻璃化转变温度大大高于 20℃,因此,在室温下核-壳型胶束的结构就被冻结了。

现在我们先讨论 PS-b-PAA 在乙醇中的行为。由 DLS 测定得到的胶束的扩散系数 D_0,平均流体力学直径 $\langle D_h \rangle$ 等均列于表 10-2 中,由胶束质量和 PS_{200}-b-PAA_{78} 的摩尔质量计算出胶束的聚集数 N_{agg} 为 378,这和一般两亲性嵌段共聚物胶束的聚集数相近。此外根据胶束的摩尔质量和流体力学半径,计算得出 PS_{200}-b-PAA_{78} 胶束在乙醇溶液中的密度为 $0.075 \mathrm{g/cm}^3$。

表 10-2　PS_{200}-b-PAA_{78} 在乙醇中自组装胶束的结构参数(20℃)

D_0 /(cm²/s)	$\langle D_h \rangle$ /nm	$\langle R_g \rangle$ /nm	$\langle R_g \rangle / \langle R_h \rangle$	M_w /(g/mol)	A_2 /(mol·L/g²)	N_{agg}	ρ /(g/cm³)
4.30×10^8	79.9	32.2	0.806	1.20×10^7	-2.89×10^{-5}	378	0.075

一般而言,$\langle R_g \rangle / \langle R_h \rangle$ 值可以反映粒子或分子在溶液中的结构或构象。例如,当散射粒子是一个密度均匀非穿透的球体时,$\langle R_g \rangle / \langle R_h \rangle \approx 0.775$;当散射粒子是一松散连接的高度支化的链或缔合物时,$\langle R_g \rangle / \langle R_h \rangle \approx 1$;当散射粒子是线性的柔性随机 Gauss 线团时,$\langle R_g \rangle / \langle R_h \rangle \approx 1.5$;而对于刚性链,$\langle R_g \rangle / \langle R_h \rangle \geqslant 2.0$。通常,散射粒子的 $\langle R_g \rangle / \langle R_h \rangle$ 介于 0.774～1.5 之间。从胶束的 SLS 的分析结果可以看出,胶束的均方旋转半径为 32.2 nm,即胶束的 $\langle R_g \rangle / \langle R_h \rangle$ 值为 0.806,稍高于两亲性嵌段共聚物在水中自组装形成的平头胶束或非穿透球体的 $\langle R_g \rangle / \langle R_h \rangle$ 值,这可能和嵌段选择溶剂乙醇的性质及嵌段共聚物的结构有关。一方面,和水相比,乙醇的极性和溶解度参数要接近于胶束的成核嵌段 PS,因此,在乙醇溶液中,胶束的结构相对来说比较松散,这使胶束的 $\langle R_g \rangle / \langle R_h \rangle$ 偏高;另一方面,和典型的平头胶束相比,形成胶束的两亲性嵌段共聚物 PS_{200}-b-PAA_{78} 的成壳嵌段相对较长,这也增强了整个胶束在乙醇中的溶胀性,从而使胶束的 $\langle R_g \rangle / \langle R_h \rangle$ 值增加。

图 10-14 是 P4VP 在乙醇溶液

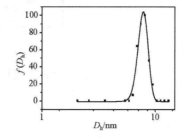

图 10-14　0.10 mg/mL 的 P4VP 在乙醇溶液中的流体力学直径分布图

(0.10 mg/mL)中的流体力学直径分布图。从图中可以看出，P4VP单分子链的无规线团的流体力学直径分布在6.4~9.6 nm。可以看出，虽然P4VP的相对分子质量较小，但其分子线团的尺寸却相对较大，这可能与两方面的原因有关：①乙醇是P4VP的良溶剂，P4VP的分子线团较为扩张；②溶剂的浓度很低时，P4VP的分子线团的伸展性较好。

不同浓度的P4VP的乙醇溶液和等体积的PS-b-PAA胶束溶液混合后，溶液中存在4种组分：PS-b-PAA胶束或分子、P4VP、乙醇（95%，体积分数）和DMF（5%，体积分数）。其中，PS-b-PAA胶束的PAA嵌段与P4VP、乙醇和DMF之间存在多种氢键作用。但是，在这4种组分中PAA嵌段是强的Lewis酸，P4VP分子是强的Lewis碱，因此，PAA嵌段和P4VP分子之间的氢键作用最强，其他的氢键作用可以忽略不计。

图10-15是不同浓度的P4VP的乙醇溶液和等体积的PS-b-PAA胶束溶液混合后，P4VP分子链被吸附到PS-b-PAA胶束里而形成的复合胶束的流体力学直径D_h和P4VP与PS-b-PAA胶束的质量比$m_{(P4VP)}/m_{(PS-b-PAA)}$（$r$）的关系曲线。从曲线可知，$r$低于0.5时，复合胶束的流体力学直径$D_h$随$r$的增加从79.7 nm降低到58.0 nm；当进一步增加P4VP的含量直到r值为5.0时，D_h却在55.8 nm和58.0 nm之间基本保持不变。这说明，在r为0.5（如图中箭头所指时），P4VP分子在PS-b-PAA胶束上的吸附达到饱和，因此，当继续增加溶液中P4VP的含量，过量的P4VP分子也不会被吸附到胶束上，因而胶束的D_h不再随r的变化而变化。

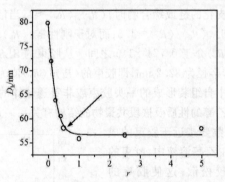

图10-15　PS-b-PAA胶束与P4VP复合物的流体力学直径D_h
随质量比$m_{(P4VP)}/m_{(PS-b-PAA)}$（$r$）的变化曲线
20℃，$c_{PS-b-PAA}=0.10$ mg/mL

在r等于0.5时，胶束中丙烯酸和4-乙烯基吡啶基本重复单元的摩尔比为1.6∶1，这一方面说明胶束的吸附能力非常强，另一方面也说明在PS-b-PAA的胶束溶液中有可能存在部分未被吸附的 P4VP 单分子。此外,如果不考虑在胶束溶液中可能存在的 P4VP 单分子,在 r 等于 0.5 时,可以近似计算出每个胶束可吸附 1180 个 P4VP 单分子,因此,复合胶束的摩尔质量近似为 $1.80 \times 10^7 \, \mathrm{g/mol}$。和高分子链在刚性纳米粒子上的吸附而使粒子的尺寸增加不同,从图中可以看到,P4VP 分子链在 PS-b-PAA 胶束上的吸附导致胶束的粒径降低。因此,可以推断胶束对高分子链的吸附有其自身独特的特点。在乙醇溶液中,PS-b-PAA 胶束上的 PAA 嵌段分子链是溶解在溶剂中的,因此,P4VP 分子不是吸附在胶束的表面,而是穿透或渗入到胶束的壳层中。由于强烈的氢键作用,渗入到胶束壳层中的 P4VP 分子和壳层中的 PAA 嵌段形成以氢键形式结合的复合物。P4VP 分子链和 PAA 嵌段分子链的构象从相对伸展的状态转变为相对收缩的状态以适应形成氢键的需要,这导致胶束的流体力学直径降低。

　　综上所述,在乙醇溶液中,P4VP 分子链在 PS-b-PAA 胶束上的吸附过程和机理可以用图 10-16 来表示。

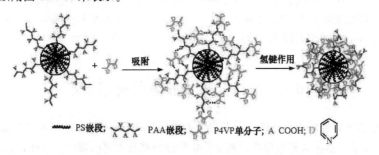

图 10-16　PS-b-PAA 胶束通过氢键吸附 P4VP 的可能机理示意图

　　需要指出的是,在示意图 10-16 中,为了清楚地解释 P4VP 分子链在 PS-b-PAA 胶束上的吸附过程,将吸附和发生氢键作用而形成复合胶束分成了两个步骤,而在实际的过程中,这两个步骤几乎是同时进行的。

　　此外,通过单浓度作图法测量和计算了 PS-b-PAA 和 P4VP 在不同浓度下形成的复合胶束的均方旋转半径$\langle R_g \rangle$与 r 的关系。从图 10-17 中可以看到复合胶束的均方旋转半径和它的平均流体力学半径$\langle R_h \rangle$随 r 的变化趋势相同,即当 r 低于 0.5 时,$\langle R_g \rangle$随 r 的增加从 36.6 nm 降低到 25.9 nm;当 r 进一步增加到 5.0 时,$\langle R_g \rangle$在 25.6～26.4 nm 之间基本保持不变。

　　从复合胶束的流体力学直径及均方旋转半径的变化趋势,可以确证 P4VP 分子链在 PS-b-PAA 胶束上的吸附过程。但是,需要注意的是,在前面所有的讨论中,都默认一个基本前提,即在胶束吸附 P4VP 的过程中,胶束始终保持为球形的形态不变。实际上,这样的推断也是正确的。图 10-18 显示的是复合胶束在不同的 r 情况下,胶束的$\langle R_g \rangle / \langle R_h \rangle$值。此值始终保持在 0.87～0.92 之间,这证明胶束的形态确实始终保持为球形。但是,另一方面也应该注意到,虽然胶束的形态在吸附过程中保持不变,但是胶束或复合胶束的壳层结构越来越紧密,胶束的密度在逐渐增加。

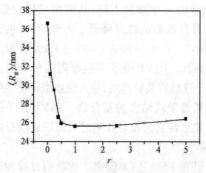 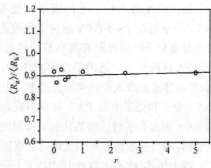

图 10-17　PS-*b*-PAA 胶束与 P4VP 复合物的均方旋转半径随质量比 $m_{(P4VP)}/m_{(PS-b-PAA)}$ (r) 的变化曲线(20℃)　　图 10-18　PS-*b*-PAA 胶束与 P4VP 复合物的 $\langle R_g \rangle / \langle R_h \rangle$ 值随质量比 $m_{(P4VP)}/m_{(PS-b-PAA)}$ (r) 的变化曲线(20℃)

10.6　嵌段共聚物胶束的有序聚集

　　形态规整或结构对称的粒子在视觉上给人以美感,不论是纳米粒子还是微米粒子,粒子的形状对其物理性质甚至是化学性质都有重要的影响。因此,制备规则形态的纳米粒子或微米粒子在理论研究和实际应用上都有重要的意义。通常情况下,制备一定形态的粒子可以采用两条途径,即粒子的控制生长法和模板法。迄今为止,无机化学家利用这两种方法合成和制备了一些形态规则而新奇的无机纳米粒子或微米粒子,如三角形、六方形等。相比之下,利用这两种方法合成和制备形态规则的有机纳米、微米粒子特别是高分子纳米、微米粒子则困难得多。

10.6.1　立方形 PS-*b*-PAA 胶束聚集体的形成[49]

　　将 PS115-*b*-PAA63 的 DMF 溶液慢慢滴加到水中,会自组装形成以 PS 嵌段为核、以 PAA 嵌段为壳的核-壳型胶束。动态光散射研究表明,该胶束在水中的流体力学直径为 31 nm。将丁酮加入到该溶液中,在 120℃的温度下将盖玻片上的胶束溶液蒸发后,粒子的形态发生了改变。图 10-19 是在不同浓度的丁酮存在下,胶束溶液蒸发后得到的聚集体的 SEM 照片。从图 10-19(a)可以看到,在胶束起始溶液中丁酮的浓度为 1‰(体积分数)时,溶剂蒸发后,一部分胶束(粒子)聚积形成了准立方形的聚集体(箭头 A 所示),尺寸在 200 nm×200 nm×200 nm 左右。

从图 10‑19(a)内插图可见,胶束聚集体并不是规则的立方体,比较确切地说,是准立方形。从图中也可以看到大量的几十纳米的球形小粒子,这应该是单个胶束失水后形成的。当胶束溶液中丁酮的浓度为 3%(体积分数)时[图 10‑19(b)],球形小粒子的数量虽然减少,但依然存在(箭头 B 所示),这可能说明丁酮浓度的增加有助于胶束的聚集。当胶束溶液中丁酮的浓度为 10%(体积分数)时[图 10‑19(c)],几乎看不到球形小粒子的存在,这说明大部分的胶束(粒子)已经聚集形成准立方形的聚集体,尺寸在 200 nm×200 nm×200 nm～400 nm×400 nm×400 nm之间。图 10‑19(d)也是丁酮的浓度为 10%(体积分数)时得到的聚集体的照片。由于玻璃片上胶束溶液的量较多,聚集体密度也较大,可以更清楚地看到胶束聚集体的形状为准立方形。

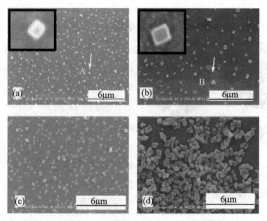

图 10‑19　PS-PAA 胶束水溶液在玻璃表面 120℃形成的聚集体的 SEM 照片
丁酮的体积分数分别为:(a) 1%;(b) 3%;(c) 10%;(d) 10%

图 10‑20 是 PS_{115}-b-PAA_{63} 胶束聚集形成的准立方形聚集体的 AFM 照片。可以看到,聚集体中接触玻璃的一个面基本上是正方形,其相对的一个面则有一定的弧度,为简便起见,还是称之为立方形聚集体或准立方形聚集体。聚集体的尺寸在 200 nm×200 nm×200 nm 左右,这与 SEM 观察的结构基本一致。此外,从图中也可以看到聚集体上存在一些平行的纹线,这似乎可以反映出准立方形的聚集体是由胶束之间层层的吸附、叠加聚集而成的。

非晶性的高分子 PS_{115}-b-PAA_{63} 胶束形成高对称性的准立方形的聚集体是比较难以理解的。为了证实准立方形的聚集体确实是由 PS_{115}-b-PAA_{63} 形成的,首先用 X 射线衍射(XRF)分析了 PS_{115}-b-PAA_{63} 粉末样品,从中没有检测到可能存在的、并且有可能形成立方形晶体的 NaCl 及 $CaCO_3$ 的 Na、Ca 等无机元素,这基本上可以证实准立方形的聚集体是由 PS_{115}-b-PAA_{63} 形成的。此外,还用 EDS 检查

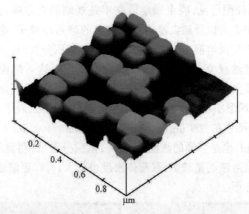

图 10-20　PS-PAA 胶束在玻璃表面聚集形成准立方形聚集体的 AFM 照片

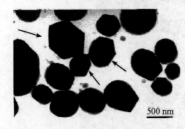

500 nm

图 10-21　PS-b-PAA 胶束形成六方
聚集体的 TEM 照片[50]

了硅基体上单个准立方形的聚集体,除基体 Si 及衍射的 Au 以外,没有看见可能形成晶体的无机盐,这进一步证明准立方形的聚集体就是由 PS115-b-PAA63 胶束形成的。

　　由无机金属或金属盐形成高对称性的纳米或微米粒子的情况并不少见;但由高分子形成对称性的纳米或微米粒子确实非常罕见,不过也不乏先例。例如,Eisenberg 等在 60℃的温度下,将 PS180-b-PAA28 的胶束水溶液慢慢挥发,在玻璃基体上得到了针状的固体[50];图 10-21 是 Eisenberg 等用非晶性高分子 PS49-b-PAA7.2 制备的粒子。从图中的箭头所指处可见,PS-b-PAA 形成了高对称性的六方形(或八面体)聚集体。由此可见,非晶性高分子形成高对称性的纳米或微米结构并不是个别的现象。

　　小分子添加剂在胶束的聚集过程中发挥了重要的作用。Alexandridis 报道了氧化乙烯(PEO)和氧化丙烯(PPO)的三嵌段共聚物(PEO-PPO-PEO)在油水体系中形成的不同聚集形态[51],(EO)19(PO)43(EO)19 在水/二甲苯体系中(其中水是 PEO 链段的良溶剂,二甲苯为非溶剂;对 PPO 链段情况正好相反)随组成的变化形成的 9 种不同的形态,包括 4 种方形结构、2 种六角形结构、2 种球形胶束结构和 1 种层状结构。

　　为了研究丁酮对胶束在溶液中的影响,我们用动态光散射测定了在丁酮的体积分数为 0%～10 ％时,PS115-b-PAA63 胶束的流体力学直径 D_h,结果 D_h 基本不随丁酮的浓度变化而改变,而是保持在 31 nm 左右。这说明,在本试验条件下,丁

酮并没有改变胶束结构。这是因为在溶剂水中，PS_{115}-b-PAA_{63}胶束的结构被冻住
(frozen)了，少量丁酮(体积分数 10％以内)的加入，也并不能从根本上改变胶束核
被冻结的本质。丁酮的存在虽然不能影响单个胶束的结构，却可以改变胶束在溶
剂挥发时进一步的聚集方式，从而影响胶束聚集体的形态。由此推测，把丁酮加入
到 PS_{115}-b-PAA_{63}胶束的水溶液并以适当的温度蒸发混合溶剂时，在合适的 PS_{115}-
b-PAA_{63}胶束／丁酮／水组成情况下，PS_{115}-b-PAA_{63}胶束可以聚集形成类似于 PEO-
b-PPO-b-PEO 的立方胶束结构，并进一步聚集形成准立方的微米结构。此外，准
立方形聚集体的形成也与溶剂的蒸发模式有关。

　　除了丁酮以外，把适量浓度的 DMF、正丙醇、乙酸和正丁胺水溶液加入到 PS_{115}-
b-PAA_{63}胶束的水溶液并在 120℃蒸发混合溶剂时，也可以在玻璃基体上形成准立
方形的聚集体(图 10‐22)。其中，当添加剂为正丁胺时[图 10‐22(d)]，聚集体的
尺寸最小，为 200 nm×200 nm×200 nm 左右，这与添加剂为丁酮时的尺寸相当；
当加入 DMF 或乙酸[图 10‐22(a)，(c)]时，尺寸在 300 nm×300 nm×300 nm 左
右；当加入正丙醇[图 10‐22(b)]时，尺寸相差较大，在 200 nm × 200 nm ×
200 nm～600 nm×600 nm×600 nm 之间。

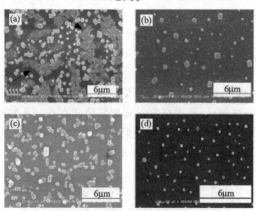

图 10‐22　不同小分子作用下 PS-b-PAA 胶束在玻璃表面 120℃形成聚集体的 SEM 照片
(a) 体积分数为 5％的 DMF；(b) 体积分数为 3％的正丙醇；(c) 体积分数为 10％的乙酸；
(d) 体积分数为 5％的正丁胺

　　从图 10‐22(a)还可以看到，当添加剂为 DMF 时，除准立方形聚集体外，还观
察到了大量形状不规则的聚集体。由于 DMF 是 PS_{115}-b-PAA_{63}的溶剂，据此推测，
这些不规则的聚集体可能是残留的 DMF 对已形成的准立方形聚集体的溶解所
致，这个推测可从这些形状不规则的聚集体存在规则的轮廓(如图中箭头所示)得
到初步的验证。需要指出的是，4 种添加剂 DMF、丁酮、正丁胺和正丙醇的沸点分
别为 126℃、80℃、78℃和 98℃，即 DMF 的沸点高于水，正丙醇的沸点与水接近，

而其他 2 种添加剂的沸点则低于水,因此在通常的情况下,在 120℃将这 4 种添加剂的水溶液蒸发时,DMF 的浓度会逐渐增加,正丙醇的浓度可以看作基本不变化,而丁酮和正丁胺的浓度会越来越低。那么,丁酮和正丁胺为什么还能影响 PS$_{115}$-b-PAA$_{63}$的聚集呢?这可能有两方面的原因:①丁酮和正丁胺与胶束之间存在较强的作用力,从而降低了它们的挥发速率。正丁胺作为一种路易斯碱与作为路易斯酸的 PAA 嵌段之间存在着较强的静电作用或氢键作用;而丁酮可能与溶剂或与胶束之间存在氢键作用。②与溶剂的蒸发方式有关。由于基体上的溶剂很少(十几微升至 50 μL),在 120℃的高温下,添加剂与水蒸发的速率很快,可以认为它们几乎是和水同时蒸发的。这两种原因使得不论是高沸点的 DMF,还是低沸点的丁酮都可以在胶束聚集的过程中发挥作用。

同样,在添加剂丁酮、正丙醇、DMF 和正丁胺的作用下,在合适的温度下蒸发除去溶剂,PS$_{115}$-b-PAA$_{63}$胶束也可以在聚乙烯醇缩甲醛膜、硅片、金箔等基体表面上定向聚集形成准立方形聚集体。

为了进一步研究准立方形聚集体的性质,还考察了聚集体的热稳定性。图 10-23(a)是未经热处理的准立方形聚集体的 SEM 照片,其尺寸在 200 nm×200 nm×200 nm 左右,图 10-23(b)、(c)和(d)是将聚集体在 150℃、200℃及 400℃的温度下分别加热 2 h 后聚集体的 SEM 照片。由图可见,150℃加热后,聚集体的尺寸基本没有变化,但形状稍稍改变,并可见到准立方形的轮廓[图 10-23(b)];在 200℃下加热后,聚集体的棱角基本消失,只是依稀可见准立方形的轮廓[图 10-23(c)];在 400℃下加热导致部分聚集体消失,估计为聚合物降解所致[图 10-23(d)];在 600℃下加热后,基本观察不到聚集体的存在。从热稳定性能来看,可以推断准立方形聚集体是由有机高分子组成的,因为可能形成立方形粒子的无机盐如 NaCl 和 CaCO$_3$ 等,其熔点都在 800℃以上。

图 10-23　不同温度处理 2h 后准立方形聚集体形态变化的 SEM 照片
(a) 室温;(b) 150℃;(c) 200℃;(d) 400℃

迄今为止,关于多胶束的聚集及聚集体形态结构的研究非常少,几乎没有可以借鉴的文献,因此,我们在此重点描述实验现象,并做出可能的分析预测,其中很可能存在诸多不妥之处。但是,我们觉得这是一种非常有趣的新现象,因此还是叙述如上,以期抛砖引玉。

10.6.2　花瓣状 PS-*b*-PAA 胶束聚集体的形成

在自然界,可以看到自然形成的形态丰富的物质结构,例如,在有机生物世界中的花朵、植物、珊瑚、贝壳等形态各异的生物;在无机自然世界中,这种现象也普遍存在,例如缤纷的雪花、炫目的宝石;在合成的物质体系中,分子或原子在特定作用力的影响下,也可以形成形态丰富的宏观或微观结构。其中,嵌段共聚物在本体或选择性溶剂中的自组装就是一个典型的例子,在本体中,嵌段共聚物可以发生相分离,自组装形成多种结构形态;在选择性溶剂中,嵌段共聚物可以自组装形成形态丰富的纳米或微米胶束结构。

我们的研究发现,在一定条件下,嵌段共聚物胶束可在溶剂挥发过程中逐步形成花状聚集体。通常胶束溶液的溶剂蒸发后,由于表面能较高,胶束容易聚集为无规形状的聚集体。但是,当我们将一定量的正丙醇溶液加入到 PS-*b*-PAA 的胶束水溶液中,然后在 130℃下将溶剂快速蒸发后,则得到了图 10 - 24 所示的不同形状的花瓣状胶束聚集体[52]。

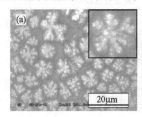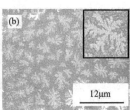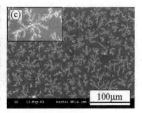

图 10 - 24　嵌段共聚物胶束在盖玻片上形成的花状聚集体的 SEM 照片
(a) PS$_{67}$-*b*-PAA$_{83}$;(b) PS$_{115}$-*b*-PAA$_{63}$;(c) PS$_{200}$-*b*-PAA$_{78}$
正丙醇的含量为 3 ％(体积分数),130℃

通过透射电镜 TEM 进一步观察到了由胶束聚集形成的花状聚集体(图 10 - 25)。与图 10 - 24(a)中的聚集体非常类似,但其尺寸稍小,为 $3\mu m \times 3\mu m$。

溶剂的蒸发温度及正丙醇的浓度可以影响胶束聚集体的结构。图 10 - 26(a),(b)和(c)分别是将含有 3％(体积分数)的正丙醇的 PS$_{115}$-*b*-PAA$_{63}$ 胶束溶液在 125℃、130℃、135℃的温度下快速蒸发后,在盖玻片上得到的胶束聚集体的 SEM 照片。从图 10 - 26(a)可以看到,125℃蒸发溶剂得到的花状胶束聚集体尺寸在 $4\mu m \times 4\mu m$,其结构比较松散。从内插图中我们也看出,花状聚集体就是由小粒子(或胶束)组成的。当蒸发溶剂的温度提高到 130℃,胶束也聚集形成花状聚集体

[图 10‐26(b)],其尺寸也在 4μm×4μm 左右。此聚集体结构比较紧密,但仍可以看到它是由小粒子聚集而形成的。当蒸发溶剂的温度进一步提高到 135℃,花状聚集体尺寸不变,但结构更紧密,从中基本看不到单个粒子(胶束)的存在。当胶束溶液中正丙醇的浓度为 6%(体积分数)时,130℃蒸发溶剂后仍可以得到花状聚集体[图 10‐26(d)],其尺寸稍稍增大。

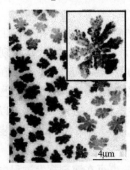

图 10‐25 PS$_{67}$-b-PAA$_{83}$胶束在 formvar 膜上聚集形成花状聚集体的 TEM 照片

注:正丙醇体积浓度为 3 %,110℃干燥

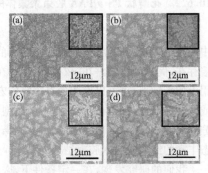

图 10‐26 PS$_{115}$-b-PAA$_{63}$胶束聚集形成花状聚集体的 SEM 照片

(a),(b),(c) 分别为正丙醇含量为 3%(体积分数)时,在 125℃,130℃,135℃下的情况;(d) 正丙醇含量为 6 %,130℃

在 80℃,正丙醇的浓度为 3%(体积分数)的条件下,将 PS$_{115}$-b-PAA$_{63}$ 的胶束溶液在硅片上蒸发,也可以形成如图 10‐27 所示的花状聚集体。图中(a)和(b)的放大倍数不同。与在玻璃上形成的聚集体相比,在硅片上形成的尺寸更为均一,基本都在 2μm×2μm 左右,其形态结构也比较完美。此外,从图中也基本看不到单个粒子(胶束)与花状聚集体共存的现象,这表明硅片比玻璃更有利于胶束聚集形成花状聚集体。此外,在硅片上形成花状聚集体所需的温度也大大低于玻璃片,这可能和硅片的疏水性有关。和玻璃片相比,硅片表面基本疏水,胶束或水分子更容易在硅片表面上聚集,因而在较低的温度下,胶束就可以聚集。

图 10‐27 PS$_{115}$-b-PAA$_{63}$胶束在硅片表面形成花状聚集体的 SEM 照片

　　至今为止,关于有机或高分子纳米粒子的受控、定向聚集的研究不多,因此,这方面可以借鉴的文献非常少。从实验中发现,花状聚集体只能在较高温度下将 PS-b-PAA 胶束溶液快速蒸发的情况下才能形成;而在常温下,即使在正丙醇存在的条件下,将 PS-b-PAA 胶束溶液慢慢挥发,胶束也不能聚集形成花状聚集体。这可能表明,非平衡状态有利于花状聚集体的形成。从热力学的观点来看,小粒子聚集形成球形的大粒子,有利于降低整个体系的能量。然而我们的研究表明,在某一特定的情况下,球形结构并不是最稳定的。在这种情况下,热力学因素并不是决定聚集体形态结构的最终因素,温度、时间、空间等诸多因素都可能对聚集体的形态结构产生影响。所以在本研究中,耗散结构的花状聚集体只在非平衡状态形成,而不能在平衡状态下形成。

　　从形态看,胶束的花状聚集体的形态结构与晶体在受限聚集模式(DLA)下生长而形成的分形聚集体非常相似[53]。DLA 模式中,在一定的空间范围内小粒子(或基本粒子单元)自由运动,直到它碰到其他粒子并聚集在一起形成粒子簇(聚集体)。和经典的 DLA 模式相比,胶束的聚集可能更加复杂。这是因为:①胶束之间,特别是胶束和溶剂之间存在着较强的作用力,这种作用力势必会对胶束的运动产生影响;②胶束本身就是高分子的聚集体,其尺寸比较大,因而其运动方式也可能与小粒子不同;③经典的小粒子是刚性或准刚性的,这些刚性或准刚性粒子之间碰撞后,粒子本身不会发生较大的形变;而胶束是“软”物质,因而,胶束之间碰撞后胶束本身会产生较大的形变,这就是说胶束聚集体的内部结构可能与经典的 DLA 模式下粒子形成的分形结构不同。尽管如此,还是可以给出胶束之间聚集形成花状聚集体的一个大致过程(图 10 - 28)。首先,将胶束溶液滴加在基体表面,胶束溶液铺展形成一层液膜,液膜中接触到基体表面的胶束首先被吸附,随着溶剂的蒸发,液膜变成无数个小液滴。当溶剂蒸发到某一临界值时,小液滴中的胶束开始逐渐析出,在正丙醇的协同作用下,析出的胶束按一定的方向被吸附在基体表面上,在某一特定位置形成一定形状的小聚集体,随着溶剂的继续蒸发,小液滴中的胶束继续析出,小聚集体逐步长大直至花状胶束聚集体的形成。

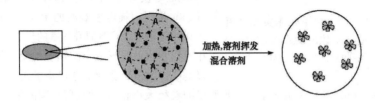

图 10 - 28　花状聚集体的可能形成过程示意图

◎ 胶束溶液;● 胶束;A 1-丙醇

　　需要指出的是,上述示意图只是简要地指出了胶束的聚集过程,至于析出的胶束为何定向聚集、正丙醇在胶束的定向聚集过程如何发挥作用,发挥什么作用等等问题还需进一步的研究。

　　令人感兴趣的是,在正丙醇存在下,在 125℃下蒸发混合溶剂,PS$_{115}$-b-PAA$_{63}$ 胶束可以聚集形成尺寸在 $4\mu m \times 4\mu m$ 左右的花状聚集体,而在 120℃下蒸发混合溶剂,胶束却聚集形成尺寸在 200 nm×200 nm×200 nm 以上的准立方形聚集体。这说明,在非平衡状态下胶束的聚集方式及其聚集体的形状主要是受动力学因素控制,其中温度或蒸发溶剂的速度起着重要的作用。此外,从上面可以看到,准立方形的聚集体的尺寸比单个胶束的尺寸大 1 个数量级左右,花状聚集体的尺寸也比准立方形聚集体的尺寸大 1 个数量级左右。那么,花状聚集体是由准立方形的聚集体进一步聚集形成的(线路 A),还是由胶束逐步聚集形成的(线路 B)呢?

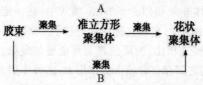

　　图 10-29 是在 123℃蒸发混合溶剂得到的聚集体的 SEM 照片。从图中可以清楚地看到花状聚集体和准立方形聚集体(A、B 箭头所指区域分别在左上角及右上角放大)共存,并且准立方形的聚集体并没有进一步聚集的倾向。此外,PS$_{200}$-b-PAA$_{78}$ 和 PS$_{67}$-b-PAA$_{83}$ 胶束在上述条件下并不能聚集形成准立方形的聚集体,但是可以聚集形成花状聚集体,因此,可以初步推测花状聚集体是按图 10-28 的方式由胶束逐步聚集形成的。

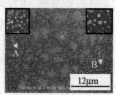

图 10-29　PS-b-PAA 胶束水/正丙醇溶液(3%,体积分数)蒸发(123℃)得到的聚集体的 SEM 照片

　　能否利用胶束溶剂的某种性质,直接以溶剂作为模板,促使胶束进行有规聚集呢?我们注意到在玻璃基体上一薄层的水凝固后,可以形成非常漂亮的花纹,因此想到能否以此为模板实现胶束的有序聚集? 图 10-30是用扫描电镜观测的 PS$_{38}$-b-PAA$_{210}$ 胶束水溶液在 0℃溶剂升华后的形态。从图中可以看出此时形成了纺锤状的聚集体,长度为 $1.5\sim2\mu m$,远远大于胶束的尺寸;其宽度约为 60 nm,与 0℃处理前的球形胶束的粒径大小相当;并且所得到的聚集体比较规整。另外,经过上述处理以后,没有发现直径为 50 nm 的球形 PS$_{38}$-b-PAA$_{210}$ 胶束。因此可以推测这种纺锤状聚集体是球形 PS$_{38}$-b-PAA$_{210}$ 胶束发生进一步聚集形成的。通常情况下两亲性嵌段共聚物在水中自组装形成的胶束溶解性会随着

体系温度的下降而逐渐降低。当体系温度降低到某一临界值时,胶束就会从水中析出甚至沉淀出来。对于 $PS_{38}\text{-}b\text{-}PAA_{210}$ 胶束水溶液体系,当温度降低到 0℃时,胶束溶液中的水开始缓慢凝固结冰,形成具有多晶结构的冰模板,它提供了可以容纳析出胶束的微环境。当胶束缓慢地从水中析出后,就会沿着水多晶结构的表面(或界面)沉积起来,这样邻近的两个析出胶束就可以通过 PAA 分子链的缠绕和羧基之间的氢键结合在一起,导致多个析出的胶束聚集在一起,当水分子被除去以后,就可以得到纺锤状聚集体。

因为在这个过程中,温度始终控制在 0℃左右,所以纺锤状聚集体是不会被破坏的,然而冷冻-解冻过程有可能使纺锤状聚集体作为基本单元被重新组装,得到形态更为复杂的聚集体。为了证明这一想法,我们对缓慢结冰后的胶束水溶液进行了缓慢的解冻-冷冻处理(每一个循环大约需要 1h)。$PS_{38}\text{-}b\text{-}PAA_{210}$ 胶束溶液经过 5 次这样的循环处理后,真空干燥,得到了如图 10-31 所示的聚集结构。可以看出,纺锤状聚集体被作为基本单元,进一步聚集形成了 3μm 大小的蝴蝶结状的聚集体,这里可清晰地分辨出纺锤状结构作为基本单元的有规聚集的痕迹。继续增加冷冻-解冻循环次数到 20 次,然后冷冻、真空干燥处理,得到了下面非常漂亮的花瓣状聚集结构,如图 10-32 所示。从其放大图[10-32(b)]中能够分辨出构成花状聚集体的基本单元为纺锤状聚集体。

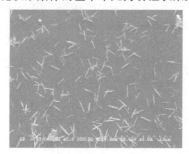

图 10-30　PS-PAA 胶束在 0℃形成的
纺锤状聚集体

图 10-31　PS-b-PAA 胶束在 0℃冷冻-解冻
循环(5 次)处理形成的聚集体

图 10-32　PS-b-PAA 胶束在 0℃冷冻-解冻循环(20 次)处理形成的聚集体
(b)为(a)中花状聚集体基本单元的放大图

　　图 10-33 给出了这一过程可能的形成示意图[54]，其描述的过程如下：①两亲
性嵌段共聚物 PS-*b*-PAA 在 DMF 中为自由伸展链，如图 10-33(a)所示。向
DMF 溶液中缓慢滴加水时，PS-*b*-PAA 链在其中逐渐自组装形成以 PS 为核、PAA
为壳的球形胶束[图 10-33(b)]。②随着温度缓慢降低，球形 PS-*b*-PAA 胶束的
溶解性也逐渐降低，当温度低至 0℃时，胶束开始析出；与此同时，胶束的水溶液开
始结冰，并且形成多晶结构，逐渐析出的胶束会聚集在多晶结构冰的表面或界面，
并且沿着此多晶结构进行排列。这样相邻的排列在多晶结构表面或界面的胶束就
会通过外壳部位的 PAA 链的物理缠绕作用和—COOH之间的氢键作用连接在一
起。当水升华或蒸发完时，就可以得到纺锤状结构的聚集体[图 10-33(c)]。接
下来通过冷冻-解冻过程来重新调整冰模板，由于体系温度被控制在 0℃附近，因
此纺锤状聚集体不会遭到破坏，可以作为基本单元进行进一步的聚集。当冰模板
重新形成的时候，纺锤状聚集体聚集到了一起，形成蝴蝶结状、哑铃状的聚集体，如
图 10-33(d)所示。

　　继续调整冰模板，则很多纺锤状聚集体便可能作为基本单元按照受限扩散聚
集的方式进一步聚集。最后通过水分子的升华作用除去冰模板，得到花瓣状聚集
体结构[图 10-33(e)]。

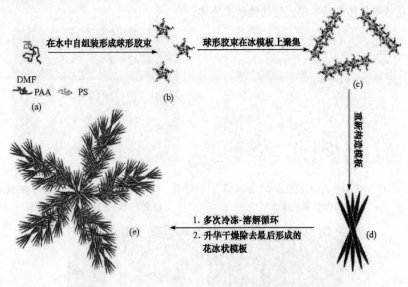

图 10-33　PS₃₈-*b*-PAA₂₁₀胶束在 0℃冷冻、干燥形成花状聚集体的可能过程示意图

10.6.3　PS₈₀-*b*-P4VP₁₁₀自组装囊泡聚集形成空心管[55]

　　在这部分实验中，以 PS₈₀-*b*-P4VP₁₁₀为研究对象，探讨自组装囊泡的融合及形

态转变问题。首先通过光散射测定了 $PS_{80}\text{-}b\text{-}P4VP_{110}$ 在异丙醇中形成的胶束的参数,其直径在 312 nm,并且分布十分窄。通过 $PS_{80}\text{-}b\text{-}P4VP_{110}$ 胶束的 Berry 曲线可以推出胶束的均方旋转半径为 162.3 nm,由此得到 $\langle R_g \rangle / \langle R_h \rangle = 1.040$,此值反映出此胶束为典型的空心结构。

图 10-34(a) 和 (b) 分别是用透射电镜和扫描电镜观测到的 $PS_{80}\text{-}b\text{-}P4VP_{110}$ 胶束在溶剂挥发后的形态。$PS_{80}\text{-}b\text{-}P4VP_{110}$ 形成空心囊泡状聚集结构,干态下直径约为 200 nm,空囊直径约为 100 nm,壁厚约为 50 nm。扫描电镜观察显示囊泡的塌陷结构,外径为 200 nm,与透射电镜结果一致。由此证明在异丙醇中,$PS_{80}\text{-}b\text{-}P4VP_{110}$ 自组装形成了囊泡状结构。将 45℃的胶束溶液滴加到 45℃铜网和盖玻片上并恒温保持 30 min,结果如图 10-35(a) 和 (b) 所示。从 TEM 结果可以看出,部分囊泡与囊泡之间粘连在一起,出现了形状不很规则的哑铃状聚集结构。SEM 结果也呈现出串珠状粘连结构,但看不出球形结构,而是呈现出不规则的圆环状聚集体,这是干态聚集结构坍塌所致。从以上结果可以看出,加热处理过程促使囊泡状胶束发生聚集。若将胶束溶液加热到 50℃,则出现了如图 10-36 中所示的结果。

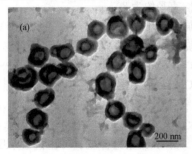
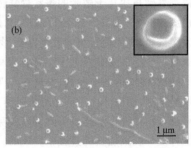

图 10-34　$PS_{80}\text{-}b\text{-}P4VP_{110}$ 在异丙醇室温下自组装胶束的(a)TEM 和(b)SEM 照片

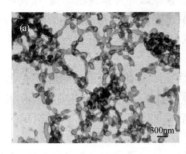
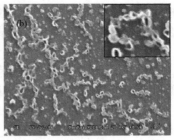

图 10-35　$PS_{80}\text{-}b\text{-}P4VP_{110}$ 在正丙醇中自组装胶束在铜网和盖玻片
上于 45℃恒温 30 min 的(a)TEM 和(b)SEM 照片

从图 10-36(a) 可以看出,在 50℃处理后空心囊泡状胶束聚集形成了空心管

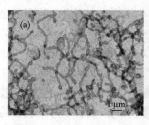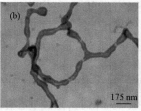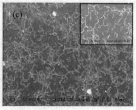

图 10 - 36 　PS$_{80}$-b-P4VP$_{110}$胶束在 50℃恒温 30 min 得到的 TEM[(a),(b)]和 SEM 照片[(c)]
$C=0.20$ mg/mL

状聚集体,图 10 - 36(b)是其对应的放大图。可以清晰地看出,外直径大约 80~90
nm,内径 30~40 nm,壁厚比较均匀,大约 20 nm,纳米管的长度可达十几个微米。
另外一个比较明显的特征是纳米管的封端处的形状类似球形。如果仔细观察,还
可以发现,有部分空心管存在分叉现象,即从同一个部位分出三个分枝,偶尔还会
出现中间断裂的现象。用扫描电镜观察得到的胶束形态如图 10 - 36(c)所示,同
样可以观察到长达几十微米的条状聚集体,直径约为 80 nm。

　　由图 10 - 35 和 10 - 36 还可以看出,加热处理可以促使囊泡状 PS$_{80}$-b-P4VP$_{110}$
胶束发生聚集,进而使聚集体发生融合形成管状聚集体。为了进一步了解囊泡状
胶束聚集融合形成管状的过程,用动态和静态光散射考察了不同温度时 PS$_{80}$-b-
P4VP$_{110}$胶束溶液的各项参数,发现在 50℃ 以下胶束溶液的这些参数与室温下的
没有明显区别;而在 50~70℃,光散射信号稍微变弱,胶束的直径有所增加,胶束
的粒径分布稍稍变窄。这说明囊泡状胶束的聚集融合不是在溶液中发生的,而是
在溶剂挥发和胶束加热的过程中实现的。为什么聚集融合在 50℃附近效果最佳?
初步分析可能与 PS$_{80}$-b-P4VP$_{110}$ 的 T_g 有关,其 T_g 计算值在 50℃左右。温度太高,
会达到其玻璃化转变温度进而发生解缔合现象破坏掉其囊泡结构,从而影响到其
聚集结构;温度太低,囊泡结构胶束的扩散速度慢,发生有效碰撞的概率低,另外温
度低融合过程也是不容易实现的。形成管状聚集体则可能与载体的表面效应有
关。

　　图 10 - 37 是这个聚集融合过程的示意图。加热使胶束的能量增加,运动能力
增强,同时,随着溶剂的挥发,胶束的浓度逐渐增大,促使胶束之间的有效碰撞增
加,粘连在一起的 PS$_{80}$-b-P4VP$_{110}$胶束在较高的温度下发生了胶束之间的融合,在
载体表面效应的作用下形成管状结构。

　　我们处理嵌段共聚物胶束的聚集过程中沿用了分子自组装的思想,但组装对
象不再是单个分子,而是由小分子组成的分子簇(胶束)。在这个意义上,扩大了自
组装的内涵。这给高分子科学家带来了挑战,也给他们带来了新的机遇。

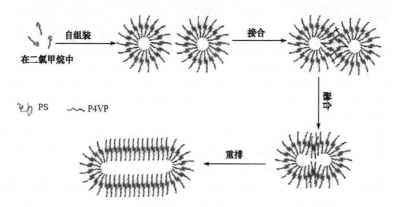

图 10-37　囊泡向空心管转变的可能机理示意图

参 考 文 献

[1]　Yu Y S, Eisenberg A. Control of morphology through polymer-solvent interactions in crew-cut aggregates of amphiphilic block copolymers. J. Am. Chem. Soc.,1997, 119: 8383

[2]　Zhang L F, Eisenberg A. Thermodynamic vs kinetic aspects in the formation, morphological transitions of crew-cut aggregates produced by self-assembly of polystyrene-b-poly(acrylic acid) block copolymers in dilute solution. Macromolecules, 1999, 32: 2239

[3]　Alexandridis P, Hatton T. Block copolymers. Polymer Materials Encyclopedia 1. Boca Raton: CRC Press, 1996

[4]　Spevacek J. ¹H-NMR study of styrene-butadiene block copolymer micelles in selective solvents. Macromol. Rapid. Comm., 1982, 3: 697

[5]　Gao Z S, Zhong X F, Eisenberg A. Chain dynamics in coronas of ionomer aggregates. Macromolecules, 1994, 27: 794

[6]　Massey J A, Temple K, Cao L, Rharbi Y, Raez J, Winnik M A, Manners I. Self-assembly of organometallic block copolymers: the role of crystallinity of the core-forming polyferrocene block in the micellar morphologies formed by poly(ferrocenylsilane-b-dimethylsiloxane) in n-alkane solvents. J. Am. Chem. Soc., 2000, 122: 11577

[7]　Massey J A, Power K N, Manners I, Winnik M A. Self-assembly of a novel organometallic-inorganic block copolymer in solution and the solid state: nonintrusive observation of novel wormlike poly(ferrocenyldimethylsilane)-b-poly(dimethylsiloxane) micelles. J. Am. Chem. Soc.,1998, 120: 9533

[8]　Raez J, Manners I, Winnik M A. Nanotubes from the self-assembly of asymmetric crystalline-coil poly(ferrocenylsilane-siloxane) block copolymers. J. Am. Chem. Soc., 2002, 124: 10381

[9]　Wang X S, Arsenault A, Ozin G A, Winnik M A, Manners I. Shell cross-linked cylinders of polyisoprene-b-ferrocenyldimethylsilane: formation of magnetic ceramic replicas, microfluidic channel alignment, patterning. J. Am. Chem. Soc., 2003, 125: 12686

[10]　Wang X S, Winnik M A, Manners I. Synthesis and solution self-assembly of coil-crystalline-coil polyferrocenylphosphine-b-polyferrocenylsilane-b-polysiloxane triblock copolymers. Macromolecules,

2002, 35: 9146

[11] Cao L, Manners I, Winnik M A. Synthesis and self-assembly of the organic-organometallic diblock co-polymer poly(isoprene-*b*-ferrocenylphenylphosphine): shell cross-linking and coordination chemistry of nanospheres with a polyferrocene core. Macromolecules, 2001, 34: 3353

[12] Cao L, Manners I, Winnik M A. Influence of the interplay of crystallization, chain stretching on mi-cellar morphologies: solution self-assembly of coil-crystalline poly(isoprene- *block*-ferrocenylsilane). Macromolecules, 2002, 35: 8258

[13] Resendes R, Massey J, Dorn H, Winnik M A, Manners I. A convenient, transition metal-catalyzed route to water-soluble amphiphilic organometallic block copolymers: synthesis and aqueous self-assem-bly of poly(ethylene oxide)-*block*-poly(ferrocenylsilane). Macromolecules, 2000, 33: 8

[14] Wang X S, Winnik M A, Manners I. Synthesis and self-assembly of poly(ferrocenyldimethylsilane-*b*-dimethylaminoethyl methacrylate): toward water-soluble cylinders with an organometallic core. Mac-romolecules, 2005, 38: 1928

[15] Raez J, Barjovanu R, Massey J A, Winnik M A, Manners I. Self-assembled organometallic block co-polymer nanotubes. Angew. Chem. Int. Edit., 2000, 39: 3862

[16] Raez J, Tomba J P, Manners I, Winnik M A. A reversible tube-to-rod transition in a block copolymer micelle. J. Am. Chem. Soc., 2003, 125: 9546

[17] Frankowski D J, Raez J, Manners I, Winnik M A, Khan S A, Spontak R J. Formation of dispersed nanostructures from poly(ferrocenyldimethylsilane-*b*-dimethylsiloxane) nanotubes upon exposure to supercritical carbon dioxide. Langmuir, 2004, 20: 9304

[18] Wang X S, Wang H, Coombs N, Winnik M A, Manners I. Redox-induced synthesis and encapsulation of metal nanoparticles in shell-cross-linked organometallic nanotubes. J. Am. Chem. Soc., 2005, 127:8924

[19] Bader H, Ringsdorf H, Schmidt B. Watersoluble polymers in medicine. Angew. Makromol. Chem., 1984,123: 457

[20] Yokoyama M, Miyauchi M, Yamada N, Okano T, Sakurai Y, Kataoka K, Lnoue S. Polymer mi-celles as novel drug carrier—adriamycin-conjugated poly(ethylene glycol) poly(aspartic acid) block co-polymer. J. Control. Release, 1990, 11: 269

[21] Yokoyama M, Okano T, Sakural Y, Kataoka K. Improved synthesis of adriamycin- conjugated poly (ethylene oxide) poly(aspartic acid) block-copolymer, formation of unimodal micellar structure with controlled amount of physically entrapped adriamycin. J. Control. Release, 1994, 32: 269

[22] Yokoyama M, Okano T, Sakurai Y, Fukushinia S, Okamoto K, Kataoka K. Selective delivery of adiramycin to a solid tumor using a polymeric micelle carrier system. J. Drug. Target, 1999, 7: 171

[23] Kwon G S, Suwa S, Yokoyama M, Okano T, Sakurai Y, Kataoka K. Enhanced tumor accumulation, prolonged circulation times of micelle-forming poly(ethylene oxide-aspartate) block copolymer-adria-mycin conjugates. J. Control. Release, 1994, 29: 17

[24] Kwon G S, Naito M, Yokoyama M, Okano T, Sakurai Y, Kataoka K. Physical entrapment of adria-mycin in AB block-copolymer micelles. Pharm. Res., 1995, 12: 192

[25] Cammas S, Matsumoto T, Okano T, Sakurai Y, Kataoka K. Design of functional polymeric micelles as site-specific drug vehicles based on poly(alpha-hydroxy ethylene oxide-co-beta-benzyl L-aspartate) block copolymers. Mat. Sci. Eng. C:Bio. S., 1997, 4: 241

[26]　Kataoka K, Matsumoto T, Yokoyama M, Okano T, Sakurai Y, Fukushima S, Okamoto K, Kwon G
　　　 S. Doxorubicin-loaded poly(ethylene glycol)-poly(beta-benzyl-*l*-aspartate) copolymer micelles; their
　　　 pharmaceutical characteristics, biological significance. J. Control. Release, 2000, 64; 143

[27]　Pinzani V, Bressolle F, Hang L J, Galtier M, Blayac J P, Balmes P. Cisplatin-induced renal toxicity,
　　　 toxicity-modulating strategies—a review. Cancer Chemoth. Pharm., 1994, 35; 1

[28]　Schechter B, Neumann A, Wilchek M, Arnon R. Soluble polymers as carriers of cis-platinum. J.
　　　 Control. Release, 1989, 10; 75

[29]　Nakamura T, Nagasaki Y, Kataoka K. Synthesis of heterobifunctional poly(ethylene glycol) with a
　　　 reducing monosaccharide residue at one end. Bioconjugate Chem., 1998, 9; 300

[30]　Nagasaki Y, Okada T, Scholz C, lijima M, Kato M, Kataoka K. The reactive polymeric micelle based
　　　 on an aldehyde-ended poly(ethylene glycol)/poly(lactide) block copolymer. Macromolecules, 1998,
　　　 31; 1473

[31]　Yasugi K, Nakamura T, Nagasaki Y, Kato M, Kataoka K. Sugar-installed polymer micelles; synthe-
　　　 sis, micellization of poly(ethylene glycol)-poly(*D, L*-lactide) block copolymers having sugar groups at
　　　 the PEG chain end. Macromolecules, 1999, 32; 8024

[32]　Yamamoto Y, Nagasaki Y, Kato M, Kataoka K. Surface charge modulation of poly(ethylene glycol)-
　　　 poly(*D, L*-lactide) block copolymer micelles; conjugation of charged peptides. Colloid Surface B,
　　　 1999, 16; 135

[33]　Harada A, Kataoka K. Formation of polyion complex micelles in an aqueous milieu from a pair of op-
　　　 positely-charged block copolymers with poly(ethylene glycol) segments. Macromolecules, 1995,
　　　 28; 5294

[34]　Harada A, Kataoka K. Chain length recognition; core-shell supra-molecular assembly from oppositely
　　　 charged block copolymers. Science, 1999, 283; 65

[35]　Harada A, Kataoka K. On-off control of enzymatic activity synchronizing with reversible formation of
　　　 supramolecular assembly from enzyme, charged block copolymers. J. Am. Chem. Soc., 1999, 121;
　　　 9241

[36]　Harada A, Kataoka K. Novel polyion complex micelles entrapping enzyme molecules in the core. 2.
　　　 characterization of the micelles prepared at nonstoichiometric mixing ratios. Langmuir, 1999,
　　　 15; 4208

[37]　Harada A, Kataoka K. Pronounced activity of enzymes through the incorporation into the core of
　　　 polyion complex micelles made from charged block copolymers. J. Control. Release, 2001, 72;851

[38]　Katayose S, Kataoka K. Remarkable increase in nuclease resistance of plasmid DNA through supra-
　　　 molecular assembly with poly(ethylene glycol) poly(*L*-lysine) block copolymer. J. Pharm. Sci.—US,
　　　 1998, 87; 160

[39]　Kataoka K, Harada A, Wakebayashi D, Nagasaki Y. Polyion complex micelles with reactive aldehyde
　　　 groups on their surface from plasmid DNA, end-functionalized charged block copolymers. Macromole-
　　　 cules, 1999, 32; 6892

[40]　Behr J P. The proton sponge, a means to enter cells viruses never thought of. M S-Med. Sci., 1996,
　　　 12; 56

[41]　Akiyama Y, Harada A, Nagasaki Y, Kataoka K. Synthesis of poly(ethylene glycol)-*block*- poly(eth-
　　　 ylenimine) possessing an acetal group at the PEG end. Macromolecules, 2000, 33; 5841

[42] Guo A, Liu G J, Tao J. Star polymers and nanospheres from cross-linkable diblock copolymers. Macromolecules, 1996, 29: 2487

[43] Kakizawa Y, Harada A, Kataoka K. Environment-sensitive stabilization of core-shell structured polyion complex micelle by reversible cross-linking of the core through disulfide bond. J. Am. Chem. Soc., 1999, 121: 11247

[44] Zhang L F, Shen H W, Eisenberg A. Phase separation behavior, crew-cut micelle formation of polystyrene-*b*-poly(acrylic acid) copolymers in solutions. Macromolecules, 1997, 30: 1001

[45] Wang Y M, Kausch C M, Chun M, Quirk R P, Mattice W L. Exchange of chains between micelles of labeled polystyrene-*block*-poly(oxyethylene) as monitored by nonradiative singlet energy transfer. Macromolecules, 1995, 28: 904

[46] Pacovska M, Prochazka K, Tuzar Z, Munk P. Formation of *block*-copolymer micelles—a sedimentation study. Polymer, 1993, 34: 4585

[47] Zhang W Q, Shi L Q, An Y L, Gao L C, He B L. Unimacromolucule exchange between bimodal micelles self-assembled by polystyrene-*block*-poly(acrylic acid), polystyrene-*block*-poly(amino propylene-glycol methacrylate) in water. J. Phys. Chem. B, 2004, 108: 200

[48] Zhang W Q, Shi L Q, An Y L, Wu K, Gao L C, Liu Z, Ma R J, Meng Q B, Zhao C J, He B L. Adsorption of poly(4-vinyl pyridine) unimers into polystyrene-*block*-poly(acrylic acid) micelles in ethanol due to hydrogen bonding. Macromolecules, 2004, 37: 2924

[49] Zhang W Q, Shi L Q, An Y L, Shen X D, Guo Y Y, Gao L C, Liu Z, He B L. Evaporation-Induced aggregation of polystyrene-*block*-poly(acrylic acid) micelles to microcubic particles. Langmuir, 2003, 19: 6026

[50] Shen H W, Eisenberg A. Block length dependence of morphological phase diagrams of the ternary system of PS-*b*-PAA/dioxane/H$_2$O. Macromolecules, 2000, 33: 2561

[51] Alexandridis P, Olsson U, Lindman B. A record nine different phases (four cubic, two hexagonal, and one lamellar lyotropic liquid crystalline and two micellar solutions) in a ternary isothermal system of an amphiphilic block copolymer and selective solvents (water and oil). Langmuir, 1998, 14: 2627

[52] Shi L Q, Zhang W Q, Yin F F, An Y L, Wang H, Gao L C, He B L. Formation of flower-like aggregates from assembly of single polystyrene-*b*-poly(acrylic acid) micelles. New J. Chem., 2004, 28: 1037

[53] Witten T M, Sander L M. Diffusion-limited aggregation, a kinetic critical phenomenon. Phys. Rev. Lett., 1981, 47: 1400

[54] Gao L C, Shi L Q, An Y L, Zhang W Q, Shen X D, Guo S Y, He B L. Formation of spindlelike aggregates, flowerlike arrays of polystyrene-*b*-poly(acrylic acid) micelles. Langmuir, 2004, 20: 4787

[55] Gao L C, Shi L Q, Zhang W Q, An Y L, Liu Z, Li G Y, Meng Q B. Polymerization of spherical poly(styrene-*b*-4-vinylpyridine) vesicles to giant tubes. Macromolecules, 2005, 38: 4548

第11章　高分子胶体粒子的形成与稳定

张广照　江　明　吴　奇

11.1　引　言

在一定条件下，高分子链在溶液中发生蜷曲、组装和聚集，从而形成尺度在
$1\sim100$ nm 的稳定高分子聚集体或高分子胶体粒子。导致高分子胶体粒子形成与
稳定的驱动力是范德华力、疏水作用、亲水作用、氢键、静电作用等分子相互作用。
高分子胶体粒子的形成与稳定是高分子自组装最基本的形式，研究这一问题将有
助于我们认识和理解高分子自组装的机理以及与之相关的分子相互作用的本质与
规律。另外，对于高分子胶体粒子的形成与稳定的研究对理解蛋白质折叠这一生
命科学中的基本问题有重要参考意义。

与传统胶体粒子类似，高分子胶体粒子的基本结构也由疏水性的"核"和亲水
性的"壳"两部分组成。依照构成壳的亲水性"稳定剂"结构和性质的不同，壳的厚
薄不一，见图 11‐1。其中，(b)和(c)通常称为高分子胶束。(b)中的亲水部分很
短，又有平头胶束(crew-cut micelles)之称；而(c)代表具有由长链构成的胶束壳，
成为星形胶束(star-like micelles)(参见第 1 章)。应当说明的是，高分子胶体粒子
与高分子胶束间的界限很难划清，我们在此将高分子胶束看作高分子胶体粒子的
一种形式。依照不同的形成条件，高分子胶体粒子可为球状、柱状、层状、囊泡等。
高分子胶体粒子的形成与稳定是体系内各种分子相互作用平衡的结果。当疏溶剂
作用大于亲溶剂作用时，高分子胶体粒子趋于聚集并最终导致沉淀；当亲溶剂作用
大于疏溶剂作用时，高分子胶体粒子趋于解聚，高分子链趋于溶解。只有亲溶剂
和疏溶剂作用达到适度平衡时，高分子链才形成稳定的胶体粒子。可见，赋予高分
子胶体粒子"溶剂两亲性"是高分子胶体粒子形成和稳定的关键。

溶剂两亲性高分子在选择性溶剂中可直接形成高分子胶体粒子，这是实现高
分子胶束化的最普通的途径。嵌段共聚物的组成嵌段对溶剂的亲和性不同，就是
溶剂两亲性高分子。在选择性溶剂中，亲溶剂性嵌段溶解在溶剂中，对所形成的胶
体粒子或胶束起稳定作用；另一疏溶剂性嵌段不溶于溶剂中，促使高分子链聚集在
一起。与嵌段共聚物类似，接枝共聚物在选择性溶剂中，也可形成稳定的高分子胶
体粒子。有关嵌段共聚物和接枝共聚物的胶束化问题，本书其他章节已进行了深
入讨论。在本章中我们将首先讨论含少量离子基团的疏水聚合物在水中组装为稳
定纳米粒子的问题[图 11‐1(a)][1]。此外，小分子表面活性剂早就用于高分子胶体

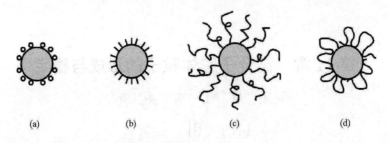

(a)　　　　　　　(b)　　　　　　　(c)　　　　　　　(d)

图 11-1　不同类型的高分子胶体粒子

粒子的稳定,乳液聚合中使用表面活性剂正是基于这一事实。研究表明,随着表面活性剂用量的增加,形成的高分子胶体粒子变小。此外,以亲溶剂的线形高分子稳定胶体粒子也是很常见的,这时高分子链的某些部位与胶体粒子通过物理作用相连接,而由于连接点之间的链段溶于溶剂,就对胶体粒子起到稳定作用[图 11-1(d)]。对于此类稳定作用本章将不作详细讨论。

11.2　含离子基团的疏水高分子在水中的自组装[1]

11.2.1　简述

10 年前,我们研究了轻度磺化和酸化的 SEBS 离聚物的溶液行为。SEBS 是三嵌段共聚物,两端嵌段为聚苯乙烯(S)、中央嵌段为乙烯和丁烯[1]的无规共聚物(EB)。将 SEBS 中的 PS 嵌段轻度磺化或羧化后,得到含少量离子基团的 SEBS。它在非极性溶剂中呈现很强的缔合倾向[2]。当向此溶液中加入大量水时,刘璐等发现,即使离子化 SEBS 中的离子基团低至 1mol% 时,也观察不到沉淀生成,而是形成尺寸在数纳米及数十纳米的稳定的胶体粒子。如此之少的离子基团的存在会使完全疏水的 PS 和 EB 链形成纳米粒子稳定分散于水中这一现象引起了我们的很大兴趣。首先我们采用以芘为探针的荧光光谱学方法[3]证实了离子化 SEBS 确实在水中形成了疏水粒子。然后我们对端羧基 PS 及其盐,具有离子无规分布的羧化和磺化聚苯乙烯以及羧化 SEBS 等类似的自组装过程和形成的纳米胶体粒子进行了系统的研究,发展了利用此"微相反转"方法制备聚合物胶体粒子的新途径,并对此类粒子的稳定机理进行了探讨。以下我们简述其主要结果。

11.2.2　"无皂纳米粒子"的形成及影响因素

利用微相反转方法制备无皂纳米粒子的过程是,首先配制离聚物在有机溶剂(通常用 THF 或 DMF)中的稀溶液,浓度在 $10^{-3} \sim 10^{-2}$ g/mL 范围。将此溶液在超声或搅拌下逐滴加入大体积(通常 10~100 倍于离聚物溶液)水中,或是将水加入到离聚物溶液中。这样,离聚物会在水中(含少量有机溶剂)形成尺寸在数纳米至数百纳米的稳定分散的胶体粒子。

　　李梅等研究了不同羧基含量的(4.8mol%和 6.8mol%)羧化聚苯乙烯(CPS,相对分子质量为 $2.36×10^4$),其羧基可方便地制成羧酸盐(对应离子为 Na^+,Li^+,Mn^{2+} 等)。实验表明,无论是 CPS 或其盐都能形成稳定的纳米粒子[4]。图 11-2 给出所得粒子的流体力学半径的分布曲线。很明显,无论 NaCPS 或 MnCPS,离子含量高的,粒子尺寸变小。关于粒子形成的过程,我们的看法是,在将离聚物的THF 溶液加入到水中时,对 CPS 主链而言,溶剂迅速劣化,CPS 便会聚集,包括分子内的聚集和分子间的聚集。与此同时,链上的离子基团因其固有的亲水性,会向粒子表面迁移,使粒子稳定。这可称为获得无皂纳米聚合物粒子的"微相反转"过程。对每一种特定的离子基团,每一基团所可能稳定的表面积是一常数。这样,高离子含量的离聚物会生成小粒子,即有大的表面积/体积比。不仅 CPS 如此,我们所研究的各种离聚物体系均遵从这一规律。NaCPS 形成的粒子尺寸在 10 nm 左右,聚集数在 10^2,然而当以 Mn^{2+} 代换 Na^+ 时,粒子尺寸增加到 50 nm 左右,聚集数高达 10^3。事实上,如功能基团为[COOH]形式时,粒子尺寸更大。这样显著的区别表明,功能基团的亲水性差别对粒子稳定性有重要影响。

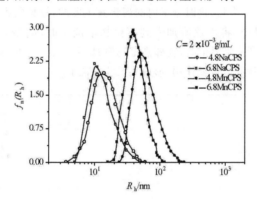

图 11-2　CPS 离聚物形成的无皂纳米粒子的流体力学分布曲线[4]
试样名称前数字为离子基团的摩尔分数,浓度为离聚物 THF 溶液的初始浓度

　　NaCPS/THF 溶液的初始浓度对形成粒子的尺寸的影响见图 11-3。当 6.85 NaCPS/THF 溶液的浓度分别为 0.062,0.12,0.5 和 2.0($×10^{-2}$ g/mL)时,所得粒子流体力学半径分别为 8,10,17 和 18 nm(仅列出部分数据)。很明显,初始浓度愈大,粒子愈大[5]。这一变化是可以理解的,溶液愈稀,愈有利于分子内的聚集,而不利于分子间的聚集,故尺寸较小。此外,光散射研究还得出溶液愈稀,粒子密度愈高的结论。因此,虽然改变溶液初始浓度会导致粒子尺寸的较大变化,但计算得到的每个离子基团所稳定的表面积却是接近的(~3 nm³)。

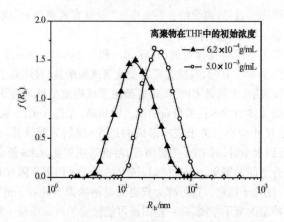

图 11-3　6.85NaCPS/THF 溶液的初始浓度对形成纳米粒子尺寸及其分布的影响[5]

　　以上所述结果都是将 CPS 离聚物的 THF 溶液逐滴加入到水中实现的。若将水逐滴加入到 THF 中,情况会有很大的不同,此时产生的粒子尺寸增加了一个数量级(图 11-4)。在将离聚物的 THF 溶液加入水中时,离聚物链周围的良溶剂迅速劣化,它们也快速聚集,这时分子内的聚集是主要的,故聚集程度相对较小。在相反的混合过程中,将水逐滴加入到离聚物溶液中时,起始并无粒子生成,到 H₂O/THF 比达到一临界值时,全部高聚物链都不能保持溶解,从而迅速聚集,这时分子间的聚集就起了重要作用,形成大尺寸的粒子。

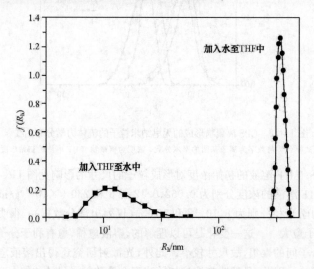

图 11-4　水和离聚物溶液的不同混合方式对所得粒子的流体力学半径分布的影响[4]

分子间的聚集和分子内的聚集间的抗衡是决定高聚物链自组装的关键因素。张广照等比较了具有相同羧基含量(7.2mol%)和不同相对分子质量(2.74×10^4,6.65×10^4,15.8×10^4)的一组 CPS 粒子的形成,结果如图 11-5 所示。很清楚,CPS 的相对分子质量愈大,形成的粒子愈小。我们可以将一根长的 CPS 链理解为由数根短的 CPS 链连接而成。显然。长链具有更多的分子内聚集的机会,这样便形成小尺寸粒子。事实上,我们还发现将高相对分子质量(3×10^5)的磺化聚乙烯钠盐 3.67NaSPS 的 THF 溶液滴入水中形成的粒子的表观粒子质量与 NaCPS 的分子质量接近,这就是说形成的纳米粒子可能是由单个分子链组成的,这里分子间的聚集几乎不起作用。显然这与离聚物的高相对分子质量有关,相对分子质量愈大,分子链愈长,分子内聚集愈重要。

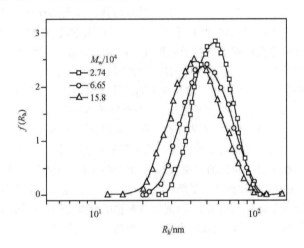

图 11-5 具有不同相对分子质量的 CPS(羧基含量 7.2mol%)生成的纳米粒子的
流体力学半径分布曲线[6]

刘世勇等研究了单端羧基(钠盐)聚苯乙烯 MCPS 在水中形成无皂纳米粒子的问题。这里羧基仅存在于链端基上。此时关于高聚物初始浓度、混合程度等对纳米粒子尺寸的影响与前述离子基团无规分布的 CPS 的结论是一致的。最大的不同是在相对分子质量的影响方面。一组摩尔质量分别为 1.8,3.9,5.5 和 23.4kg/mol 的 MCPS 所得纳米粒子的流体力学半径分别为 30,34,36 和 69 nm,聚集数都很高,分别是 2200,2500,4200 和 10 000。显然,MCPS 的相对分子质量愈大,粒子尺寸愈大,聚集数愈高。关于 CPS 粒子的结果是,相对分子质量愈大,愈有利于链内聚集,即小粒子的形成。要理解这个差别,我们必须注意到,在端羧基离聚物的情况,羧基仅存在于端基上,相对分子质量愈大就意味着羧基的相对含量愈低,它所能稳定的表面积就愈小,故生成大尺寸的粒子。此外,端基的亲水性或电离度越大,形成胶体粒子越小,即依照电离度由小到大: —$(COO)_2Zn^{2+}<$ —$COOLi^+<$—$COONa^+$,所形成的粒子由大变小。我们注意到由端羧基离聚物形成的纳米粒子与"无皂乳液聚合"初期的胶体粒子在结构上很相似。如苯乙烯或甲基丙烯酸甲酯在水中用过硫酸钾(KPS)引发,不需加任何表面活性剂,即可形成稳定的胶体粒子。这时具有离子端基的疏水聚合物短链形成了稳定的胶体粒子。

11.2.3　荧光探针法研究纳米胶体粒子的形成及其局限性

众所周知,芘(pyrene)是研究水中疏水微区形成的灵敏而有效的荧光探针。当水相中有疏水微区形成时,芘就会以水相转移到微区中,伴随着其荧光光谱的显著变化。例如,其荧光发射光谱的第一峰和第三峰强度之比(I_1/I_3)会从1.8降至1.0或更低。同时其荧光发射强度(I_{373})明显增强。荧光探针芘已成功地应用于嵌段共聚物在水中的胶束化,并用于测定其临界胶束浓度(CMC)。此外,我们也将芘作为探针用于高聚物无皂粒子的形成。图11-6表示芘的I_1/I_3和I_{373}随水中聚合物浓度的变化[8]。不同浓度的粒子分散液是用一系列不同浓度的NaCPS的THF溶液加入水中得到的。对几种不同离子含量的NaCPS,I_1/I_3和I_{373}随浓度均出现明显的转折。结果似乎说明,在高聚物浓度小于10^{-6} g/mL时,粒子逐渐生成。然而,我们注意到,这里对不同离子基团含量的NaCPS来说,曲线产生的转折处对应的浓度没有明显的差别。后来我们用芘对多个不同体系、不同离子浓度乃至不同相对分子质量的端羧基的MCPS的纳米粒子的形成进行研究,竟意外发现I_1/I_3和I_{373}的转折点几乎都在10^{-6} g/mL[17]。这使我们对这一方法在这里的适用性产生了怀疑。事实上,与嵌段共聚物的胶束化问题不同,由于离聚物主链的疏水性很强,故在浓度很低时也会产生聚集。也就是说在10^{-6} g/mL以下的

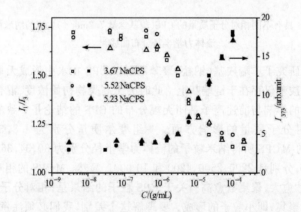

图11-6　芘的荧光强度I_{373}及I_1/I_3随NaCPS浓度的变化[8]

浓度,也有粒子的形成。但由于浓度过低,此时光散射也不能测出其存在。在这样的低粒子浓度下,虽然芘会向疏水区富集,但由于此时疏水区所占的体积分数仅在 10^{-6} 量级,结果存在于粒子中芘的总量仍低于存在于水相中的。因而,它对 I_1/I_3 的贡献是不能检测到的。只有当粒子浓度增至一定范围,疏水区芘的贡献才能检出。因此,虽然我们能由芘的荧光特性的变化确知在体系中形成了疏水微区,但不能够知晓这微区是在什么浓度下开始形成的,这是以芘分子为探针研究无皂乳液生成的局限性。

11.2.4　高离子基团含量聚合物的胶体粒子

按通常的定义,离聚物的离子基团含量在 10mol% 以下。在上面所讨论的“微相反转”法制备无皂胶体粒子的研究中,所采用的离聚物的离子基团含量均较低。在此研究的基础上,张广照等将研究扩大到离子含量更高的羧化聚苯乙烯(CPS)[6] 和羧化 SEBS[9],即 CSEBS,发现了形成的胶体粒子在结构上有明显变化。

我们所研究的一系列 CPS 的摩尔质量为 6.43×10^3 g/mol,其羧化度在 7.4mol%～49.2mol%。这一系列的 CPS 均能按“微相反转法”制得无皂纳米粒子。用静态光散射测定了胶粒的表观分子质量 M_w,均方旋转半径 $\langle R_g \rangle$;用动态光散射法测定了胶粒的平均流体力学半径 $\langle R_h \rangle$。由这些数据还进一步计算出胶粒的聚集数 N_{agg} 和 $\langle R_g \rangle / \langle R_h \rangle$。图 11-7 和 11-8 分别显示了 $\langle R_h \rangle$、聚集数 N_{agg} 及 $\langle R_g \rangle / \langle R_h \rangle$ 随羧化度的变化。在羧化度相对较低时(7.4mol%～26mol%),$\langle R_h \rangle$ 和 N_{agg} 均随羧化度下降,这和 11.2.2 节中所讨论的 CPS 和 SPS 的行为是一致的。对一定数量的离聚物来说,离子基团含量的增加,意味着可以稳定更大的表面能,即更大的表面积/体积比,因而形成更小的粒子,聚集数也相应减小。但羧化度继续增加至 26mol%～49 mol% 时,CPS 所形成的胶体粒子尺寸不再随羧化度的增加而减少,反而有所增加。与此同时,N 保持不变。我们认为,随羧化度的增加两羧基之间的平均的 PS 疏水单元数较少,在发生 CPS 链的聚集时,对高羧化度的离聚物来说,羧基除了富集于聚集体与水的界面上以外,会有一部分不可避免地被包裹于胶体粒子内部,胶粒的整体亲水性增强而疏水性变弱,这显然有助于胶体粒子的溶胀,因而胶粒形态结构发生了变化。这一点可由 $\langle R_g \rangle / \langle R_h \rangle$ 值的变化而清楚说明。我们知道,在溶液中,对于均匀的球状结构、超枝化结构和无规线团的 $\langle R_g \rangle / \langle R_h \rangle$ 值分别为 0.774,1.0～1.3 和 1.5～1.8。图 11-8 中 CPS 胶体粒子的 $\langle R_g \rangle / \langle R_h \rangle$ 随羧化度的增加由 0.8 增加为 1.3,说明胶体粒子由较为均匀的球状结构转变为疏松超枝化结构。换句话说,高羧化度的 CPS 所形成的胶体粒子不再具有核-壳分明的结构,其“核”与“壳”的界限趋向模糊,链间的聚集作用变弱。此外,实验发现,对低羧化度的 CPS,在水中胶粒一旦形成,便相当稳定。稀释该分散液对粒子的尺寸及分布没有影响。然而对高羧化度(49mol%)CPS 的粒子的稀溶液,粒子呈双峰分布,溶液进一步稀释,大尺寸粒子减小,小尺寸粒子增加。

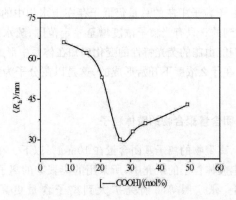

图 11－7　CPS 粒子的平均流体力学半径随离子基团含量的变化[6]

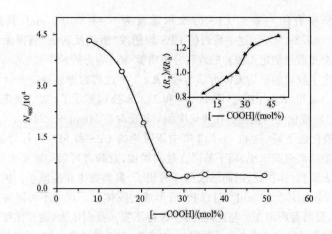

图 11－8　CPS 粒子的聚集数和$\langle R_g \rangle / \langle R_h \rangle$(内插图)随离子基团含量的变化[6]

张广照等进一步研究了羧化 SEBS(CSEBS)形成的胶体粒子的结构随羧化度的变化[9]。CSEBS 与 CPS 在形成无皂胶体粒子方面的行为是相似的。由于 CSEBS 中 PB 嵌段不含任何离子基团,因此它具有更强的疏水特性。对 CSEBS 体系,$\langle R_h \rangle$,N 以及$\langle R_g \rangle / \langle R_h \rangle$随羧化度的关系分别如图 11－9 和 11－10 所示。与 CPS 的结果(图 11－7,11－8)比较可见,两者的行为十分相似。$\langle R_h \rangle$和 N_{agg} 均在羧基含量为 21mol%时发生转折。$\langle R_g \rangle / \langle R_h \rangle$随羧基含量逐渐增加,在羧基含量达到 21mol%后,$\langle R_g \rangle / \langle R_h \rangle$迅速增加,这都表明,随着羧基含量的增加,胶体粒子从均匀的球演变为疏松的簇状结构。在羧基含量小于 23.2mol%时,粒子尺寸及分布均因稀释而变化。但羧基含量更高时,稀释导致双峰分布。在浓度低至 $1×10^{-6}$ g/mL 时,主峰的位置在 6 nm,甚至比该 CSEBS 在 THF 中的流体力学半径(13 nm)更小。这表明,在此稀溶液中,CESBS 形成了由单个坍缩链形成的小粒子,分子间的聚集已完全被抑制了。我们综合 CPS 和 CSEBS 两个体系的结果,将羧基含量不同导致粒子的形态的结构变化示意于图 11-11。

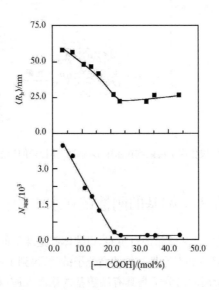

图 11-9　CSEBS 在水中形成的胶体粒子尺寸($\langle R_h \rangle$)和胶粒内高分子链的
聚集数随羧化度的变化[9]

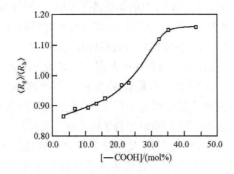

图 11-10　CSEBS 在水中形成的胶体粒子的 $\langle R_g \rangle / \langle R_h \rangle$ 随羧化度的变化[9]

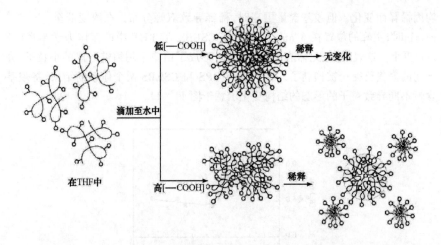

图 11‑11　不同羧化度下离聚物在水中形成的胶体粒子的形态结构示意图[9]

11.3　含离子端基的刚性链在水中的自组装[10]

　　以上讨论的都是柔性离聚物的自组装,组装体都是球形的。王竟等将这"微相反转"的研究扩展到具有相对刚性结构的高分子链时,得到了随体系 pH 变化的不同的形态[10]。这里所用的高分子是具有端羧基的聚酰亚胺(CPI),相对分子质量为 3620(参见第 4 章)。向 PI 的 THF 溶液中加入大量低 pH 的水时,PI 立即沉淀;而加入碱性水时,并不沉淀出来,而是形成尺寸在数十纳米至数百纳米的稳定分散的胶体粒子。显然,粒子为 PI 上的端羧基所稳定。粒子的形态则因加入的水的 pH 而异。pH 分别为 8.07,10.03 和 12.37 时,所得到的胶体粒子的形态分别示于图 11‑12～图 11‑14。在水的碱性较弱(pH 8.07)时,生成的粒子最大,分散性也很大,流体力学直径在 100～600 nm 范围。这时所得组装体的最大特色是粒子表面有空穴存在(图 11‑12)。但是从 SEM 图上不能判别空穴有多深,而且即使从粒子上看不到空穴也不能说明它不存在,因为空穴可能就在粒子的背面。而在 TEM 图上,当空穴正处于粒子侧面(平行于电子束方向)时,对空穴的深度就很容易作出估计了。总的说来,空穴不大,其深度只有粒子直径的 1/5 或更小。Eisenberg 曾对 crew-cut 型二嵌段高分子自组装体系观察到这种形态,并称之为"碗状结构"[11]。由于空穴太浅,称其为"碗"似乎不太合适。我们建议称其为 dimpled beads,即酒窝球。最近刘晓亚等[12]又对无规共聚物体系观察到与此极其相似的形态。对于空穴形成的原因我们还不甚清楚。我们进行过一项对比实验,即向端羧基聚苯乙烯的 THF 溶液中加入大量的碱性水时,无论所用的 pH 为何,均得到一般的球形胶粒,没有"酒窝"的形成。参照 Eisenberg 的意见,我们认为,在我们所涉及的情况下,当 pH 为弱碱性,在介质中 H_2O/THF 比例达到 6/4 时,PI 便迅速聚集成球。进一步加入水时,包裹于粒子中的 THF 被不断地"抽取"出来。由于粒子中的 PI 链呈刚性,运动困难不能迅速填补因 THF 离去而产生的空间,这就会使粒子中形成不含 PI 链的小"气泡",小气泡进一步相互聚集并运动到球壁处破裂,就形成了空穴。与 PI 不同,柔性 CPS 的运动较快,当 THF 逐步离开粒子时,球体均匀收缩,故而未见此酒窝粒子的形成。

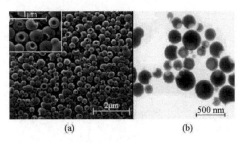

图 11-12　以(a) SEM 和(b) TEM 观察得到的 pH 8.07 的
水加入到 CPI/THF 溶液而形成的纳米粒子形态[10]

当水的 pH 提高到 10.03 时,"酒窝球"全都消失,得到了尺寸小得多的(100~200 nm)的球形粒子(图 11-13)。而在其放大的 TEM 图上我们可清楚地看到,粒子表面是不均匀的,它们是由尺寸更小的粒子堆砌起来的。pH 为 10.03 的水显然会使 PI 的端羧基电离度大为增加(计算表明,此时溶液的 Na^+ 离子仍低于 PI 的羧基的量,故并未全部离解),故而端基对于粒子具有更强的稳定能力。此时,当加入的水含量较低时,形成小尺寸(10~20 nm)粒子;当水继续加入时,由于对 PI 沉淀力进一步增强,这时会产生"二次聚集"而形成大尺寸的复合粒子。当采用强碱性(pH 为 12.37)的水加入到 PI/THF 溶液中时,PI 组装为囊泡(图 11-14)。囊泡壁的尺寸相当均一,约为 15 nm。这与计算得到的相对分子质量为 3620 的 PI 的外

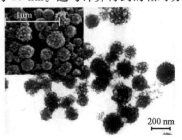

图 11-13　将 pH 10.03 的水加入到 CPI/THF 溶液而形成的纳米粒子形态[10]

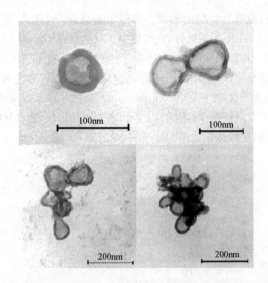

图 11‑14 将 pH 12.37 的水加入到 CPI/THF 溶液而形成的纳米粒子形态[10]

围尺寸是很接近的。因此可以推测,相对刚性的 PI 分子相互平行排列构成了囊泡壁。从图 11‑14 上还可看出囊泡变形,并有不同程度的相互聚集。动态光散射也观察到有两种尺寸的粒子,分别对应于单个囊泡和其聚集体。事实上,强碱性的水的加入造成了 PI 端羧基的充分离解,从而阻止了 PI 的迅速聚集。这时 PI 分子就有充分的机会达到近乎完全相互平行的排列,形成囊泡。这时全部电离的羧基集中于囊泡壁的两侧。我们进而测量了在以上三种加入不同 pH 的水的情况下所形成的粒子的 ζ 电位,结果发现 pH 为 8~10 时,ζ 电位(−30mV)变化不大;而当 pH 增至 12.37 时,ζ 电位剧降至~65mV,这与 PI 分子平行排列构成囊泡,而且羧基聚集于囊泡壁的看法是一致的。以上讨论的端羧基 PI 在水中组装的结果可以用图 11‑15 表示。

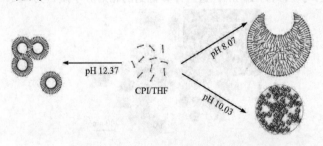

图 11‑15 端羧基 PI 形成不同的无皂纳米粒子的示意图[10]

11.4 嵌段共聚物的几种"非常规"自组装

本书前面一些章节已对嵌段共聚物在选择性溶剂中的胶束化作了深入的讨论,这是嵌段高分子溶液自组装最为普通的方法,姑且称其为"常规途径"。然而嵌段共聚物的胶束化研究不应只限于在其选择性溶剂中的组装。我们在过去几年中还发展了一系列的"非常规"嵌段共聚物的胶束化途径。其中包括温度诱导的自组装,嵌段和均聚物的络合作用诱导的自组装以及化学反应诱导的自组装等。

11.4.1 温度诱导的自组装

聚(N-异丙基丙烯酰胺)(PNIPAM)是众所周知的在水溶液中具有最低溶解温度(LCST)的水溶性高分子。利用这一特性,邱星屏等[13]成功地实现了含 PNIPAM 支链的接枝共聚物 PEO-g-PNIPAM 的温度诱导的自组装。PEO-g-PNIPAM 是用 PEO 大单体(相对分子质量 $7 \times 10^3 \sim 8 \times 10^3$)和 NIPAM 单体共聚得到的。所用试样相对分子质量分别高达 7.29×10^6 和 7.85×10^5。该共聚物可溶于水,但当温度升至 32℃ 以上时,由于 PNIPAM 失去其溶解性,会发生链内的塌缩和链间的聚集而形成以 PNIPAM 为核、PEO 链为壳的胶束。随可溶性接枝链数目的增加,胶束尺寸减小,这是在接枝共聚物胶束化中普遍存在的现象。"氢键接枝共聚物"的胶束化形成非共价键合胶束时也符合这一规律(参见第 4 章)。降低共聚物浓度和加快升温速度都有利于生成小纳米粒子。形成胶束的尺寸和聚集数取决于链内塌缩和链间聚集之间的竞争。PEO-g-PNIPAM 较短时,以分子间聚集为主。在给定浓度下,提高升温速率将有利于链内塌缩。此外,稀释显然也会抑制链间聚集。因此,综合使用下列条件,即采用较长的链,在很低的溶液浓度下使用较快的升温速率,我们成功地得到了因 PNIPAM 的链蜷曲而生成的具有核-壳结构的单链胶束。图 11－16 表示了形成单分子胶束和多分子聚集体胶束的不同条件。

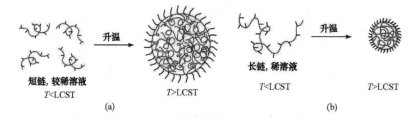

图 11－16　由 PNIPAM-g-PEO 形成多分子聚集体胶束[(a)]和单分子胶束[(b)]的示意图

11.4.2　嵌段共聚物–无规共聚物氢键络合导致的自组装

在我们过去长期有关高分子在溶液中氢键相互作用的研究中已经证实,当将聚甲基丙烯酸烷基酯(PAMA)和含羟基的聚苯乙烯 PS(OH)(详见第 4 章)溶于其共同溶剂如甲苯中时,由于羟基和酯羰基间的氢键相互作用,PAMA 便可与PS(OH)形成大分子络合物。当 PSOH 中氢键含量足够高时,两者形成的络合物便不再溶解而导致沉淀的产生[14]。这一特性被我们用来发展了一项嵌段共聚物胶束化的新途径,即络合诱导胶束化(complexation-induced micellization)。为此,刘世勇等[15]首先合成了苯乙烯和甲基丙烯酸甲酯的嵌段共聚物 PS-*b*-PMMA,将其甲苯溶液与具有不同羟基单元含量的 PS(OH)溶液相混合,当 PS(OH)中含羟基单元含量超过 8 mol%时,溶液出现乳光,表明形成了聚集体。光散射研究给出了此聚集体的尺寸大约在 100 nm (图 11-17)。显然这是由于 PS(OH)和 PM-MA 嵌段间的氢键相互作用导致它们聚集的。但是由于可溶性 PS 嵌段的存在,并未生成宏观沉淀,而是形成了以 PS(OH)和 PMMA 链为核、PS 为壳的高分子复合胶束(图 11-18)。光散射研究的结果还表明,这样形成的胶束稳定,溶液稀释对尺寸没有影响。随着 PS(OH)中羟基含量的增加,胶束的分子质量以及核密度都增加,而尺寸减小。所得的粒子半径在 70~100 nm 范围,表观相对分子质量达到 $2.8 \times 10^7 \sim 5.0 \times 10^7$。粒子中包含有 300~1000 个 PS(OH)链和 200~300个嵌段共聚物链,即复合胶束无论在尺寸还是聚集数上都远大于嵌段共聚物在选择性溶剂中自组装而形成的胶束。

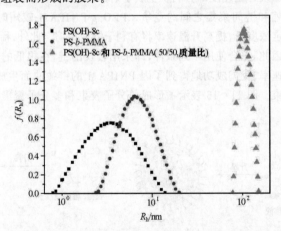

图 11-17　PS-*b*-PMMA 与 PS(OH)形成胶体粒子前后的流体力学半径变化[15]

PS(OH)-8c 中羟基单元的含量为 8 mol%

图 11–18　PS-*b*-PMMA 与 PS(OH)形成胶体粒子的示意图

这里所发展的氢键络合导致嵌段共聚物胶束化的途径是一个普遍可行的方法。潘全名等[16]还将此应用于"接枝嵌段共聚物"胶束化研究[16]。这里所用的共聚物的母体是工业产品二嵌段共聚物 SEP,即聚苯乙烯-*b*-聚(乙烯-*co*-丙烯)。将 SEP 中的聚苯乙烯嵌段部分氯甲基化后,用于引发甲基丙烯酸乙酯(EMA)的 AT-RP 反应,于是得到 SEP 为主链,PS 嵌段上带有若干 PEMA 支链的嵌段——接枝共聚物 SEPG。在 SEPG 和 PS(OH)的共同溶剂中,当 PS(OH)中含羟基单元的摩尔含量很低时,两种分子链独立存在。当含羟基单元增至 8 mol% 以上时,两者便形成了以 PS(OH)和 PEMA 支链形成的络合物为核、以 PS 为壳的胶束。随 PS(OH)中羟基含量的增加,胶束的半径减小(在 80~300 nm 范围),胶束表观相对分子质量增加,达到 6×10^7,因此聚集数也很高。

11.4.3　化学反应诱导的自组装

Leung 等[18]报道,聚苯基乙烯基砜(PVSO)经加热可转化为聚乙炔。据此,吴奇等提出对含有 PVSO 的嵌段共聚物实现化学反应诱导胶束化。他们研究的对象是聚甲基乙烯-*b*-聚苯基乙烯基砜(PMS117-*b*-PVSO60),它可溶解在四氢呋喃中。通过加热至 55℃,柔性可溶性 PVSO 嵌段逐渐转变为刚性不溶性聚乙炔(PA)嵌段,从而形成以 PA 为核、PMS 为壳的胶体粒子(图 11–19)。应用动态激光光散射对这一反应及胶束形成的过程进行跟踪,观察到胶束尺寸逐渐变大,至 24h 后不变,达到 30~600 nm。此时胶束核虽由具有化学活性的聚乙炔构成,但因有 PMS 层保护,可保持稳定,其特征的深红色长期不变。

以上我们简要叙述了三种"非常规"的嵌段共聚物胶束化的途径,即温度导致的胶束化、一种嵌段与附加聚合物络合诱导胶束化及化学反应诱导的胶束化。这三种途径的一个特点是,无论是温度、络合作用以及化学反应都导致嵌段共聚物中的一个嵌段不再溶解,或者说,共同溶剂转变为选择性溶剂。因此归根到底,这些途径的本质仍然是嵌段共聚物在选择性溶剂中的胶束化,只是这个过程是在外界条件变化下诱导发生的。第 4 章中我们曾讨论过刚性链诱导嵌段共聚物的胶束化,它不是由溶解度的变化引起,应该说与上述机理是不同的。

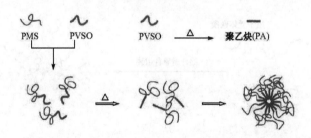

图 11‑19　PMS-b-PVSO 加热发生化学反应后在四氢呋喃中形成胶体粒子[1]

11.5　高分子胶体粒子形成与稳定的理论

　　如同传统的胶体粒子，高分子胶体粒子具有动力学稳定性和热力学不稳定性。当外界条件发生变化时，粒子之间可能发生聚集。高分子胶体粒子的稳定性取决于促使其相互聚集的吸引作用和阻止其聚集的排斥作用之间的平衡。当排斥作用大于吸引作用时，胶体粒子稳定；反之，当吸引作用大于排斥作用时，胶体粒子趋于聚集。经典的胶体化学理论认为胶体粒子间吸引作用在本质上和分子间的范德华力相同，但不同的是，该吸引力与距离的 3 次方而不是 7 次方成反比，是一种远程相互作用。然而，排斥力则源于胶体粒子表面双电层结构（double layer）的作用。显然，对于不带电荷的体系，这是不适用的，如聚苯乙烯-g-聚氧化乙烯（PS-g-PEO）在水中形成的稳定胶体粒子。Israelachvili 认为[18]，胶体粒子间的作用力包括范德华力、疏水（溶剂）作用、静电力和溶剂化作用（solvation）、空间作用等。这些分子相互作用的本质和规律目前仍然是胶体化学中最具挑战性的问题，这方面研究的进展显然对高分子胶体粒子形成与稳定机理的理解有重要意义。

11.5.1　嵌段共聚物胶束的一些标度关系

　　在过去的几十年中，人们在理论和实验上对高分子胶体粒子的形成与稳定做了一些有意义的探索，并发现了一些规律。这些工作主要是利用经典的平均场理论和热力学方法研究了嵌段共聚物所形成的胶束中的一些标度关系。Noolandi 等[19]研究了选择性有机溶剂中由可溶性嵌段 A 和不溶性嵌段 B 构成的两嵌段共聚物中所形成的球形胶束。假定核和壳都是均匀的，借助平均场理论对核-壳界面张力的处理，得到如下标度关系：

$$R \propto N^{2/3} \tag{11-1}$$

$$Z \propto N \tag{11-2}$$

式中，R 为胶束半径，一般可用流体力学半径 R_h 代替；N 为嵌段共聚物的聚合度；

Z 为胶束中高分子链的聚集数。以上关系与一些实验数据吻合,如聚苯乙烯-b-聚丁二烯（PS-b-PB）嵌段共聚物在正庚烷中形成的胶束的尺寸和聚集数与其相对分子质量的关系均符合以上关系。但是,该关系仅适合于具有薄壳厚核的高分子胶束。对于具有小核和厚壳的高分子胶束,Halperin[20]借鉴星形高分子模型,建立了如下标度关系:

$$R_c \propto N_B^{3/5} a \tag{11-3}$$

$$R \approx N_B^{4/25} N_A^{3/5} a \tag{11-4}$$

式中,N_A,N_B 分别为可溶性嵌段 A 和不溶性嵌段 B 的聚合度;a 为每个聚合物单元的尺寸,R_c 为胶束的核半径。实验证明,具有长的可溶性 PB 段的 PS-b-PB 在正庚烷中形成的胶束基本符合以上标度关系。

Nagarajan 等[21]将小分子表面活性剂胶束中所使用的热力学方法应用于高分子胶束,得到以下关系:

$$R_c = \frac{\left[3 N_B^2 (\sigma_{BS} l^2 / kT) + N_B^{3/2} + N_A^{1/2} N_B (R_{core} / H) \right]^{1/3}}{\left[1 + N_B^{-1/3} + (N_B / N_A)(H / R_{core})^2 \right]^{1/3}} l \tag{11-5}$$

$$Z = \frac{\left[4\pi N_B (\sigma_{BS} l^2 / kT) + (4\pi/3) N_B^{1/2} + (4\pi/3) N_A^{1/2} (R_{core} / H) \right]}{\left[1 + N_B^{-1/3} + (N_B / N_A)(H / R_{core})^2 \right]} \tag{11-6}$$

$$\frac{H}{R} = 0.867 \left| \frac{1}{2} + \frac{N_A N_B^2}{(N_A + N_B)^3} - \chi_{AS} \right|^{1/5} N_A^{6/7} N_B^{-8/11} \tag{11-7}$$

式中,H 为胶束壳的厚度;σ_{BS} 为核与溶剂间的界面张力;l 为链段的特征长度;χ_{AS} 和 χ_{AS} 分别为可溶性嵌段 A 和不溶性嵌段 B 与溶剂间的 Flory-Huggins 作用参数;其他参数意义同上。对于 PS-b-PB 在正庚烷中形成的胶束,式(11-5)~式(11-7)可简化为

$$R \propto N_A^{-0.08} N_B^{0.70}, \quad Z \propto N_A^{-0.24} N_B^{1.10} \text{ 和 } H \propto N_A^{0.68} N_B^{0.07} \tag{11-8}$$

对于 PEO-b-PPO 在水中形成的胶束,则

$$R \propto N_A^{-0.17} N_B^{0.73}, \quad Z \propto N_A^{-0.51} N_B^{1.19} \text{ 和 } H \propto N_A^{0.74} N_B^{0.06} \tag{11-9}$$

以上所涉及的嵌段共聚物均不带电荷。对于由可溶性聚电解质嵌段 A 和中性不溶性嵌段 B 组成的嵌段共聚物在水体系中所形成的胶束,Khokhlov[22],Zhulina[23] 和 Marko[24] 等研究组均发现有以下关系:

$$R \propto N_A \text{ 和 } Z \propto N_B^2 \tag{11-10}$$

1996 年,Antonietti 等[25]用简单的几何模型导出了两亲性聚合物在水体系中所形成的胶束中的标度关系。设聚合物每个结构单元的摩尔体积为 V_0,则

$$\frac{4}{3}\pi R_c^3 = Z N_B V_0 \tag{11-11}$$

式中,$V_0 = m_0 / \rho_0 N$。其中,m_0 和 ρ_0 分别为聚合物单体的相对分子质量和本体密度;N 为 Avogadro 常量。假设胶束的核或壳中相邻链间的作用距离为 b,则

$$4\pi R_c^2 = Zb^2 \tag{11-12}$$

由式(11-11)和式(11-12)可得：

$$Z = 36\pi V_0^2 N_B^2 b^{-6} \tag{11-13}$$

式中，V_0 对给定体系为常数；b 可由 Zhulina-Birshtein 理论中有关自由能的计算公式求出。Antonietti 等[25]用激光光散射和电镜对聚苯乙烯-b-聚(4-乙烯基吡啶)(PS-b-P4VP)在甲苯中的胶束行为进行了研究，结果发现 $Z \propto N_{PVP}^{1.93} N_{PS}^{-0.79}$，与其预测相符。实际上，对于两嵌段和三嵌段共聚物，阴离子、阳离子和非离子性表面活性剂所形成的胶束，即核与壳之间有强的相分离的体系，标度关系均接近 $Z \propto N_B^2$。

综上所述，由可溶性嵌段 A 和不溶性嵌段 B 组成的嵌段共聚物所形成的胶束，其标度关系可用以下通式表示：

$$Z \propto N^{\alpha} \quad \text{和} \quad R \propto N^{\beta} \tag{11-14}$$

式中，α 和 β 的值与嵌段共聚物的结构(包括嵌段长度、化学组成和两嵌段间的作用等)、溶剂性质和温度等因素有关。其中，尤以 AB 两嵌段间的相互作用影响最大，因为它直接决定着 AB 间的界面厚度、嵌段 A 和 B 的状态(如处于无规线团态还是伸展态)等。依照 A 和 B 之间的不相容程度由弱到强，α 由 0.5 增至 2，而 β 由 0.5 增至 1。具体而言，对于星形胶束 ($N_A \gg N_B$)，平头胶束 ($N_A \ll N_B$) 和水体系中的两亲性胶束，α 的值分别为 4/5，1，2；β 的值分别为 3/5，2/3，1。

11.5.2　高分子胶体粒子稳定的一些定量关系

对于由非嵌段共聚物形成的高分子胶体粒子的标度关系的研究目前仍然十分有限。1994 年，针对表面活性剂稳定的微乳液，吴奇[26]提出了一个简单的几何模型(图 11-20)，并以此建立了稳定剂(stabilizer)和被稳定物之间的定量关系。

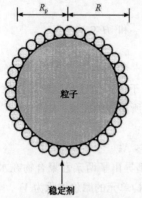

图 11-20　高分子胶体粒子的稳定示意图
图中的稳定剂为表面活性剂、离子基团、线形高分子或高分子嵌段

经大量实验证明，该模型也适合于离聚物在水中形成的胶体粒子以及由水溶性高分子所稳定的高分子胶体粒子[1,26,27]。该方法又称"安-吴作图法"。为了简便起见，我们将对胶体粒子起稳定作用的表面活性剂、离子基团和水溶性高分子等统称为稳定剂。设表面积为 A 的高分子胶体粒子的表面共有 n_S 个稳定剂，每个稳定剂占有的面积为 S，稳定剂和被稳定高分子聚集体的质量分别为 m_S 和 m_P，则

$$A = \frac{4\pi R_P^2 (m_P + \gamma m_S)}{(4/3)\pi R^3 \rho} = \frac{3 R_P^2 (m_P + \gamma m_S)}{\rho R^3} \qquad (11\text{-}15)$$

$$S = \frac{A}{n_S} = \frac{3 R_P^2 m_S}{\rho N R^3} \times \frac{m_P + \gamma m_S}{\gamma m_S} \qquad (11\text{-}16)$$

式中，R 和 R_P 分别为胶体粒子半径和被稳定高分子胶粒（即不含稳定剂部分）的半径；γ 为稳定剂的质量分数。假定表面稳定剂的厚度 $\Delta R = R - R_P \ll R$，式(11-16)可写成：

$$\frac{m_P}{m_S} \approx \frac{\gamma \rho N}{3 M_S} SR + \gamma \left| \frac{\rho N}{3 M_S} S \Delta R - 1 \right| \qquad (11\text{-}17)$$

式中，M_S 为稳定剂的摩尔质量。

对于给定体系，式(11-17)中的 γ，ρ 和 M_S 均为常数。因此，如 m_P/m_S 与 R 成线性关系，也说明每个稳定剂所稳定的表面积 S 为一常数，由其斜率和截距可求出 S 和 ΔR 的值。

图 11-21 给出了微乳液聚合中由表面活性剂溴化十六烷基三甲基铵（CTAB）稳定的 PS 胶乳的 R_h 和 m_P/m_S 的关系[1,26]。其中，R_h 用动态激光光散射测得。由此得到 $S \approx 0.2\ \text{nm}^2$，该值与表面活性剂在水-空气界面形成紧密的单分子层时每个表面活性剂分子所占有的面积相同，因而可以推测出 CTAB 垂直于 PS 胶乳表面并紧密地排列在一起。同时测得厚度 $\Delta R \approx 1\ \text{nm}$，这说明 CTAB 的碳氢链插入 PS 胶乳内，而不是排列在其表面。否则，ΔR 应该更大。

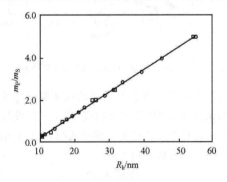

图 11-21　溴化十六烷基三甲基铵稳定的聚苯乙烯胶粒[26]

　　疏水性高分子胶体粒子也可用水溶性 PEO 稳定。苯乙烯（St）或甲基丙烯酸甲酯（MMA）在水中与 PEO 大单体进行无皂共聚，可形成稳定的高分子胶体粒子[1,28]。接枝于胶粒表面的 PEO 链对胶粒起稳定作用。图 11-22 表明，对于这两种胶体粒子，m_P/m_S 与 R 均成线性关系。其中，对应于 PMMA 胶粒的直线斜率大于对应于 PS 胶粒的直线斜率，这是因为 PMMA 单元中的酯基比 PS 中的苯环有更好的亲水性,PMMA 表面更容易稳定,因而每个 PEO 链所能稳定的 PMMA 表面积比 PS 大。

另外,用不同链长的 PEO 大单体与 St 和 MMA 共聚,发现 m_P/m_S 与 R 均成线性关系,且 PEO 链长 (R_{PEO}) 与 S 的关系为:$S \propto R_{PEO}^2$,因而 $R_{PEO}^2 \propto M_{PEO}^{1/2}$,这说明在 PS 或 PMMA 表面的 PEO 链呈无扰态。显然,这与小分子表面活性剂 CTAB 在胶粒表面的排列不同。从二者结构分析,这是合理的。两亲性 CTAB 的亲水基和疏水性长链各在其分子一端,CTAB 在疏水性高分子聚集体与水的界面排列时,其亲水基趋向进入水中,而其疏水性长链趋向进入胶粒,作用于 CTAB 分子两端亲水力和疏水力方向相反,最终结果必然是 CTAB 垂直于胶粒表面紧密排列。但是,PEO 链每个单元都是两亲性的,整条链处于亲水力和疏水力的交替作用之中。在无扰态时,PEO 链所覆盖的胶粒表面积远比在其垂直伸展时大,亦即无扰态的 PEO 能更有效地稳定高分子胶体粒子。

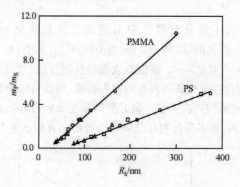

图 11-22　PEO 稳定的 PS 和 PMMA 胶体粒子[28]

吴奇模型同样适合于嵌段共聚物所形成的胶体粒子体系。假设由可溶性 A 和不溶性 B 组成的两亲性 AB 两嵌段共聚物或 ABA 三嵌段共聚物,在选择性溶剂中形成以 B 为核、以 A 为壳的胶体粒子。根据式(11-17),假定每个可溶性嵌段 A 所稳定的核的表面积为一常数,则:

$$4\pi R_c^2 \propto SN \qquad (11-18)$$

又

$$\frac{4}{3}\pi R_c^3 \rho_c \propto NN_B \qquad (11-19)$$

假定 A 呈无扰线团态,则

$$S \propto N_A \qquad (11-20)$$

因而

$$R_c \propto N_B N_A^{-1} \qquad (11-21)$$

实验证明,对于 PEO-b-PPO 在水中形成的胶体粒子,式(11-21)的预测结果与实验结果一致[1]。

对于离聚物(离子基团含量<10 mol%)在水中形成的胶体粒子,吴奇模型同样适用。设离聚物在水中形成的胶体粒子的半径为 R,其表面积为 A,摩尔质量为 M,表面有 n_i 个离子基团,每个离子基团所稳定的表面积为 S,则

$$n_i \propto M \propto R^3$$

而 $A \propto R^2$,所以,

$$S = \frac{A}{n_i} \propto \frac{1}{R} \tag{11-22}$$

可见,随着离聚物的聚集,胶体粒子越来越大,而每个离子基团所稳定的面积越来越小。实验证明,不同羧酸钠含量的 PS 离聚物胶粒中每个离子基团所稳定的面积(S)为一常数,羧酸钠含量高的 PS 离聚物形成的胶体粒子较小(图 11-2)。应当说明的是,如 11.2.4 节所讨论的,当离子基团含量过高(>15mol%)时,离子基团往往不仅分布在胶体粒子表面,而且分布在粒子内部,胶体粒子变得更加亲水,其结构已不是简单的核-壳结构,上述模型不再适用[6,9]。吴奇模型也可用于线性高分子所稳定的高分子胶体粒子体系。应注意的是,此时每根高分子链与被稳定胶粒有若干个物理作用点,两作用点之间的链段所构成的"线圈"(loop)为胶粒的稳定剂。

由以上介绍可知,目前有关高分子胶体粒子形成与稳定的理论主要集中在模型和相关标度关系的建立方面。而且,除了吴奇模型外,现有的理论模型仅适用于部分高分子胶束体系。对于高分子胶体粒子形成与稳定的驱动力的本质与作用规律,以及它们与所形成胶体粒子的结构的关系等基本问题,除了一些唯象和半唯象的认识以外,在分子水平上的研究仍很肤浅。围绕这些基本问题,进行理论模拟计算,尤其是发展新的实验方法,从而实现胶体粒子间不同作用力大小的直接测量,将是今后高分子胶体化学最有意义的工作。

参 考 文 献

[1] Zhang G Z, Niu A Z, Peng S F, Jiang M, Tu Y F, Li M, Wu C. Formation of novel polymeric nanoparticles. Acc. Chem. Res., 2001, 34: 249 及其中引用文献

[2] 江明, 刘璐. 嵌段离聚物的制备及其络合和缔合性质. 高分子学报, 1997: 480

[3] Li M, Liu L, Jiang M. Fluorospectroscopy monitoring aggregation of block ionomers in aqueous media. Macromol Rapid Commun., 1995, 16: 831

[4] Li M, Zhang B, Jiang M, Zhu L, Wu C. Studies on novel surfactant-free polystyrene nanoparticles formed in microphase inversion. Macromolecules, 1998, 31: 6841

[5] Li M, Jiang M, Zhu L, Wu C. Novel surfactant-free stable colloidal nanoparticles made of randomly carboxylated polystyrene ionomers. Macromolecules, 1997, 3: 2201

[6] Zhang G Z, Li X L, Jiang M, Wu C. Model system for surfactant-free emulsion copolymerization of hydrophobic and hydrophilic monomers in aqueous solution. Langmuir, 2000, 16: 9205

[7] Liu S Y, Hu T J, Liang H J, Jiang M, Wu C. Self-assembly of narrowly distributed carboxy-termina-

ted linear polystyrene chains in water via microphase inversion. Macromolecules, 2000, 33: 8640

[8] Li M, Jiang M, Wu C. Fluorescence and light-scattering studies on the formation of stable colloidal nanoparticles made of sodium sulfonated polystyrene ionomers. J Polym. Sci. Polym. Phys., 35:1593

[9] Zhang G Z, Liu L, Zhao Y, Ning F L, Jiang M, Wu C. Self-assembly of carboxylated poly(styrene-*b*-ethylene-*co*-butylene-*b*-styrene) triblock copolymer chains in water via a microphase inversion. Macromolecules, 2000, 33: 6340

[10] Wang J, Kuang M, Duan H W, Chen D Y, Jiang M. pH-Dependent multiple morphologies of novel aggregates of carboxyl-terminated polyimide in water. Eur. Phys. J. E., 15: 211

[11] Riegel I C, Eisenberg A, Petzhold C L, Samios D. Novel bowl-shaped morphology of crew-cut aggregates from amphiphilic block copolymers of styrene and 5-(*N*, *N*-diethylamino)isoprene., Langmuir, 2002, 18: 3358

[12] Liu X Y, Kim J S, Wu J, Eisenberg A. Bowl-shaped aggregates from the self-assembly of an amphiphilic random copolymer of poly(styrene-*co*-methacrylicacid). Macromolecules, 2005, 38: 6749

[13] Qiu X, Wu C. Study of the core-shell nanoparticle formed through the "coil-to-globule" transition of poly(*N*-isopropylacrylamide) grafted with poly(ethylene oxide). Macromolecules, 1997, 30: 7921

[14] Jiang M, Li M, Xiang M L, Zhou H. Interpolymer complexation and miscibility enhancement by hydrogen bonding. Adv. Polym. Sci., 1999, 146: 121

[15] Liu S Y, Zhu H, Zhao H Y, Jiang M, Wu C. Interpolymer hydrogen-bonding complexation induced micellization from polystyrene-*b*-poly(methyl methacrylate) and PS(OH) in toluene. Langmuir, 2000, 16:3712

[16] 潘全名, 刘世勇, 谢静薇. 嵌段—接枝共聚物 SEPG 与 PSOH 之间的氢键络合导致胶束化的研究. 高等学校化学学报, 2000, 21: 1751

[17] Leung L M, Tan K H. Electrical properties of anionically synthesized conducting block copolymer from the precursor polystyrene-block-poly(phenyl vinyl sulfoxide). Polym. Commun., 1994, 35: 1556

[18] Israelachvili J N. Intermolecular and Surface Forces. 2nded., Academic Press, 1992

[19] Noolandi J, Hong K M. Theory of block copolymer micelles in solution. Macromolecules, 1983, 16: 1443

[20] Halperin A. Polymeric micelles: a star model. Macromolecules, 1987, 20: 2943

[21] Nagarajan R, Ganesh K. Block copolymer self-assembly in selective solvents: spherical micelles with segregated cores. J.Chem.Phys.,1989, 90: 5843

[22] Nyrkova A, Khokhlov A R, Doi M. Microdomains in block copolymers and multiplets in ionomers: parallels in behavior. Macromolecules, 1993, 26: 3601

[23] Zhulina E B, Birshtein T M. Conformations of molecules of block copolymers in selective solvents (micellar structures).Vysokomol. Soedin, 1985, 27: 511

[24] Marko F, Rabin Y. Microphase separation of charged diblock copolymers: melts and solutions. Macromolecules, 1992, 25: 1503

[25] Föster S, Zisenis M, Wenz E, Antonietti M. Micellization of strongly segregated block copolymers. J.Chem.Phys., 1996, 104: 9956

[26] Wu C. Laser light scattering determination of the surfactant interface thickness of spherical polystyrene microlatices. Macromolecules, 1994, 27: 7099

[27]　Wu C. A simple model for the structure of spherical microemulsions. Macromolecules，1994，27：298

[28]　Wu C，Akashi M，Chen M Q. A Simple structural model for the polymer microsphere stabilized by the poly(ethylene oxide) macromonomers grafted on its surface. Macromolecules，1997，30：2187

第 12 章　聚合物的交替沉积组装

张　希　张宏宇

在过去的二三十年间,材料科学已经从传统的无机金属材料发展成为包含有机、聚合物以及生物等多学科交叉的领域。一方面,新兴的复合材料使得各种不同材料之间可以取长补短,充分发挥它们各自的特长,与单一材料相比在结构和功能两个方面都有质的飞跃;另一方面,许多高级的器件功能,比如电子和能量转移,光能、化学能转化等,也是来自于复合材料中某些物理化学过程或多个化学转换过程的结合。上述器件功能的实现亦依赖于其组分所处的化学微环境,需要对组分分子的取向和组织有精确的纳米级控制。因此,发展一种能够在纳米尺度内自由地进行多组分复合组装的方法一直是科学家们的一个梦想。

虽然现在人们还无法构筑出像自然界中鞭状马达那样复杂的复合结构,但是在二维平面上通过有序组装来实现纳米尺度多层膜复合结构已经成为可能(图 12‑1)。另外,这种有序组装的方法还可以满足功能器件的另一个要求:确定纳米级有序性和宏观方向性之间的关系。为了充分了解一个复合组装结构,我们不仅要明确分子间的位置和取向,比如,有序相分离本体体系,液晶材料;还要考虑其宏观的协调作用,只有满足这样层次结构要求的材料才可以被作为宏观器件来充分研究,比如,二阶非线性有机波导管和生物传感器等[1]。

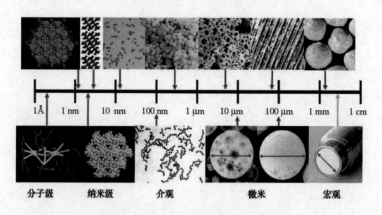

图 12‑1　纳米尺度是联系宏观和微观的桥梁

12.1 从 Langmuir-Blodgett 膜到自组装膜

纳米级复合多层膜体系首先是由 Langmuir-Blodgett（LB）技术制备得到的[2]。它的基本原理是将带有亲水头基和疏水长链的两亲性分子在亚相表面铺展形成单层膜，然后将这种气/液界面上的单层膜在恒定的压力下转移到基片上，形成 LB 膜，如图 12-2 所示。根据膜转移时基底表面相对于水面的不同移动方向，LB 膜的制备可以分为三种方式，即 X，Y 和 Z 三种方式[3]。把基底表面垂直于水面向下插入挂膜，使成膜分子的憎水端指向基底，叫 X 法；相反的，把基底从水下提出挂膜，使成膜分子的亲水端指向基底，叫 Z 法；将基底在水面上下往返移动挂膜，使各层分子的亲水端和憎水端依次交替地指向基底，叫 Y 法。LB 法实质上是一种人工控制的特殊吸附方法，可以在分子水平上实现某些组装设计，完成一定空间次序的分子组装。它在一定程度上模拟了生物膜的自组装现象，是一种比较好的仿生膜结构，目前仍然是有序有机超薄膜领域中制备单层膜和多层膜较为常用的分子组装技术。但是 LB 膜自身存在着一些难以克服的缺点，限制了它的实际

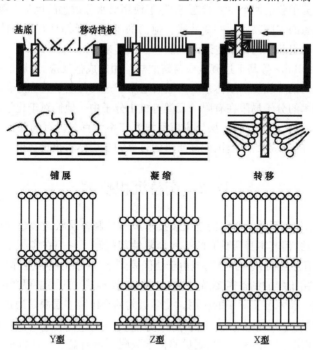

图 12-2 LB 膜的形成示意图

应用。LB 膜中的分子与基片表面、层内分子间以及层与层之间多以作用较弱的范德华力相结合。因此,LB 膜是一种亚稳态结构,对热、化学环境、时间以及外部压力的稳定性较差;膜的性质强烈依赖于转移过程。LB 膜的缺陷多、成膜分子一般要求为双亲性分子、设备的高要求以及成膜过程与操作的复杂性等严重地制约了 LB 膜在半导体、非线性光学材料、生物膜和生物传感器以及分子电子器件等领域的实际应用。

为了克服 LB 膜的稳定性差和制备需要昂贵仪器等缺点,自组装膜应运而生,并且从各方面使化学这个古老的学科发生了深刻的变化。1946 年,Zisman 发表了在洁净的金属表面通过表面活性剂的吸附制备单层膜的方法[4]。那时人们还没有认识到自组装的潜在应用,那篇论文仅仅激发了有限的兴趣。位于哥廷根的 Kuhn 实验室开展了这一领域的早期工作,他们利用氯硅烷衍生物与亲水玻璃表面反应,使其从亲水表面转化成疏水表面[5]。但遗憾的是他们并没有走出基底表面修饰的范畴,而提出自组装膜的新概念。直到 1980 年,Sagiv 才报道了十八烷基三氯硅烷在硅片上形成自组装膜[6]。而后,在 1983 年 Nuzzo 和 Allara 通过从稀溶液中吸附二正烷基二硫化物,在金表面制备了另一种自组装单层膜[7],成功解决了自组装单分子膜的两个主要难题:避免了使用对水分敏感的烷基三氯硅烷,并且使用了较理想的成膜表面——金基底。他们的工作无疑都具有开拓性的意义,从此几种制备自组装膜的体系也逐渐成熟和发展起来。

随后,Mallouk 等基于过渡金属与磷酸盐基团的成盐反应,发展了另外一种基于配位作用的纳米级多层膜体系[8]。然而适用于这两种基于共价键和配位作用的多层组装技术的分子局限在有限的几类有机小分子中。他们对于化学反应的立体选择性要求较高,并且在每一层反应前都需要产率为百分之百的保护功能基团的反应,而这样的反应又很少,因此高质量的可靠的多层体系很难获得。

12.2　交替沉积技术

LB 技术和基于化学吸附的自组装技术虽然是制备层状组装超薄膜的非常有效的两种方法,但其本身所具有的一些局限性却限制了它们在实际中的应用。虽然 LB 膜的有序度高、结构规整,但由于层间是亲水/疏水的弱相互作用,膜的稳定性较差。又由于膜的制备需要昂贵的 LB 槽,而且对基底的要求很严格,这些都严重限制了这一技术在实际中的应用。化学吸附的自组装多层膜是通过化学键连接在一起的,稳定性较好,有序度也较高,看起来是一种好的制备自组装多层膜的技术。但是,在实际操作中,快速、定量的化学吸附要求有高反应活性的分子和特殊的基底作保障,由于通常的化学反应的产率很难达到 100%,使得用这种自组装技术制备结构有序的多层膜并不容易。这就需要发展新的、更简单有效的超薄膜制备技术。

12.2.1　基于静电吸附的自组装多层膜及其特点

早在 1966 年,Iler 等报道了将表面带有电荷的固体基片在带相反电荷的胶体微粒溶液中交替沉积而获得胶体微粒超薄膜的研究[9]。当时,这种以静电相互作用为推动力的超薄膜的制备技术并没有引起人们的重视。直到 1991 年,Decher 及其合作者以带有相反电荷的分子间的静电相互作用为推动力,报道了利用两端带有电荷的刚性分子和高分子电解质交替沉积(layer-by-layer self-assembly)构筑多层膜的新方法[10~14]。这种技术制备超薄膜的过程十分简单,以聚阳离子和聚阴离子在带正电荷的基片上的交替沉积为例,超薄膜的制备过程可描述如下(如图 12-3 所示):①将带负电荷的基片先浸入聚阳离子溶液中,静置一段时间后取出,由于静电作用,基片上会吸附一层聚阳离子。此时,基片表面所带的电荷由于聚阳离子的吸附而变为正;②用水冲洗基片表面,去掉过量吸附的聚阳离子,并将沉积有一层聚阳离子的基片干燥;③将上述基片转移至聚阴离子溶液中,基片表面便会吸附一层聚阴离子,表面电荷恢复为负;④水洗,干燥。这样便完成了聚阳离子和聚阴离子组装的一个循环。重复①~④的操作便可得到多层的聚阳离子/聚阴离子超薄膜。尽管这种组装技术构筑的超薄膜的有序度不如 LB 膜高,但与其他超薄膜的制备技术相比较,仍具有许多的优点:

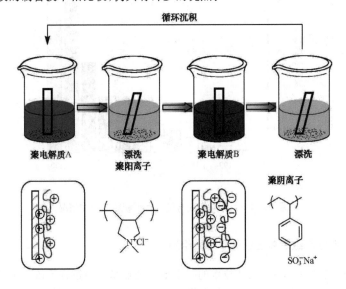

图 12-3　交替沉积膜制备的过程图

(1) 超薄膜的制备方法简单,只需将离子化的基底交替浸入带相反电荷的聚

电解质溶液中,静置一段时间即可,整个过程不需要复杂的仪器设备;

（2）成膜物质丰富,适用于静电沉积技术来制备超薄膜的物质不局限于聚电解质[15~19],带电荷的有机小分子[20~23]、有机/无机微粒[24~28]、生物分子如蛋白质[29~31]、DNA[32~35]、病毒[36]、酶[37~39]等带有电荷的物质都有可能通过静电沉积技术来获得超薄膜;

（3）静电沉积技术的成膜不受基底大小、形状和种类的限制,且由于相邻层间靠静电力维系,所获得的超薄膜具有良好的稳定性;

（4）单层膜的厚度在几个埃至几个纳米范围内,是一种很好的制备纳米级超薄膜材料的方法。单层膜的厚度可以通过调节溶液参数,如溶液的离子强度、浓度、pH 以及膜的沉积时间而在纳米尺度范围内进行调控;

（5）特别适合于制备复合超薄膜。将相关的构筑基元按照一定顺序进行组装,可自由地控制复合超薄膜的结构与功能。

静电沉积技术以及基于其他推动力的超薄膜的交替沉积技术越来越受到人们的广泛关注,已经成为了一种构筑复合有机/无机超薄膜的十分有效的方法[40~43]。据来自佛罗里达州立大学 Schlenoff 教授主页的统计,每年发表的关于交替沉积膜的文献成指数增长(见图 12-4)。

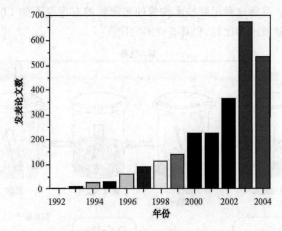

图 12-4　每年发表的有关交替沉积膜的论文情况

12.2.2　静电自组装多层膜的非平面组装

静电组装技术区别于 LB 技术的一个最大特点是组装过程不依赖于基底的种类、尺寸和表面形状,这一特点使得非平面基底上的多层膜的组装变得可能。孔维、张希等早在 1994 年报道了葡萄糖异构酶与含有联苯介晶基团的双阳离子在聚合物多孔载体上的组装,最早实现了非平面基底上静电组装超薄膜的制备[44]。与平面基底相比,由于多孔载体增加了表面积,酶的固载量大大提高,从而发展了一种高效酶反应器的新方法,并使交替沉积技术从二维平面的组装扩展到三维空间的构筑。

　　在 1998 年,德国马普胶体界面所的 Möhwald、Caruso 及 Donath 等采用可被除去的胶体颗粒作为组装的模板,通过交替沉积技术将聚电解质沉积到胶体颗粒上,然后将作为模板的胶体颗粒溶解或分解,制备出了一类全新结构的聚电解质中空微胶囊[45~50]。具体操作过程如下:将带负电荷、尺寸为 5~10μm 的胶体微粒加入到聚阳离子溶液中,待聚阳离子在胶体微粒表面吸附达饱和后,用离心的方法使胶体微粒与聚阳离子溶液分离。再加入到聚阴离子溶液中进行类似的操作,如此反复,就可以得到以胶体微粒为核、多层膜为壳的核-壳结构的超薄膜。用作核的胶体微粒既可以是有机/无机粒子,也可以是生物胶体。用溶解或煅烧的方法将胶体微粒的核除去,便可得到三维空心囊泡结构的超薄膜。空心囊泡的制备过程见图 12-5。这一技术特别适合于制备由层状超薄膜构成的三维空心囊泡,与其他方法制备的囊泡相比,这种由静电多层膜构成的囊泡有许多优点,表现为:通过选择模板胶体微粒的形状、尺寸以及多层膜的沉积层数,可以对囊泡的几何形状、尺寸、壁厚以及囊泡的组成进行精细的调控。这种方法不仅极大地拓宽了交替沉积技术的研究与应用范围,导致了自组装技术的一个质的飞跃,而且制备得到的微胶囊显示出独特的结构与多样的性能,在基础研究与实际应用方面都具有重要的价值。

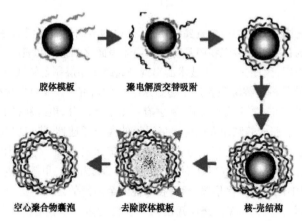

胶体模板　　　　　聚电解质交替吸附

空心聚合物囊泡　　去除胶体模板　　　核-壳结构

图 12-5　微胶囊构筑示意图

　　非平面基底上交替沉积的另一个成功的范例是聚电解质纳米管的制备[51~54]。它利用多孔氧化铝膜中的孔道作为模板,依靠外界施加的压力将聚电解质溶液交替注入到孔道内,使聚电解质在氧化铝孔道内壁上发生多层沉积,最后溶去氧化铝模板而制得聚电解质纳米管。通过这种方法制备的聚电解质纳米管具有较高的柔韧性,并且其机械强度可以通过调节聚电解质的沉积层数来调控,是一种在水溶液中用模板合成聚电解质纳米管的新途径。图 12-6 是聚电解质纳米管的扫描电镜图像。此外,用交替沉积这种简单易行的方法也可以在金纳米线[55]或碳纳米管[56]的表面实现多层膜的组装,进而实现多重纳米结构的成功复合。

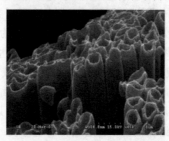

图 12-6 聚电解质纳米管的扫描电镜图像[54]

管壁厚 50~80 nm

12.2.3 静电多层膜的功能组装

到目前为止,这种自组装多层膜技术在电子及光学器件[57~60]、分离膜[61]、光/电催化[62,63]和生物传感器[64]等方面都表现出广阔的应用前景。我们仅以多层膜超疏水涂层为例来说明如何将层状构筑与功能组装相结合,实现多性质集成的纳米复合体系。

浸润性是固体表面的一个重要特征,可控地调节固体表面浸润性是表面科学家一直追求的目标。交替沉积膜具有微调固体表面化学组成和表面的微观几何结构两方面的作用,因此交替沉积技术的出现是超疏水涂层制备领域中新的增长点。Shiratori 等最早将交替沉积膜用于超疏水表面的研究[65],他们将含有 SiO_2 纳米粒子的多层膜在 650℃下高温加热,除去有机聚合物成分,最终获得的孔状表面具有超疏水性质。张希等利用聚电解质多层膜的离子通透性,将多层膜组装与电化学沉积相结合,通过简单易行的办法获得了超疏水的表面[66]。具体过程大致如下:首先在清洁的导电玻璃(ITO)的表面沉积聚二烯丙基二甲基铵氯化物/聚苯乙烯磺酸钠($PDDA/PSS$)₆多层膜;然后在酸性氯金酸钾的溶液中进行电沉积,恒电位扫描的电压为 -200 mV。这样就在 ITO 支持的多层膜表面获得金的树枝状微纳结构。图 12-7 给出了在不同的电沉积时间时表面金微纳结构的生长情况。当沉积时间达到 800 s 时,ITO 表面的金微纳结构的覆盖度达到饱和。最后,将电沉积后的表面浸入到十二烷基硫醇的乙醇溶液中,在电沉积金的表面修饰上了一层烷基硫醇分子的单层膜。树枝状金微纳结构的形成增大了涂层的表面粗糙度,而硫醇分子在金表面的修饰则大大降低了涂层表面的自由能。这两部分的综合结果使最终获得的表面涂层具有超疏水的特性。图 12-8 给出了电沉积时间和测量表面接触角的依赖关系。对比实验表明,无多层膜修饰的 ITO 基底,经过电沉积得到的金的结构不具有微米和纳米结构相结合的特殊形貌。因此,我们认为多层膜 (PDDA/PSS)₆ 起着调节电沉积动力学过程的作用,它有利于制备特定形貌金属的微纳结构,如金、银[67]。这种多层膜超疏水涂层的优点在于它的基底形状的非依赖性,将聚电解质多层膜修饰在圆柱状金丝的表面,然后进行电沉积获得具有粗糙金簇的表面[68],实验过程如图 12‑9 所示。经过以上修饰的金丝可以漂浮在水面上,这一结果有助于理解水黾在水上减重行走的奥秘。

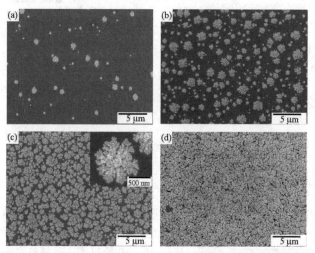

图 12‑7　在 ITO 支持的多层膜上电沉积金时,随电沉积时间的延长金簇在电极表面上不同形貌的扫描电子显微镜图像[66]

(a),(b),(c)和(d)分别为电沉积时间为 2,50,200 和 800s

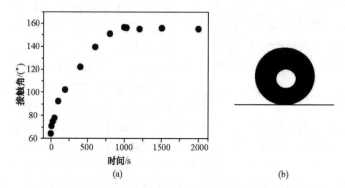

图 12‑8　(a)经硫醇修饰后电沉积金纳米微粒的表面测得的接触角随电沉积时间的变化,(b)水滴在电沉积后的表面上的形态[66]

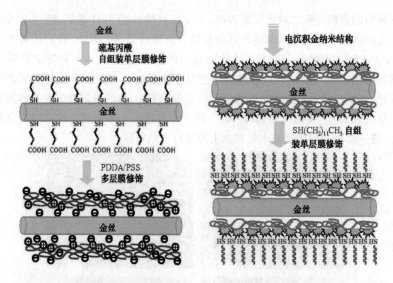

图 12-9 超疏水金丝的制备过程示意图[68]

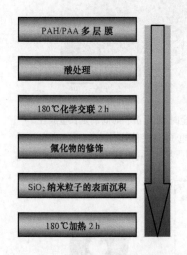

图 12-10 多孔超疏水涂层的制备过程

弱电解质多层膜在不同的 pH 处理条件下可以诱导出多孔的形貌[14]。Rubner 等在厚的孔膜表面进行多步骤的修饰,获得了稳定的纳米粒子修饰的超疏水表面涂层[69]。图 12-10 给出了这种超疏水涂层的制备过程。不难看出其制备过程比较复杂,不易于快速制备大面积的超疏水涂层。

最近,Schlenoff 等提出一种简便易行的利用交替沉积膜获得超疏水表面的方法。他们所制备的多层膜的结构为 PDDA(PSS/PDDA)₃(黏土/PDDA)₃(Nafion/PFP4VP)₄。这个多层膜体系可以看成是一种"三明治"结构,依次为聚电解质层、黏土层和氟化层。与基底接触的聚电解质层起到支持层的作用;夹层中所用的天然黏土为纳米级棒状结构,增大了膜层的粗糙度;覆盖在最外层的是含氟的聚电解质层,起到降低表面自由能的作用。两种含氟的聚电解质列在图 12-11 中。正是黏土层和氟化层的共同作用赋予多层膜以超疏水的性质。并且,由于全氟磺酸树脂(Nafion)具有较好的化学稳定性和机械性能,可以使多层膜的超疏水性质长时间不被破坏。

交替沉积技术具有低成本、简单快捷、无污染等特点,有利于工业化,具有巨大

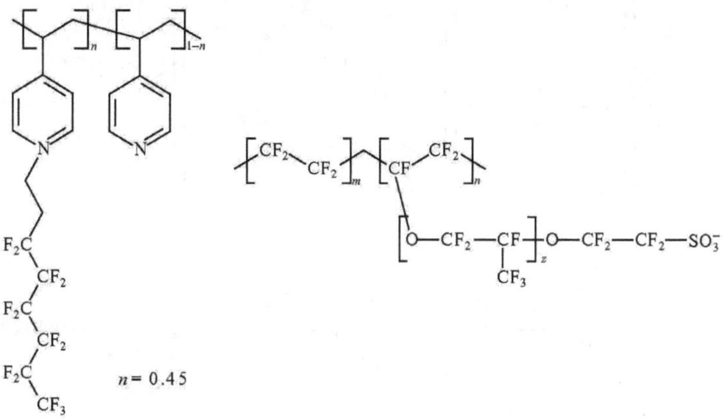

氟链修饰的聚(4-乙烯基吡啶)(PFP4VP)　　　　　　全氟磺酸树脂 (Nafion)

图 12‑11　含氟的聚电解质

的发展潜力。但众所周知,把实验室技术真正地应用到工业中,转化为商品是一个复杂而艰难的过程。比如 LB 膜,它尽管已经发展了几十年,但至今仍然是一种理想的模型体系。交替沉积技术能否实现从科研到实用的转变呢？令人振奋的是,在 2002 年第 223 届美国化学会春季会议上终于展出了第一个商品化的交替沉积膜产品——表面由交替沉积多层膜修饰的隐形眼镜。这种新产品的问世标志着交替沉积技术已经成功地克服了在发展过程中常常会遇到的责难和质疑,比如:稳定性是否足够好;在组装下一层时前一层是否会脱附等。交替沉积技术幸运地度过了难关,相信在不远的将来一定会有更多更好的交替沉积膜产品呈现在人们的面前。

12.3　基于配位键的自组装多层膜

Mallouk 等最早报道了以配位键为驱动力的多层膜的制备[71~74]。超薄膜的制备过程如图 12‑12 所示。所用金属离子既可以是二价的(如 Cu^{2+}，Zn^{2+}),也可以是四价的(如 Ti^{4+}、Zr^{4+}、Hf^{4+}、Sn^{4+}、Ce^{4+}、Th^{4+} 和 U^{4+} 等)。特别是四价的金属离子,它们与磷酸基团可以形成很稳定的络合物。所以,基于四价金属离子和二磷酸盐的多层组装超薄膜很容易制备,具有较高的稳定性。但二价金属离子与磷酸盐形成的络合物的稳定性差,由这些离子和二磷酸盐所形成的多层膜很难在水溶液中获得。为解决此问题,他们改用乙醇作溶剂,也可以获得稳定的二价金属离子与二磷酸盐的多层组装。

此后,Blanchard 等进一步应用含有磷酸基团的聚合物与金属离子的配位作用

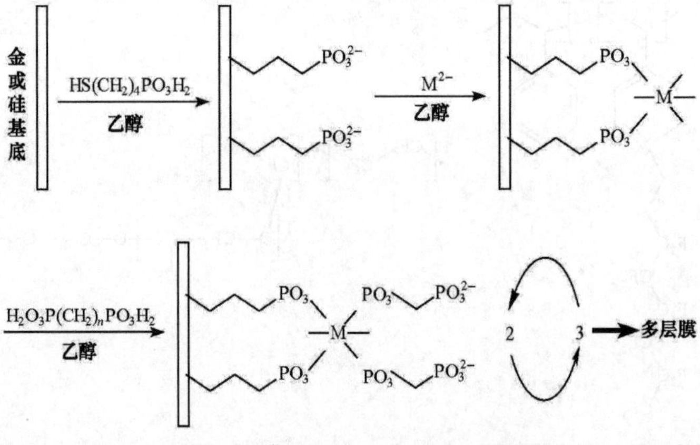

图 12-12　双磷酸盐化合物与金属离子基于配位作用的多层膜的制备过程

制备了多层膜[75~78]。由于配位作用较强,因此这种以配位作用为驱动力构筑的多层膜均具有较好的稳定性和机械强度。

在聚合物共混体系的研究中,江明等发现在共混体系中加入金属离子,利用金属离子和聚合物之间的配位作用可以提高共混体系中聚合物之间的相容性[79]。将类似的思想用于二维界面组装,张希等利用聚苯乙烯磺酸(PSS)和聚(4-乙烯基吡啶)(P4VP)与铜离子的配位作用,制备了 PSS/Cu(Ⅰ)/P4VP 的复合超薄膜[80]。他们的实验方法是:先将 PSS 和 Cu(Ⅰ)混合,由于 Cu(Ⅰ)和磺酸基团的配位作用,可获得聚苯乙烯磺酸铜(PSS-Cu)溶液。将基片在 PSS-Cu 和 P4VP 溶液中交替沉积,基于吡啶基团和 Cu(Ⅰ)的配位作用,便可获得 PSS/Cu(Ⅰ)/P4VP 的复合超薄膜,红外光谱证明超薄膜沉积的推动力是吡啶基团和 Cu(Ⅰ)形成的配位键。PSS/Cu(Ⅰ)/P4VP 超薄膜的结构如图 12-13 所示。接下来,将 PSS/Cu(Ⅰ)/P4VP 多层膜置于 H_2S 气氛中,可在超薄膜中原位反应生成 Cu_2S 纳米微粒。可以预见,由于超薄膜的限域作用,微粒的粒径和分布可以通过 PSS/Cu(Ⅰ)/P4VP 超薄膜的制备条件的改变而进行调节。这一工作为多层膜纳米反应器的研究提供了成功的先例。配位作用也可以直接用于纳米微粒/聚合物超薄膜的制备。郝恩才等制备了表面富含 Cd^{2+} 离子的 CdS 纳米微粒,这种 CdS 纳米微粒可以和 P4VP 交替沉积,成膜推动力是 CdS 纳米微粒表面富含的 Cd^{2+} 离子与 P4VP 上的吡啶基团之间的配位作用[81]。

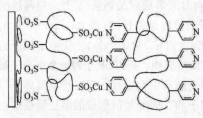

图 12-13　基于配位作用的 PSS/Cu(Ⅰ)/P4VP 超薄膜的模型图

12.4 基于电荷转移作用的自组装多层膜

电荷转移作用和氢键作用是非离子型聚合物在有机溶剂中构筑多层膜的两种主要推动力,它们的成功运用进一步丰富了多层膜构筑的适用范围。但是,电荷转移作用的存在远没有氢键作用的存在具有广泛性。因此,目前仅有有限的基于电荷转移力构建的多层膜体系得到了报道。

鉴于咔唑基团和3,5-二硝基苯基团分别是电子的给体和受体,Yamamoto 等报道了分别含有上述两种取代基的非离子型聚合物基于电荷转移作用为成膜驱动力的超薄膜的制备[82~84]。其所用非离子型的聚合物为聚[甲基丙烯-2-(9-咔唑)-乙基酯](PCzEMA)和聚[甲基丙烯-2-(3,5-二硝基苯甲酸)乙基酯](PDNBMA)(聚合物结构式见图 12-14)。他们将表面镀金的基片浸入 PCzEMA 的二氯甲烷溶液中后取出,用二氯甲烷漂洗,由于咔唑基团上的氮原子与金基底间的强配位作用,基片上便吸附了一层 PCzEMA 薄膜。再将基片浸入 PDNBMA 的二氯甲烷溶液中5 min,PCzEMA薄膜覆盖的基片上便会吸附一层 PDNBMA。重复上述步骤,可得到 PCzEMA/PDN-BMA 多层超薄膜。由于 PCzEMA 和 PDNBMA 两种聚合物都不含有带电荷基团,这排除了交替沉积超薄膜是基于静电相互作用的可能性。因为 PCzEMA 和 PDNBMA上分别含有电子给体和电子受体基团,因此 PCzEMA/PDNBMA 超薄膜的成膜推动力最有可能是咔唑和二硝基苯甲酸乙酯间的电荷转移作用力。为了证实这一假设,他们用电子给体化合物9-乙基咔唑滴定含有电子受体的 PDNBMA 或用电子受体化合物3,5-二硝基苯甲酸乙酯滴定 PCzEMA,并用紫外-可见光谱跟踪了滴定过程。在滴定过程中,紫外-可见光谱都出现了由于电荷转移复合物形成而导致的吸收峰,且吸收峰的强度随电子给体或受体的加入量的增加而逐渐变强。这表明,咔唑和3,5-二硝基苯在溶液中可形成电子转移复合物,PCzEMA 和 PDNBMA 上的电子给体和

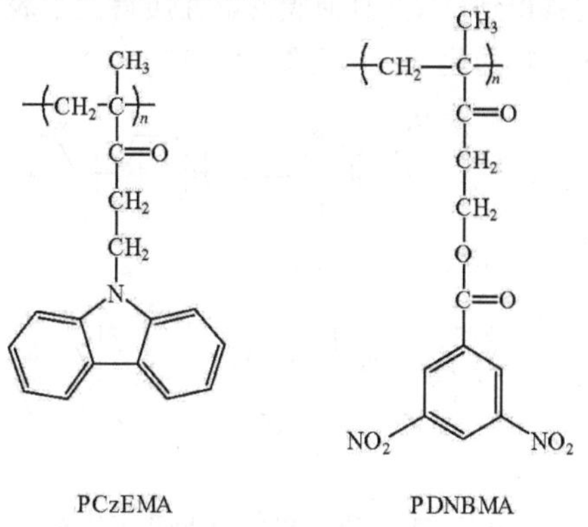

图 12-14 PCzEMA 和 PDNBMA 的化学结构

受体之间的电荷转移作用力是成膜的驱动力。换言之，PCzEMA 和 PDNBMA 在液/固界面上反应生成电子转移复合物，从而获得超薄膜。

在基于电荷转移的多层膜构筑中，聚合物的相对分子质量对聚合物的吸附动力学有着较明显的影响[85]。在聚合物界面吸附的初始阶段，吸附速率随着 PCzEMA 相对分子质量的增加而降低。经分析，聚合物吸附的初始阶段为扩散控制过程。此外，多层膜的厚度几乎不受聚合物相对分子质量的影响。在实验中，他们还观察到 PCzEMA 单层膜的厚度不受其浓度的影响。以上实验现象说明：在多层膜的沉积过程中，两种聚合物中的电子给体和电子受体之间存在着很强的电荷转移作用。因此，导致聚合物分子链以伸展的状态在界面进行吸附。此外，基于电荷转移作用也可以制备具有非线性光学性能的多层膜[86]。通过共聚的方法将偶氮染料引入到 PCzEMA 的侧链，再与 PDNBMA 通过电荷转移作用构筑多层膜。由于偶氮染料基团在膜中具有非中心对称排列的取向，因此赋予多层膜非线性光学的性质；并且，这种具有非线性光学性质的多层膜有着较高的热稳定性。

聚马来酸酐和有机胺之间也可以形成电荷转移复合物。其中，聚马来酸酐是电子受体，而有机胺是电子给体。曹维孝等用重氮树脂（DAR）和聚（马来酸酐-苯乙烯）（PMS）作为构筑基元，在甲醇溶液中，基于 DAR 中的苯胺基和 PMS 中的马来酸酐基团之间的电荷转移作用力，获得了 DAR/PMS 交替组装超薄膜[87]。由于电荷转移作用力较弱，这种基于电荷转移作用力的 DAR/PMS 超薄膜的稳定性差。将 DAR/PMS 超薄膜浸入到极性溶剂中时，超薄膜会从基片上溶解下来。当将 DAR/PMS 超薄膜置于紫外光下，经过一段时间的光照后，超薄膜的稳定性大大提高。这是因为在 DAR/PMS 超薄膜中由于 DAR 与 PMS 之间的光化学反应而形成了共价键，超薄膜层间的电荷转移作用力被共价键取代，提高了超薄膜的稳定性。最近，基于 π 共轭聚二硫富瓦烯（PDF）和聚紫精（6-VP）的多层膜，也可以通过电荷转移作用制备得到[88]，并且薄膜的电性质得到了表征。所用的两种具有电子给体和受体的聚合物的化学结构见图 12-15。

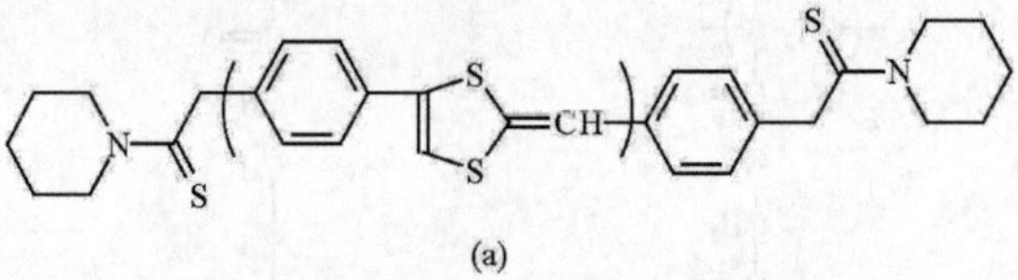

(a)

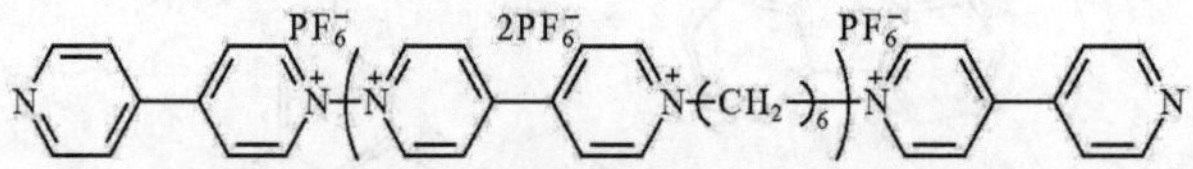

(b)

图 12-15　PDF 和 6-VP 的化学结构

(a) PDF；(b) 6-VP

12.5　基于共价键的自组装多层膜

对通过静电、氢键和电荷转移等作用制备的自组装多层膜,由于它们驱动力本身性质的限制,薄膜的热、溶剂和机械稳定性等有时不能满足实际应用的要求。制备高稳定性的多层膜结构是自组装多层膜领域中新的课题。在这种背景下,人们发展了一些基于共价键来获得稳定的多层膜的新组装技术。由共价键制备多层膜的方法包括如下几种:表面溶胶¯凝胶法,聚合物官能团直接共价反应法和光/热/化学交联法。

12.5.1　表面溶胶¯凝胶

Kunitake 及其合作者发展了一种将交替沉积与溶胶¯凝胶过程相结合来制备表面金属氧化物涂层的技术——表面溶胶¯凝胶技术。这种技术的成膜过程类似于含有烷氧基的硅烷化合物在羟基表面的自组装,但要获得多层超薄膜,需要将吸附上的金属烷氧基化合物水解重新获得含有羟基的表面[89,90]。如图 12 - 16 所示,以 Ti(O^{n}Bu)$_4$ 为例,表面溶胶¯凝胶技术制备 TiO$_2$ 凝胶超薄膜的过程如下:将表面富含羟基的基片浸入 Ti(O^{n}Bu)$_4$ 的甲苯/乙醇混合溶液中 3 min 后取出,用适当溶剂漂洗掉物理吸附的 Ti(O^{n}Bu)$_4$,再将基片浸于水中,使外层的烷氧基团水解重新生成羟基,这样便在基片上沉积了一层 TiO$_2$ 凝胶膜。由于凝胶膜表面

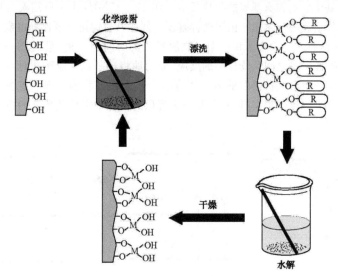

图 12 - 16　基于表面溶胶¯凝胶技术的 TiO$_2$ 凝胶超薄膜的制备过程

含有大量羟基,允许下一层凝胶膜的生成,所以,重复上述的吸附、漂洗、水解过程,便可获得多层的 TiO₂ 凝胶超薄膜。表面溶胶–凝胶技术不仅适用于制备 TiO₂ 超薄膜,如采用含有硅、锆、硼、铝、铌等烷基氧化物,也可以获得相应的氧化物超薄膜[89,91]。将上述烷基氧化物和含有羟基的聚合物或有机小分子交替沉积,则可以获得无机–有机纳米杂化超薄膜[91]。如将 Ti(O ⁿBu)₄ 和 PAA 交替沉积,可获得 TiO₂/PAA 多层膜。同样,如选用聚乙烯醇、纤维素、葡萄糖,也可获得相应的 TiO₂/有机物超薄膜。

这种基于表面溶胶–凝胶技术制备的金属氧化物的无机或无机–有机杂化超薄膜在分子印迹[93,94]、光电功能超薄膜器件方面有很广泛的应用前景。需要指出的是,基于金属烷氧基化合物表面溶胶–凝胶技术制备金属氧化物超薄膜的方法的一个缺点是膜的制备过程对环境中的水分很敏感,因为环境中的水可以直接影响凝胶超薄膜的水解,进而影响超薄膜的质量。Mallouk 等用金属盐的水溶液,基于表面溶胶–凝胶技术,获得了金属硫化物和氧化物的超薄膜[95,96]。这种在水溶液中进行的表面溶胶–凝胶技术的优点是膜的制备过程不受环境中水分的影响。

12.5.2 聚合物官能团直接共价反应

聚合物官能团之间的共价反应是一种直接的制备共价有机多层膜的方法。Yu 等报道了一种制备共价自组装多层膜的新方法[97]。他们将聚苯撑乙炔功能化分别带有醛基和氨基氧的基团,然后在固体基底上进行共价组装。其组装驱动力的本质是基于醛基和氨基氧的共价反应。图 12–17 中给出了所用聚合物的化学结构和共价组装的示意图。由于两种基团之间的共价键键合要比静电或氢键作用慢,因此在他们的实验中沉积一个单层膜所用的时间为 8 h。最近,Srinivasan 等利用酰氯基和羟基之间共价成酯的反应,成功地将羟基聚酰亚胺和对苯二酰氯进行交替沉积获得了共价键联的多层超薄膜[98]。虽然薄膜的溶剂稳定性和机械强度得到了很大程度的提高,但是在聚合物沉积的过程中需要较严格的控制反应条

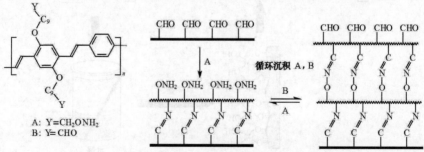

图 12–17　聚合物 A 和 B 在石英基底上共价多层沉积的示意图

件,使多层膜的制备过程比较繁琐。因此在这种用直接构筑共价交替沉积膜的领域中,拓宽成膜物种的范围和寻找简化的操作途径是亟待解决的问题。

12.5.3　光/热/化学交联

基于磺酸基、羧酸基、羟基等亲核基团在紫外光照射或加热条件下很容易和重氮基团发生亲核反应,生成相应的磺酸酯、羧酸酯和醚,张希、孙俊奇等最早提出了将静电组装和层间光化学反应相结合制备共价键合超薄膜的方法[99~103]。在这类共价键合超薄膜的制备中,所用的构筑基元都含有重氮基团和与之对应的磺酸、羧酸、磷酸等亲核基团。首先将含有磺酸、羧酸、磷酸甚至羟基等基团的物质和含有重氮基团的聚阳离子化合物交替沉积,获得超薄膜;再用光照或加热的方法诱导层间的化学反应将层间的静电作用力转变为共价键。以重氮树脂(DAR)和聚苯乙烯磺酸盐(PSS)为例,共价键合多层膜的制备过程可描述如下:将基片交替浸入PSS 和 DAR 的水溶液中一段时间,使 PSS 和 DAR 吸附饱和,取出基片经水洗、干燥,得到以静电相互作用结合的多层超薄膜。为避免组装过程中重氮基团的分解,组装需要在避光的条件下进行。接下来,将此静电作用结合的多层膜置于紫外光下辐照一段时间,使膜内的磺酸基团和重氮基团之间反应完全,就得到共价键合的多层膜(图 12-18)。超薄膜内的光化学反应经历了两个步骤:首先,在紫外光照射下,重氮基团分解,DAR 上与重氮基团相连的苯转变成苯正离子的形式;接着,富电子的磺酸盐和邻近的苯正离子发生亲核取代反应,形成磺酸酯。用 $H_2O/DMF/ZnCl_2$ 三元溶液对光反应前后的 DAR/PSS 超薄膜进行刻蚀,结果表明,与光照之前相比,紫外光辐照会大大提高超薄膜的稳定性[99, 100]。

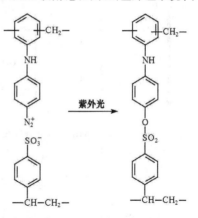

图 12-18　紫外光照射下,DAR/PSS 超薄膜中进行的光化学反应

这种共价键合多层膜组装方法自提出后,带动了国内外许多研究集体从事相关的研究。到目前为止,将静电组装技术与超薄膜的层间化学反应相结合,已经实现了包括聚电解质[99, 100, 103]、树枝状分子[104]、有机小分子[101, 102]、纳米微粒[105, 106]和生物大分子 DNA[107]等的稳定性层状组装。这证明将层状组装技术与层间原位化学反应相结合是一种非常有效的制备高稳定性的复合超薄膜的方法。同时,这一技术也提供了一种快捷有效地制备稳定的层状组装超薄膜的方法,它不局限于由带有重氮基团的阳离子物质和带有羧酸、磺酸、磷酸及羟基等亲核基团的阴离子

物质,如果能找到合适的反应,这种概念可以拓宽至其他的组装体系。

　　加热交联的方法也可以用来提高静电沉积多层膜的稳定性。Bruening 等报道了聚丙烯胺(PAH)和 PAA 形成的静电组装多层膜在经过 130℃ 或 250℃ 热处理后,超薄膜层间的羧酸盐与胺盐反应生成酰胺键,获得共价键合的尼龙结构的超薄膜(见图 12-19)[108]。交联后的超薄膜在一个很宽的 pH 范围内非常稳定。超薄膜循环伏安和电化学交流阻抗都表明交联后膜的透过性大大降低了。引入层间反应不仅可以用来提高多层膜的稳定性,也可以用来使超薄膜组装体实现某些特殊功能。Rubner 等报道了用带有正电荷的聚苯撑乙烯前聚体与聚阴离子组装,经加热处理后得到含有聚苯撑乙烯的多层膜结构,可用于制备以聚苯撑乙烯为发光层的电致发光器件[109]。最近,Akashi 等发展了一种用羰基活化剂来共价稳定聚电解质多层膜的方法[110]。只需要在 PAA 的沉积溶液中加入羧酸活化剂,然后与 PAH 进行交替沉积,活化剂促使氨基与羧酸进行交联反应。这提供了一条以多层膜组装体为前提,利用组装体内化学反应来制备特殊功能材料的一种新途径。

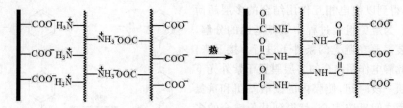

图 12-19　PAH/PAA 超薄膜在加热时生成尼龙状结构的共价键合超薄膜

12.6　基于氢键的自组装多层膜

　　氢键具有方向性、饱和性、选择性、协同性、在自然界广泛存在等特点,已经成为自组装多层膜的一种重要的驱动力。另一方面,氢键是一种强度适中的作用力,它对 pH 敏感,而且容易被破坏和重建。氢键的这些特点为氢键自组装多层膜提供了特有的结构和性质。它的使用不仅拓展了交替沉积组装技术的适用范围,而且为制备具有新型结构与功能的有机超薄膜提供了新的途径。

　　聚电解质交替沉积技术的应用环境是在水溶液中,这给许多不溶于水的有机功能分子的组装带来很大的困难;而氢键不仅可在水溶液中形成,而且也可以在有机溶剂中形成,这就使一些不溶于水或遇水分解的功能分子的交替组装成为可能。1997 年,张希、王力彦等[111]和 Rubner 等[112]分别报道了以氢键为成膜驱动力的多层膜自组装技术。张希研究组的论文是 1997 年 1 月 24 日投稿,Rubner 研究组的论文于 1997 年 1 月 17 日投稿,因此两个研究组是几乎同时独立报道了氢键多层膜组装的研究工作。由于羧基和吡啶基间可以形成较强的氢键,张希等用聚(4-乙烯基吡啶)和 PAA 成功地制备了基于氢键的自组装多层膜[111],将交替沉积技术的适用环境由水溶液拓展到有机溶剂。图 12-20 为 P4VP 和 PAA 氢键组装过程的示意图。红外光谱确认了 PAA 中的羧基和 P4VP 中的吡啶基团形成了氢键,证明了氢键是多层膜的成膜驱动力。在这一体系中,相对分子质量和浓度对多层膜厚度有较大的影响[113]。随着 P4VP 的相对分子质量和浓度增加,膜的厚度呈增加趋势。这可能分别是因为高相对分子质量的 P4VP 具有较大的流体力学半径和在浓溶液中高分子链更为卷曲,从而导致沉积膜较厚。

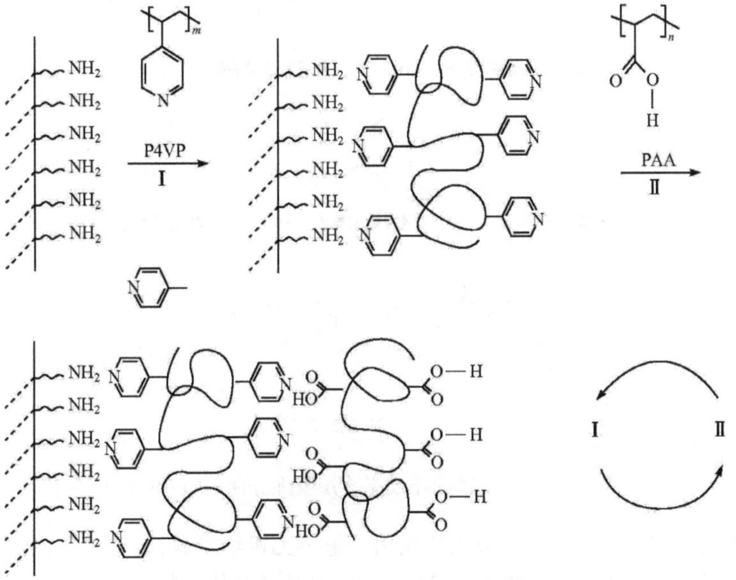

图 12-20　P4VP/PAA 氢键自组装多层膜的构筑示意图[111]

　　共聚物可以有效地调节氢键给体和受体的含量,因此它提供了氢键多层膜结构调控的一个新手段。以 p-(六氟-2-羟基异丙基)-α甲基苯乙烯和苯乙烯的共聚物(PSOH)与 P4VP 成膜为例[114],研究表明随着氢键给体含量增加,膜的厚度和粗糙度也增加。这是因为由于随着 PSOH 氢键给体含量的增加导致高分子线团相对地收缩,它们沉积到基片表面后导致膜表面粗糙度和厚度都增加。此外,PSOH 极性基团含量的增加也可能导致沉积量增大。此后,具有光、电功能的氢键自组装多层膜的制备也相继得到了报道[115,116]。

　　氢键超薄膜的组装也可以在水溶液中进行。基于氢键作用,Rubner 等在水溶液中制备了聚苯胺与多种聚合物的超薄膜[112]。他们工作中所用的水溶性聚合物列于图 12-21 中。这种基于氢键作用的超薄膜,每一层的厚度都要比基于静电作用的膜厚,这是因为适合于氢键组装的物质在实验条件下通常不会电离,在溶液中它们的链段更倾向于卷曲构象,因此每一层所吸附的聚合物的量更多,膜的厚度更大。因而基于氢键作用的聚苯胺交替沉积膜比基于静电作用的聚苯胺交替沉积膜的导电性高一个数量级。

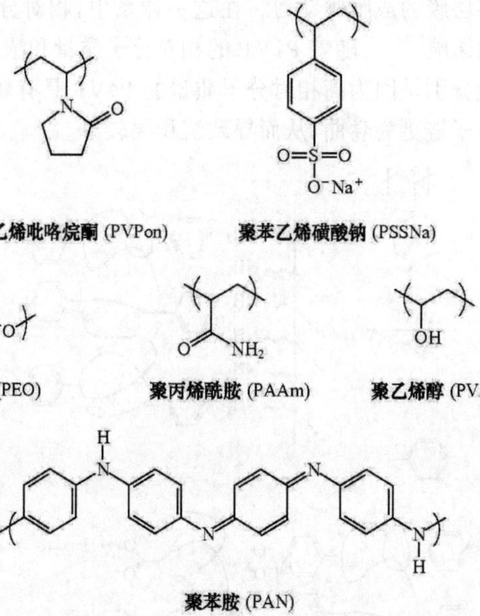

聚乙烯吡咯烷酮 (PVPon)　　聚苯乙烯磺酸钠 (PSSNa)

聚氧乙烯 (PEO)　　聚丙烯酰胺 (PAAm)　　聚乙烯醇 (PVA)

聚苯胺 (PAN)

图 12 - 21　构筑氢键自组装多层膜所用的水溶性聚合物

氢键多层膜组装技术已被成功地用于组装无机纳米微粒/有机薄膜的杂化结构。金属和半导体的纳米粒子不仅提供了一种连接块体材料和分子行为的材料尺度,而且显示出新的甚至是量子尺寸效应的化学、电子和物理特性。许多纳米粒子如 TiO₂,CdSe 和 Au,已经被成功地组装到多层膜中,而且被证实具有优异的光电特性。Lian 等依靠氢键作用将 CdSe 无机纳米粒子和 P4VP 构筑成聚合物/纳米粒子杂化超薄膜[117]。他们在有机溶剂中用 4-巯基苯甲酸来稳定 CdSe 微粒,这样可以避免 CdSe 微粒表面带有的羧酸基团发生电离,利用羧酸基团和 P4VP 上吡啶基团之间的氢键作用可以在有机溶剂中制备 P4VP/CdSe 有机-无机杂化超薄膜。基于同样的方法,他们还利用氢键作用将 4-巯基苯甲酸修饰的金纳米粒子和聚乙烯基吡啶构筑成自组装多层膜。由于聚乙烯基吡啶是很强的金属螯合剂,他们用聚乙烯基吡啶包覆金纳米粒子,得到了吡啶基修饰的表面,然后用它与 PAA 作为构筑基元,制备了基于氢键作用的交替沉积膜[118]。Advincula 等进一步发展了制备氢键组装聚合物/纳米粒子复合的多层膜的新方法[119]。首先他将具有还原性质的噻吩部分接枝到 P4VP 的吡啶基团上,然后与 PAA 进行氢键交替沉积获得多层膜。将得到的多层膜浸到氯金酸的甲醇溶液中 3h 后,再将吸附了氯金酸的多层膜放入到 60℃、湿度为 95% 的高温炉内。P4VP 中的噻吩将膜内吸附的氯金酸还原为金纳米粒子,并且噻吩基团可以发生交联提高膜的稳定性。此种方法获得杂化复合膜的优势是不需额外加入还原试剂,并且膜中的纳米粒子具有较高的分散度。

利用 P4VP 和 PAA 经氢键交替沉积的方法也可以获得由碳纳米管(NT)复合的薄膜材料[120]。在单壁碳纳米管存在的条件下,乙烯基吡啶的聚合会得到 P4VP 链段一端共价接到纳米管外壁上的包覆体系,以此种 P4VP@NT 包覆产物为氢键受体与 PAA 经氢键作用获得多层膜。这种纳米管复合的薄膜材料有较好的导电性质和较高的机械强度。曹维孝等利用重氮树脂(DAR)与含苯酚基团的聚合物和含羧酸基团的树枝状分子通过氢键作用构建了多层自组装膜[121~123]。然后经过紫外光交联,将层间的氢键部分转化成共价键,大大提高了多层超薄膜在溶液中的稳定性。

12.6.1　pH 敏感薄膜

氢键非常重要的一个特点是对 pH 有敏感的响应,可以通过改变环境的 pH 来对氢键自组装多层膜进行调控,这一特点使氢键交替沉积膜在药物可控释放、制备多孔薄膜和表面图案化等方面都有独特的应用价值。

Granick 等最早提出了可擦除的聚合物超薄多层膜的概念[124,125]。在低 pH 环境中,用聚甲基丙烯酸(PMAA)和聚乙烯基吡咯烷酮(PVPo)基于氢键构筑多层膜。当 pH 升高到一定值时,由于 PMAA 的羧基离子化,层间氢键被破坏,离子化的 PMAA 相互排斥,使膜被破坏。由图 12-22 可见,当 pH 升高到 6.9 时,保留在基底上的聚合物量和离子化的羧基所占比例同时发生突变。其他的聚酸-聚碱对,比如 PEO/PAA,PEO/PMAA,聚羧酸(PCA)/PVA 以及聚腺苷酸/聚脲苷酸等,也具有同样的性质。氢键体系决定了膜溶解的临界 pH 以及膜的稳定性。提高溶液的离子强度可以减少电荷排斥,进而提高膜溶解的临界 pH。此外,外加电场可以改变酸的电离平衡,从而改变膜的稳定性。

最近,我们小组发现将 P4VP 和 PAA 构筑的多层膜浸泡在氢氧化钠溶液中,得到只含有 P4VP 的微孔薄膜[126]。研究发现该薄膜在碱溶液中的变化分为两个过程。首先,碱溶液将 PAA 上的羧酸基团转变成了羧酸盐,从而破坏了 PAA 上羧酸基团与 P4VP 上吡啶基团之间的氢键作用,结果是膜中的 PAA 溶解到水中,而 P4VP 由于不能溶解于碱性水溶液中而保留在基片上。然后,由于存留在表面的 P4VP 与碱溶液之间存在较高的表面张力,P4VP 由多层膜中较为伸展的构象逐渐变化为卷曲的构象,在平行方向膜覆盖度下降,在垂直方向膜的厚度增加,从

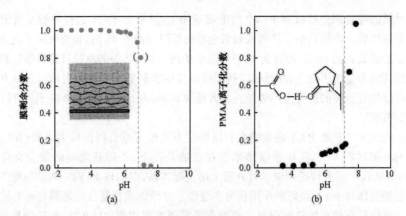

图 12-22　(a) 氢键自组装多层膜在基底上的剩余量随溶液 pH 的变化；(b) 氢键自组装多
层膜中 PMAA 的离子化程度随溶液 pH 的变化[124]

而产生了多孔的表面形貌。由氢键自组装多层膜形成的多孔薄膜的原子力显微镜
图像如图 12-23 所示。用单分子力谱实验可以证实分子链构象由伸展到卷曲的
设想。实验表明，微孔在膜表面的覆盖度、深度和孔的直径随浸泡时间的增加而增
大。调节碱溶液的 pH，可改变 P4VP 薄膜中微孔的生成形状和速率。当用 pH 为
12.5 的碱液浸泡相同层数的 P4VP/PAA 薄膜时，所获得的是圆形的孔，而不是
pH 为 13 时的 S 形的孔。在相同的浸泡时间下，孔的表面覆盖度随浸泡溶液 pH
的降低而降低。同时，尽管浸泡溶液的温度对于 P4VP/PAA 层状组装薄膜中
PAA 的脱附影响极小，但它对孔的形成却有很大的影响。P4VP 微孔的表面覆盖
度和孔的深度都随温度的升高而增加。此外，随着 P4VP/PAA 层状组装薄膜的
层数增加，所获得的微孔的形状和表面覆盖度没有发生变化，但孔的深度随之增
加。这种成孔的现象还说明了高分子链处于伸展状态是交替沉积膜的主要特征

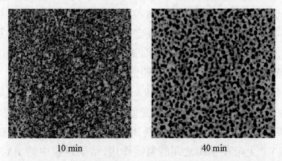

10 min　　　　　　　　40 min

图 12-23　P4VP/PAA 氢键自组装膜在 pH = 13 的碱溶液中浸泡
不同时间膜表面形貌变化的原子力显微镜图像
扫描尺寸：4μm×4 μm

之一。

　　我们用枝化的树枝状分子来代替线形聚合物 PAA 作为氢键的给体分子,使之与 P4VP 进行氢键组装,以研究氢键给体分子的分子形状对多孔膜形成的影响。实验表明枝化状的树枝状分子在碱液中从多层膜内的离去速率比 PAA 的离去要慢得多,这是由于它们分子形状的差异引起的[127]。为探讨静电荷对氢键自组装多层膜在碱液中成孔的影响,我们利用聚合物接枝反应制备含有不同电荷密度的 P4VP,并与 PAA 进行氢键组装制备多层膜。结果发现 P4VP 聚合物链上的少量电荷会对多层膜的形成产生很大的影响。当电荷比率大于 0.5% 时,氢键多层膜在碱溶液中不能形成多孔结构,这可能是电荷排斥改变聚合物分子构象的结果[128]。

　　Rubner 等利用氢键自组装多层膜在较高的 pH 环境中会溶解的性质,结合热致交联和光引发交联反应,在氢键多层膜上成功地制备了图案化的表面[129]。他们先用 PAA 和聚丙烯酰胺在 pH=3.0 的环境中构筑了交替沉积膜,该薄膜在 pH=5.0 的水溶液中会被溶解,但将薄膜在 175℃ 下加热 3h,使 PAA 的羧基和聚丙烯酰胺的氨基发生酰亚胺化反应,层间氢键转变为共价键,在 pH=7.0 的溶液中仍然能稳定存在。用喷墨印刷(ink-jet print)技术将 pH=7.0 的水印刷到氢键交替沉积膜上,而后将薄膜热处理,未蘸水的部分发生交联,蘸水的区域由于 PAA 被离子化,加热时不能发生交联反应,可以在中性水中洗掉,这样就得到了图案化的表面。除了热交联,光照交联也可以用于得到图案化表面。图 12‑24 给出了用喷墨印刷和光刻技术得到图案化表面的示意图。他们合成了用光引发剂标记的 PAA 共聚物,在紫外光照射下,产生能够引发 PAA/聚丙烯酰胺交替沉积膜发生交联发应的自由基。在 PAA/聚丙烯酰胺交替沉积膜表面沉积一层这种共聚物,

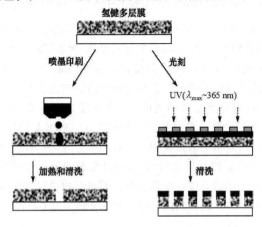

图 12‑24　图案化的氢键自组装膜制备过程示意图[129]

用带有特定图案的掩膜覆盖后在紫外灯下照射,被掩盖部分不发生交联,可以在中性水中洗掉,这样就用光印刷方法得到了图案化的表面。

12.6.2　热敏感薄膜

　　热敏感涂层材料最近成为人们研究的热点[130]。聚(N-异丙基丙烯酰胺)简称PNIPAM,是一种典型的热敏感的聚合物(化学结构见图12-25)。由于PNIPAM和PAA间可以存在氢键作用,Caruso等将热敏聚合物PNIPAM组装到多层膜中,制备了热敏薄膜[131]。高于PNIPAM的最低临界溶解温度(LCST)(32℃)时,溶液中的PNIPAM分子链以卷曲球结构存在,堆积更紧密,因此沉积膜密度较高,表面粗糙度明显降低。由于染料罗丹明B的羧基可以与PNIPAM形成氢键,所以该热敏薄膜具有对染料罗丹明B的吸收和释放行为,实验表明染料的渗入/释放量及渗入/释放速率随罗丹明B溶液温度升高而增加。在较高温度下制备的多层膜PNIPAM吸附量增加,而且与粗糙的薄膜相比,光滑膜具有较小的表面积,所以染料的渗入和释放相对缓慢。这种由交替沉积技术制备的热敏高分子薄膜可以通过温度来控制渗入/释放行为,为可控释放提供了一种新途径。

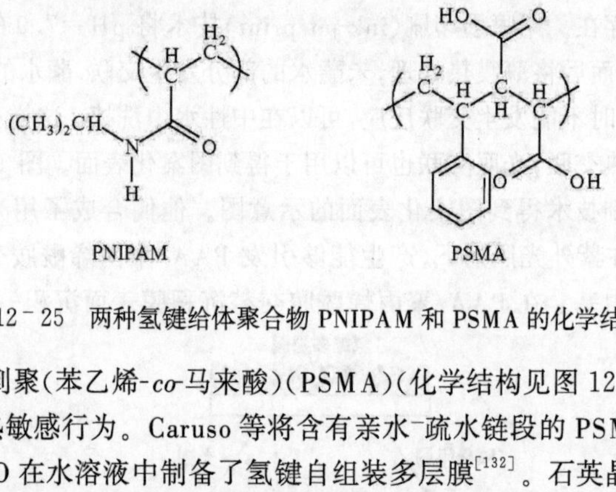

图12-25　两种氢键给体聚合物PNIPAM和PSMA的化学结构

　　PEO接枝到聚(苯乙烯-co-马来酸)(PSMA)(化学结构见图12-25)后获得的聚合物可具有热敏感行为。Caruso等将含有亲水-疏水链段的PSMA作为氢键的给体材料与PEO在水溶液中制备了氢键自组装多层膜[132]。石英晶体微天平揭示出溶液中离子强度的改变对膜的生长有着强烈的影响,膜的沉积表现为一种指数生长行为。PSMA/PEO多层膜的表面形貌不但受成膜体系中离子强度的影响,还决定于膜的最外层材料。多层膜(PSMA/PEO)$_{10}$PSMA的表面粗糙度大大高于多层膜(PSMA/PEO)$_{10}$的表面粗糙度。有趣的是,这种多层膜体系对客体分子罗丹明B也可以发生吸收和释放的行为,并且染料的释放也受体系的温度影响。这个工作的意义在于热敏薄膜材料的获得并不需要构成材料的物种具有热敏性,而是可以人为地通过将不同性质的化学材料复合到一起来获得。

12.6.3 氢键与静电作用的协同组装

静电作用是最常用的成膜驱动力,它不像氢键那样在高 pH 会被破坏,因而将氢键和静电作用结合起来,可以改变多层膜溶解的临界 pH,使多层膜在更大 pH 范围内稳定存在。此外,可擦除性是氢键交替沉积膜的共同特点,当把氢键多层膜暴露在可使之被擦除的环境中时,引入膜中的物质,如染料或药物会可控地释放出来,因而在药学、医学以及材料科学领域都有广阔的应用前景。

Caruso 等在静电自组装多层膜(PAH/PSS/PAH)间插入氢键自组装多层膜$(PAA/P4VP)_{n=1\sim 4}/PAA$,得到可在高 pH 溶液中降解的多层膜(如图 12－26 所示)[133]。夹在静电层间的氢键层数增加时,膜损失量和降解速率也随之增加。氢键层被完全破坏时,静电层仍然存在,这样就得到从基底上脱离的、自由的静电多层膜。未电离的 PAA 是氢键给体,而电离后的 PAA 则可以靠静电力与 PAH 成膜,所以 PAA 是连接氢键多层膜与静电多层膜的桥梁。实验表明,在静电层上沉积的 PAA,一部分羧酸受静电影响而电离成羧酸离子,靠氢键作用吸附的 P4VP 量减少。增加氢键多层膜的层数可以降低静电层的

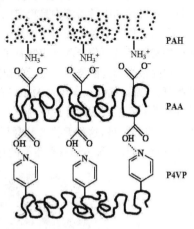

图 12－26 由静电层和氢键层共同组成的自组装多层膜形成示意图[133]

影响。这种将氢键多层膜和静电多层膜结合起来的方法,不仅将对 pH 没有明显响应的薄膜转变为降解速率可控的可擦除膜,而且为制备自支持的聚电解质膜提供了一条新途径。

Sukhishvili 用丙烯酰胺和二烯丙基二甲基胺氯化物的共聚物(PAAm-DMDAAC)(共聚比为 1∶1)与 PMAA 成膜,成膜驱动力包括氢键和静电作用[134,135]。在 PAAm/PMAA 体系中,层间吸附是通过氢键作用完成的,这种多层膜在 pH 大于 5.5 时就分解了;而在低 pH 溶液中制备的 PAAm-DMDAAC/PMAA 多层膜当溶液 pH 升高时,PMAA 中的羧基离子化,氢键作用逐渐转变为与 DMDAAC 间的静电作用,在 pH 高达 8 时膜依然能稳定存在。这种以同时包含氢键和静电作用中心的共聚物作为构筑基元的方法能使膜对 pH 的响应由突变转为渐变,可以更好地控制药物释放的速率,因而在基础研究和应用两方面都有重要意义。

12.6.4 氢键多层膜的非平面组装

在 Möhwald 等聚电解质微胶囊制备的基础上,徐坚等制备了基于氢键的层状自组装聚合物囊泡。他们用聚乙烯基吡咯烷酮和酚醛树脂作为构筑基元,分别以聚苯乙烯和 SiO₂ 粒子作为模板,而后分别用四氢呋喃和氢氟酸将核溶解,得到空心的囊泡[136]。图 12‑27 为氢键微胶囊的透射电镜图像。实验结果表明,用氢氟酸溶去 SiO₂ 核时得到了完整的囊泡,而用四氢呋喃溶解时只得到了碎片。这是因为氢键在酸性和中性溶液中是稳定的,而在碱性溶液和有机溶剂中会被破坏。由于依靠氢键作用制备的囊泡不够稳定,他们随后用硝基取代重氮树脂和间甲基苯酚甲醛树脂经过原位交联反应制备了共价交联的囊泡[137]。这种共价交联的囊泡可以抗强极性溶剂的侵蚀。最近的研究表明构筑在 AgCl 微晶上的聚乙烯基吡咯烷酮/聚甲基丙烯酸(PVPo/PMAA)的氢键自组装多层膜,经过溶去模板后所得的胶囊具有孔洞结构;而 SiO₂ 胶粒为模板时获得的微胶囊并未观察到空洞结构[138]。有趣的是,这种无孔微胶囊可以经过进一步酸化处理转化成带空洞的微胶囊,这在药物缓释方面有着重要的意义。

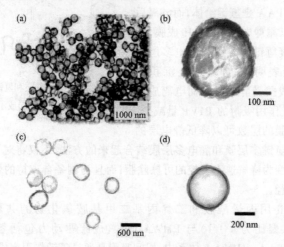

图 12‑27 (a),(b)是由(PVPo/MPR)₅ 组成的氢键微胶囊的透射电镜图像;
(c),(d)是由(PVPo/MPR)₁₁/PVPo/PAA/PAH 组成的氢键微胶囊的透射电镜图像[136]

Sukhishvili 等在球状基底上分别以 PVPo/PMAA 和 PEO/PMAA 为构筑基元制备了基于氢键作用的囊泡[139]。这种囊泡同样对 pH 有灵敏的响应,在低 pH 环境中有很好的稳定性,当 pH 升高到临界值时,囊泡壁开始溶解,通过改变成膜组分可以调节膜稳定存在的临界 pH。这种氢键自组装多层膜可以通过与含碳二酰亚胺反应,发生层间共价交联,这样就提高了囊泡在高 pH 环境中的稳定性。因为氢键对 pH 很敏感,通过调节环境 pH 可以改变囊泡的通透性和溶解性,而交联处理后的氢键囊泡在通透性、热稳定性、溶解性和机械性能方面都有所改变。由氢键自组装制备得到的多层膜也可以用作纳米粒子原位合成的纳米反应器,特别是银纳米粒子固载的微胶囊具有抗微生物的性质[140]。

12.7　多重作用力参与的自组装多层膜的组装

在某一超薄膜的形成过程中,涉及的分子间作用力往往不是某一种单一的力,而是几种分子间力的协同作用的结果。例如在 Xia 等报道的一篇文章中,他们用一种多层次组装的方法将主-客体包合物组装到多层膜中[141]。由于偶氮苯客体可以进入到环糊精的疏水空腔中而形成包合结构,这种包合体系可以和 PSS 进行交替沉积获得自组装多层膜,从而实现了非电荷的物种——环糊精的组装。所用化学物种的化学结构和其组装过程见图 12-28。在这体系中多层膜的构建不仅有静电力的参与,还利用了一种主-客体之间的超分子作用。

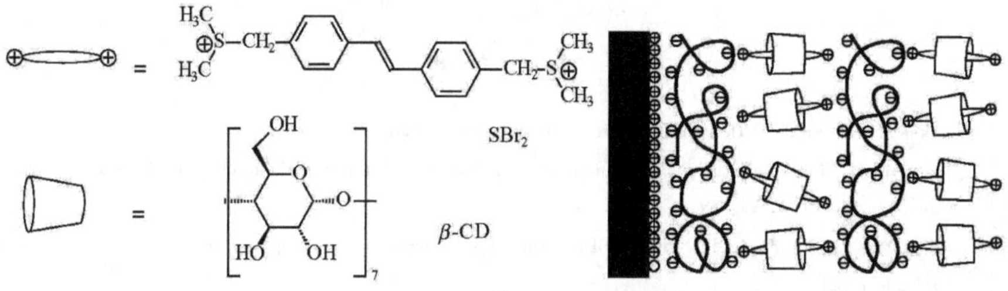

图 12-28　形成主-客体包合物的两种化合物化学结构及其包合物与 PSS 的多层组装示意图[141]

Kurth 等报道了另一个多重作用力参与的有趣的多层组装的体系[142]。含有芘的三齿含氮配体可以和二价金属离子发生配位键合,得到的金属络合物可以在溶液中通过芘基团之间的 π-π 作用形成链状的超分子聚合物,参见图 12-29。晶体学数据证实了这种通过 π-π 作用形成链状聚合物的存在。这种超分子聚合物可以与聚电解质进行交替沉积构筑多层膜。在这个多层体系的构筑过程中涉及了配位作用、π-π 作用和静电作用三种主要的作用力。

由此可见,超薄膜的成膜推动力可以是静电作用、氢键、配位键、电荷转移、π-π 相互作用、分子识别、亲/疏水作用、范德华作用等,正是由于在某一体系中,超薄膜形成的推动力不是一种,而是几种作用力的协同作用,所以使得超薄膜形成的机理和过程变得复杂,目前还很难将超薄膜的形成过程用化学计算或模拟的方法进行确切的描述。同时,应该认识到,超薄膜成膜推动力的多样性是制备具有高级、复杂结构的超薄膜组装体的基石。

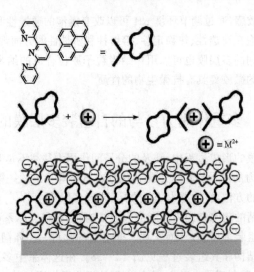

图 12 – 29　超分子高分子参与的多层膜的构筑[142]

参 考 文 献

[1]　Lakes R. Materials with structural hierarchy. Nature, 1993, 361: 511

[2]　Langmuir I. The constitution and fundamental properties of solids and liquids. II. Liquids. J. Am. Chem. Soc., 1917, 39: 1848

[3]　Blodgett K B, Langmuir I. Built-up films of barium stearate and their optical properties. Phys. Rev., 1937, 57: 964

[4]　Bigelow W C, Pickett D L, Zisman W A. J. Colloid Interface Sci., 1946, 1: 513

[5]　Kuhn H, Ulman A. Thin Films. New York: Academic Press, 1995, 20

[6]　Sagiv J, Organized monolayers by adsorption. 1. Formation and structure of oleophobic mixed monolayers on solid surfaces: J. Am. Chem. Soc., 1980, 102: 92

[7]　Nuzzo R G, Allara D L. Adsorption of bifunctional organic disulfides on gold surfaces. J. Am. Chem. Soc., 1983, 105: 4481

[8]　Lee H, Kepley L J, Hong H G, Mallouk T E. Inorganic analogs of Langmuir-Blodgett films: adsorption of ordered zirconium 1,10-decanebisphosphonate multilayers on silicon surfaces. J. Am. Chem. Soc., 1988, 110: 618

[9]　Iler R. Multilayers of colloidal particles. J. Colloid Interface Sci., 1966, 21: 569

[10]　Decher G, Hong J-D. Buildup of ultrathin multilayer films by a self-assembly process. 1. Consecutive adsorption of anionic and cationic bipolar amphiphiles on charged surfaces. Makromol Chem., Macromol Symp., 1991, 46: 321

[11]　Decher G. Fuzzy nanoassemblies: toward layered polymeric multicomposites. Science, 1997, 277: 1232

[12]　Zhang X, Shen J C. Self-assembled ultrathin films: from layered nanoarchitectures to functional assemblies. Adv. Mater., 1999, 11: 1139

[13] 吴涛,张希. 自组装超薄膜:从纳米层状构筑到功能组装. 高等学校化学学报,2001, 22: 1057

[14] Decher G, Schlenoff J B. Multilayer thin films—sequential assembly of nanocomposite materials. VCH: Weinheim, 2003

[15] Decher G, Hong J D, Schmitt J. Buildup of ultrathin multilayer films by a self-assembly process: III. Consecutively alternating adsorption of anionic and cationic polyelectrolytes on charged surfaces. Thin Solid Films, 1992, 210/211: 831

[16] Ferreira M, Cheung J H, Rubner M F. Molecular self-assembly of conjugated polyions: a new process for fabricating multilayer thin film heterostructures. Thin Solid Films, 1994, 244: 806

[17] Laschewsky A, Mayer B, Wischerhoff E, Arys X, Joans A. A new route to thin polymeric, non-centrosymmetric coatings. Thin Solid Films, 1996, 284/285: 334

[18] He J A, Valluzzi R, Yang K, Dolukhan T, Sun C M, Kumar J, Tripathy S K, Samuelson L, Balogh L, Tomalia D A. Electrostatic multilayer deposition of a gold-dendrimer nanocomposite. Chem. Mater., 1999, 11: 3268

[19] Ackern F, Krasemann L, Tieke B. Ultrathin membranes for gas separation and pervaporation prepared upon electrostatic self-assembly of polyelectrolytes. Thin Solid Films, 1998, 327/329: 762

[20] Zhang X, Gao M L, Kong X X, Sun Y P, Shen J C. Build-up of a new type of ultrathin film of porphyrin and phthalocyanine based on cationic anionic electrostatic attraction. Chem. Commun., 1994, 1055

[21] Ariga K, Lvov Y, Kunitake T. Assembling alternate dye-polyion molecular films by electrostatic layer-by-layer adsorption. J. Am. Chem. Soc., 1997, 119: 2224

[22] Lvov Y M, Kamau G N, Zhou D L, Rusling J F. Assembly of electroactive ordered multilayer films of cobalt phthalocyanine tetrasulfonate and polycations. J. Colloid Interface Sci., 1999, 212: 570

[23] Van Cott K E, Guzy M, Neyman P, Brands C, Heflin J R, Gibson H W, Davis R M. Layer-by-layer deposition and ordering of low-molecular-weight dye molecules for second-order nonlinear optics. Angew. Chem. Int. Ed., 2002, 41: 3236

[24] Schmitt J, Decher G, Dressick W J, Brandow S L, Geer R E, Shashidhar R, Calvert J M. Metal nanoparticle/polymer superlattice films: fabrication and control of layer structure. Adv. Mater., 1997, 9: 61

[25] Rogach A L, Koktysh D S, Harrison M, Kotov N A. Layer-by-layer assembled films of HgTe nanocrystals with strong infrared emission. Chem. Mater., 2000, 12: 1526

[26] Sun Y P, Hao E C, Zhang X, Yang B, Shen J C, Chi L F, Fuchs H. Buildup of composite films containing TiO_2/PbS nanoparticles and polyelectrolytes based on electrostatic interaction. Langmuir, 1997, 13: 5168

[27] Ostrander J W, Mamedov A A, Kotov N A. Two modes of linear layer-by-layer growth of nanoparticle-polyelectrolyte multilayers and different interactions in the layer-by-layer deposition. J. Am. Chem. Soc., 2001, 123: 1101

[28] Wang Z S, Sasaki T, Muramatsu M, Ebina Y, Tanaka T, Wang L Z, Watanabe M. Self-assembled multilayers of titania nanoparticles and nanosheets with polyelectrolytes. Chem. Mater., 2003, 15: 807

[29] Kong W, Zhang X, Gao M L, Zhou H, Li W, Shen J C. A new kind of immobilized enzyme multilayer based on cationic and anionic interaction. Macromol. Rapid Commun., 1994, 15: 405

[30] Lvov Y, Lu Z, Schenkman J B, Zu X, Rusling J F. Direct electrochemistry of myoglobin and cytochrome P450$_{cam}$in alternate layer-by-layer films with DNA and other polyions. J. Am. Chem. Soc., 1998, 120: 4073

[31] Caruso F, Furlong D N, Ariga K, Ichinose I, Kunitake T. Characterization of polyelectrolyte-protein multilayer films by atomic force microscopy, scanning electron microscopy, and Fourier transform infrared reflection-absorption spectroscopy. Langmiur, 1998, 14: 4559

[32] Jiang S G, Liu M H. A chiral switch based on dye-intercalated layer-by-layer assembled DNA film. Chem. Mater., 2004, 16: 3985

[33] Zhou Y L, Li Y Z. Layer-by-layer self-assembly of multilayer films containing DNA and Eu^{3+}: their characteristics and interactions with small molecules. Langmuir, 2004, 20: 7208

[34] Taton T A, Mucic R C, Mirkin C A, Letsinger R L. The DNA-mediated formation of supramolecular mono- and multilayered nanoparticle structures. J. Am. Chem. Soc., 2000, 122: 6305

[35] Serizawa T, Yamaguchi M, Akashi M. Time-controlled desorption of ultrathin polymer films triggered by enzymatic degradation. Angew. Chem. Int. Ed., 2003, 42: 1115

[36] Lvov Y, Haas H, Decher G, Mohwald H, Mikhailov A, Mtchedlishvily B, Morgunova E, Vainshtein B. Successive deposition of alternate layers of polyelectrolytes and a charged virus. Langmuir, 1994, 10: 4232

[37] Lvov Y, Ariga K, Ichinose I, Kunitake T. Assembly of multicomponent protein films by means of electrostatic layer-by-layer adsorption. J. Am. Chem. Soc., 1995, 117: 6117

[38] Sun Y P, Sun J Q, Zhang X, Sun C Q, Wang Y, Shen J C. Chemically modified electrode via layer-by-layer deposition of glucose oxidase (GOD) and polycation-bearing Os complex. Thin Solid Films, 1998, 327/329: 730

[39] Forzani E S, Pérez M A, Teijelo M L, Calvo E J. Redox driven swelling of layer-by-layer enzyme-polyelectrolyte multilayers. Langmuir, 2002, 18: 9867

[40] Kleinfeld E R, Ferguson G S. Stepwise formation of multilayered nanostrucutral films from macromolecular precursors. Science, 1994, 265: 370

[41] Fang M, Kim C H, Saupe G B, Kim H N, Waraksa C C, Miwa T, Fujishima A, Mallouk T E. Layer-by-layer growth and condensation reactions of niobate and titanoniobate thin films. Chem. Mater., 1999, 11: 1526

[42] Lvov Y, Ariga K, Ichinose I, Kunitake T. Formation of ultrathin multilayer and hydrated gel from montmorillonite and linear polycations. Langmuir, 1996, 12: 3038

[43] Liu S Q, Kurth D G, Bredenkötter B, Volkmer D. The structure of self-assembled multilayers with polyoxometalate nanoclusters. J. Am. Chem. Soc., 2002, 124: 12279

[44] Kong W, Wang L P, Gao M L, Zhou H, Zhang X, Li W, Shen J C. Immobilized bilayer glucose isomerase in porous trimethylamine polystyrene based on molecular deposition. J. Chem. Soc. Chem., Commun., 1994, 1297

[45] Sukhorukov G B, Donath E, Lichtenfeld H, Knippel E, Knippel M, Budde A, Möhwald H. Layer-by-layer self assembly of polyelectrolytes on colloidal particles. Colloids Surfaces A, 1998, 137: 253

[46] Sukhorukov G B, Donath E, Davis S A, Lichtenfeld H, Caruso F, Popov V I, Möwald H. Stepwise polyelectrolyte assembly on particle surfaces: a novel approach to colloid design. Polym. Adv. Tech., 1998, 9: 759

[47] Donath E, Sukhorukov G B, Caruso F, Davis S A, Möhwald H. Novel hollow polymer shells by colloid-templated assembly of polyelectrolytes. Angew. Chem. Int. Ed., 1998, 37: 2201

[48] Donath E, Sukhorukov G B, Caruso F, Davis S A, Möhwald H. Novel hollow polymer shells by colloid-templated assembly of polyelectrolytes. Angew. Chem. Int. Ed., 1998, 37: 2201

[49] Caruso F, Caruso R A, Möhwald H. Nanoengineering of inorganic and hybrid hollow spheres by colloidal templating. Science, 1998, 282: 1111

[50] Caruso F, Lichtenfeld H, Giersig M, Möhwald H. Electrostatic self-assembly of silica nanoparticle-polyelectrolyte multilayers on polystyrene latex particles. J. Am. Chem. Soc., 1998, 120: 8523

[51] Ai S F, Lu G, He Q, Li J B. Highly flexible polyelectrolyte nanotubes. J. Am. Chem. Soc., 2003, 125: 11140

[52] Liang Z J, Susha A S, Yu A M, Caruso F. Nanotubes prepared by layer-by-layer coating of porous membrance templates. Adv. Mater., 2003, 15: 1849

[53] Hou S F, Harrell C C, Trofin L, Kohli P, Martin C R. Layer-by-layer nanotube template synthesis. J. Am. Chem. Soc., 2004, 126: 5674

[54] Lu G, Ai S F, Li J B. Layer-by-layer assembly of human serum albumin and phospholipid nanotubes based on a template. Langmuir, 2005, 21: 1679

[55] Guo Y G, Wan L J, Bai C L. Gold/titania core/sheath nanowires prepared by layer-by-layer assembly. J. Phys. Chem. B, 2003, 107: 5441

[56] Carrillo A, Swartz J A, Gamba J M, Kane R S, Chakrapani N, Wei B, Ajayan P M. Noncovalent functionalization of graphite and carbon nanotubes with polymer multilayers and gold nanoparticles. Nano Lett., 2003, 3: 1437

[57] Wu A, Yoo D, Rubner M F. Solid-state light-emitting devices based on the tris-chelated ruthenium (II) complex: 3. High efficiency devices via a layer-by-layer molecular-level blending approach. J. Am. Chem. Soc., 1999, 121: 4883

[58] Wang X G, Chen J, Marturunkakul S, Li L, Kumar J, Tripathy S K. Epoxy-based nonlinear optical polymers functionalized with tricyanovinyl chromophores. Chem. Mater., 1997, 9: 45

[59] Keller S W, Johnson S A, Brigham E S, Yonemoto E H, Mallouk T E. Photoinduced charge separation in multilayer thin films grown by sequential adsorption of polyelectrolytes. J. Am. Chem. Soc., 1995, 117: 12879

[60] Sun J Q, Sun Y P, Zou S, Zhang X, Sun C Q, Wang Y, Shen J C. Layer-by-layer assemblies of polycation bearing Os complex with electroactive and electroinactive polyanions and their electrocatalytic reduction of nitrite. Macromol. Chem. Phys., 1999, 200: 840

[61] Stroeve P, Vasquez V, Coelho M A N, Rabolt J F. Gas transfer in supported films made by molecular self-assembly of ionic polymers. Thin Solid Films, 1996, 284/285: 708

[62] Sohn B H, Kim T H, Char K. Process-dependent photocatalytic properties of polymer thin films containing TiO_2 nanoparticles: dip vs spin self-assembly methods. Langmuir, 2002, 18: 7770

[63] Shen Y, Liu J, Wu A, Jiang J, Bi L, Liu B, Li Z, Dong S. Preparation of multilayer films containing Pt nanoparticles on a glassy carbon electrode and application as an electrocatalyst for dioxygen reduction. Langmuir, 2003, 19: 5397

[64] Zhang D, Zhang K, Yao Y L, Xia X H, Chen H Y. Multilayer assembly of prussian blue nanoclusters and enzyme-immobilized poly(toluidine blue) films and its application in glucose biosensor construc-

tion. Langmuir, 2004, 20: 7303

[65] Soeno T, Inokuchi K, Shiratori S. Ultra water-repellent surface resulting from complicated micro-structure of SiO$_2$nanoparticles. Trans. Mater. Res. Soc. Jpn., 2003, 28: 1207

[66] Zhang X, Shi F, Yu X, Liu H, Fu Y, Wang Z Q, Jiang L, Li X Y. Polyelectrolyte multilayer as ma-trix for electrochemical deposition of gold clusters: toward super-hydrophobic surface. J. Am. Chem. Soc., 2004, 126: 3064

[67] Zhao N, Shi F, Wang Z Q, Zhang X. Combining layer-by-layer assembly with electrodeposition of sil-ver aggregates for fabricating superhydrophobic surface. Langmuir, 2005, 21:4713

[68] Shi F, Wang Z Q, Zhang X. Combining layer-by-layer assembling technique with electrochemical dep-osition of gold aggregates to mimic the legs of water striders. Adv. Mater., 2005, 17: 1005

[69] Zhai L, Cebeci F C, Cohen R E, Rubner M F. Stable superhydrophobic coatings from polyelectrolyte multilayers. Nano Lett., 2004, 4: 1349

[70] Jisr R M, Rmaile H H, Schlenoff J B. Hydrophobic and ultrahydrophobic multilayer thin films from perfluorinated polyelectrolytes. Angew. Chem. Int. Ed., 2005, 44: 782

[71] Lee H, Kepley L J, Hong H-G, Akhter S, Mallouk T E. Adsorption of ordered zirconium phospho-nate multilayer films on silicon and gold surfaces. J. Phys. Chem., 1988, 92: 2597

[72] Mallouk T E, Gavin J A. Molecular recognition in lamellar solids and thin films. Acc. Chem. Res., 1998, 31: 209

[73] Cao G, Hong H-G, Mallouk T E. Layered metal phosphates and phosphonates: from crystals to mon-olayers. Acc. Chem. Res., 1992, 25: 420

[74] Yang H C, Aoki K, Hong H-G, Sackett D E, Arendt M F, Yau S-L, Bell C M, Mallouk T E. Growth and characterization of metal(Ⅱ) alkanebisphosphonate multilayer thin films on gold sur-faces. J. Am. Chem. Soc., 1993, 115: 11855

[75] Kohli P, Blanchard G J. Design and growth of robust layered polymer assemblies with molecular thickness control. Langmuir, 1999, 15: 1418

[76] Kohli P, Blanchard G J. Probing interfaces and surface reactions of zirconium phosphate/phosphonate multilayers using ^{31}P NMR spectrometry. Langmuir, 2000, 16: 695

[77] Kohli P, Blanchard G J. Design and demonstration of hybrid multilayer structures: layer-by-layer mixed covalent and ionic interlayer linking chemistry. Langmuir, 2000, 16: 8518

[78] Major J S, Blanchard G J. Covalently bound polymer multilayers for efficient metal ion sorption. Langmuir, 2001, 17: 1163

[79] Jiang M, Zhou C, Zhang Z. Compatibilization in ionomer blends. 2. Coordinate complexation and proton transfer. Polym. Bull., 1993, 30: 455

[80] Xiong H M, Chen M H, Zhou Z, Zhang X, Shen J C. A new approach for fabrication of a self-organi-zing film of heterostructured polymer/Cu$_2$S nanoparticles. Adv. Mater., 1998, 10: 529

[81] Hao E C, Wang L Y, Zhang J H, Yang B, Zhang X, Shen J C. Fabrication of polymer/inorganic nan-oparticles composite films based on coordinative bonds. Chem. Lett., 1999, 5

[82] Shimazaki Y, Mitsuishi M, Ito S, Yamamoto M. Preparation of the layer-by-layer deposited ultrathin film based on the charge-transfer interaction. Langmuir, 1997, 13: 1385

[83] Shimazaki Y, Mitsuishi M, Ito S, Yamamoto M. Preparation and characterization of the layer-by-lay-er deposited ultrathin film based on the charge-transfer interaction in organic solvents. Langmuir,

1998, 14: 2768

[84] Shimazaki Y, Mitsuishi M, Ito S, Yamamoto M. Alternate adsorption of polymers on a gold surface through the charge-transfer interaction. Macromolecules, 1999, 32: 8220

[85] Shimazaki Y, Nakamura R, Ito S, Yamamoto M. Molecular weight dependence of alternate adsorption through charge-transfer interaction. Langmuir, 2001, 17: 953

[86] Shimazaki Y, Ito S, Tsutsumi N. Adsorption-induced second harmonic generation from the layer-by-layer deposited ultrathin film based on the charge-transfer interaction. Langmuir, 2000, 16: 9478

[87] Zhang Y J, Cao W X. Stable self-assembled multilayer films of diazo resin and poly(maleic anhydride-co-styrene) based on charge-transfer interaction. Langmuir, 2001, 17: 5021

[88] Wang X Q, Naka K, Itoh H, Uemura T, Chujo Y. Preparation of oriented ultrathin films via self-assembly based on charge transfer interaction between π-conjugated poly(dithiafulvene) and acceptor polymer. Macromolecules, 2003, 36: 533

[89] Ichinose I, Senzu H, Kunitake T. Stepwise adsorption of metal alkoxides on hydrolyzed surfaces: a surface sol-gel process. Chem. Lett., 1996, 831

[90] Ichinose I, He J H, Fujikawa S, Hashizume M, Huang J G, Kunitake T. Ultrathin composite films: an indispensable resource for nanotechnology. RIKEN Review, 2001, 34

[91] Ichinose I, Senzu H, Kunitake T. A surface sol-gel process of TiO_2 and other metal oxide films with molecular precision. Chem. Mater., 1997, 9: 1296

[92] Ichinose I, Kawakami T, Kunitake T. Alternate molecular layers of metal oxides and hydroxyl polymers prepared by the surface sol-gel process. Adv. Mater., 1998, 10: 535

[93] Lee S-W, Ichinose I, Kunitake T. Molecular imprinting of azobenzene carboxylic acid on a TiO_2 ultrathin film by the surface sol-gel process. Langmuir, 1998, 14: 2857

[94] Ichinose I, Kikuchi T, Lee S-W, Kunitake T. Imprinting and selective binding of di- and tri-peptides in ultrathin TiO_2-gel films in aqueous solutions. Chem. Lett., 2002, 104

[95] Kovtyukhova M I, Buzaneva E V, Waraksa C C, Martin B R, Mallouk T E. Surface sol-gel synthesis of ultrathin semiconductor films. Chem. Mater., 2000, 12: 383

[96] Kovtyukhova N I, Buzaneva E V, Waraksa C C, Mallouk T E. Ultrathin nanoparticle ZnS and ZnS: Mn films: surface sol-gel synthesis, morphology, photophysical properties. Materials Science and Engineering B, 2001, 69~70: 411

[97] Chan E L, Lee D C, Ng M K, Wu G H, Lee K Y, Yu L P. A novel layer-by-layer approach to immobilization of polymers and nanoclusters. J. Am. Chem. Soc., 2002, 124: 12238

[98] Zhang F, Jia Z, Srinivasan M P. Application of direct covalent molecular assembly in the fabrication of polyimide ultrathin films. Langmuir, 2005, 21: 3389

[99] Sun J Q, Wu T, Sun Y P, Wang Z Q, Zhang X, Shen J C, Cao W X. Fabrication of a covalently attached multilayer via photolysis of layer-by-layer self-assembled film containing diazo-resins. Chem. Commun., 1998, 1853

[100] Sun J Q, Wang Z Q, Wu L X, Zhang X, Shen J C, Gao S, Chi L F, Fuchs H. Investigation of the covalently attached multilayer architecture based on diazo-resins and poly(4-styrene sulfonate). Macromol. Chem. Phys., 2001, 202: 961

[101] Sun J Q, Wang Z Q, Sun Y P, Zhang X, Shen J C. Covalently attached multilayer assemblies of diazo-resins and porphyrins. Chem. Commun., 1999, 693

[102]　Sun J Q, Wu T, Zou B, Zhang X, Shen J C. Stable entrapment of small molecules bearing sulfonate groups in multilayer assemblies. Langmuir, 2001, 17: 4035

[103]　Sun J Q, Wu T, Liu F, Wang Z Q, Zhang X, Shen J C. Covalently attached multiplayer assemblies by sequential adsorption of polycationic diazo-resins and polyanionic poly(acrylic acid). Langmuir, 2000, 16: 4620

[104]　Wang J F, Chen J Y, Jia X R, Cao W X, Li M Q. Self-assembly ultrathin films based on dendrimers. Chem. Commun., 2000, 511

[105]　Fu Y, Xu H, Bai S L, Qiu D L, Sun J Q, Wang Z Q, Zhang X. Fabrication of a stable polyelectrolyte/Au nanoparticles multilayer film. Macromol. Rapid. Commun., 2002, 23: 256

[106]　Zhang H, Yang B, Wang R B, Zhang G, Hou X L, Wu L X. Fabrication of a covalently attached self-assembly multilayer film based on CdTe nanoparticles. J. Colloid. Interface Sci., 2002, 247: 361

[107]　Hou X L, Wu L X, Sun L, Zhang H, Yang B, Shen J C. Covalent attachment of deoxyribonucleic acid (DNA) to diazo-resin (DAR) in self-assembled multilayer films. Polym. Bull., 2002, 47: 445

[108]　Harris J J, DeRose P M, Bruening M L. Synthesis of passivating, nylon-like coatings through cross-linking of ultrathin polyelectrolyte films. J. Am. Chem. Soc., 1999, 121: 1978

[109]　Onitsuka O, Fou A C, Ferreira M, Hsieh B R, Rubner M F. Enhancement of light emitting diodes based on self-assembled heterostructures of poly(p-phenylene vinylene). J. Appl. Phys., 1996, 80: 4067

[110]　Serizawa T, Nanameki K, Yamamoto K, Akashi M. Thermoresponsive ultrathin hydrogels prepared by sequential chemical reactions. Macromolecules, 2002, 35: 2184

[111]　Wang L Y, Wang Z Q, Zhang X, Shen J C, Chi L F, Fuchs H. A new approach for the fabrication of an alternating multilayer film of poly(4-vinylpyridine) and poly(acrylic acid) based on hydrogen bonding. Macromol. Rapid Commun., 1997, 18: 509

[112]　Stockton W B, Rubner M F. Molecular-level processing of conjugated polymers. 4. Layer-by-layer manipulation of polyaniline via hydrogen-bonding interactions. Macromolecules, 1997, 30: 2717

[113]　Wang L Y, Fu Y, Wang Z Q, Fan Y G, Zhang X. Investigation into an alternating multilayer film of poly(4-vinylpyridine) and poly(acrylic acid) based on hydrogen bonding. Langmuir, 1999, 15: 1360

[114]　Wang L Y, Cui S X, Wang L Y, Zhang X. Multilayer assemblies of copolymer PSOH and PVPy on the basis of hydrogen bonding. Langmuir, 2000, 16: 10490

[115]　Fu Y, Chen H, Qiu D L, Wang Z Q, Zhang X. Multilayer assemblies of poly(4-vinylpyridine) and poly(acrylic acid) bearing photoisomeric spironaphthoxazine via hydrogen bonding. Langmuir, 2002, 18: 4989

[116]　Wang L Y, Fu Y, Wang Z Q, Wang Y, Sun C Q, Fan Y G, Zhang X. Multilayer assemblies of poly(4-vinylpyridine) bearing an osmium complex and poly(acrylic acid) via hydrogen bonding. Macromol. Chem. Phys., 1999, 200: 1523

[117]　Hao E C, Lian T Q. Layer-by-layer assembly of CdSe nanoparticles based on hydrogen bonding. Langmuir, 2000, 16: 7879

[118]　Hao E C, Lian T Q. Buildup of polymer/Au nanoparticle multilayer thin films based on hydrogen bonding. Chem. Mater., 2000, 12: 3392

[119]　Patton D, Locklin J, Meredith M, Xin Y, Advincula R. Nanocomposite hydrogen-bonded multilayer

ultrathin films by simultaneous sexithiophene and Au nanoparticle formation. Chem. Mater., 2004, 16: 5063

[120] Qin S H, Qin D Q, Ford W T, Herrera J E, Resasco D E. Grafting of poly(4-vinylpyridine) to single-walled carbon nanotubes and assembly of multilayer films. Macromolecules, 2004, 37: 9963

[121] Cao T B, Chen J Y, Yang C H, Cao W X. Fabrication of a stable layer-by-layer thin film based on diazoresin and phenolic hydroxy-containing polymers via H-bonding. Macromol. Rapid Commun., 2001, 22: 181

[122] Zhong H, Wang J F, Jia X R, Li Y, Qin Y, Chen J Y, Zhao X S, Cao W X, Li M Q, Wei Y. Fabrication of covalently attached ultrathin films based on dendrimers via H-bonding attraction and subsequent UV irradiation. Macromol. Rapid Commun., 2001, 22: 583

[123] Yang Z H, Chen J Y, Cao W X. Self-assembled ultra-thin films fabricated from diazoresin and phenol-formaldehyde resin via H-bonding interaction. Polym. Int., 2004, 53: 815

[124] Sukhishvili S A, Granick S. Layered, erasable, ultrathin polymer films. J. Am. Chem. Soc., 2000, 122: 9550

[125] Sukhishvili S A, Granick S. Layered, erasable polymer multilayers formed by hydrogen-bonded sequential self-assembly. Macromolecules, 2002, 35: 301

[126] Fu Y, Bai S L, Cui S X, Qiu D L, Zhang X. Hydrogen-bonding-directed layer-by-layer multilayer assembly: reconformation yielding microporous films. Macromolecules, 2002, 35: 9451

[127] Zhang H, Fu Y, Wang D, Wang L, Wang Z, Zhang X. Hydrogen-bonding-directed layer-by-layer assembly of dendrimer and poly(4-vinylpyridine) and micropore formation by post-base treatment. Langmuir, 2003, 19: 8497

[128] Bai S L, Wang Z Q, Zhang X. Hydrogen-bonding-directed layer-by-layer films: effect of electrostatic interaction on the microporous morphology variation. Langmuir, 2004, 20: 11828

[129] Yang S Y, Rubner M F. Micropatterning of polymer thin films with pH-sensitive and cross-linkable hydrogen-bonded polyelectrolyte multilayers. J. Am. Chem. Soc., 2002, 124: 2100

[130] 胡晖, 范晓东. 聚(N-异丙基丙烯酰胺)类热敏材料的研究进展. 功能高分子学报, 2000, 13: 461

[131] Quinn J F, Caruso F. Facile tailoring of film morphology and release properties using layer-by-layer assembly of thermoresponsive materials. Langmuir, 2004, 20: 20

[132] Quinn J F, Caruso F. Thermoresponsive nanoassemblies: layer-by-layer assembly of hydrophilic-hydrophobic alternating copolymers. Macromolecules, 2005, 38: 3414

[133] Cho J H, Caruso F. Polymeric multilayer films comprising deconstructible hydrogen-bonded stacks confined between electrostatically assembled layers. Macromolecules, 2003, 36: 2845

[134] Kharlampieva E, Sukhishvili S A. Polyelectrolyte multilayers of weak polyacid and cationic copolymer: competition of hydrogen-bonding and electrostatic interactions. Macromolecules, 2003, 36: 9950

[135] Kharlampieva E, Sukhishvili S A. Release of a dye from hydrogen-bonded and electrostatically assembled polymer films triggered by adsorption of a polyelectrolyte. Langmuir, 2004, 20: 9677

[136] Zhang Y J, Guan Y, Yang S G, Xu J, Han C. Fabrication of hollow capsules based on hydrogen bonding. Adv. Mater., 2003, 15: 832

[137] Zhang Y J, Yang S G, Guan Y, Cao W X, Xu J. Fabrication of stable hollow capsules by covalent layer-by-layer self-assembly. Macromolecules, 2003, 36: 4238

[138] Yang S G, Zhang Y J, Yuan G C, Zhang X L, Xu J. Porous and nonporous nanocapsules by H-bonding self-assembly. Macromolecules, 2004, 37: 10059

[139] Kozlovskaya V, Ok S, Sousa A, Libera M, Sukhishvili S A. Hydrogen-bonded polymer capsules formed by layer-by-layer self-assembly. Macromolecules, 2003, 36: 8590

[140] Lee D, Rubner M F, Cohen R E. Formation of nanoparticle-loaded microcapsules based on hydrogen-bonded multilayers. Chem. Mater., 2005, 17: 1099

[141] Dreja M, Kim I T, Yin Y D, Xia Y N. Multilayered supermolecular structures self-assembled from polyelectrolytes and cyclodextrin host-guest complexes. J. Mater. Chem., 2000, 10: 603

[142] Krass H, Plummer E A, Haider J M, Barker P R, Alcock N W, Pikramenou Z, Hannon M J, Kurth D G. Immobilization of π-assembled metallo-supramolecular arrays in thin films: from crystal-engineered structures to processable materials. Angew. Chem. Int. Ed., 2001, 40: 3862

第 13 章　高分子与无机纳米粒子
复合胶体的合成与组装

段宏伟　匡　敏

高分子具有丰富的相行为和溶液自组装特性,无机纳米粒子则拥有独特的光、电、磁以及催化性质,这两者的复合组装体表现出了与单一组分的组装体相比更为复杂的结构与性能。因此高分子与无机纳米粒子复合体系的自组装作为超分子化学中一个新兴的领域受到了越来越多的关注,同时也具备了更为广泛的应用前景。

本章的内容将主要集中在高分子与无机纳米粒子复合胶体的研究领域。我们将首先简单介绍量子尺寸效应和纳米粒子的性质,然后讨论纳米粒子的表面功能化。接下来我们将详细地总结目前高分子(包括生物大分子)与无机纳米粒子复合胶体研究的最新进展,最后将对复合胶体在生物医学领域的应用加以介绍和展望。

13.1　无机纳米粒子的性质简介

收藏在大英博物馆的"Lycurgus Cup"具有非常奇异的变色性能,它在透射状态下呈红色,在反射状态时则显示绿色(图 13-1)。研究表明,这种变色性质源于玻璃中所含的金(Au)和银(Ag)的纳米粒子[1]。这是一个早期(公元 4 世纪)人们采用金属纳米粒子作为填充颜料的典型作品,但是对于纳米粒子真正意义上的系统性研究则始于法拉第关于 Au 溶胶颜色与尺寸关系的先驱性工作。相比之下,过去的二三十年则是纳米粒子研究蓬勃发展的阶段,时至今日,大家已经对纳米粒子的性质与其尺寸的关系有了相当的认识,并且已经开始尝试将它们应用在光电材料以及生物医药等领域中[2,3]。由于尺寸上的巨大差异,纳米粒子表现出与相应的分子状态和宏观体相材料都不同的性质,而且其性质往往介于后两者之间。以半导体纳米粒子为例,当其尺寸小于其材料的波尔半径时,电子和空穴的运动受限在很小的三维空间中,这些载流子的运动符合量子力学的规律,相应的电子能级产生分裂。如图 13-2(a)所示,半导体纳米粒子具有不连续的最高已占轨道和最低未占轨道,与体相材料的价带和导带类似,它们之间同样也存在带隙,但是带隙较体相材料宽而且具有尺寸依赖性,即尺寸越小带隙越宽。这一现象称之为量子尺寸效应,因此半导体纳米粒子又被称为量子点(quantum dots)。近年来,它们的光学性质正受到越来越多的关注[图 13-2(b)[4]]。量子点能够吸收所有能量高于其带隙的光子,在紫外可见光谱[图 13-2(c)[5]]上表现为具有很宽的吸收谱带,因此不同尺寸的纳米粒子可以被小于一定波长的光同时激发;另外,量子点从激发态回到基态的过程中会发射出荧光,而且与其带隙宽度的变化规律相对应,它们的荧光发射也具有尺寸依赖性,即发射波长随纳米粒子尺寸的减小逐渐蓝移[图 13-2(d)[5]]。

图 13-1　Lycurgus Cup 在透射(左)和反射(右)下的照片[1]

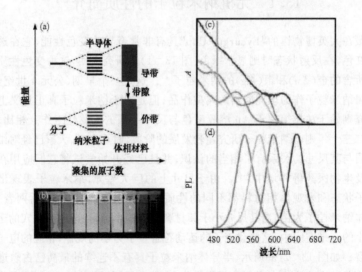

图 13-2　(a) 半导体纳米粒子及其相应分子状态和体相材料的电子能级结构;(b) 10 种不同尺寸的 CdSe-ZnS 半导体纳米粒子在紫外灯照射下的光学照片[4];(c) 4 种不同尺寸 CdSe-ZnS 纳米粒子的紫外可见吸收光谱;(d) 相应纳米粒子的荧光光谱[5]

　　金属(特别是金、银、铜之类的重金属)纳米粒子一个非常重要的性质是它们具有表面等离子体共振吸收（surface plasmon resonance absorption）。简单来讲，表面等离子体共振吸收的形成首先是由于金属纳米粒子中自由运动的电子与外界电磁场的相互作用在纳米粒子表面产生了极化，这一极化产生的恢复力使自由电子产生振荡，当振荡频率与电磁场频率产生共振时就会表现为很强的吸收[6]。例如 12 nm 的金纳米粒子在 520 nm 处有很强的吸收，表现出鲜艳的葡萄酒红色（图 13 - 3）。表面等离子体共振吸收峰的位置不仅仅与材料组成密切相关，而且非常依赖于周围环境的介电常数和纳米粒子的聚集状态[7]。环境的介电常数增大会引起吸收峰位置的红移，纳米粒子产生聚集则会导致吸收峰位置红移而且变宽。这些敏感性使得将金属纳米粒子作为传感器有着非常广泛的应用前景。

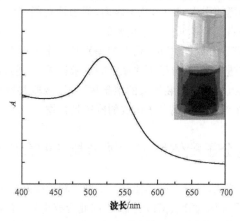

图 13 - 3　12 nm Au 纳米粒子的紫外吸收光谱
A 为相对吸收强度

13.2　纳米粒子的表面功能化

纳米粒子的合成在过去的十几年间经历了飞速的发展。到目前为止，合成高质量的金属、金属氧化物和半导体纳米粒子[8~10]的方法已经非常成熟，其中报道最多的是球形纳米粒子，但在某些体系中，立方、棒状、管状和空心球状的纳米粒子也都有所报道。

在溶液中合成的纳米粒子一般需要通过电荷排斥或者配体的空间排斥作用来稳定。电荷排斥稳定的纳米粒子表面一般带有负电荷，可以参与由静电相互作用形成的自组装；通过配体稳定的纳米粒子则需要进行表面修饰引入功能基团来实现进一步的组装。无论是水相的还是有机相的纳米粒子都可以通过配体交换的过程实现表面功能化。进行置换时常用的小分子配体一般带有巯基，二硫键，胺基，磷氧基,羧基和吡啶基等功能基团。具体采用哪种配体要视具体的体系而定,但是基本原则是采用具有与原配体相同功能基团的配体或者选择与纳米粒子表面有更强相互作用的基团,否则难以有效地实现配体置换。

例如,Brust 等[8]报道的两相法合成的 Au 纳米粒子是由长链烷基硫醇稳定的,Rotello 等[11]就通过采用同时具有巯基和羧基的配体进行配体置换将本来只能分散在非极性溶剂中的 Au 纳米粒子转到水溶液中,从而使纳米粒子表面具有了能够电离的羧基,实现了表面功能化。Caruso 等[12]则利用二甲基胺基吡啶将分散在甲苯中的金属纳米粒子转移到水相中,从而得到了分散在水中的高浓度的金属纳米粒子。这里所提及的只是比较有代表性的两个例子,采用类似的方法同样可以将其他的功能基团引入到纳米粒子表面,而表面功能基团的存在对于进一步采用纳米粒子作为自组装单元是非常重要的。

下面,我们将基于合成方法和结构上的差别从 4 个方面介绍高分子与纳米粒子复合胶体的研究进展:①高分子配体稳定的纳米粒子;②通过纳米粒子与高分子之间的非共价键相互作用自组装形成的聚集体;③以嵌段共聚物胶束为模板合成的复合胶束;④由纳米粒子与高分子组成的嵌段复合物。

13.3 　高分子配体稳定的纳米粒子的合成和自组装

与小分子配体相比,高分子配体能够赋予纳米粒子很好的胶体稳定性、可加工性、生物相容性以及环境(温度、pH)响应性,因此合成高分子配体稳定的纳米粒子也是当今高分子纳米粒子复合材料研究领域的热点之一。除了采用与小分子配体类似的配体置换法以外,其他一些比较典型的制备手段还包括原位合成和表面引发聚合等方法。常用的高分子配体根据其与纳米粒子表面作用的基团在高分子链上的位置又可分为端基配体和主链配体。

13.3.1 　配体置换法

Li 等[13]最近采用可逆加成−断裂链转移(RAFT)自由基聚合和 NaBH₄ 还原合成了端基带巯基的聚(N-异丙基丙烯酰胺)(PNIPAM),进一步通过配体置换得到了 PNIPAM 稳定的 Au 纳米粒子(Au@PNIPAM)[图 13−4(a)]。PNIPAM 的最低临界溶解温度(LCST)在 32℃ 左右,摩尔质量为 4600 g/mol 的 PNIPAM LCST 为 33.5 ℃;但是接枝在纳米粒子表面以后,分子链受限使得 LCST 降低到 28.4℃,同时转变的温度区间变窄。有趣的是,由于 PNIPAM 的温度敏感性,温度升高会导致 Au@PNIPAM 粒子之间产生聚集。在前面,我们已经提到 Au 纳米粒子的表面等离子体吸收对于介电环境和粒子之间距离的变化非常敏感。由于聚集导致纳米粒子周围的介电常数增大同时粒子间距离变小,因此在相转变前后 Au

纳米粒子的吸收红移,直接表现为溶液的颜色由红色变为紫色,同时溶液的透明度降低。值得注意的是,这一过程是完全可逆的[图 13.4(b)]。这些性质使得 Au@PNIPAM 复合胶体作为温度传感器有良好的前景。

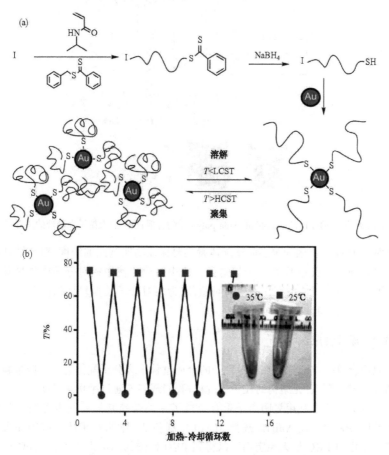

图 13-4　(a)Au@PNIPAM 的合成及(b)其变色性质[13]

I 为引发剂

Bawendi 等[14]合成了一种新型的基于磷氧基化聚乙二醇(PEG)的高分子主链配体(PEG-phosphine oxide polymer)(图 13-5),这一配体与很多纳米粒子的表面具有很强的相互作用。通过与这些纳米粒子进行配体交换,PEG-phosphine oxide polymer 成功地将原本分散在有机溶剂中的 Au,Pd,Fe$_2$O$_3$ 和 CdSe/ZnS 等不同化学组成的纳米粒子转移到水相。并且,纳米粒子在配体置换过程中没有发生聚集,它们的性质也没有发生明显的变化。

尽管我们举了两个例子介绍配体置换的方法,但是总的来说,这方面的报道还

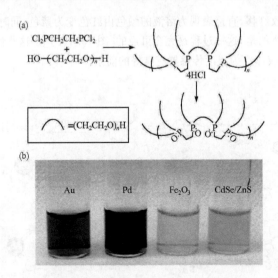

图 13-5　(a) PEG-phosphine oxide polymer 的合成;(b) 纳米粒子水溶液的照片[14]

是相对较少的[15]。因为很多时候配体置换要保证功能基团的浓度,对于端基配体而言要做到这一点并不容易,所以这类合成中一般只使用相对分子质量只有几千的齐聚物。主链配体也存在同样的问题,因为相对分子质量较大的高分子配体在置换过程中会引起纳米粒子的聚集。

13.3.2　原位合成法

原位合成的方法是指在纳米粒子的合成过程中高分子配体直接与纳米粒子表面结合形成具有核-壳结构的粒子的过程,我们现同样通过举例来说明。

Kataoka 等[16]利用氧阴离子聚合合成了一端带巯基另一端带乙缩醛基的聚环氧乙烷(PEO)。在 NaBH₄ 还原 HAuCl₄ 制备 Au 纳米粒子的反应中加入这一端基功能化的 PEO 作为稳定剂可以得到 PEO 修饰的 Au 纳米粒子(Au@PEO)。乙缩醛基在酸性条件下很容易转化为具有高反应活性的醛基,因此可以在很温和的条件下将 Au 纳米粒子的表面修饰上乳糖(lactose)和甘露糖(mannose)。二价的半乳糖凝聚素(RCA120)能选择性地识别乳糖,因此加入 RCA120 能够导致上述 Au 纳米粒子(乳糖和甘露糖摩尔比为 1:1)聚集。与前面所述 Au 纳米粒子发生聚集时的现象相同,溶液的颜色也从红色变为紫色。但是当纳米粒子表面的乳糖含量较低时(乳糖和甘露糖摩尔比为 1:4)并不能引起相应的变化。与 Li 的报道[13]相似,这一聚集过程是可逆的,加入过量的半乳糖(galactose)可以打断乳糖和凝聚素的相互作用,聚集体解缔,相应地溶液的颜色又回到红色(图 13-6)。

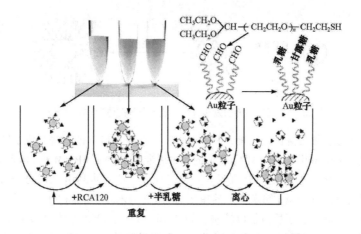

图 13-6　半乳糖凝聚素 Au@PEO 纳米粒子可逆的聚集[16]

通过 RAFT 自由基聚合合成的聚合物端基带有双硫酯键,正如 Li 的工作[13] 所采用的方法,NaBH₄ 可以将双硫酯键还原为巯基。另外,NaBH₄ 还是制备金属纳米粒子常用的还原剂。McCormick 的研究小组[17]利用 NaBH₄ 的这一性质,在纳米粒子制备过程中加入通过 RAFT 合成的高分子,使二硫酯键和金属纳米粒子的前体同时还原,从而得到了聚合物稳定的 Au,Ag,Pt 和 Rh 纳米粒子。由于 RAFT 适用于很多单体(尤其是极性单体)的聚合,因此这一方法有一定的普适性。

但是,原位合成的方法有很大的局限性。首先,原位合成很难实现对粒子尺寸的精确控制,制备的纳米粒子尺寸分布较宽,很难得到高质量的纳米粒子;其次这种方法一般仅适用于合成通过还原反应制备的金属纳米粒子。因此,如何有效地克服这些缺点将会是原位合成法亟待解决的问题。

13.3.3　表面引发聚合法

表面引发聚合方法是随着可控自由基聚合的出现而迅速发展起来的。其典型的过程首先是通过配体置换或者化学反应合成具有可控自由基聚合引发剂修饰的纳米粒子,然后通过表面引发聚合在纳米粒子表面接枝上高分子刷[18](图 13-7)。文献报道中主要的工作都是采用可控自由基聚合的方法,例如原子转移自由基聚合(ATRP)[19~23]、RAFT 自由基聚合[24]以及 TEMPO 体系[25]。所采用的纳米粒子也由最早的 Au 纳米粒子[19,21,23]拓展到磁性的 MnFeO₄[20],Fe₂O₃[22,23]和发光的 CdSe/ZnS[24,25] 纳米粒子等等。在本节中,我们主要介绍 ATRP 的方法。

ATRP 方法适用的单体范围广,能够在相对比较温和的条件下进行,所以是比较普遍采用的方法。Hallensleben 等[19]最早报道了利用 ATRP 方法在 Au 纳

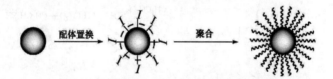

图 13-7　通过表面引发聚合法合成高分子配体稳定的纳米粒子

米粒子上接枝聚丙烯酸正丁酯。Fukuda 等[21]通过 ATRP 的方法合成了结构规整的聚甲基丙烯酸甲酯(PMMA)修饰的 Au 纳米粒子(Au@PMMA),而且 PMMA 高分子刷的接枝密度很高,达到了 0.4 根链/nm²。进一步利用 LB 膜技术,他们得到了具有规整排列 Au 纳米粒子的单层膜,而且纳米粒子之间的距离可以通过接枝聚合物的相对分子质量加以控制。如图 13-8 所示,当相对分子质量从 12 000 增大到 62 000,粒子间的距离逐渐增大。需要强调的是,通过 ATRP 制备具有规整结构的高分子刷修饰的胶体粒子一般要求在聚合过程加入"牺牲"引发剂。另外,选择合适的分散剂对于纳米粒子体系也是非常关键的因素。

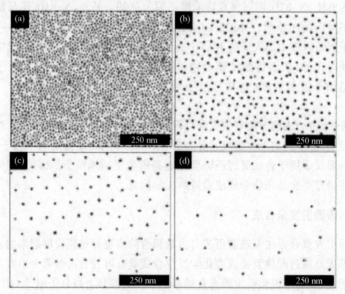

图 13-8　(a)引发剂修饰的 Au 纳米粒子;(b)～(d) Au@PMMA 纳米粒子
形成的 LB 膜的透射电镜图像[18]
PMMA 的相对分子质量分别为 12 000, 28 000 和 62 000

　　文献中关于 ATRP 方法的报道大多以表征得到的高分子刷的结构为主,对于修饰以后纳米粒子的性质则关注得比较少。最近,我们将这一概念拓展到利用高分子接枝的方式来改变纳米粒子的溶解性质。为此,我们通过在 Au 和 γ-Fe₂O₃ 纳米粒子表面引发的 ATRP 反应得到了聚甲基丙烯酸-2-(N, N-二甲基)胺基乙酯(PDMA)修饰的纳米粒子[23]。选择 DMA 作为聚合单体是因为它的聚合物在水中和一般的有机溶剂中都有较好的溶解度,因而我们的方法能够普适于水溶性的和油溶性的纳米粒子。实验表明,只能分散在水溶液中的 Au 纳米粒子和只在非极性溶剂中稳定的 γ-Fe₂O₃ 纳米粒子在表面接枝 PDMA 高分子刷后,既可以分散在酸性及中性的水中,又可以分散在多数的有机溶剂中,因此我们将接枝后的纳米粒子称之为"两栖"的纳米粒子[图 13－9(a)]。基于已有的纳米粒子表面修饰的工作,ATRP 的引发剂可以通过配体置换方便地修饰到包括金属和金属氧化物的纳米粒子表面,因而我们的方法又同时适用于金属和氧化物的纳米粒子。这一普适性为纳米粒子的表面修饰开辟了新的途径。通过这一方法修饰后的纳米粒子即使在高盐浓度的水溶液中依然具有很好的胶体稳定性。这种普遍的溶解性和良好的胶体稳定性对于很多纳米粒子的应用都是非常关键的。此外,接枝 PDMA 并没有对纳米粒子的性质产生影响,γ-Fe₂O₃ 仍然保持了它的超顺磁性。另一方面,PDMA 接枝引起的介电环境的变化使得 Au 纳米粒子的表面等离子体共振吸收带从 520 nm 红移到 530 nm,但是吸收峰的宽度没有明显的变化,这一现象表明在聚合过程中 Au 纳米粒子没有产生聚集,动态光散射的结果也支持这一结论。同时 Au 纳米粒子的吸收峰的位置[图 13－9(b)]在不同溶剂中并没有明显的变化表明 PDMA 的高分子刷具有很高的接枝密度。

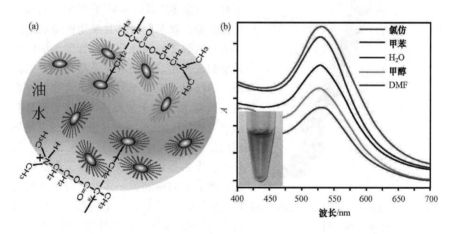

图 13－9　(a)"两栖性"纳米粒子概念的示意图;(b) Au@PDMA 纳米粒子在多种溶剂中的紫外－可见吸收光谱[23]

13.4　高分子与纳米粒子的自组装

在上一节中,我们主要介绍了高分子配体稳定的纳米粒子的合成。虽然高分子配体稳定的纳米粒子主要是通过化学方法合成的,但是实际上,自组装方法也是一类有效制备高分子和纳米粒子复合胶体的方法。前面已经提到,纳米粒子的表面可以通过配体置换引入各种功能基团,表面功能化的纳米粒子可以通过静电相互作用、氢键、疏水相互作用和特异性的生物识别实现纳米粒子与高分子的自组装。虽然,很多生物识别的相互作用也是基于氢键作用的,但是由于它具有非常独特的特异性和协同性,我们将单独将其列为一类加以介绍。

13.4.1　基于静电作用的自组装

层层组装(layer-by-layer)[26]是非常典型的借助于静电作用的自组装。纳米粒子与带相反电荷的聚电解质通过在平面或球面上交替沉积可以形成复合多层膜。由于它易于操作,而且能从纳米尺度上有效地控制多层膜的结构和有序性,因此受到了广泛的关注。已经有很多金属和半导体的纳米粒子通过 layer-by-layer 的方法组装到复合多层膜中。例如,Caruso 等[27]通过将 Fe_3O_4 纳米粒子组装到聚苯乙烯(PS)微球表面,得到了能够在磁场中有序排列的复合微球(图 13－10)。

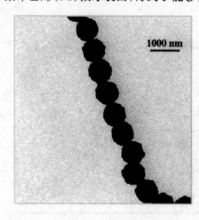

图 13－10　Fe_3O_4 纳米粒子修饰的 PS 微球在磁场中形成一维排列的 TEM 照片[27]

Held 等[28]研究了带正电的 γ-Fe_2O_3 纳米粒子与聚多肽嵌段共聚物[图 13－11(a)]的自组装。聚多肽嵌段共聚物由带负电的聚天冬氨酸嵌段和经化学修饰的电中性聚赖氨酸嵌段组成。纳米粒子与聚天冬氨酸嵌段的作用形成了不可溶的络合物使体系发生聚集,但是由于另外一个不带电聚多肽嵌段的稳定作用,溶液中并没有宏观沉淀形成而是得到了尺寸均一的聚集体[图 13－11(b)]。聚集体由 γ-Fe_2O_3 和聚天冬氨酸的络合物形成的核和另一多肽嵌段形成的壳所组成[图 13－11(c)],平均每个聚集体含有 20 个纳米粒子。在对比实验中,聚天冬氨酸则和纳米粒子作用形成尺寸超过 100 nm、结构无序的聚集体。

Rotello 的研究小组[29]在表面功能化的 Au 纳米粒子与高分子的自组装方面开展了非常有特色的工作。前面我们提到他们通过配体置换得到了表面带羧基的

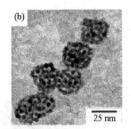
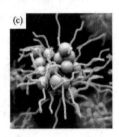

R=—CH₂CO₂⁻Na⁺
R′=—(CH₂)₄NHC(O)CH₂(OCH₂CH₂)₂OCH₃

图 13 - 11　（a）聚多肽嵌段共聚物的结构；（b）γ-Fe₂O₃ 纳米粒子与
聚多肽嵌段共聚物形成的复合胶束的 TEM 照片；（c）复合胶束结构示意图[28]

Au 纳米粒子,这种表面带负电荷的纳米粒子可以与带正电荷的聚酰胺-胺树枝状高分子通过静电作用形成聚集体。研究表明,聚集体中纳米粒子之间的距离可以通过采用不同代数的树枝状高分子加以调节[30]。

目前,另一类研究得比较多的高分子体系是水凝胶。水凝胶由高分子网络和包于其中的大量水组成。由于它具有生物相容性,而且凝胶网络的孔径可以通过温度、pH 以及离子强度等多种方式调节,因此被广泛地用做药物负载与控制释放的载体。最近,我们[31]合成了 PNIPAM 和聚(4-乙烯基吡啶)共聚物形成的水凝胶微球(PNIVP),并把它用作水溶性 CdTe 纳米粒子的载体。PNIVP 微球中的吡啶基在酸性条件下可以电离,使得水凝胶微球的尺寸变大,因此可以通过调节 pH 值来调节微球的尺寸。负载纳米粒子的结果表明,纳米粒子仅能在吡啶基可电离的 pH 值范围内(<4)包覆到水凝胶微球中,而当 pH 升高到一特定值时则会导致纳米粒子从水凝胶微球中释放出来。我们认为主要是凝胶网络的限制作用和吡啶基与带负电的纳米粒子表面的相互作用导致了这一结果。当 pH<4 时,由于质子化吡啶基之间的排斥作用,水凝胶微球的体积较大,相应地,凝胶网络的孔径也较大,从而能够容纳 CdTe 纳米粒子(< 4 nm);同时吡啶基与 CdTe 纳米粒子表面也存在静电相互作用,因此纳米粒子能够包覆到水凝胶微球中。然而,当 pH >10 时,吡啶基完全去质子化,静电相互作用减弱;去质子化的另一结果使得水凝胶微球尺寸变小,网络孔径也随之变小,当网络孔径小到不足以容纳纳米粒子时,纳米粒子被挤出,从而被释放出来。有趣的是,在我们所研究的体系中,由于凝胶网络的孔径有一定的分布,不同尺寸的纳米粒子可以同时包覆到水凝胶微球中[图 13 - 12(a)]。通过调节发红色和绿色荧光纳米粒子的比例,我们可以调节荧光标记微球的发光颜色,由此发展了一种制备多种颜色荧光微球的新方法[图 13-12(b)]。这对于纳米粒子生物检测中的应用具有实际意义。在最近的研究中,我们[32]还发现 PNIPAM 和聚甲基丙烯酸(PMAA)组成的水凝胶微球 PNIMA 可以包覆 Au 纳米粒子[图 13-12(c)]。Au 纳米粒子的胶体稳定性在包覆之后明显增加,而且复合胶体粒子具有对溶液介质环境的敏感性。随着溶剂折光指数的增大,Au 纳米粒子的表面等离子体共振吸收带逐渐红移[图 13-12(d)]。这一研究进展无疑为采用 Au 纳米粒子作为传感器开辟了新的发展空间。

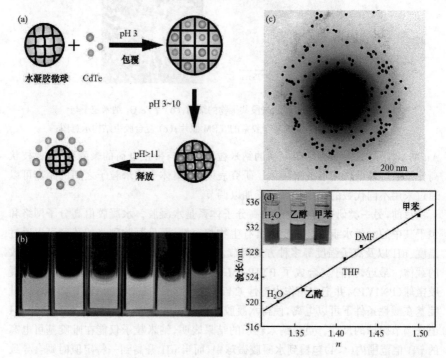

图 13-12　(a) PNIVP 水凝胶微球对 CdTe 纳米粒子的包覆和释放;(b) 多种颜色荧光标记微球在紫外灯照射下的照片;(c) 包覆了 12 nm Au 纳米粒子的 PNIMA 水凝胶微球的 TEM 照片;(d) Au 纳米粒子表面等离子体共振吸收带随溶剂折光指数的变化[31,32]

　　Kumachewa 等[33]最近也报道了同样基于静电作用的 PNIPAM 和聚丙烯酸(PAA)的共聚物水凝胶微球和 Au 纳米棒的复合体系。带正电的 Au 纳米棒与 PAA 的羧基之间的静电作用使得 Au 纳米棒可以包覆到凝胶微球中;而且由于 Au 纳米棒可以吸收具有很强热效应的近红外光的特性和 PNIPAM 的热敏感性,复合微球具有了能通过加载激光照射控制"开关"的收缩-溶胀转变。这一点对于实现触发性的药物释放有很重要的意义。

13.4.2　氢键诱导的自组装

利用高分子链之间的氢键实现组装体的构筑也是一个非常受关注的研究领域[34]。胸腺嘧啶(thymine)和二氨基三嗪(diaminotriazine)之间能够形成多重氢键,Rotello 等发现分别用这二者修饰的 PS 能够通过这一氢键作用在氯仿中形成平均尺寸为 3.3 μm 的囊泡,并且这一基于氢键的超分子结构具有温度响应性,在温度高于 60℃时会自动解缔,而当温度降低时又会重新形成[35]。他们还发现表面功能化的 Au 纳米粒子也能够作为结构单元参与到这一自组装过程中。结果表明,带有二氨基三嗪基团的聚合物在常温(23℃)下能与胸腺嘧啶表面修饰的 Au 纳米粒子[(1.0 ± 0.3)nm]在二氯甲烷中组装形成尺度在(97 ± 17) nm 的聚集体(图 13-13)。聚集体中 Au 纳米粒子之间的距离为(4.4 ± 0.3) nm,与分子模拟的结果(4.4 nm)非常吻合。氢键动态可调的特点使得组装体的形态可以通过制备时的温度条件加以控制。—20℃时,形成直径为 0.5~1.0 μm 的微球,而在中间状态下(10℃)则得到大尺寸多分散的网络结构。另外值得注意的是,由于这一工作中采用的聚合物是无规共聚物,因此,很难得到结构明确、尺寸小于 100 nm 的组装体[36]。在进一步的研究中,他们[37]还发现某一嵌段带有二氨基三嗪基团的两嵌段共聚物能与胸腺嘧啶修饰的 Au 纳米粒子组装成尺度在几十纳米的聚集体,而且聚集体的尺寸与所用聚合物的相对分子质量密切相关,聚合物的相对分子质量越高,得到的聚集体尺寸越大。

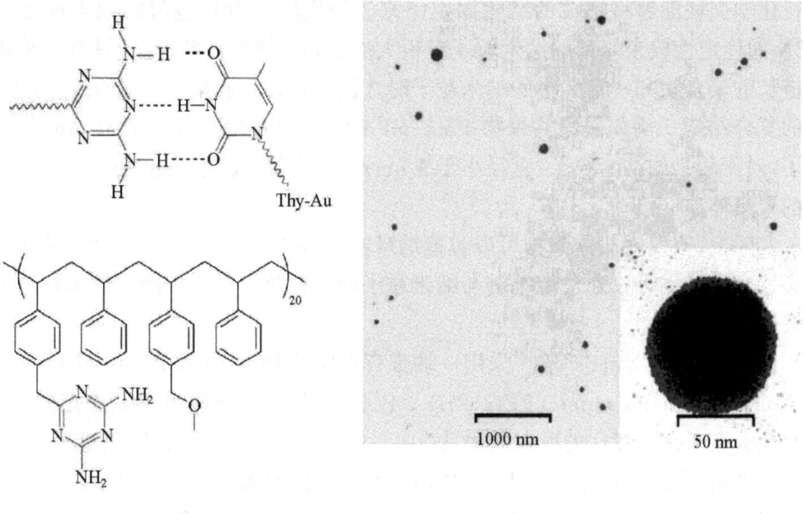

图 13-13　氢键诱导的纳米粒子与聚合物的自组装[36]

13.4.3　疏水相互作用引起的自组装

由于绝大多数高质量的纳米粒子是在有机相中合成的,而纳米粒子的应用,尤其是在生物体系中的应用又要求它们能够分散在水中并且保持良好的胶体稳定性。前面提到的无论是化学合成还是自组装方法都涉及对纳米粒子进行表面修饰,然而最新的报道表明未经修饰的纳米粒子可以通过高分子中疏水组分与纳米粒子表面配体之间的疏水相互作用为高分子所包覆,并且高分子链上其他的亲水组分可以使产物稳定地分散在水中。

两亲性嵌段共聚物在水中会形成以疏水嵌段为核、亲水嵌段为壳的胶束。利用这种胶束进行疏水药物的负载与释放一直是高分子胶束研究中一个非常活跃的领域。最近,这一概念已经被成功地推广到采用两亲性的嵌段共聚物包覆疏水修饰的纳米粒子[38, 39]。

Taton 等[38]报道,在 PS-b-PAA 或 PMMA-b-PAA 嵌段共聚物的二甲基甲酰胺(DMF)溶液中滴加选择性溶剂水能引起疏水的 PS 或 PMMA 嵌段聚集,从而得到以 PS 或 PMMA 为核、以 PAA 为壳的胶束[图 13-14(a)]。如果在亲水 Au 纳米粒子聚合物溶液中滴加水,并且在胶束制备过程中加入十二烷基硫醇对 Au 纳米粒子进行疏水修饰,会得到核中包覆了 Au 纳米粒子的复合胶束[图 13-14(b)]。相反,未经修饰的 Au 纳米粒子则游离于胶束之外。通过简单的离心可以除去未经复合的聚合物胶束,得到纯的复合胶束[图 13-14(c)]。进一步对 PAA 进行化学交联能够将形成的结构固定下来。经嵌段共聚物包覆的纳米粒子对于 KCN 的稳定性较未修饰的纳米粒子有很大的提高。需要注意的是,只有在采用适当链长的聚合物和一定大小的纳米粒子时才能获得每个胶束中只包有一个纳米粒子的复合结构。例如嵌段共聚物 PS$_{250}$-b-PAA$_{13}$ 只能包覆直径大于 10 nm 的纳米粒子,对于较小的纳米粒子(直径小于 4 nm)则形成每个胶束中包覆若干个纳米粒子的聚集体。

实际上,不仅嵌段共聚物可以包覆纳米粒子,带有疏水端基或疏水烷基侧链的两亲性高分子也可以通过烷基链与纳米粒子配体的疏水相互作用在纳米粒子表面形成聚合物壳[40, 41]。

Dubertret 和 Norris 等[40]采用一端带有磷脂的 PEG, n-poly(ethylene glycol) phosphatidylethanolamine(PEG-PE),包覆了三辛基氧磷(TOPO)稳定的 CdSe-ZnS 量子点,其中 PEG 的摩尔质量为 2000 g/mol。形成的复合胶束直径在 10~15 nm 之间,非常接近于纯的 PEG-PE 胶束的尺寸,这可能是由于量子点的尺寸较小(<4 nm)的缘故。采用尺寸更小(<3 nm)的量子点,每个胶束中可以负载多个粒子,而使用 4 nm 的量子点则绝大多数胶束中只含有一个量子点[图 13-15(a)、(b)]。经过包覆的量子点可以很容易地分散在缓冲溶液中,并且保持了比较高的

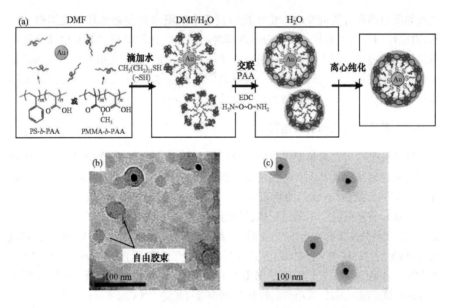

图 13-14　(a) PS-*b*-PAA 和 PMMA-*b*-PAA 嵌段共聚物包覆疏水修饰的 Au 纳米粒子的示意图；(b) 纯化前的复合胶体粒子；(c) 经纯化的复合胶体粒子[38]

量子产率(24%)。进一步的生物实验表明,这一量子点复合胶束不易于光致漂白(photobleaching)而且有较低的非特异性吸附,这对量子点的生物医学应用至关重要。

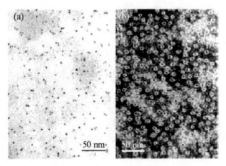

图 13-15　CdSe/ZnS 复合胶束的 TEM 照片
(a) 未经染色仅见量子点；(b) 经负染,胶束及量子点均可见

　　Parak 等[42]采用摩尔质量为 7300 g/mol 的马来酸酐和十四烯的交替共聚物包覆疏水的纳米粒子(CoPt₃,Au,CdSe/ZnS 和 Fe₂O₃)。在制备过程中,聚合物和纳米粒子以一定的比例(100 个聚合物单元/nm²)在氯仿中混合并通过马来酸酐与

二胺的反应将聚合物壳交联。由于反应过程中酸酐水解使纳米粒子表面带上羧基,因此修饰后的纳米粒子可以分散在缓冲溶液中。透射电镜和凝胶电泳分析的结果都表明包覆过程中没有造成纳米粒子的聚集。此外,荧光相关光谱的结果显示纳米粒子在包上一层聚合物壳后尺寸有明显的增加。CdSe/ZnS 量子点的流体力学直径从 (5.7 ± 0.5) nm 增大到 (19.2 ± 2.0) nm。

13.4.4　基于生物识别的自组装

纳米粒子与蛋白和核酸等生物大分子尺寸相近,这为它们之间进行基于生物识别的自组装奠定了基础。常用的生物识别作用有 DNA 的碱基配对,生物素(biotin)与抗生素蛋白(avidin)的相互作用以及抗体和抗原的特异性识别。

Mirkin 研究小组[43, 44]通过配体置换将带有巯基端基的 DNA 修饰到 Au 纳米粒子上。在两种分别带有不互补 DNA 的 Au 纳米粒子溶液中(A,B),加入能同时识别这两种 DNA 的另一段 DNA(A′,B′)会引起 Au 纳米粒子的聚集[图 13-16(a)],直观上表现为溶液的颜色由红色变为蓝色[图 13-16(b)][3]。利用这一变色反应可以检测 10 fmol 的寡核苷酸。另外,采用类似的方法,修饰带有短链 DNA 的 8 nm 和 31 nm 的 Au 纳米粒子可以通过 DNA 的碱基配对组装成“卫星式”的结构[图 13-16(c)][44]。

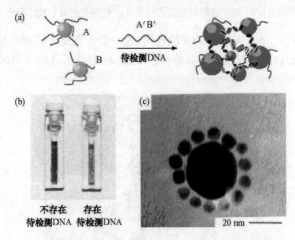

图 13-16　DNA 碱基配对引起的 Au 纳米粒子的聚集[3,44]

生物素与抗生素蛋白具有很强的相互作用,能够特异性地相互识别,生物素与抗生蛋白链菌素(streptavidin)的亲和常数甚至可以超过 10^{14},因而常用在基于蛋白识别的纳米粒子组装体系中(图 13-17)[45]。例如,Fitzmaurice 等[46]通过配体置换将带有二硫键的生物素衍生物修饰到 Au 纳米粒子的表面,由于每个抗生蛋白分子具有多个与生物素发生作用的位点,因此加入抗生蛋白链菌素会导致纳米粒子的聚集。动态光散射的结果表明,加入抗生蛋白链菌素后体系中聚集体的尺寸迅速增大,并且伴随着典型的从红色到蓝色的颜色变化。此外,小角 X 射线散射和 TEM 测试得到的聚集体中纳米粒子间的距离(5 nm)与抗生蛋白链菌素的尺度(4 nm×4 nm×5 nm)非常相近。

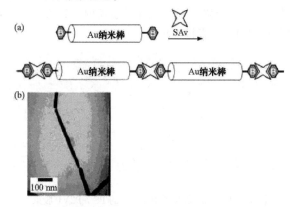

图 13-17　生物素与抗生蛋白链菌素相互作用引起的 Au 纳米棒的自组装[45]

生物素;蛋白分子;SAv 抗生蛋白链菌素

　　从组装的角度上来讲,上面的两个例子并没有得到结构明确的组装体。最近,Murphy 等[47]研究了生物素和抗生蛋白链菌素之间相互作用引起的 Au 纳米棒的自组装。与 Fitzmaurice 等[46]采用的方法类似,他们同样通过配体置换在 Au 纳米棒表面引入生物素。结果发现加入抗生蛋白链菌素会得到非常高比例的 Au 纳米棒末段相连的组装体。此处所用的 Au 纳米棒由溴化十六烷基三甲基铵(CTAB)所稳定;由于 CTAB 的端基尺寸效应,因此相对来讲,CTAB 更容易结合在纳米棒的纵向表面[(100 面)]而不是在它的末端表面[(111 面)]。这样就有两个原因可能导致 Au 纳米棒的定向组装。首先是生物素没能有效地置换 CTAB 而是结合在纳米棒的末端,因此抗生蛋白链菌素与生物素的作用发生在纳米棒的末端。其次是,生物素虽然在 Au 纳米棒表面均匀分布,但是由于纵向作用会产生很强的空间位阻,抗生蛋白链菌素更倾向与末端的生物素作用。

13.5　以嵌段共聚物胶束为模板合成纳米粒子

　　前面的介绍表明,嵌段共聚物能通过静电作用、氢键以及疏水相互作用等非共价键与表面功能化的纳米粒子自组装形成复合胶束结构。实际上,以嵌段共聚物胶束为模板合成纳米粒子也是一种广泛采用的制备复合胶束的方法[48]。

　　一个典型的例子是含聚(2-乙烯基吡啶)(P2VP)的嵌段共聚物 PS-b-P2VP 在

甲苯中形成以 P2VP 为核、PS 为壳的胶束。Möller 等[49]利用 P2VP 嵌段与 Au 纳米粒子的前体 HAuCl₄ 非常强的相互作用将 HAuCl₄ 负载到胶束的核中，并进一步通过无水肼还原 HAuCl₄ 合成了 P2VP 形成的核中带有 Au 纳米粒子的复合胶束。图 13-18 显示核中负载了 HAuCl₄ 的胶束，由于电子束的还原作用，HAuCl₄ 被还原成了尺寸极小的纳米粒子；通过过量的肼还原得到的复合胶束形态具有明显的不同，每个核中仅有一个直径为 9 nm 的粒子。

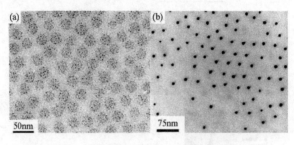

图 13-18　(a) 负载了 HAuCl₄ 的 PS-b-P2VP 胶束；
(b) Au 纳米粒子和 PS-b-P2VP 的复合胶束[49]

这种类似于前面所讲的原位合成的方法同样难以实现纳米粒子尺寸的控制，也不能有效制备高质量的纳米粒子，因此在实际研究中受到了很多限制。

13.6　两亲性的无机-聚合物嵌段复合物的自组装

最近，Mirkin 等[50]以多孔氧化铝为模板通过 Au 的电沉积和随后吡咯的电化学聚合合成了一系列由 Au 和聚吡咯(PPy)组成的微米级棒状复合物，其中每种成分的长度都可以通过反应中的通电量来控制。在微米棒中，Au 和 PPy 的部分头尾相连，其结构非常类似于嵌段共聚物；而且由于 Au 棒是亲水的而 PPy 是疏水的，因此在水中 PPy 之间很强的相互作用会驱动微米棒进行自组装形成更为复杂的结构。他们在研究中所采用的微米棒的 Au 棒部分略粗于 PPy 部分，其中 Au 棒的平均直径为(400±30)nm，PPy 棒的为 360(±25)nm。图 13-19(a)的插图中清楚地显示了微米棒的结构，而且还可以看出它们易于组装形成束状结构。值得注意的是，这种一端粗一端细的结构使得微米棒倾向于进一步组装为管状结构，其中管壁由单层的微米棒聚集而成，亲水的 Au 棒朝外、疏水的 PPy 棒向内。另外一个特点是对于具有相同长度的微米棒，调节两种成分的比例能够控制聚集体的形态；总的来讲，Au 的含量越小，组装成的管的曲率越小。图 13-19 中(b)，(c)和(d)分别是 Au 和 PPy 长度比为 1∶4,3∶2 和 4∶1 时形成的管状结构，三个样品的长度都是(4.5± 0.5)μm。而且，Au-PPy-Au 这样的三嵌段微米棒则形成单层的片状结构。此外,还发现上面所有的结构只能在溶解氧化铝模板后得到,进一步通过超声的方法将微米棒分散后不能再组装成这样的束状和管状结构。这说明氧化铝膜对微米棒的导向作用对于自组装过程非常重要。从上面的例子可以看出,它们已经表现出了很特别的自组装性质,这种类型的组装体对于进一步开发基于复合材料的功能装置也是非常有意义的。

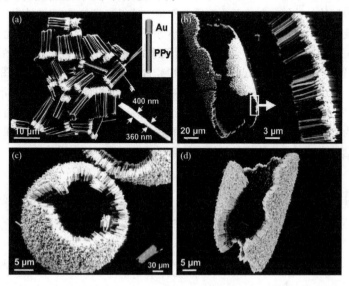

图 13-19　Au-PPy 复合嵌段棒状结构的自组装[50]

13.7　高分子与纳米粒子复合胶体在生物医学领域的应用

纳米粒子在生物检测和疾病治疗方面具有非常好的应用前景。前面我们已经提到 DNA 修饰的 Au 纳米粒子可以用于 DNA 检测[43]。除此之外,还有众多受关注的领域,例如,量子点非常有希望取代现在常用的小分子荧光染料成为新型生物成像的标记物[5];磁性纳米粒子可以用在靶向药物输运领域并且能够作为核磁共振成像技术的显色剂[51];利用超顺磁纳米粒子[52]和 Au 纳米壳[53]分别在磁场中和红外光照射下所产生的热效应来进行癌症治疗也是非常活跃的研究方向。

需要强调的是,纳米粒子在这方面实际应用的前提是得到在生物环境尤其是活体环境中稳定、无毒并且具有生物功能的纳米粒子。而达到这一目的最常用的方法就是采用包括生物大分子在内的高分子与纳米粒子的复合胶体。[54]例如,Nie 等[39]最近成功利用两亲性三嵌段共聚物聚丙烯酸丁酯-b-聚丙烯酸乙酯-b-聚甲基丙烯酸[图 13-20(a)]包覆疏水的 CdSe-ZnS 量子点从而将其转到水相中,并且进一步通过以 PEG 和肿瘤识别配体修饰的亲水的聚甲基丙烯酸壳得到了能够在活体环境下稳定的复合胶体[图 13‐20(b)]。活体试验表明,该复合胶体粒子能够通过配体的识别作用在癌症细胞处富集并且具有非常优异的荧光标记性能[39]。从这个例子我们可以看出高分子组分在复合胶体中一方面使得量子点能够稳定地分散在生物环境中,同时也通过提供丰富的功能基团实现了生物标记,这两点都对实现复合胶体的功能化起着至关重要的作用。值得一提的是,目前小分子染料是常用的荧光标记材料;但是,量子点相比小分子染料有非常多的优势。比方说,通过尺寸可以调节量子点的发光波长,不同尺寸的量子点可以被单一波长的光源同时激发,这一性质使得量子点用于生物检测时能够同时标记多个目标[图 13‐20(c)],这一点小分子染料是无法做到的。另外,高质量的量子点性质稳定不容易光致漂白,发光光谱对称而且半峰宽很窄。这些所有的性质都使它在某些特定的研究中成为传统小分子荧光染料非常理想的替代者。随着研究的进一步深入发展,我们相信纳米粒子在生物医学领域必然会不断显现出新的应用前景。

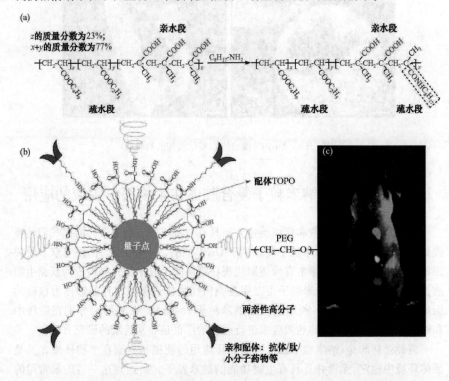

图 13‐20　(a) 两亲性三嵌段共聚物的组成;(b) 功能化复合胶体粒子的结构;
(c) 采用复合胶体粒子荧光标记的老鼠[39]

13.8 总结与展望

　　纳米科学是一个富有挑战性的领域,在具体研究过程中不断会有新现象新问题涌现出来,这一点我们有很深的体会。我们在进行 Au 和 γ-Fe_2O_3 纳米粒子表面引发的 ATRP 实验过程中,需要通过配体置换将 ATRP 的引发剂置换到纳米粒子的表面,但是却发现通过 ATRP 引发剂修饰的纳米粒子具有了原来纳米粒子所不具备的性质,即它们能够在油水界面自组装形成纳米粒子的单层膜(图 13-21)。这引起了我们极大的兴趣,经过研究我们发现经过修饰的纳米粒子在油水界面的接触角接近于 90°,而胶体粒子在油水界面组装的规律告诉我们将一个胶体粒子从水相移到油水界面所引起的自由能变化与胶体粒子的尺寸、油水之间的表面张力以及胶体粒子在油水界面的接触角直接相关(图 13-22),尤其是对纳米粒子体系,接触角非常重要,其中接触角为 90°时自由能变化最大,相应地也更有利于纳米粒子的界面组装。通过以上分析,我们首先对这一界面组装形成的原因有了一定的认识。进一步的工作表明,纳米粒子界面组装的性质与纳米粒子的化学组成以及 ATRP 引发剂中碳链的长度无关。结合小分子修饰固体表面对其接触角的影响,我们认为是 ATRP 引发剂的端基将纳米粒子在油水界面的接触角调到接近 90°,从而提供了自组装的驱动力[55]。最近,我们又利用 Fe_3O_4 纳米粒子的这一界面组装性质,得到了具有纳米尺度可控渗透性的磁性 Fe_3O_4 形成的微胶囊,这一新型的功能材料在可控药物负载释放领域有很好的应用前景[56]。

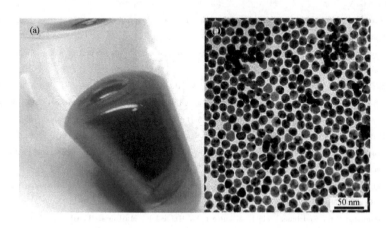

图 13-21 (a)12 nm Au 纳米粒子在油水界面自组装所形成的膜的照片以及(b)TEM 照片[55]

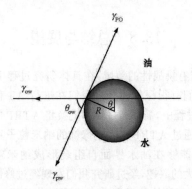

$$\Delta E = F_{界面} - F_{本体} = -\pi R^2 \gamma_{ow} [1 - \cos(\theta_{ow})]^2$$

图 13-22　胶体粒子界面组装的原理

最后,我们引用 Feymann 于 1959 年对纳米科学做预见性演讲的题目作为本章的结束语。

"There's Plenty of Room at the Bottom"

—— Richard P. Feymann

参 考 文 献

[1] http://www.thebritishmuseum.ac.uk/compass/ixbin/goto? id=OBJ570

[2] Schmid G. Nanoparticles: From Theory to Applications. Weinheim: WILEY-VCH Verlag GmbH & Co KGaA, 2004

[3] Niemeyer C M, Mirkin C A. Nanobiotechnology. Weinheim: WILEY-VCH Verlag GmbH & Co KGaA, 2004

[4] Han M Y, Gao X H, Su J Z, Nie S. Quantum-dot-tagged microbeads for multiplexed coding of biomolecules. Nature Biotech., 2001, 19: 631

[5] Michalet X, Pinaud F F, Bentolila L A, Tsay J M, Doose S, Li J J, Sundaresan G, Wu A M, Gambhir S S, Weiss S. Quantum dots for live cells, in vivo imaging and diagnostics. Science, 2005, 307: 538

[6] Kreibig U, Vollmer M. Optical Properties of Metal Clusters. Berlin: Springer-Verlag, 1995

[7] Mulvaney P. Surface plasmon spectroscopy of nanosized metal particles. Langmuir, 1996, 12: 788

[8] Brust M, Walker M, Bethell D, Schiffrin D J, Whyman R. Synthesis of thiol-derivatized gold nanoparticles in a 2-phase liquid-liquid system. Chem. Comm., 1994: 801

[9] Sun S H, Zeng H, Robinson D B, Raoux S, Rice P M, Wang S X, Li G X. Monodisperse MFe$_2$O$_4$(M = Fe, Co, Mn) nanoparticles. J. Am. Chem. Soc., 2004, 126: 273

[10] Dabbousi B O, RodriguezViejo J, Mikulec F V, Heine J R, Mattoussi H, Ober R, Jensen K F, Bawendi M G. (CdSe)ZnS core-shell quantum dots: Synthesis and characterization of a size series of highly luminescent nanocrystallites. J. Phy. Chem. B, 1997, 101: 9463

[11] Simard J, Briggs C, Boal A K, Rotello V M. Formation and pH-controlled assembly of amphiphilic gold nanoparticles. Chem. Comm., 2000: 1943

[12]　Gittins D I, Caruso F. Spontaneous phase transfer of nanoparticulate metals from organic to aqueous media. Angew. Chem. Int. Ed., 2001, 40: 3001

[13]　Zhu M D, Wang L Q, Exarhos G J, Li A D Q. Thermosensitive gold nanoparticles. J. Am. Chem. Soc., 2004, 126: 2656

[14]　Kim S W, Kim S, Tracy J B, Jasanoff A, Bawendi M G. Phosphine oxide polymer for water-soluble nanoparticles. J. Am. Chem. Soc., 2004, 127: 4556

[15]　Wang X S, Dykstra T E, Salvador M R, Manners I, Scholes G D, Winnik M A. Surface passivation of luminescent colloidal quantum dots with poly(dimethylaminoethyl methacrylate) through a ligand exchange process. J. Am. Chem. Soc., 2004, 126: 7784

[16]　Otsuka H, Akiyama Y, Nagasaki Y, Kataoka K. Quantitative and reversible lectin-induced association of gold nanoparticles modified with alpha-lactosyl-omega-mercapto-poly(ethylene glycol). J. Am. Chem. Soc., 2001, 123: 8226

[17]　Lowe A B, Sumerlin B S, Donovan M S, McCormick C L. Facile preparation of transition metal nanoparticles stabilized by well-defined (Co)polymers synthesized via aqueous reversible addition-fragmentation chain transfer polymerization. J. Am. Chem. Soc., 2002, 124: 11562

[18]　Von Werne T, Patten T E. Preparation of structurally well-defined polymer-nanoparticle hybrids with controlled/living radical polymerizations. J. Am. Chem. Soc., 1999, 121: 7409

[19]　Nuss S, Bottcher H, Wurm H, Hallensleben M L. Gold nanoparticles with covalently attached polymer chains. Angew. Chem. Int. Ed., 2001, 40: 4016

[20]　Vestal C R, Zhang Z J. Atom transfer radical polymerization synthesis and magnetic characterization of $MnFe_2O_4$/polystyrene core/shell nanoparticles. J. Am. Chem. Soc., 2002, 124: 14312

[21]　Ohno K, Koh K, Tsujii Y, Fukuda T. Fabrication of ordered arrays of gold nanoparticles coated with high-density polymer brushes. Angew. Chem. Int. Ed., 2003, 42: 2751

[22]　Wang Y, Teng X W, Wang J S, Yang H. Solvent-free atom transfer radical polymerization in the synthesis of Fe_2O_3@polystyrene core-shell nanoparticles. Nano Lett., 2003, 3: 789

[23]　Duan H W, Kuang M, Wang D Y, Kurth D G, Möhwald H. Colloidally stable amphibious nanocrystals derived from poly{[2-(dimethylamino)ethyl] methacrylate} capping. Angew. Chem. Int. Ed., 2005, 44: 1717

[24]　Skaff H, Emrick T. Reversible addition fragmentation chain transfer (RAFT) polymerization from unprotected cadmium selenide nanoparticles. Angew. Chem. Int. Ed., 2004, 43, 5383

[25]　Sill K, Emrick T. Nitroxide-mediated radical polymerization from CdSe nanoparticles. Chem. Mater., 2004, 16: 1240

[26]　Decher G, Schlenhoff J B. Multilayer thin films: Sequential Assembly of Nanocomposite Materials. Weinheim: WILEY-VCH Verlag GmbH & Co KGaA, 2002

[27]　Caruso F, Susha A S, Giersig M, Möhwald H. Magnetic core-shell particles: Preparation of magnetite multilayers on polymer latex microspheres. Adv. Mater., 1999, 11: 950

[28]　Euliss L E, Grancharov S G, O'Brien S, Deming T J, Stucky G D, Murray C B, Held G A. Cooperative assembly of magnetic nanoparticles and block copolypeptides in aqueous media. Nano Lett., 2003, 3: 1489

[29]　Shenhar R, Rotello V M. Nanoparticles: Scaffolds and building blocks. Acc. Chem. Res., 2003. 36: 549

[30] Frankamp B L, Boal A K, Rotello V M. Controlled interparticle spacing through self-assembly of Au nanoparticles and poly(amidoamine) dendrimers. J. Am. Chem. Soc., 2002, 124: 15146

[31] Kuang M, Wang D Y, Bao H B, Gao M Y, Möhwald H, Jiang M. Fabrication of multicolor-encoded microspheres by tagging semiconductor nanocrystals to hydrogel spheres. Adv. Mater., 2005, 17: 267

[32] Kuang M, Wang D Y, Möhwald H. Fabrication of thermoresponsive plasmonic microspheres with long term stability from hydrogel spheres. Adv. Funct. Mater., 2005, 15: 1611

[33] Gorelikov I, Field L M, Kumacheva E. Hybrid microgels photoresponsive in the near-infrared spectral range. J. Am. Chem. Soc., 2004, 126: 15938

[34] Chen D Y, Jiang M. Strategies for constructing polymeric micelles and hollow spheres in solution via specific intermolecular interaction. Acc. Chem. Res., 2005, 38: 494

[35] Ilhan F, Galow T H, Gray M, Clavier G, Rotello V M. Giant vesicle formation through self-assembly of complementary random copolymers. J. Am. Chem. Soc., 2000, 122:5895

[36] Boal A K, Ilhan F, DeRouchey J E, Thurn-Albrecht T, Russell T P. Self-assembly of nanoparticles into structured spherical and network aggregates. Nature, 2000, 404: 746

[37] Frankamp B L, Uzun O, Ilhan F, Boal A K, Rotello V M. Recognition-mediated assembly of nanoparticles into micellar structures with diblock copolymers. J. Am. Chem. Soc., 2002, 124: 892

[38] Kang Y J, Taton T A. Core/shell gold nanoparticles by self-assembly and crosslinking of micellar block- copolymer shells. Angew. Chem. Int. Ed., 2005, 44: 409

[39] Gao X H, Cui Y Y, Levenson R M, Chung L W K, Nie S M. In vivo cancer imaging and targeting by semiconductor quantum dots. Nature Biotech., 2004, 22:969

[40] Dubertret B, Skourides P, Norris D J, Noireaux V, Brivanlou A H, Libchaber A. In vivo imaging of quantum dots encapsulated in phospholipid micelles. Science, 2002, 298: 1759

[41] Wu X Y, Liu H J, Liu J Q, Haley K N, Treadway J A, Larson J P, Ge N F, Peale F, Bruchez M P. Immunofluorescent labeling of cancer marker her2 and other cellular targets with semiconductor quantum dots. Nature Biotech., 2003, 21:41

[42] Pellegrino T, Manna L, Kudera S, Liedl T, Koktysh D, Rogach A L, Keller S, Radler J, Natile G, Parak W J. Hydrophobic nanocrystals coated with an amphiphilic polymer shell: A general route to water soluble nanocrystals. Nano Lett., 2004, 4: 703

[43] Elghanian R, Storhoff J J, Mucic R C, Letsinger R L, Mirkin C A. Selective colorimetric detection of polynucleotides based on the distance-dependent optical properties of gold nanoparticles. Science, 1997, 277: 1078

[44] Mucic R C, Storhoff J J, Mirkin C A, Letsinger R L. DNA-directed synthesis of binary nanoparticle network materials. J. Am. Chem. Soc., 1998, 120: 12674

[45] Katz E, Willner I. Integrated nanoparticle-biomolecule hybrid systems: synthesis, properties and applications. Angew. Chem. Int. Ed., 2004, 43: 6042

[46] Connolly S, Fitzmaurice D. Programmed assembly of gold nanocrystals in aqueous solution. Adv. Mater., 1999, 11: 1202

[47] Caswell K K, Wilson J N, Bunz U H F, Murphy C J. Preferential end-to-end assembly of gold nanorods by biotin-streptavidin connectors. J. Am. Chem. Soc., 2003, 125: 13914

[48] Forster S, Antonietti M. Amphiphilic block copolymers in structure-controlled nanomaterial hybrids.

Advanced Materials, 1998, 10: 195

[49] Mossmer S, Spatz J P, Moller M, Aberle T, Schmidt J, Burchard W. Solution behavior of poly(styrene)-block-poly(2-vinylpyridine) micelles containing gold nanoparticles. Macromolecules, 2000, 33: 4791

[50] Park S, Lim J H, Chung S W, Mirkin C A. Self-assembly of mesoscopic metal-polymer amphiphiles. Science, 2004, 303: 348

[51] Lewin M, Carlesso N, Tung C H, Tang X W, Cory D, Scadden D T, Weissleder R. Tat-peptide derived magnetic nanoparticles allow in vivo tracking and recovery of progenitor cells. Nature Biotech., 2000, 18:410

[52] Jordan A, Scholz R, Wust P, F hling H, Felix R. Magnetic fluid hyperthermia (MFH): cancer treatment with AC magnetic field induced excitation of biocompatible superparamagnetic nanoparticles. J. Magn. Magn. Mater., 1999, 201:413

[53] Hirsch L R, Stafford R J, Bankson J A, Sershen S R, Rivera B, Price R E, Halas N J, West J L. Nanoshell-mediated near infrared thermal therapy of tumors under magnetic resonance guidance. PNAS, 2003, 100:13549

[54] Alivisatos A P. Less is more in medicine—Sophisticated forms of nanotechnology will find some of their first real-world applications in biomedical research, disease diagnosis and, possibly, therapy. Sci. Am., 2001, 285: 66

[55] Duan H W, Wang D Y, Kurth D G, Möhwald H. Directing self-assembly of nanoparticles at water/oil interfaces. Angew. Chem. Int. Ed., 2004,43: 5639

[56] Duan H W, Wang D Y, Sobal N S, Giersig M, Kurth D G, Möhwald H. Magnetic colloidosomes derived from interfacial self-assembly of nanoparticles. Nano Lett., 2005, 5:949